安全人机工程学：人机模型及智能化

王保国 王伟 黄勇 王新泉 编著

国防工业出版社

·北京·

内 容 简 介

本书以安全科学、系统科学和人体科学为基础,从多角度、不同侧面对人、机、环境三大要素,尤其是人的失误与可靠性方面进行建模。本书还提倡多视图、多方位的方法,构建多视图、多层次的体系结构,使复杂系统的建模结构化、通用化、智能化。全书共分 6 篇 22 章,十分强调内容的科学性、系统性和新颖性。

本书可作为高等院校理工类安全工程专业、人机与环境工程专业、系统工程专业,尤其是航空、航天、航海以及管理科学与工程专业的本科生教材,也可供有关教师、科技人员以及研究生学习参考。

图书在版编目(CIP)数据

安全人机工程学:人机模型及智能化 / 王保国等编著. -- 北京:国防工业出版社,2025.1. -- (人机智能丛书). -- ISBN 978-7-118-13351-6

Ⅰ.X912.9

中国国家版本馆 CIP 数据核字第 2024ZD8537 号

※

国防工业出版社出版发行
(北京市海淀区紫竹院南路 23 号 邮政编码 100048)
北京虎彩文化传播有限公司印刷
新华书店经售

*

开本 787×1092 1/16 印张 21 字数 473 千字
2025 年 1 月第 1 版第 1 次印刷 印数 1—1200 册 定价 88.00 元

(本书如有印装错误,我社负责调换)

| 国防书店:(010)88540777 | 书店传真:(010)88540776 |
| 发行业务:(010)88540717 | 发行传真:(010)88540762 |

前　言

安全人机工程学是安全学原理与人机工程学两个学科的融合，是钱学森先生倡导的系统工程在人机工程和安全工程领域中的具体应用，而人机建模又恰恰是安全人机工程学中的难点与关键核心技术。

本书将人、机、环境作为3个模块，将与安全学紧密相关的"人的失误"和"人的可靠性"作为安全模块，这样在本书中将4个模块各作为一"篇"，并分别从不同角度、不同侧面对该模块所表现出的特性进行建模。本书的第5篇是系统智能评价和性能智能预测，该篇包含4章，其中第19章专门讨论复杂系统通用建模分析与设计方法。该方法建立在多视图、多方位、多层次的体系结构之上，它充分利用UML统一建模语言和IDEF方法族中的许多成熟模型，它使复杂系统的建模问题结构化、程序化、通用化、智能化。原则上，它能够圆满解决安全人机工程系统的建模问题。本书的第6篇是安全人机工程系统的未来展望，共含3章。全书共分6篇22章，其中第2、12、13、15、19~21和22章由王伟撰写，其余章节由王保国、黄勇和王新泉共同撰写。另外，全书的统稿、定稿由王保国教授完成。

在本书撰写过程中，中国科技大学火灾科学重点实验室原主任、实验室创建人、安全界资深教授霍然先生和北京理工大学宇航学院学科带头人刘淑艳教授对全书的6篇布局提出了很好的建议，并对本书的编写大纲和书稿的部分内容提出了十分宝贵的意见，在此向他们表示衷心的感谢。

另外，本书电子文稿录入工作是由徐百友硕士完成的，对于他的敬业精神，表示感谢。

由于本书所涉及的学科较多、知识面较广，再加上4位作者水平有限，书中定有疏漏和不妥之处，敬请读者斧正！可以通过E-mail:MMSAIPP@163.com与作者联系或交流，以便再版时修正或补充。

作　者

2024年3月2日

目 录

第1篇 人的基本特性信息、数据采集以及模型分析

第1章 人的基本特性以及数据采集 ··· 2
1.1 人的物理特性 ·· 2
1.1.1 人的几何特性 ·· 2
1.1.2 人体模板的构建 ··· 12
1.1.3 人的力学特性 ·· 14
1.1.4 人的其他物理学特性 ··· 16
1.2 人的生理特性 ·· 19
1.2.1 人的感觉与知觉特性 ··· 19
1.2.2 人的生理适应性 ··· 21
1.2.3 人的生理节律性 ··· 23
1.3 人的心理特性 ·· 23
1.3.1 人的心理过程 ·· 23
1.3.2 人的个性 ·· 24

第2章 脑科学与神经工程学基础以及传感与成像概述 ·························· 25
2.1 神经科学与神经工程的发展 ·· 25
2.2 脑科学与神经工效学的现实意义及研究的重要内容 ······················· 26
2.3 神经工程学基础 ··· 27
2.3.1 神经生理与病理学基础概述 ·· 27
2.3.2 神经心理学概述 ··· 28
2.4 神经计算中一些典型模型的构建 ·· 29
2.5 神经电生理信号的检测 ·· 30
2.5.1 大脑神经电信号检测技术 ··· 30
2.5.2 外周神经系统电信号检测 ··· 30
2.5.3 神经系统电信号多模式联合检测 ···································· 31
2.6 神经电生理信号分析处理时的一些算法 ······································· 31
2.6.1 非线性动力学参数法 ··· 31
2.6.2 主成分分析法 ·· 32
2.7 神经成像的基本原理以及图像的数据处理与分析 ·························· 32

第3章 人的热调节数学模型以及热应激与冷应激反应 … 34
3.1 人体热调节系统的控制框图 … 35
3.2 被控分系统数学模型——人体生物热方程 … 36
3.3 控制分系统数学模型——人体热调节的生理学模型 … 39
3.4 热应激反应时的人体的生理反应 … 42
3.5 冷应激反应时人体的生理反应 … 42
3.6 高温对人体以及作业带来的影响 … 44
3.7 低温对人体以及作业带来的影响 … 44

第4章 人的热舒适模型及其评价指标 … 46
4.1 人体与周围环境的热交换以及热平衡方程 … 46
4.2 范格的热舒适方程 … 52
4.3 人的热感觉以及均匀与非均匀环境的评价问题 … 55

第5章 人的作业能力与疲劳分析 … 63
5.1 作业时人体的调节与适应 … 63
5.2 作业能力的动态分析 … 67
5.3 作业疲劳及其测定方法 … 68

第6章 人的自然倾向以及人为差错问题 … 71
6.1 习惯与错觉 … 71
6.2 精神紧张与躲险动作 … 72
6.3 人为差错问题 … 74

第7章 人的行为控制与决策模型 … 77
7.1 人的行为控制模型 … 77
7.2 人的决策模型 … 83

第8章 人的可靠性模型及其研究方法 … 84
8.1 基本可靠性指标以及常用的概率分布函数 … 84
8.2 连续作业时人的可靠性模型 … 87
8.3 不连续作业时人的可靠性模型 … 88
8.4 人的可靠性研究方法 … 88
8.5 人的可靠性的基本数据 … 90
本篇习题 … 92

第2篇 机应具备的特性以及人机界面安全设计的工效学原则

第9章 机应具备的一些重要特性 … 94
9.1 机的动力学特征分析 … 94
9.1.1 可操作性的3个特征 … 94
9.1.2 机的特性描述及其动力学特性分类 … 95
9.1.3 可操作性的比较 … 96

9.2 机的易维护性以及机的本质可靠性 …… 97
   9.2.1 易维护性的设计原则 …… 98
   9.2.2 基本维修性指标 …… 99
   9.2.3 有效性特征量 …… 101
   9.2.4 机的本质可靠性 …… 102

9.3 安全防护装置的作用与设计原则 …… 104
   9.3.1 安全防护装置的作用与分类 …… 104
   9.3.2 安全防护装置的组成 …… 105
   9.3.3 安全防护装置的设计原则 …… 105
   9.3.4 典型安全防护装置的设计 …… 105

第 10 章 两类人机界面的设计 …… 107

10.1 视觉、听觉显示器及其设计 …… 107
   10.1.1 信息显示方式的类型及其功能 …… 107
   10.1.2 显示方式的选择方法与原则 …… 109
   10.1.3 显示器设计的基本原则 …… 110
   10.1.4 视觉显示器的设计 …… 110
   10.1.5 听觉显示器的设计 …… 111
   10.1.6 信号灯与符号标志的设计 …… 113

10.2 控制器的设计 …… 113
   10.2.1 控制器的类型及其适用范围 …… 113
   10.2.2 控制器设计的人机工程学因素 …… 115
   10.2.3 手动与脚动控制器的设计 …… 118

10.3 显示器与控制器之间的工效学设计 …… 121
   10.3.1 显示器和控制器的布局设计原则 …… 121
   10.3.2 视觉显示器的布置 …… 121
   10.3.3 控制器的布置 …… 122
   10.3.4 显示器与控制器的配合 …… 123

第 11 章 人机系统功能匹配的原则与方法 …… 124

11.1 人机功能关系 …… 124
11.2 人机系统设计的基本要求和要点 …… 130
本篇习题 …… 133

第 3 篇 作业微空间的设计以及生态大系统健康维护

第 12 章 作业微空间的基本特性及其设计与分析方法 …… 135

12.1 环境的分类以及环境的基本特性 …… 135
   12.1.1 环境的分类及其一般特性 …… 135
   12.1.2 地球大气层环境的基本特性 …… 136

12.1.3 力学环境的基本特性 137
12.1.4 声学环境的基本特性 140
12.2 作业空间设计及其分析 141
12.2.1 行动空间 141
12.2.2 心理空间 142
12.2.3 活动空间 143
12.2.4 作业空间分析 143
12.3 工作座椅的静态舒适性设计 145
12.3.1 舒适坐姿的生理特征 145
12.3.2 工作座椅设计的主要准则与基本要求 146
12.4 环境照明 147
12.4.1 照度标准与照明设计 147
12.4.2 环境照明对工效的影响 149
12.5 噪声与振动 150
12.5.1 噪声的危害以及噪声控制措施 150
12.5.2 振动 154
12.6 微气候环境 156
12.6.1 高温作业环境及其改善措施 156
12.6.2 低温作业环境及其改善措施 156
12.7 职业危害以及职业安全 158
12.7.1 有毒环境的卫生标准 158
12.7.2 瓦斯及其防治 160
12.7.3 矿尘的危害及其防治 162
12.8 航空航天作业中的辐射及其防护 163
12.8.1 宇宙辐射的生物效应 163
12.8.2 宇宙辐射的防护 167

第13章 环境生态系统健康的概念及其主要研究内容 169
13.1 生态系统健康的基本概念与环境管理的目标 169
13.2 研究机构的搭建和生态系统问题研究的主要方向 170
本篇习题 170

第4篇 复杂系统中人因事故的分析方法及其预防

第14章 人因失误事故模型及其操作人员失误的分析 173
14.1 人因失误事故模型 173
14.1.1 人因失误的定义及分类 173
14.1.2 人因事故的基本特性 174
14.1.3 事故因果理论 175

14.1.4　能量意外转移理论 177
　　　14.1.5　轨迹交叉理论 178
　　　14.1.6　基于人体信息处理的人因失误事故模型 179
　　　14.1.7　事故的统计规律与预防原则 180
　14.2　复杂人机系统中操作人员失误的分析 181
　　　14.2.1　HRA 的 3 种行为类型以及操作人员的认知行为模型 181
　　　14.2.2　诱发人因事故的主要因素 184
　　　14.2.3　人因失误的结构模型 186
　　　14.2.4　人因事故根原因分析方法 187
第 15 章　人因可靠性分析方法的选择及其事故防御 189
　15.1　人因可靠性分析方法的选择及其比较标准 189
　　　15.1.1　HRA 方法的选择 189
　　　15.1.2　HRA 方法的比较标准 191
　15.2　人因事故的预防 192
　　　15.2.1　人的能力及状态 192
　　　15.2.2　人因失误的预防 192
　本篇习题 194

第 5 篇　人机建模、系统评价与性能预测的常用方法

第 16 章　构建人机环境系统的基本理论与系统评价指标 196
　16.1　控制论与模型论 196
　16.2　优化论以及 Nash-Pareto 优化策略 198
　16.3　总体性能的 4 项评价指标 200
　16.4　总体性能各指标的评价 201
第 17 章　人机建模与系统评价的常用算法 204
　17.1　系统建模与辨识方法 204
　　　17.1.1　系统建模的要求与原则 204
　　　17.1.2　描述系统模型的几类数学方法 205
　17.2　故障树分析法 205
　　　17.2.1　故障树分析的内容与作用 205
　　　17.2.2　故障树的建造与规范化 206
　　　17.2.3　故障树的定性分析 211
　　　17.2.4　故障树的定量分析 213
　17.3　人机系统的可靠性分析与计算方法 213
　　　17.3.1　人机系统可靠性分析的简易模型 213
　　　17.3.2　事件树分析法 218
　　　17.3.3　事件树分析法与故障树分析法的综合应用 221

17.4 层次分析法 ··· 224
17.4.1 建立层次结构模型 ·· 225
17.4.2 构造判断矩阵 ··· 225
17.4.3 层次单排序及其一致性检验 ·· 226
17.4.4 层次总排序及其一致性检验 ·· 227
17.4.5 层次分析法的计算过程 ·· 228
17.5 系统的模糊分析评价法 ·· 232
17.5.1 模糊关系及其运算 ··· 233
17.5.2 模糊综合评判 ··· 234
17.6 环境生态安全评价模型以及生态预报 ································· 239
17.6.1 PSR 模型 ··· 239
17.6.2 指标体系的建立和评价指标函数的构建 ······················· 239
17.6.3 生态安全指数判断标准以模型评价结果分析 ················· 241
17.6.4 生态预报的内涵 ··· 243
17.6.5 近期生态预报研究的重要领域 ······································ 244
17.7 清洁生产的评价等级及其评价方法 ··································· 245

第18章 人机环境系统性能预测的智能算法 ·································· 246
18.1 人机环境系统性能预测的小波神经网络智能算法 ················ 246
18.1.1 小波神经网络的训练学习过程 ······································ 246
18.1.2 模糊神经网络的训练学习过程 ······································ 248
18.1.3 两个典型算例 ··· 249
18.2 灰色系统性能的预测 ·· 253
18.2.1 灰色系统建模与预测 ·· 253
18.2.2 $GM(1,N)$ 模型 ·· 253
18.2.3 典型算例——模型建立及关联度计算 ···························· 256
18.2.4 灰色系统的预测 ··· 261

第19章 考虑系统集成和信息集成的复杂系统通用建模分析与设计方法 ···· 263
19.1 制造业的范围及其竞争要素的变化 ··································· 263
19.2 集成的概念以及制造业中两种集成的比较 ························· 265
19.2.1 集成的概念 ··· 265
19.2.2 关于"计算机集成制造"与"现代集成制造"的主要差别 ······ 265
19.3 多视图、多方位体系结构 ·· 266
19.4 概述几种典型的建模方法 ·· 269
19.4.1 功能建模方法 ··· 269
19.4.2 信息建模方法 ··· 269
19.4.3 资源建模中界面的作用以及资源集成的重要工具——ERP ····· 270
19.4.4 经营过程的建模方法——IDEF3 和 ARIS 过程建模 ············ 270

		19.4.5 精良的管理与敏捷制造的重要理念	271

        19.4.5 精良的管理与敏捷制造的重要理念 271
        19.4.6 决策建模方法 271
        19.4.7 经济分析与评价方法 272
        19.4.8 以 ChatGPT 为工具的人机系统建模方法 273
  19.5 企业与信息系统建模的 IDEF 方法族及重要特征 279
本篇习题 281

第 6 篇　安全人机工程系统的未来展望

第 20 章　人机环境系统工程的进展 292
  20.1 数字化人机环境安全工程 292
        20.1.1 数字化人的体态模型 292
        20.1.2 人机环境系统的建模与分析 292
        20.1.3 人机环境系统工程的评价系统 293
  20.2 信息化人机环境安全工程 293
        20.2.1 协同工作中的人与人间的交互 294
        20.2.2 基于信息交互的界面设计 294
  20.3 虚拟场景下人机环境安全工程 295
        20.3.1 虚拟场景下人机工程的设计以及工效学的评价 295
        20.3.2 人机工程学模型系统的研制与应用 296
  20.4 智能化人机环境安全工程 296
        20.4.1 人的智能模型 296
        20.4.2 人机智能结合的必要条件 297
        20.4.3 人机交互作用以及计算机的智能结构 298
  20.5 新形势下人机界面技术的新发展 299

第 21 章　清洁生产、循环经济及健康环境生态大环境的构建 301
  21.1 清洁生产与循环经济 301
  21.2 循环经济的七大基础原则以及"3R"原则的优先顺序 303
  21.3 可持续发展评价的指标体系概述 304
  21.4 干扰与受损的生态系统以及生态恢复 306

第 22 章　脑科学及神经工程对疾病诊断的促进与展望 308
  22.1 脑-机接口应用的现状与未来发展 308
        22.1.1 脑-机接口与分类 308
        22.1.2 规范 BCI 硬件系统及开发环境 309
        22.1.3 BCI 应用的现状 309
        22.1.4 BCI 技术未来的发展趋势 310
  22.2 神经肌骨动力学与神经肌骨系统疾病诊断 311
  22.3 电磁神经调控技术及其在疾病治疗中的应用 311

- 22.4 光遗传学技术及展望 ·········· 312
  - 22.4.1 光遗传学技术与传统电极刺激的比较 ·········· 312
  - 22.4.2 光遗传学与磁遗传学的比较 ·········· 312
  - 22.4.3 光遗传学控制细胞功能的基本步骤 ·········· 313
  - 22.4.4 光遗传学展望 ·········· 313
- 22.5 神经仿生学与智能机器人技术 ·········· 313
  - 22.5.1 神经仿生学及其发展趋势 ·········· 313
  - 22.5.2 从仿生学角度看神经机器人的发展 ·········· 314
  - 22.5.3 类脑计算与类脑智能机器人技术 ·········· 314
- 22.6 人脑计划以及类脑智能展望 ·········· 314
- 22.7 神经再生与修复技术展望 ·········· 315
  - 22.7.1 周围神经再生与修复概述及举例 ·········· 315
  - 22.7.2 中枢神经再生与修复技术概述 ·········· 315
  - 22.7.3 神经损伤修复的基因治疗以及新型康复技术的探索 ·········· 316

本篇习题 ·········· 316

后记 ·········· 319

参考文献 ·········· 322

第1篇 人的基本特性信息、数据采集以及模型分析

本篇共包括8章，主要讨论人的基本特性信息以及相关的数据采集。与机械工业出版社《安全人机工程学》2007年的第1版和2016年的第2版相比，这里增加了脑科学与神经工程学基础方面的内容以及人的可靠性模型及其研究方法等。前者是神经人因学的基础，也都是研究神经动力学、神经成像、神经网络、神经调控等重要研究内容时的基础，它有利于理解与认识工作中的脑行为；后者是《安全人机工程学》中研究人的失误，对人的可靠性进行定性与定量分析的基础。本篇还在第3～8章分别对人的热调节数学模型、人的热舒适模型、人的疲劳分析、人为差错问题、人的行为控制以及人的可靠性模型进行了较细致的分析与讨论。毫无疑问，上述对这些重要模型和问题的讲授与分析，深化了读者对人机工程学中有关人模型的认知。另外，与上述《安全人机工程学》第1版与第2版不同，因篇幅所限，本篇省略了有关系统工程一般性理论的讨论，对此感兴趣者可参阅文献[1-3]等。本篇还省略了对安全原理理论的讨论和安全系统工程一般性原理的讨论，对此感兴趣者可参阅文献[4-7]等。

第1章 人的基本特性以及数据采集

在人机环境系统中，人是工作的主体，起着主导作用。因此，在设计任何人机环境系统时都需要对人的特性进行充分考虑，确保机的设计与环境的设计符合人的需要。人是一个开放的巨系统，要与外界进行物质交换、能量交换和信息交换。

本章主要研究人的物理特性、生理特性、心理特性以及相关的数据采集。

1.1 人的物理特性

人体的物理特性主要包括几何特性、力学特性、热学特性、电学特性、声学特性以及其他物理特性。这些物理特性对实现人、机、环境三者优势的最优组合，以及使人在人机环境系统中工作时处于安全、舒适和高效的状态至关重要。因此，熟悉与掌握人体的各种特性，便可以有效地避免各种事故，保障人们安全地生产[5]。

1.1.1 人的几何特性

在人机工程设计中，人体的几何特性可分为人体静态几何特性与人体动态几何特性。人体静态几何特性又称静态人体测量尺寸，如人体的长度、宽、高、围（其中，包括胸围、腰围、臀围等）；人体动态几何特性又称动态人体测量尺寸，如人体活动时的各种度量。这些数据均来源于国家标准规定的人体测量数据。

人体测量有两种基本的姿势：一种为直立姿势，简称立姿；另一种为坐姿。人体测量时的基准面和基准轴如图 1-1 所示。3 个测量基准轴分别为垂直轴（z 轴）、纵轴（y 轴）与横轴（x 轴）。

垂直轴又称铅垂轴，纵轴又称矢状轴，横轴又称冠状轴。3 个测量基准面为正中面（矢状面）、冠状面和水平面。

人体测量基准点是人体几何参数测量的参照基准点，分布于人体的各特征部位。我国国家标准规定了人体测量的各主要基准点（简称测点），并给予了命名与编号。其中头部 16 个测点（图 1-2），躯干部 10 个测点，四肢部 12 个测点（图 1-3），

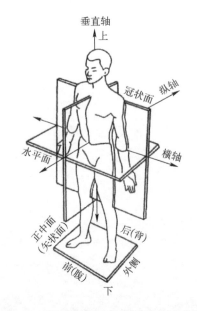

图 1-1 人体测量时的基准面和基准轴

总共 38 个测点。除了上述主要测点，《用于技术设计的人体测量基础项目》（GB/T 5703—2010）还规定了推荐使用的 23 个测点。使用时可以根据人体测量的不同目的和要求，按照上述测点为测量基准得到人体测量的各种基本数据。GB/T 5703—2010 还规定了测量项目，其中头部测量项目有 12 项，躯干和四肢部位测量项目有 69 项（其中，包括立姿 40 项、坐姿 22 项、手与足部 6 项、体重 1 项）；国标《用于技术设计的人体测量基础项目》（GB/T 5703—2010）中规定了适用于成年人与青年人的人体参数测量方法，对上述 81 项测量项目的具体测量方法以及各项测量项目所使用的测量仪器做了详细的规定与说明。凡是进行人体测量，必须严格按照规定标准的测量方法进行测量，其测量结果才有效。另外，在进行相关项目的测量时，对测量值读数的精度有十分严格的要求，如线性测量项目的测量值读数精度为 1mm，体重的读数精度为 0.5kg。

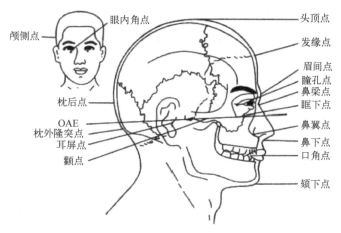

图 1-2　人体测量时头部基准点

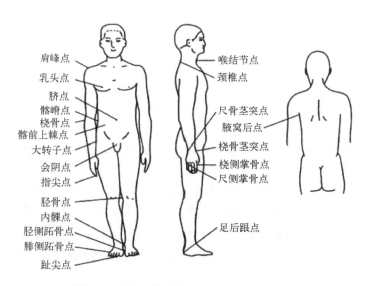

图 1-3　人体测量时躯干部和四肢部基准点

人体尺寸的测量数据基本呈正态高斯分布曲线。例如，把人体身高的测量值按计量单位从小到大排列作为横坐标，把各测量值的相对频数作为纵坐标，便得到了图1-4所示的人体身高分布与适应域。图1-4中给出的是一个典型的正态分布曲线，它在横坐标轴上覆盖的总面积为100%，从$-\infty$到某一横坐标值上的曲线面积为5%时，把该横坐标轴值称为5%值。同理，从$-\infty$到某横坐标值上的曲线面积分别为50%和95%时，则把该横坐标轴值分别称为50%值和95%值。值得注意的是，人体测量的数据常以百分位数P_a作为一种位置指标、一个界值。一个百分位数将群体或样本的全部测量值分为两部分：有$a\%$的测量值等于或小于它；有$(100-a)\%$的测量值大于它。

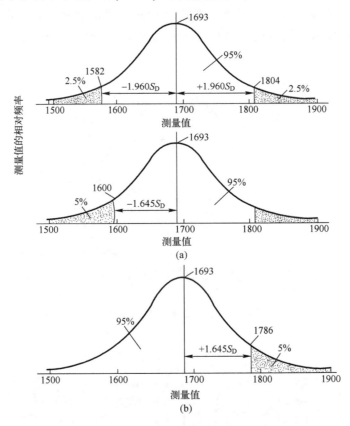

图1-4　人体身高分布与适应域

在人机工程设计中，最常用的是P_5、P_{50}、P_{95}三种百分位数。其中，第5百分位数代表"小身材"，即只有5%的人群的数值低于此下限值；第50百分位数代表"中身材"，即有50%的人群的数值低于此值；第95百分位数表示"大身材"，即有95%的人群的数值低于此值。另外，借助于正态分布曲线图，从$-\infty$到a或从a_1到a_2的区域定义为适应度。该适应度反映了设计所能适应的身材的分布范围。例如，已知某项人体测量尺寸的均值为$\bar{x}$，标准差为S_D，设欲求的任一个a百分位的人体测量尺寸x_a时，则x_a值可由下式决定。

$$x_a = \bar{x} + K \cdot S_D \tag{1-1}$$

式中，K 为与 a 有关的变换系数。

《中国成年人人体尺寸》（GB/T 10000—2023）提供了 7 类共 47 项人体尺寸基础数据，同时将年龄分为 3 段：18～25 岁（男、女）、26～35 岁（男、女），以及 36～60 岁（男）与 36～55 岁（女），分别按这些年龄段给出了各项人体尺寸的数据。另外，人体结构尺寸指静态尺寸，人体功能尺寸指动态尺寸。下面先介绍我国成年人[男（18～60 岁），女（18～55 岁）]的人体结构尺寸。

1. 人体静态几何特性

人体形体参数的主要尺寸包括身高、体重、上臂长、前臂长、大腿长、小腿长 6 项，除体重之外，其余 5 项主要尺寸的部位如图 1-5（a）所示。表 1-1 给出了我国成年人的人体主要尺寸。立姿人体尺寸包括眼高、肩高、肘高、手功能高、会阴高、胫骨点高 6 项，相应的部位如图 1-5（b）所示。表 1-2 给出了具体的尺寸。

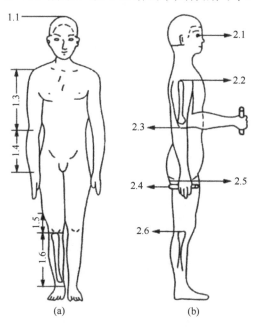

图 1-5 立姿人体尺寸代号

表 1-1 我国成年人的人体主要尺寸 （单位：mm）

测量项目	年龄分组 百分位数	男（18～60 岁）							女（18～55 岁）					
		1	5	10	50	90	95	99	1	5	10	50	90	95	99
1.1	身高	1543	1583	1604	1678	1754	1775	1814	1449	1484	1503	1570	1640	1659	1697
1.2	体重/kg	44	48	50	59	70	75	83	39	42	44	52	63	66	71
1.3	上臂长	279	289	294	313	333	338	349	252	262	267	284	303	302	319
1.4	前臂长	206	216	220	237	253	258	268	185	193	198	213	229	234	242
1.5	大腿长	413	428	436	465	496	505	523	387	402	410	438	467	476	494
1.6	小腿长	324	338	344	369	396	403	419	300	313	319	344	370	375	390

表 1-2　立姿人体尺寸　　　　　　　　　　（单位：mm）

年龄分组 百分位数 测量项目	男（18～60岁）							女（18～55岁）						
	1	5	10	50	90	95	99	1	5	10	50	90	95	99
2.1　眼高	1436	1474	1495	1568	1643	1664	1705	1337	1371	1288	1454	1522	1541	1579
2.2　肩高	1244	1281	1299	1367	1435	1455	1494	1166	1195	1211	1271	1333	1350	1385
2.3　肘高	925	954	968	1024	1079	1096	1128	873	899	913	960	1009	1023	1050
2.4　手功能高	656	680	693	741	787	801	828	630	650	662	704	746	757	778
2.5　会阴高	701	728	741	790	840	856	887	648	673	686	732	779	792	819
2.6　胫骨点高	394	409	417	444	472	481	498	363	377	384	410	437	444	459

　　成年人的坐姿人体尺寸包括坐高、坐姿颈椎点高、坐姿眼高、坐姿肩高、坐姿肘高、坐姿大腿厚、坐姿膝高、小腿加足高、坐深、臀膝距、坐姿下肢长 11 项。坐姿尺寸部位如图 1-6 所示。表 1-3 给出了我国成年人的坐姿人体尺寸。

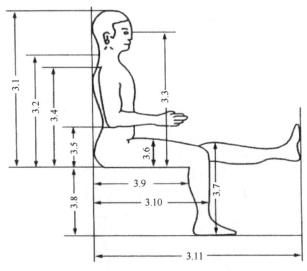

图 1-6　坐姿人体尺寸代号

表 1-3　坐姿人体尺寸　　　　　　　　　　（单位：mm）

年龄分组 百分位数 测量项目	男（18～60岁）							女（18～55岁）						
	1	5	10	50	90	95	99	1	5	10	50	90	95	99
3.1　坐高	836	858	870	908	947	958	979	789	809	819	855	891	901	920
3.2　坐姿颈椎点高	599	615	624	657	691	701	719	563	579	587	617	648	657	675
3.3　坐姿眼高	729	749	761	798	836	847	868	678	695	704	739	773	783	803
3.4　坐姿肩高	539	557	566	598	631	641	659	504	518	526	556	585	594	609
3.5　坐姿肘高	214	228	235	263	291	298	312	201	215	223	251	277	284	299
3.6　坐姿大腿厚	103	112	116	130	146	151	160	107	113	117	130	146	151	160
3.7　坐姿膝高	441	456	461	493	523	532	549	410	424	431	458	485	493	507
3.8　小腿加足高	372	383	389	413	439	448	463	331	342	350	382	399	405	417
3.9　坐深	407	421	429	457	486	494	510	388	401	408	433	461	469	485
3.10　臀膝距	499	515	524	554	585	595	613	481	495	502	529	561	570	587
3.11　坐姿下肢长	892	921	937	992	1046	1063	1096	826	851	865	912	960	975	1005

人体的水平尺寸包括胸宽、胸厚、肩宽、最大肩宽、臀宽、坐姿臀宽、坐姿两肘间宽、胸围、腰围、臀围 10 项，其相应部位如图 1-7 所示，表 1-4 给出了人体的水平尺寸。

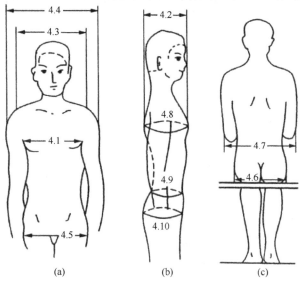

图 1-7 人体水平尺寸代号

表 1-4 人体水平尺寸　　　　　　　　　　　　　　（单位：mm）

测量项目	年龄分组 百分位数	男（18～60 岁）							女（18～55 岁）						
		1	5	10	50	90	95	99	1	5	10	50	90	95	99
4.1	胸宽	242	253	259	280	307	315	331	219	233	239	260	289	299	319
4.2	胸厚	176	186	191	212	237	245	261	159	170	176	199	230	239	260
4.3	肩宽	330	344	351	375	397	403	415	304	320	328	351	371	377	387
4.4	最大肩宽	383	398	405	431	460	469	486	347	363	371	397	428	438	458
4.5	臀宽	273	282	288	306	327	334	346	275	290	296	317	340	346	360
4.6	坐姿臀宽	284	295	300	321	347	355	369	295	310	318	344	374	382	400
4.7	坐姿两肘间宽	353	371	381	422	473	489	518	326	348	360	404	460	378	509
4.8	胸围	762	791	806	867	944	970	1018	717	745	760	825	919	949	1005
4.9	腰围	620	650	665	735	859	895	960	622	659	680	772	904	950	1025
4.10	臀围	780	805	820	875	948	970	1009	795	824	840	900	975	1000	1044

人体的头部尺寸包括头全高、头矢状弧、头冠状弧、头最大宽、头最大长、头围、形态面长 7 项，其相应部位如图 1-8 所示，表 1-5 给出了我国成年人的人体头部尺寸。

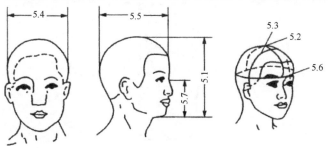

图 1-8 人体头部尺寸代号

表 1-5　人体头部尺寸　　　　　　　　　　　　　　　（单位：mm）

年龄分组 　　　百分位数 测量项目	男（18~60岁）							女（18~55岁）						
	1	5	10	50	90	95	99	1	5	10	50	90	95	99
5.1 头全高	199	206	210	223	237	241	249	193	200	203	216	228	232	239
5.2 头矢状弧	314	324	329	350	370	375	384	300	310	313	329	344	349	358
5.3 头冠状弧	330	338	344	361	378	383	392	318	327	332	348	366	372	381
5.4 头最大宽	141	145	146	154	162	164	168	137	141	143	149	156	158	162
5.5 头最大长	168	173	175	184	192	195	200	161	165	167	176	184	187	191
5.6 头围	525	536	541	560	580	586	597	510	520	525	546	567	573	585
5.7 形态面长	104	109	111	19	128	130	135	97	100	102	109	117	119	123

人体的手部尺寸包括手长、手宽、食指长、食指近位指关节宽、食指远位指关节宽 5 项。其相应的部位如图 1-9 所示。表 1-6 给出了人体手部尺寸。人体足部尺寸包括足长、足宽 2 项，这两项的部位如图 1-10 所示。表 1-7 给出了我国成年人的人体足部尺寸。

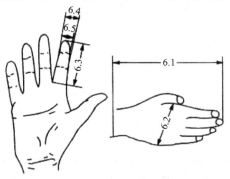

图 1-9　人体手部尺寸代号

表 1-6　人体手部尺寸　　　　　　　　　　　　　　　（单位：mm）

年龄分组 　　　百分位数 测量项目	男（18~60岁）							女（18~55岁）						
	1	5	10	50	90	95	99	1	5	10	50	90	95	99
6.1 手长	164	170	173	183	193	196	202	154	159	161	171	180	183	189
6.2 手宽	73	76	77	82	87	89	91	67	70	71	76	80	82	84
6.3 食指长	60	63	64	69	74	76	79	57	60	61	66	71	72	76
6.4 食指近位指关节宽	17	18	18	19	20	21	21	15	16	16	17	18	19	20
6.5 食指远位指关节宽	14	15	15	16	17	18	19	13	14	14	15	16	16	17

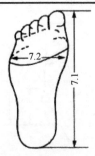

图 1-10　人体足部尺寸代号

表 1-7　人体足部尺寸　　　　　　　　　　　　（单位：mm）

测量项目	年龄分组 百分位数	男（18~60岁）							女（18~55岁）						
		1	5	10	50	90	95	99	1	5	10	50	90	95	99
7.1	足长	223	230	234	247	260	264	272	208	213	217	229	241	244	251
7.2	足宽	86	88	90	96	102	103	107	78	81	83	88	93	95	98

2．人体动态几何特性

人体动态尺寸测量的重点是测量人在执行某种动作时的身体特征。图 1-11 给出了车辆驾驶的静态图和动态图。图 1-11（a）强调驾驶员与驾驶座位、方向盘、仪表等的物理距离；图 1-11（b）则强调驾驶员身体各部位的动作关系。

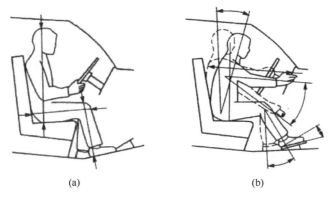

图 1-11　车辆驾驶的静态图和动态图

人体的动态尺寸测量的特点是，在任何一种身体活动中，身体各部位的动作并不是独立无关的，而是协调一致的，具有活动性与连贯性。例如，手臂可及的极限并非唯一由手臂长度所决定，它还受到肩部运动、躯干的扭转、背部的弯曲以及操作本身所带来的影响。

人体动态测量通常是对手、上肢、下肢、脚所及的范围以及各关节能达到的距离与能转动的角度进行测量，如图 1-12 所示。《工作空间人体尺寸》（GB/T13547—1992）提供了我国成年人立、坐、跪、卧、爬等常取姿势时的功能尺寸数据，经整理归纳后列于表 1-8。表 1-8 中所列数据均为裸体测量结果，使用时应增加适当的修正余量。另外，图 1-13 给出了人体各部位的活动范围。表 1-9 给出了相应的数据。

人体在很多场合下可以视为由多个节段组成的复合刚体。体节是从动力学角度将人体划分为若干个节段，每个节段可以看作理想的刚体，以此建立人体动力学模型或用于人体热舒适问题的分析。常用的模型有 14 个模块，如图 1-14 所示。在这个模型中，人体被分解成头、躯干、左上臂、右上臂、左前臂、右前臂、左手、右手、左大腿、右大腿、左小腿、右小腿、左足与右足 14 个节段。我们将两个体节连接起来，并保持两者之间可以相对运动的生理结构称为关节。在这里，关节的含义与解剖学上的关节含义有些不同。在解剖学上，人体全身关节共有 200 多个，而图 1-14 所示的人体模型中只有 13 个关节。

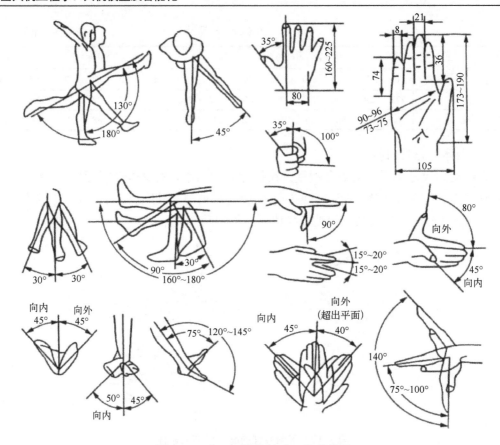

图 1-12 上、下肢的转动、移动范围

表 1-8 我国成年人上肢功能尺寸 （单位：mm）

测量项目	男（18~60 岁）			女（18~55 岁）		
	P_5	P_{50}	P_{95}	P_5	P_{50}	P_{95}
立姿双手上举高	1971	2108	2245	1845	1968	2089
立姿双手功能上举高	1869	2003	2138	1741	1860	1976
立姿双手左右平展宽	1579	1691	1802	1457	1559	1659
立姿双臂功能平展宽	1374	1483	1593	1248	1344	1438
立姿双肘平展宽	816	875	936	756	811	869
坐姿前臂手前伸长	416	447	478	383	413	442
坐姿前臂手功能前伸长	310	343	376	277	306	333
坐姿上肢前伸长	777	834	892	712	764	818
坐姿上肢功能前伸长	673	730	789	607	657	707
坐姿双手上举高	1249	1339	1426	1173	1251	1328
跪姿体长	592	626	661	553	587	624
跪姿体高	1190	1260	1330	1137	1196	1258
俯卧体长	2000	2127	2257	1867	1982	2102
俯卧体高	364	372	383	359	369	384
爬姿体长	1247	1315	1384	1183	1239	1296
爬姿体高	761	798	836	694	738	783

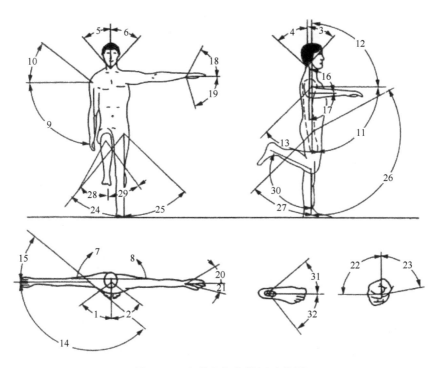

图 1-13 人体各部位的活动范围

表 1-9 人体活动部位的活动方向与角度范围

身体部位	移动关节	动作方向	动作角度		身体部位	移动关节	动作方向	动作角度	
			代号	/°				代号	/°
头	脊柱	向右转	1	55	手	腕(枢轴关节)	背屈曲	18	65
		向左转	2	55			掌屈曲	19	75
		屈曲	3	40			内收	20	30
		极度伸展	4	50			外展	21	15
		向一侧弯曲	5	40			掌心朝上	22	90
		向一侧弯曲	6	40			掌心朝下	23	80
臂	肩关节	外展	9	90	肩胛骨	脊柱	向右转	7	40
		抬高	10	40			向左转	8	40
		屈曲	11	90	腿	髋关节	内收	24	40
		向前抬高	12	90			外展	25	45
		极度伸展	13	45			屈曲	26	120
		内收	14	140			极度伸展	27	45
		极度伸展	15	40			屈曲时回转(外观)	28	30
		外展旋转(外观)	16	90			屈曲时回转(内观)	29	35
		(内观)	17	90	小腿足	膝关节 踝关节	屈曲	30	135
							内收	31	45
							外展	32	50

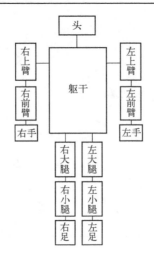

图 1-14 人体的 14 个模块

1.1.2 人体模板的构建

借助于人的形体参数所构成的人体模型,是描述人体形态特性与力学特性的有效工具,是研究、分析、设计、评价、试验人机系统不可缺少的辅助手段。根据使用的目的不同,人体模型的用途、功能、构造方法也有所不同。例如,按用途来分,有分析工作姿势用的人体模型、有分析动作用的人体模型、有用于运动学分析用的人体模型、有用于动力学分析用的人体模型、有研究人机界面匹配评价用的人体模型、有用于各种实验用的人体模型。如果按照人体模型的构造方法来分,可分为两类:一类是物理仿真模型;另一类是数学仿真模型。下面仅扼要介绍一下人机工程学科领域中常用的人体模型。

《坐姿人体模板功能设计要求》(GB/T14779—1993)中规定了3种身高等级的成年人坐姿模板的功能设计基本条件、功能尺寸、关节功能活动角度、设计图以及使用条件。图 1-15 给出了坐姿人体模板的侧视图。表 1-10 给出了人体模板关节角度的调节范围。另外,《人体模板设计和使用要求》(GB/T15759—1995)提供了用于设计人体外形模板的尺寸数据及其图形,如图 1-16 所示。图 1-17 给出了用人体模板去校核轿车驾驶室设计的应用实例。

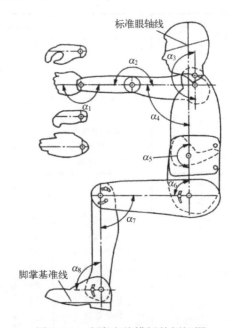

图 1-15 坐姿人体模板的侧视图

表 1-10 人体模板关节角度的调节范围

身体关节	调节范围			
	侧视图		俯视图	
腕关节	α_1	140°～200°	β_1	140°～200°
肘关节	α_2	60°～180°	β_2	60°～180°
头/颈关节	α_3	130°～225°	β_3	55°～125°
肩关节	α_4	0°～135°	β_4	0°～110°
腰关节	α_5	168°～195°	β_5	50°～130°
髋关节	α_6	65°～120°	β_6	86°～115°
膝关节	α_7	75°～180°	β_7	90°～104°
踝关节	α_8	70°～125°	β_8	90°

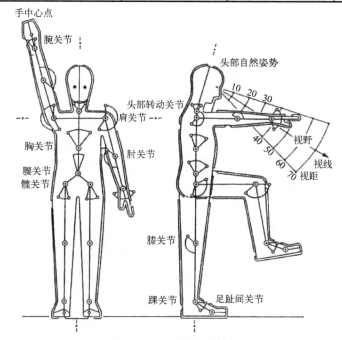

图 1-16 人体外形模板

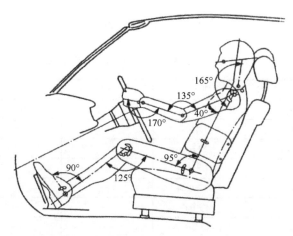

图 1-17 人体模板用于轿车驾驶室的设计

1.1.3 人的力学特性

人体像其他生物系统一样包括有机整体与有机整体的联合体。有机整体是由各种器官和组织以及其中的液体和气体组成的整体；有机体的联合体是由生物体的各部分，如头、躯干、四肢以及内脏等组成的有机联合体。人体生物力学侧重研究人体各部分的力量、活动范围、速度，人体组织对于不同阻力所发挥出的力量等问题。人的骨骼和肌肉是人体的主要运动器官，人体的力学特性也主要由这两种器官决定。图1-18给出了人体骨骼分布图。人体骨骼共有206块，其中有177块直接参与人体运动。人体的主要肢体骨均属于密质骨，密质骨可视为胡克弹性体。表1-11给出了人体主要骨骼的力学特性。

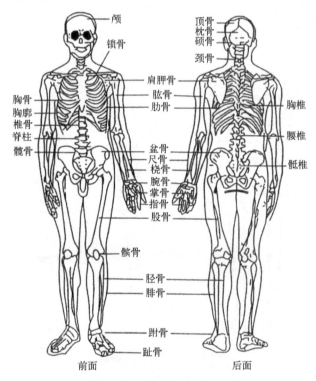

图1-18 人体骨骼分布图

表1-11 人体主要骨骼的力学特性

力学特性	股骨	胫骨	肱骨	桡骨
抗拉强度极限/MPa	124±1.1	174±1.2	125±0.8	152±1.4
最大伸长百分比/%	1.41	1.50	1.43	1.50
拉伸时的弹性模量/GPa	17.6	18.4	17.5	18.9
抗压极限强度/MPa	170±4.3	—	—	—
最大压缩百分比/%	1.85±0.04	—	—	—
拉伸时抗剪强度极限/MPa	54±0.6	—	—	—
扭转弹性模量/GPa	3.2	—	—	—

人体中的肌肉可分为3类，即骨骼肌、心肌和平滑肌。人体的运动和力量主要来自骨骼肌。人体全身共有大小骨骼肌600多块，总重量占体重的35%～40%；人体产生的力量是骨骼肌收缩时表现出的一种力学特性。人体在日常作业中，最常用的力量是握力、推拉力、蹬力和提拉力。一般男子的握力相当于自身体重的47%～58%，女子的握力相当于自身体重的40%～48%。当手做左右运动时，则推力大于拉力，最大推力约为392N；当手做前后运动时，拉力明显大于推力，瞬时动作的最大拉力可达1078N，连续操作的拉力约为294N。在垂直方向，手臂的向下拉力也要明显大于向上拉力。腿的蹬力是腿部肌肉产生伸展运动时的力量，右腿最大蹬力平均可达2568N，左腿可达2362N。

肌肉收缩的力学特性可用三元件简化力学模型加以描述，如图1-19所示。在图1-19中，C.C表示收缩元件；S.C表示串联顺应元件，相当于串联的无阻尼弹性元件；P.C表示并联顺应元件，相当于并联的无阻尼弹性元件。3个元件构成的性质共同决定了肌肉的力学特性。图1-20给出了肌肉的收缩速度与肌肉产生的张力之间的关系。从图1-20中可以看出，在中等程度的后负荷作用下，产生的张力与它收缩时的初速度大致呈反比关系。

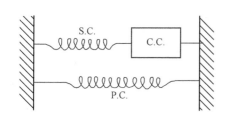 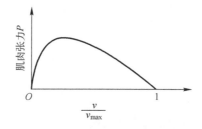

图1-19 肌肉的三元件力学模型　　图1-20 肌肉的收缩速度与肌肉产生的张力之间的关系

著名的Hili（希尔）方程便给出了肌肉收缩速度 v 与肌肉张力 P 之间的数学描述，即

$$P = \frac{(P_0 + a)b}{v + b} - a \quad (1-2)$$

$$v = \frac{(P_0 + a)b}{P + b} - b \quad (1-3)$$

式中，P 为肌肉张力；v 为肌肉收缩速度；P_0 为肌肉的初张力；a 与 b 均为常数。值得注意的是，上述肌肉收缩速度与肌肉张力之间的曲线是在前负荷固定于某一数值而改变后负荷时肌肉所表现的收缩形式和速度、张力间的变化关系。肌肉的输出功率由张力与缩短速度的乘积决定。显然，当肌肉缩短速度为 $(0.2～0.3)\,v_{max}$ 时，其输出功率最大。

肌肉收缩是由肌肉的动作电位引起的，记录肌肉动作电位变化的曲线称为肌电图（electromyogram，EMG）。肌电图的形状可反映肌肉本身机能的变化，反映了人体局部肌肉的负荷情况，对客观、直接地判断肌肉的神经支配状况以及运动器官的机能状态具有重要意义。另外，在人机工程学上，常用肌电图的电压幅值和收缩频率来评价作业设计、作业姿势以及工具设计的人性化与合理化。

人体所能产生的最大功率可以用如下近似公式给出，即

$$W = 0.47(tQ_1 + \Delta Q_2)/t \tag{1-4}$$

$$Q_1 = (56.592 - 0.398A)M \times 10^{-3} \tag{1-5}$$

式中，W 为人体运动所产生的功率（kW）；t 为运动时间（min）；Q_1 为最大耗氧量，（L/min）；ΔQ_2 为超过最大耗氧量的氧需量，又称为氧债（L）；A 为人的年龄；M 为人的体重（kg）。表 1-12 给出了人体在不同工作时间内所产生的最大功率。

表 1-12　人体在不同工作时间内所产生的最大功率

性别	年龄	身高/cm	体重/kg	人体表面积/m²	Q_1/(L/min)	ΔQ_2/L	最大功率/kW				
							15s	60s	4min	30min	150min
男	15	154	45	1.416	2.23	3.689	5.87	2.04	1.05	0.82	0.78
	16	158	49	1.489	2.382	4.072	6.45	2.26	1.18	0.87	0.83
	17	160	52	1.536	2.481	4.370	6.89	2.37	1.24	0.90	0.87
	18	161	53	1.565	2.551	4.578	7.21	2.46	1.28	0.93	0.89
	20～23	162	56	1.596	2.536	6.051	9.25	2.97	1.39	0.951	0.90
女	15	149	43	1.353	1.678	2.205	3.63	1.35	0.77	0.60	0.59
	16	150	46	1.390	1.724	2.266	3.73	1.38	0.80	0.625	0.60
	17	151	47	1.411	1.760	2.314	3.80	1.40	0.81	0.632	0.61
	18	152	48	1.422	1.764	2.332	3.83	1.42	0.82	0.65	0.62

1.1.4　人的其他物理学特性

1. 人的热力学特性

人体是一个具有复杂热调节功能的系统，并且可以使人体的温度基本维持恒定。当外界环境温度在一定范围内变动时，人体热调节系统可以通过各种调节手段去维持体内温度的相对稳定，从而保证人类生命活动的正常进行。

新陈代谢是所有生物不可缺少的重要特征。生物从外界环境获取必要的物质，排泄不必要的代谢产物，同时进行了能量的代谢。各种能源物质在体内氧化过程中所产生能量的不足一半被肌体以高能磷酸键的形式存储于体内，一半以上的能量直接转化为热能。以高能磷酸键形式存储的能量可为人体完成肌肉收缩、舒张、腺体分泌等生理活动提供能量。

人体的能量代谢和产热量受诸多因素的影响，如环境温度、体力负荷、饮食结构、精神状态，甚至某些内分泌疾病都可能影响人的能量代谢。基础代谢量是人体在基础状态下在单位时间内测出的能量代谢量。所谓基础状态，是人体清晨进食前，静卧半小时后水平仰卧、肌肉松弛、清醒而精神放松的状态。表 1-13 给出了不同年龄男女的基础代谢率（BMR），从表 1-13 中的数据可以看出，随着年龄的增长，基础代谢率逐渐减小；对于同龄人，女性的基础代谢比男性低。另外，体力负荷对人体的能量代谢和产热量有非常明显的影响，如当活动强度加大，耗氧量和能量代谢显著增加，可达安静状态下的

10~20倍。这时肌肉是人体的主要产热器官，其产热量占总产热量的90%以上。表1-14给出了人体不同类型活动下的能量代谢率。

表1-13 不同年龄男女的基础代谢率

年龄/岁	男/[kJ/(m²·h)]	女/[kJ/(m²·h)]
15	175	159
20	162	148
25	157	147
30	154	147
35	153	147
40	152	146
45	151	144
50	150	142
55	148	139
60	146	137
65	144	135

表1-14 人体不同类型活动下的能量代谢率

人体活动状态	能量代谢率/[kJ/(m²·min)]
静卧	2.73
开会	3.40
擦窗	8.30
洗衣	9.89
清扫	11.37
打排球	17.05
打篮球	24.22
踢足球	24.98

代谢活动在人体内表现为一系列的生化反应，而温度是保证生化反应正常进行的一个重要因素。体温过高或过低都会对体内的生化反应产生严重的影响。但是，对于人体来讲，各部分的温度并不相同。体表的温度称为体表温度或皮肤温度；人体深部的温度，包括颅腔、胸腔和腹腔内部的温度，称为核心温度。在环境温度为23℃时，人体躯干的体表温度为32℃，额部为33~34℃，手部为30℃，足部为27℃；人体核心温度不易测量，通常临床用较易测定的腋下、口腔或直肠温度代替核心温度，简称体温。通常，腋下温度的正常值为36.0~37.4℃，口腔温度为36.6~37.7℃，直肠温度为36.9~37.9℃。

体温的相对稳定是依赖人体复杂的体温调节系统来保证的，下丘脑是体温生理调节的神经中枢，它能感受局部脑组织0.1℃温度的变化。人体的体温调节机制可分为生理性调节与行为性调节两类。其调节系统是个复杂的负反馈控制系统，如图1-21所示。在图1-21中，T_c与T_s分别表示核心温度与皮肤温度；T_0表示基准温度，其调定点为：核心温度为37.0℃，皮肤温度为33.3℃。

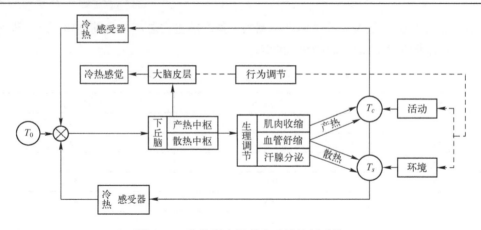

图 1-21 人体温度调节负反馈控制系统

人体与环境之间的热交换主要有 4 种形式：辐射、传导、对流和蒸发。辐射热交换主要取决于物体间的温度差、有效辐射面积以及物体表面的反射特性和吸收特性。其关系式为

$$q_\mathrm{r} = \sigma[(\bar{T}_\mathrm{s})^4 - (\bar{T}_\mathrm{r})^4]A_\mathrm{r} \tag{1-6}$$

式中，σ 为斯蒂芬-玻耳兹曼常数；$\bar{T}_\mathrm{s}$ 与 $\bar{T}_\mathrm{r}$ 分别为物体表面平均温度与环境的平均辐射温度；A_r 为有效辐射面积。人体与环境间的导热热流率为

$$q_\mathrm{K} = \lambda(T_1 - T_2) \tag{1-7}$$

式中，λ 为热导率；T_1 与 T_2 分别为两个物体的表面温度。人体与环境间的对流热交换为

$$q_\mathrm{c} = \alpha(\bar{T}_\mathrm{s} - \bar{T}_\mathrm{a}) \tag{1-8}$$

式中，α 为对流换热中的表面换热系数；$\bar{T}_\mathrm{s}$ 与 $\bar{T}_\mathrm{a}$ 分别为物体表面平均温度与流体介质平均温度。对于不同环境条件，α 的取值是不同的。

蒸发换热是人体与环境进行的另一种形式的热交换，它是人体通过汗液蒸发、利用相变的形式向环境散发热量。蒸发时，人体表面的水分由液态变为气态，因此水的汽化潜热制冷是人体蒸发散热的实质。蒸发热交换主要取决于人体表皮肤的 P_SK 与环境的 P_a 值，其关系式为

$$q_\mathrm{e} = \alpha_\mathrm{e}(P_\mathrm{SK} - P_\mathrm{a}) \tag{1-9}$$

式中，P_SK 为皮肤温度下水的饱和蒸气压；P_a 为环境空气中水的饱和蒸气压；α_e 为蒸发换热系数。当然，人体蒸发散热还要受到风速、气压、湿度等环境条件的影响。环境流场的计算可借助于流体力学的方法进行预测与模拟。

2. 人的电学、磁学、声学和光学特性

组成人体的许多生命物质，特别是组成蛋白质的氨基酸能够离解产生离子基团或形成电偶极子；核酸大分子中的碱基和磷酸酯也存在丰富的离子基团和电偶极子。另外，生物体内水带有大量的 Na^+、K^+、Ca^{2+}、Fe^{2+}、Mg^{2+} 与 Cl^- 等无机离子，而生物水本身有极强的电偶极作用。所有这些便决定了人体具有十分复杂的电学特性，以下仅从三

方面略做介绍。

（1）生物电阻抗。在低频电流的作用下，人体组织显示了复杂的电阻抗特性。一些组织表现为通常的电阻特性，即电流、电阻、电压服从欧姆定律。但在更多的场合下，人体组织的电阻特性是非线性，甚至还存在极性的非对称性。另外，生物膜的电容既有储能作用，也有极化电容的性质。生物膜的极化与去极化正是充电和放电过程。人体的等效电阻大于 $1\,k\Omega$，等效电容为 $70\sim100\,pF$；血液的电阻率为 $160\sim230\,\Omega\cdot cm$，骨骼肌的电阻率为 $470\sim711\,\Omega\cdot cm$，肺在充气时的电阻率约为 $750\,\Omega\cdot cm$，肺在呼气时电阻率为 $400\,\Omega\cdot cm$，人的皮肤的电阻率与皮肤的表层结构和干湿程度有关。对于有角质层的人体皮肤，电阻率为 $10^5\,\Omega\cdot cm$；无角质层的人体皮肤，电阻率约为 $10^3\,\Omega\cdot cm$。显然，两者相差两个数量级。

（2）人体的容积导体特性。人体的组织器官呈现容积导体特性，通常采用电桥法或四电极法测量人体组织器官的电阻抗。这些电子仪器根据测量结果画出的图形称为电阻抗图，如心阻抗图、肺阻抗图、脑阻抗图等。借助于这些阻抗图对判断组织器官的正常与病变有重要价值。

（3）人体生物电。生物电现象是人体乃至生物界的普遍现象，细胞膜电位的瞬时改变导致组织兴奋。应该指出的是单个细胞的电活动往往是非常微弱的，生物电位的变化是微伏级的水平，只有当组织内细胞群体性和一致性电活动时才可以构成明显的生物电信息。这些生物电信息可以反映出相应组织器官的功能状态与特性。

对于人的磁学、声学和光学特性，这里因篇幅所限不再给出，感兴趣者可参阅文献[8-9]等。

1.2 人的生理特性

人的生理特性、心理特性和人的能力限度是进行人机环境系统设计与优化的基础，因此在进行人机环境系统的研究中，搞清楚人的生理与心理特性至关重要。人的生理特性主要包括人的感觉特性、适应性和生理节律性，人体的兴奋性和反应性也反映在上述特性中。

1.2.1 人的感觉与知觉特性

1. 人的感受性和感觉的适应

人体借助于各种类型的感受器将周围环境（包括自身内环境）中的各种信息的变化转化为生物电位变化，并以神经冲动的方式通过传入神经纤维传向中枢神经系统，然后经分析、处理并且通过一系列的反射性活动使机体能更适应环境的变化。感觉是人脑对直接作用于感受器的客观事物某些属性的反映。例如，一个香蕉放在人面前，通过眼睛看便产生了香蕉呈黄色的视觉；若摸一下，则产生光滑感的触觉；若闻一下，则产生清香的嗅觉；若吃一下，则产生甜滋滋的味觉。由此产生的视觉、触觉、嗅觉、味觉都属于感觉。此外，感觉还反映人体本身的活动状态，如人感到内部器官工作状态舒适、疼痛、饥饿等。感觉又是一个过程，客观事物直接作用于人的感觉器官，产生神经冲动，并由传入神经传到中枢神经系统，引起感觉。感觉可分为以下三大类。

（1）接受外部刺激的外感受器，它可以反映外界事物属性的外部感觉，例如视觉、听觉、嗅觉、味觉和皮肤感觉；

（2）接受人体内部刺激的内感受器，它反映内脏器官在不同状态时的内部感觉，例如饥、渴等内脏感觉；

（3）在身体外表面和内表面之间的本体感受器，它反映身体各部分的运动和位置情况的本体感觉，例如运动感觉、平衡感觉等。

感觉的基本特征可归纳为如下。

① 感受性以及感觉阈限。人体的各种感觉器官都有各自最敏感的刺激形式，这种刺激形式可称为对应于该感觉器的适宜刺激。当适宜刺激作用于该感受器时，只需要很小的刺激能量就能引起感受器的兴奋。对于非适宜刺激，则需要较大的刺激能量。表 1-15 给出了人体主要感觉器官的适宜刺激以及感觉反映。

表 1-15 适宜刺激与感觉反映

感觉类型	感受器	适宜刺激	刺激起源	识别外界的特征	作用
视觉	眼	可见光	外部	色彩、明暗、形状、大小、位置、远近、运动方向等	鉴别
听觉	耳	一定频率范围的声波	外部	声音的强弱和高低，声源的方向和位置等	报警、联络
嗅觉	鼻腔顶部嗅细胞	挥发的和飞散的物质	外部	香气、臭气、辣气等挥发物的性质	报警、鉴别
味觉	舌面上的味觉	被唾液溶解的物质	接触表面	甜、酸、苦、咸、辣等	鉴别
皮肤感觉	皮肤及皮下组织	物理和化学物质对皮肤的作用	直接和间接接触	触觉、痛觉、温度觉和压力等	报警
深部感觉	机体神经和关节	物质对机体的作用	外部和内部	撞击、重力和姿势等	调整
平衡感觉	半规管	运动刺激和位置变化	内部和外部	旋转运动、直线运动和摆动等	调整

感受性是感受器对适宜刺激的感觉能力，可以用感觉阈限的大小来度量。表 1-16 给出了人体主要感觉的感觉阈值。

表 1-16 各种感觉的感觉阈值

感觉类型	感觉阈值		感觉类型	感觉阈值	
	最低限	最高限		最低限	最高限
视觉/J	$(2.2 \sim 5.7) \times 10^{-17}$	$(2.2 \sim 5.7) \times 10^{-8}$	温度觉/[kg·J/(m²·s)]	6.28×10^{-9}	9.13×10^{-6}
视觉/(J/m²)	1×10^{-12}	1×10^{2}	味觉（硫酸试剂浓度）	4×10^{-7}	
触压觉/J	2.6×10^{-9}		角加速度/(rad/s²)	2.1×10^{-3}	
振动觉/mm	振幅 2.5×10^{-4}		直线加速度/(m/s²)	减速时 0.78	加速时（49～78）减速时（29～44）
嗅觉/(kg/m³)	2×10^{-7}				

② 感觉的适应以及余觉。在同一刺激的持续作用下，人的感受性发生变化的过程称为感觉的适应。这种适应现象几乎在所有的感觉中（痛觉除外）都存在，但是适应的表现和速度是不同的。例如，视觉适应中的暗适应约需要 45min 以上，明适应需要 1～2min；听觉适应需要 15min；味觉和轻触觉适应分别约需 30s 和 2s。

另外，刺激取消之后，感觉可以存在一极短时间，这种现象称为余觉。例如，在暗室里急速转动一根燃烧着的火柴，可以看到一圈火花，这就是余觉的感觉。

2．人的知觉特性

知觉是人脑对直接作用于感觉器官的客观事物和主观状况整体的反映。知觉是在感觉的基础上产生的，感觉到的事物的个别属性越丰富、越精确，则对事物的知觉就越完整、越正确。但知觉不是感觉的简单相加，而是表现为对事物的整体认知。知觉是一个主动的反应过程，它比感觉更加依赖于人的主观态度和过去的知识经验。知觉大体上可分为空间知觉、时间知觉和运动知觉三大类。

知觉的基本特征可归纳为如下 4 点。

（1）知觉的整体性。

（2）知觉的理解性。

（3）知觉的恒定性。当知觉的条件在一定的范围变化时，知觉的印象却保持相对不变的特性，这就称为知觉的恒定性。

（4）错觉。错觉是在特定条件下，人们对作用于感觉器官之外事物所产生的不正确的知觉。错觉现象十分普遍，各种知觉中都可能发生。错觉的种类很多，有空间错觉、运动错觉、时间错觉等。人的错觉有害也有益。在人机环境系统中，错觉有可能造成判断与操作上的失误，甚至可能酿成事故。但在军事行动、体育比赛、绘画、服装、建筑造型以及工业产品造型方面，利用错觉有时反而能收到很好的效果。

这里应指出的是，在生活或生产活动中，感觉与知觉往往是密切关联的，人们往往都是以知觉的形式直接反映事物，而感觉只作为知觉的组成部分存在于知觉之中，很少有孤立的感觉存在。正是由于感觉与知觉如此密切，因此在心理学中就将感觉与知觉统称为感知觉。正如许多人体生理学教科书所指出的那样，对于一个完整的人体来讲，从形态和功能上可划分为运动系统、消化系统、呼吸系统、泌尿系统、生殖系统、循环系统、内分泌系统、感觉系统和神经系统 9 个系统。各个系统的功能活动相互联系、相互制约，在神经、体液的支配与调节下构成了一个完整的有机整体，并进行着正常的功能活动。而对于人体的感觉来讲，根据感受器和感觉器官的不同感觉内容和属性又可分为视觉、听觉、触觉、痛觉、嗅觉、冷热觉和平衡觉等。其中，在人机环境系统工程中，视觉、听觉、触觉和平衡觉最为重要，对此感兴趣者可以参阅文献[10-11]等。

1.2.2 人的生理适应性

当外界环境变化时，人体将不断地调整体内各部分的功能及其相互关系，以维持正常的生命活动。人体所具有的这种根据外界环境的情况对自身内部机能进行调节的功能称为适应性。当然，条件反射也是实现机能调节和适应性的重要方面之一。另外，疲劳现象也是人生理适应性的一种特殊表现形式。

1. 人体的生理调节

人体的内部细胞、组织和器官所处的环境称为人体的内环境，并以此去区别人体本身所处的外环境。外环境的条件通常并不一定都适用于人体生命运动所需要的温度，为了保证体内生命活动的正常进行，必须使人体内环境保持一定的稳定性。例如，外环境的温度可由零下几十摄氏度变化到零上几十摄氏度，而人体内的温度始终在37℃左右。同样，内环境的压力、酸碱度等其他理化参数也保持相对稳定，不随外环境变化。这种人体的内环境相对稳定不随外环境变化的机制称为生理稳态。人体的生理稳态是通过一系列生理调节过程来实现的（例如，当外环境温度过高时，人体则通过排汗散发体内的余热以维持体温的稳定）。生理调节方式主要有神经调节、体液调节和自身调节。以下对这三种调节方式略做介绍。

（1）神经调节：是人体生理调节的最主要手段，其基本方式是采取神经反射。神经反射是在中枢神经系统的参与下，机体对内、外环境刺激所做的规律性反应。神经反射的基本结构单元是反射弧。它由感受器、传入神经纤维、中枢、传出神经纤维和效应器组成，感受器是将外界刺激能量转化为神经脉冲，神经脉冲经传入神经纤维到达中枢神经系统，在中枢神经系统经过加工处理之后，再以神经脉冲方式经特定的传出神经纤维传至效应器，最后由效应器做出适当的反应（例如，引起肌肉的收缩或体液的分泌等）。

（2）体液调节指人体通过某一器官或组织分泌某种化学物质达到调节的功能。这类具有生理调节功能的化学物质统称为激素；分泌激素的器官或组织称为内分泌腺。各内分泌腺组成内分泌系统，调节全身许多重要器官的功能活动（例如，甲状腺分泌甲状腺素调节全身的能量代谢）。

（3）自身调节：人体组织器官的有些调节并不依赖于神经调节与体液调节，而是通过自身固有的机制进行调节，这种调节在一定情况下起着保护作用（例如，当回流到心脏的血流量突然增加时，心肌被拉长，心肌的收缩力会自动加大，排出更多的血液，使心脏不至于过度扩张）。

2. 条件反射以及疲劳的生理心理表现

巴甫洛夫认为，条件刺激与非条件反射在大脑皮层建立的暂时联系是产生条件反射的机理。正是由于条件反射是机体经过后天学习而建立的反射，因此机体就可以通过学习将环境中的种种有关刺激作为条件刺激和非条件刺激结合起来，从而使机体对环境的适应性大大提高。

过度的刺激与工作负荷可引起人体的疲劳。机体的疲劳有多种形式，如反复或过度的机械性负荷可引起肌肉的疲劳；反复或过度的感觉刺激可引起神经的疲劳；脑力和心理上的过分负担还可引起精神的疲劳。对于肌肉疲劳表现为承担过度机械负荷的肌肉群酸痛，收缩力减弱，有时还发生肌纤维体发生痉挛，生物化学检查可发现血液中乳酸含量增加，生物电检查可发现肌电图异常。神经疲劳可表现为过度使用的神经疼痛，对感觉刺激的阈值提高。对于视觉疲劳可引起视锐度下降，闪光融合频率提高；对于听觉疲劳可引起暂时性听阈偏移。生物电检查可发现诱发电位的变化以及自发脑电图中低幅慢波的增加。疲劳时心理的变化是多方面的，精神疲劳是其主要特征。精神疲劳首先是自我感觉全身的不适，即疲劳感。对外界刺激反应淡漠，兴趣降低，情绪低落，精神感到压抑、嗜睡。在工作中表现为注意力分散不集中，操作错误增多，工作效率明显下降，往往会导致事故的发生。

1.2.3 人的生理节律性

生理节律性又称生理节律，是生命过程的时间特性。人的生理节律可分为昼夜节律、周节律、月节律等。

人体的生理活动具有明显的昼夜节律。昼夜节律关系到人的睡眠和觉醒等生命的基本运动。例如，人的活动主要发生在白昼的觉醒时间内，其睡眠主要发生在夜间，对于大部分人，平均睡眠时间为8h左右（而且大多数睡眠发生在晚上22时至次日6时）。又如，人的心率，通常都是凌晨4时左右最低；而体温通常早6时最低。人体的生理节律性具有不同的形成机理，主要可分为自然环境、体内激素和人为环境。

1.3 人的心理特性

人的心理活动具有普遍性和复杂性。普遍性是因为它始终存在于人的日常生活与完成工作任务的全过程；复杂性则体现在它既有有意识的自觉反映形式，又有无意识的自发反映形式；既有个体感觉与行为水平上的反映，又有群体社会水平上的反映。总体来说，人的心理特性可分为心理过程与个性心理两个方面。

1.3.1 人的心理过程

人的心理过程可以分为认识过程、情感过程和意志过程。在这三个过程中，认识过程是最基本的心理过程，情感过程与意志过程均是在认识过程的基础上产生的。认识过程主要包括感觉、知觉、记忆和思维过程。

（1）感觉：是人脑对直接作用于感觉器官的客观事物个别属性的反映。感觉按其刺激的来源，可分为外部感觉与内部感觉两种。外部感觉是人对外界环境刺激源的反映，主要包括视觉（眼）、听觉（耳）、嗅觉（鼻）、味觉（舌）和触觉（皮肤）在接受外界的光、声、化学成分和压力等理化因素的刺激，并转换为神经脉传入人脑，从而做出反映；内部感觉是人对自身内部环境刺激的反映，主要包括运动感、平衡感和机体感（又称内脏感觉）。所谓运动感，是对人体各部位的位置、张力和相对运动状况的反映。平衡感是人体整体做直线变速运动或旋转运动时的反映。人类的平衡感受器是位于两侧内耳的前庭器官。机体感是指人体对内部脏器状态的感觉，这些感受器或神经末梢通常分布于脏器的壁上，将内脏的状态信息传递给中枢神经系统。

（2）知觉：是人脑对直接作用于感觉器官的客观事物整体属性的反映。知觉过程是建立在感觉过程的基础上的，是对多个或多种感觉信息的整合。知觉又可分为三种，即空间知觉、时间知觉和运动知觉。

（3）记忆：是个复杂的心理过程，它由识记、保持和重现三个环节构成。另外，按照记忆过程的时间特征，记忆又可分为感觉记忆、短时记忆和长时记忆。正是由于外界信息和人自身行为的多样性，因此决定了人的记忆形式也是多样的，如形象记忆、情景记忆、情绪记忆、运动记忆和语义记忆等。

（4）思维：是人脑对现实事物间接的和概括的加工形式。思维过程的主要特征是间接性和概括性，这与感觉和知觉有本质的不同。思维又可分为动作思维、形象思维、抽象思维三种类型。根据概括思维的创新程度不同，又可将思维分为常规性思维和创造性思维。

情感过程是人对外界事物所持态度的体验。情感与情绪是情感过程的两个层面；情感是同人的高级社会性需要相联系的体验方式，兼具情境性和稳固性；情绪是较低层次的情感过程，是情感产生的基础。人的情绪是多样性的，如我国古代学者就将情绪归为七情，现代心理学中将情绪分为8种基本类型，即高兴、悲伤、愤怒、恐怖、警戒、惊愕、憎恨与接受。大量的实验研究表明，情绪对人的工作效率与身体健康有重要影响。

意志过程是大脑的机能，人的意志活动的实质不仅在于意识到行动的目的，而且在于积极调节行动以实现目的。意志对行动的调节作用表现在激动与抑制两个方面，而意志的行动过程主要体现在决策阶段与执行阶段。另外，意志具有自觉性、坚韧性、果断性和自制力等基本品质，而且意志过程与人的情感过程以及人的认识过程关系密切。

1.3.2 人的个性

个性是人所具有的个人意识倾向性和比较稳定的心理特点的总称。人的个性是受家庭、社会潜移默化的影响，并在逐渐长时间过程中形成的。个性主要包括个性倾向和个性心理特征两大方面。个性倾向包括需要、动机、兴趣、理想、信念与价值观等，而个性的心理特征主要包括气质、能力与性格3个方面。另外，自我意识也是人的个性的重要组成部分之一，是个性结构中的自我调节系统。自我意识的发展又主要表现为自我评价、自我体验和自我调控3种重要形式。另外，除了上面讲过的感觉、知觉、记忆和思维，人的想象与创造性心理特征也非常重要。

第2章 脑科学与神经工程学基础以及传感与成像概述

人脑是世界上最复杂、最高级的智能系统，它具有功能强、效率高、功耗低、适应性好四大特征，向人脑学习，研究人脑信息处理的方法和算法，发展类脑智能已成为当今迫切需求。21 世纪是智能革命的世纪，以智能科学为核心，以生命科学为主导的高科技正在世界各国蓬勃展开。

神经工程学是一门新兴学科，它与脑科学联系极为密切，由于神经工程学涉及面很广，如此广泛丰富的内容，很难用一章全面讲清楚。本章分 7 节，重点介绍 2.3～2.7 节。尽管如此，这 5 节仍然会涉及以下几方面的内容：①神经生理与病理学基础；②神经心理学；③神经工效学基础；④神经模型的构建；⑤神经电生理信号的检测；⑥神经电生理信号分析处理时的一些算法；⑦神经成像的基本原理；⑧图像的数据处理与分析。面对如此广而十分重要的内容，只能用概述方式讲述重点与核心内容并列出相应著名国内外文献，以使读者对上述内容有一个宏观上的整体了解。

2.1 神经科学与神经工程的发展

神经科学（neuroscience）的历史最早可追溯到公元前时代。1543 年，Andreas Vesalius 编写了《人体的构造》；1664 年，Thomas Willis 出版了《大脑解剖》，1667 年，他又出版了《大脑病理》；1861 年，Paul Broca 发现了运动性言语中枢 Broca 区；1799 年和 1829 年，Baillie 和 Cruveilher 分别描述了脑卒中的病灶。自 20 世纪 50 年代以来，神经科学进入了高速发展期，并且神经科学与工程的结合也更加密切。神经科学是神经工程学研究的重要组成部分，人类大脑拥有 1000 亿个神经元和 100 亿个神经突触。围绕大脑功能所开展的神经生理与病理学、神经心理学、神经工效学、神经电生理信号检测与处理、神经网络以及模型等都极大丰富了神经工程学的内容，并从科学层面上为神经工程的设计与创新提供了保障。

神经工程学[12]与神经科学最大的不同在于"工程"二字，神经工程学更侧重于将理论转化为造福社会的工程产品，从应用于大脑功能分析的成像系统到脑-机接口技术，从利用大脑特点设计的植入神经接口与微系统到神经肌骨动力学研究，从功能性电刺激到神经假体与仿生，任何神经科学研究的进展都需要相应的神经工程学仪器的进步与发展。

总之,神经科学是当今热点问题,它是神经工程的重要源泉与组成部分。

2.2 脑科学与神经工效学的现实意义及研究的重要内容

神经工效学(neuroergonomics),即工作中的脑是 1997 年 Parasuraman 教授提出的新概念[13],是神经科学在工效学[(ergonomics)或称为人因学(human factors)]中的应用,与传统的工效学相比,它更偏重于大脑神经生物学的解释和改善绩效的行为学方法。神经工效学需充分融合神经科学和工效学两个科学领域知识(神经科学研究脑神经功能内涵,工效学研究如何高效发挥与恰当匹配人的工作能力、技术水平和避免能力局限等),以便使人们安全、高效地工作。

通常,人类研究大脑的工作原理要应用分子神经科学、细胞神经科学、系统神经科学、行为神经科学和认知神经科学,后 3 个神经科学研究特别注重研究工作中的人。系统神经科学主要研究神经回路和系统的功能;行为神经科学是应用生物学原理研究行为的遗传、生理和发育机制;认知神经科学则是研究认知处理的神经基础以及大脑活动如何产生人类意志。显然,上述 3 个方面是研究作业中人-机系统交互必不可少的研究方面。

神经工效学技术的进步不仅会深刻影响普通市民的生活,而且能够显著提升军事人员的战斗绩效。例如,可通过操作人员的脑电、肌电和其他操作特征信息实现人与机器的直接偶联,经特征信息提取和模式识别解码个体操作关键能力特质并自适应地调整机器的性能参数,达到人机配合、高效工作。目前,神经工效学主要在以下几个重要方面开展研究工作[13]。

(1)脑力负荷(mental workload)及其负荷检测方面的研究。图 2-1 给出了典型的脑力负荷与工作绩效、任务需求和努力程度相互影响的关系曲线。

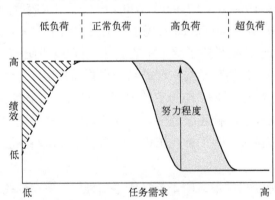

图 2-1 脑力负荷与工作绩效、任务需求和努力程度相互影响的关系曲线

从图 2-1 中可以看出,当任务需求适当时,脑力负荷适中,绩效最高;当任务需求

过高时，则脑力荷也偏高，这时要付出较大的努力，尽管如此，这时的绩效仍不高。因此合理地控制人-机系统中的任务需求，控制人的脑力负荷水平对系统的工作效率和安全性具有重大意义。

采用模式识别算法建立脑力负荷模型，是脑力负荷研究中最常用的方法。已有的研究表明，脑电 θ、α、β 等频段的能量对脑力负荷变化敏感。①当人处于较高警觉性并进行较高难度人物操作时，脑电活动的主要成分趋向幅度较低、频率较高的 β 频段；②当人处于清醒但处于较低警觉性时，脑电的 α 波活动增强；③当人处于困倦状态时，θ 波会明显增强。

事件相关电位（event related potential，ERP）的脑力负荷研究受 ERP 成分与疲劳、唤醒度、警觉度等脑状态相关的启发，常将 ERP 与辅助任务法相结合，作为评估主任务脑力负荷的检测方法。另外，辅助任务诱发的 P300 成分的幅度还常用于评估主任务所占用的注意力资源。

采用心电的脑力负荷研究一般是考察心率（heart rate）和心率变异性（heart rate variability，HRV）的变化。因为它反映了人的心理压力状态和对任务需求与自体努力程度的变化敏感，所以是最常用的脑力负荷检测指标。

功能性红外光谱（functional near-infrared spectroscopy，fNIRS）可以直接反映大脑血氧代谢的变化，也间接反映了大脑神经元的活跃程度，再加上近些年来近红外设备的便携化，因此 fNIRS 也被应用于实际作业任务的脑力负荷检测。

（2）人误（human error）的研究。1990 年首次发现错误相关负波（error-related negativity，ERN），通常 ERN 在错误反应后的 100ms 内达到峰值，这一发现表明，ERN 代表了一种大脑中的通用失误监控机制。

（3）脑力疲劳（mental fatigue）检测方法的研究。早在 1977 年，Riemersma 就发现了疲劳驾驶状态下出现心率明显下降的现象。另外，脑电（electroencephalogram，EEG）也是学术界一致认为的可靠指标之一，认为疲劳时，大脑前中部位的 α 波活动会增加，持续时间为 1~10s，同时伴随枕部 α 节律下降，在枕部 α 波消失后，颞区中后部又会出现几秒钟的 α 波。此外，用肌电图的测试方法检测疲劳也被广泛使用，并且肌电测试相对脑电图更简单。

（4）对情绪、睡眠缺乏、警觉度（vigilance）等方面的研究，因篇幅所限不展开讨论，感兴趣者可参考文献[13]。

2.3 神经工程学基础

2.3.1 神经生理与病理学基础概述

人类的神经系统分为中枢神经系统（central nervous system，CNS）和周围神经系统

（peripheral nervous system，PNS）。前者对整个机体发挥主导调节作用，对外界信息进行分析，整合后做出相应反应；后者又分为传入神经（感觉神经）和传出神经（运动神经）。神经系统的细胞可分成两类：一类是神经细胞[又称为神经元（neuron）]；另一类是神经胶质细胞。神经元之间的信息传递靠突触（synapse），突触传递又分为电突触与化学性突触传递。在各类化学性突触中，都是以神经递质为传递信息的介质，并且需要其与相应受体结合后完成信息传递，所以神经递质和受体是化学性突触传递的物质基础。感觉和运动是神经系统的两大基本功能，其中运动的功能主要由骨骼肌来实现，而骨骼肌又是在各级神经系统的精确调节下所发挥的运动功能。

在大脑皮层记录到大量神经元电活动的总和，即脑电活动。这些脑电活动根据发生的条件不同可分为两种，即自发脑电活动和皮层诱发电位。临床上常用一些诱发电位来辅助诊断疾病。另外，学习与记忆是大脑较为复杂的高级功能。语言也是人类特有的高级功能。

由于篇幅所限，这里对神经系统常见疾病的病理学基础内容不做介绍。对此感兴趣者可参考王维治2004年出版的《神经病学》一书。

2.3.2 神经心理学概述

神经心理学（neuropsychology）是神经科学与心理学的交叉学科。它从神经解剖、生理、生化的角度研究脑组织与语言、记忆、睡眠、情绪等心理现象的关系，涉及精神活动的物质基础和心理活动的神经学机制两个方面。神经心理学包括三大分支，即认知神经心理学、实验神经心理学和临床神经心理学。

人类大脑皮层根据生理解剖结构可分为额叶、顶叶、颞叶和枕叶，反映了大脑认知心理机能的分化。额叶是大脑发育中最高级的部分，它几乎支配所有的高级心理历程；顶叶与其他脑叶均有接触，因此它的心理功能较为复杂；颞叶与嗅觉和听觉系统有密切的联系，同时具有视觉信息和感觉信息整合的功能，并赋予信息情绪的含义；枕叶的主要心理功能在于处理视觉信息。边缘系统参与人类的多种心理活动，如情绪调控、长时记忆、动机、学习等心理历程，尤其是在支配最基础的情绪行力和记忆形成过程中发挥了重要的作用。由于大脑左右半球分开的结构不对称，导致了大脑功能的偏侧化，表现为左、右脑分工不同。尽管左右脑有功能上的分工，但在数值计算、逻辑推理等过程中，左右半球能够共同发挥作用，于是使得大脑能够高效地处理各种信息。

应该说明的是，绝大部分心理认知过程并不是由大脑单独的某个区域完成的，而是神经系统各个区域彼此协调运作的结果。对于日常生活中常遇到的心理过程和神经心理机制（例如感觉和知觉、注意、记忆、情绪、睡眠、语言）等，这里因篇幅所限不予介绍，感兴趣者可参考尹文刚2007年科学出版社出版的《神经心理学》一书。

另外，对于神经工效学基础方面知识，这里也因篇幅所限不予介绍，感兴趣者可参考文献[13]。

2.4 神经计算中一些典型模型的构建

生物神经元是生物神经系统的基本要素,理解单神经元的生物信息处理过程并建立相应的计算模型,对掌握整个神经系统的信息处理特性和模拟生物神经网络有着十分重要的意义。神经元是生物体中信息传递的基本单元,从信息传递与信息处理的角度来看,神经电信号处理过程包括 5 个基本功能模块:①固有电活动的产生;②突触信息的接收;③神经电信号的整合;④输出模式的编码;⑤信息的突触释放,如图 2-2 所示。

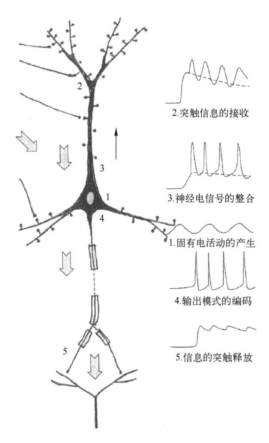

图 2-2 神经电信号处理过程

神经模型通常会涉及神经元放电模型(包括 1952 年 Hodgkin 和 Huxley 提出的 H-H 模型)、神经元学习与突触模型(包括 1949 年 Hebb 提出的 Hebbian 理论和突触模型)、神经元信息编码模式(其中涉及频率编码、时间编码和模式编码)、神经网络计算模型(包括动力学模型、拓扑学模型)、皮层计算的神经约束以及认知电位神经学模型。对于这些一系列模型的研究深化了人们对大脑结构网络和功能网络的认知,加深了对神经元动态特征的认知并将动态特征定量化[14]。

2.5 神经电生理信号的检测

神经系统包括中枢神经系统和周围神经系统两部分，相应地，神经电生理信号便可分为中枢神经电信号与周围神经电信号。中枢神经电信号主要产生于中枢神经系统所调控的神经细胞间进行信息传递时的电活动，一般包括微观的单个细胞离子通道信号、神经元动作电位、突触传递信号以及宏观的大脑皮层表面电信号和头皮表面电信号等。周围神经电信号主要来自受周围神经系统支配的相应肌细胞的电活动，常用的周围神经信号有肌电信号、心电信号、眼电信号、皮电信号、胃电信号等。

2.5.1 大脑神经电信号检测技术

脑电（electroencephalography，EEG）放大器设计的关键是如何从较强的背景噪声中提取脑电信号并放大至符合要求，因此放大器必须有高输入阻抗、高共模抑制比、低噪声。脑电放大器通常包括前置差分放大电路、50Hz陷波器、高通滤波器、低通滤波器和其他放大电路部分，如图2-3所示。

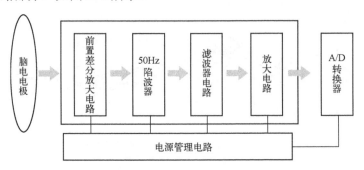

图2-3 脑电放大器单元结构

另外，对于皮层脑电图和脑磁图信号的特点以及测试装置，这里因篇幅所限，也不予介绍。

2.5.2 外周神经系统电信号检测

外周神经系统又称为周围神经系统，相比于中枢神经系统，外周神经系统没有骨骼的保护。外周神经系统按其联系的器官不同，又可分为躯体神经系统和内脏神经系统两大类，而且其传导方向也不同，分为传入神经和传出神经。传入神经是将感受器的兴奋信号传递给神经中枢，又称为感觉神经。传出神经是将中枢兴奋传给效应器，引起躯体的运动调节内脏器官的活动，故又称为运动神经。在外周神经系统中常会遇到如下几大类生理电信号检测，包括肌电、心电、眼电、皮电和胃电信号的检测。

肌电（electromyography，EMG）信号是中枢神经系统支配身体肌肉活动时肌群收缩过动产生的电位变化。肌电信号的产生机理如图 2-4 所示。

图 2-4 肌电信号的产生机理

2.5.3 神经系统电信号多模式联合检测

在大量的临床诊断与手术治疗中，临床医生发现，单独的神经电信号检测往往不能满足临床需求。例如，采用脑电-肌电联合检测技术往往对运动疲劳问题的解决更凑效。又如，采用脑电-心电联合检测技术对治疗新生儿癫痫病会获得更有效的结果。再如，将 MEG 与视频脑电图（video electroencephalogram，VEEG）相结合可以精确定位出癫痫病灶，有利于手术准确切除病灶、达到理想的治疗效果。因此，神经系统电信号的各模式联合检测是个不可小视的新方向。此外，正如王保国、王伟、徐燕骥 2015 年在清华大学出版社出版的《人机系统方法学》一书的 193 页和 188 页所指出的，ERP（事件相关电位）具有毫秒级的时间分辨率（例如，脑磁图 MEG 的时间分辨率可达 1ms）而 fMRI（功能核磁共振成像）以及 PET（position emission tomography，正电子发射断层成像）的空间定位精确但时间分辨率较差，如果将 MEG 与 PET 相结合，便可在空间与时间上均达到较高的分辨率并以此去定位病灶，这将为外科 γ 刀和 X 刀手术的靶点定位准确提供了强有力地保证。

2.6 神经电生理信号分析处理时的一些算法

通常，神经电信号处理算法有许多种，如迭加平均与自适应滤波法、时频分析法、相干分析法、傅里叶分析和小波分析法等，因这些方法已在许多教科书中有了详细介绍，这里不再赘述。本节只介绍非线性动力学参数法和主成分分析法。

2.6.1 非线性动力学参数法

非线性动力学的内容包括混沌、分叉和分形。混沌是动力学的概念，表明运动性态随时间变化的非周期性和随机性。大量的检测数据表明，脑电信号和神经电生理信号应该是混沌信号，这一观点已经被学术界广泛接受。如何识别脑电信号的混沌特性，目前已有多种方法，如散点图（scatterplot）、功率谱（power spectrum）、主成分分析（principal component analysis，PCA）等方法。图 2-5 给出了脑电信号散点图和功率谱图。

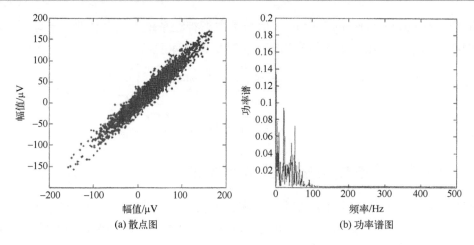

(a) 散点图 (b) 功率谱图

图 2-5　脑电信号散点图和功率谱图

2.6.2　主成分分析法

主成分分析法是根据原始数据中及多变量间的相关信息，通过多元统计分析方法研究这些变量的相关性，从中选取一组相互正交（无相关）的主变量，使之具有最大协方差，而舍去其余相关性的次要变量，以清除数据中的冗余噪声并使信号降维，简化结构。所选取的那组正交变量便称为信号的主成分。对此感兴趣者，可参考杨福生与高上凯1989年出版的《生物医学信号处理》一书。

2.7　神经成像的基本原理以及图像的数据处理与分析

人体组织、器官在新陈代谢和执行功能时，都会伴有生理活动信息的产生[15]。如果通过采用体外信息检测的方法来了解人体生理活动情况，许多方法是难以直接观察到人体内部的信息的。随着科学技术的发展，各种医学成像技术应运而生，从早期的X射线透视成像发展到近代计算机断层扫描成像、磁共振成像、光学神经成像等技术的出现，一系列新成像技术的发展，为人类了解与研究人脑的神经结构创造了有力工具。

所谓神经成像技术，泛指能够直接或间接对神经系统（主要是脑）的结构、功能和药理学特性进行成像观察结构，功能分析和药理仿真追迹的成像新技术。借用神经成像技术能够更直观地看到神经系统从功能区域到神经组织乃至细胞神经元与分子等各个层面的功能结构特征。医学神经影像及相应的图像处理技术促进了神经工程学更好的服务与造福人类。

随着科学技术的发展，计算机断层（computed tomography，CT）的扫描成像、功能磁共振成像（functional megnetic resonance imaging，fMRI）、扩散磁共振成像（diffusional MRI，dMRI）、光学神经成像（包括神经元活动的光学成像、神经元网络的光学成像、特定脑皮层功能构筑的光学成像以及系统与行为层面的脑功能光学成像等）。上述这些成像技术从多维度、多方位提供了对神经系统的观测与认知，同时为人类脑神经疾病的治疗与神经的修复等提供了新的诊断的工具。对于这些成像装置的基本原理，因篇幅所限，不予介绍。这里仅就功能磁共振成像问题给出它的实验数据处理和分析流程，如图 2-6 所示。对这方面感兴趣者可参阅国内外相关资料与书籍，尤其是 *Nature Neuroscience*、*Neuroimage* 等国际著名杂志。

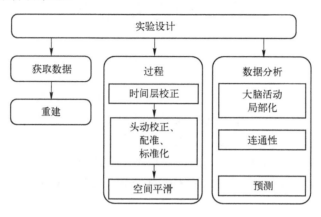

图 2-6　fMRI 实验数据处理和分析流程

第3章　人的热调节数学模型以及热应激与冷应激反应

对于人体热调节模型的研究，可以分为3类：纯生理学模型，用来探索人体热调节的正常生理学基础以便预测生理学反应；应用生理学模型，用来预测疾病及临床治疗对热调节的影响；工程生理学模型，用来模拟体温变化，确定环境应激水平或分析特定的人机与环境系统的控制特性和能力。这里，仅介绍工程生理学模型。

表3-1给出了国外研究者在不同时期采用不同方法建立的具有典型代表意义的人体热调节系统数学模型。建立一个合理的人体热调节系统数学模型绝不是件容易的事，为此，着重介绍下面3点。

表 3-1　人体热调节系统数学模型的发展概况

研究者	年份	模型的特色及主要贡献
Machle、Hatch	1947	利用中央核心和皮肤壳体温度的概念建立了人体能量平衡方程，开始人体温度分布的研究
Pennes	1948	提出了生物热方程，给出了灌注血液与组织换热的计算方法，开创了人体温度分布的研究
Burton	1955	引进热效因子建立考虑服装影响的人体温度计算模型
Woodcock	1958	采用电模拟方法研究了人体温度分布的动态响应问题
Wyndham、Atkins	1960	首次研究了人体温度分布的动态响应问题
Brown	1961	采用电模拟方法研究了冷水浸泡人体温度分布计算模型
Crosbie	1961	首次建立了考虑人体生理调节功能的人体温度调节闭环控制模型，提出了调定点理论的初步思想
Wissler	1963	建立了6节段全身人体热调节系统数学模型
Stolwijk	1963 1971	提出了6节段25单元模型，并根据"调定点"学说采用负反馈控制系统定量描述了人体热生理反应，建立了热生理活动控制模型
Buchberg、Harrh	1968	首次将人体热调节系统数学模型用于工程实际
Nishi	1970	提出蒸发热交热的渗透效率因子，建立了考虑服装影响人体表面蒸发换热的人体调节模型
Motgomery	1974	使用改进的Stolwijk模型研究人在冷环境中的生理反应
Grdon	1975	根据一些新的生理数据建立了冷气环境中人体温度调节数学模型，把皮肤热流量作为控制信号的一部分
Kuznetz	1976	改进了Stolwijk模型，并将模型用于"阿波罗"登月工程。这是迄今为止人体热调节系统数学模型最重要的工程应用实例
Werner	1977 1988	采用"数学系统分析"方法，建立了目前最复杂、最完善的三维人体热调节系统数学模型
Shitzer	1984	发表了14节段二维模型，在模型中引入临界出汗温度，对出汗量计算做了重要修改
Chen、Holems	1980	提出了目前最为完善的生物热方程
Wissle	1985	建立了可用于冷热环境中的15节段模型。该模型可以计算225个温度
Tikuisis	1988	以Stolwijk模型与Montgomery模型为基础建立了冷水浸泡人体热调节模型，根据实验观察现象建立了寒颤产热的经验公式

（1）人体热调节功能的引入。1961 年，Crosbie 等首次建立了考虑人体生理调节功能的人体温度调节闭环控制模型，提出了体温调定点理论的初步思想，这一思想至今在许多热调节模型中仍获得应用。

（2）反馈控制概念的引入。1963 年，Stolwijk 提出了负反馈控制的人体热调节系统模型，即将生理学上体温调节的"调定点"学说通过一个负反馈控制系统用数学方程定量地描述人体的热调节过程。该模型的控制变量是人体温度。Stolwijk 引进反馈控制的建模思想对后来的研究者影响较大，并且人们认为 Stolwijk 模型是人体热调节系统建模研究中的一个重要里程碑。当今，人体热调节系统仍然是以体温调定点、负反馈控制为主导思想进行研究的。另外，1976 年 Kuznetz 改进了 Stolwijk 模型，并将改进后的模型用于"Apollo"（阿波罗）登月工程的生命保障系统设计，这是迄今为止人体热调节系统数学模型最重要的工程应用实例。

（3）发展多维数学模型。1979 年，Kuznetz 建立了二维动态热调节系统数学模型，1984 年 Shitzer 首次在模型中引入临界出汗温度的概念，提出了他的二维模型；1977 年 Werner 提出了用数学系统分析的方法来研究人体热调节系统，他用三维网格来划分人体，网格的特征尺度为 0.5~1.0cm，目前 Werner 模型已可以进行 4×10^5 个节点的动态人体温度分布计算。因此，许多学者认为，Werner 模型是目前使用的最完善的模型之一，它基本代表了 20 世纪的研究水平。

3.1 人体热调节系统的控制框图

在未介绍非均匀热环境下人体热调节系统的数学模型之前，先讨论一下人体温度控制系统的简化框图，如图 3-1 所示。人体温度调节系统是由许多器官和组织构成的。从控制论的角度来看，它是一个带负反馈的闭环控制系统。在该系统中，体温是输出量，人体的基准温度为参考输入量。它与一般的闭环控一样，也包括测量元件、控制器、执行机构与被控对象等。在人体中，广泛的存在着温度感受器。感受器是系统的测量元件，这些感受器将感受到的体温变化传送到体温调节中枢。体温调节中枢把收到的温度信息进行综合处理，而后向体温调节效应器发出相应的启动指令。效应器则根据不同的控制指令进行相应的控制活动，这些活动包括血管扩张与收缩运动、汗腺活动、肌肉运动等。效应器的这些活动将控制身体产热和散热的动态平衡，从而保证体温的相对稳定。

人体热调节控制系统由控制分系统和被控分系统两部分组成，如图 3-2 所示。控制分系统由温度感受器、控制器及效应器组成；被控分系统是指温度感受器、控制器及效应器以外的人体部分，以下将被控分系统简称为人体。显然，由图 3-2 可知，人体热调节系统是一个带有负反馈的自动调节系统，其数学模型可由以下两部分组成。

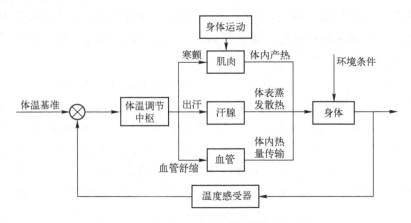

图 3-1　人体温度控制系统的简化框图

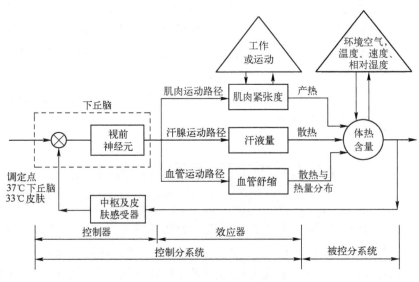

图 3-2　人体热调节系统控制框图

(1) 被控分系统的数学模型：主要是建立能够描述人体能量平衡关系的生物热方程。

(2) 控制分系统的数学模型：主要是对温度感受器、控制器以及效应器进行数学描述。

3.2　被控分系统数学模型——人体生物热方程

人体是一个非对称的物理实体，并且人体内各种组织的分布也不均匀。生物传热学的大量研究结果表明，人体组织的热物理参数直接影响着人体的温度分布。另外，人体几何形状及热物理参数的不均匀性对人体温度分布影响很大。根据现有的人体解剖学数据，同时考虑到人体不同部位的传热学特点，在建立模型时可将人体分成 15 个节段[头、颈、躯干、上臂（两个）、前臂（两个）、手（两个）、大腿（两个）、小腿（两个）、足（两个），如图3-3所示]。人体的各节段是由各种组织构成的，这些组织包括内脏、血管、骨骼、肌肉、结缔组织、脂肪、皮肤等。由于不同生物组织的热物理特性（例如，导热系数λ、密度ρ、比热容c等）以及热物理参数（例如，代谢产热、血流量等）都存在较大差别，为了考虑人体组织分布的不均匀性对人体温度分布的影响，因此将各节段进一步分成4个同心层：核心层、肌肉层、脂肪层及皮肤层，如图3-4所示。表3-2给出了标准人的生理参数；表3-3给出了人体组织的热物理特性；表3-4给出了人体各节段核心层质量加权平均热物性参数；表3-5给出了人体各节段的基础代谢产热热流量和基础血流量。被控分系统数学模型除了人体的物理构成，还应包括人体能量控制微分方程，即生物热方程。代谢活动是人体能量的源泉，它将化学能转换成热能，通过组织的传导和血液对流换热，热能从体内传向体外，并且体表再以对流、辐射、传导以及蒸发等方式将热量传给外环境。

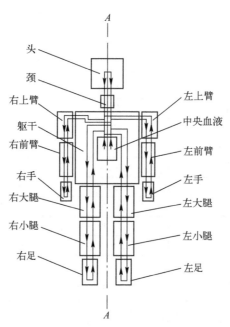

图3-3 人体节段划分的示意图

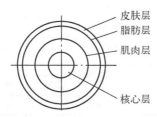

图3-4 节段的分层示意图

表 3-2 标准人的生理参数

体重/kg	年龄/岁	身高/cm	体积/m³	面积/m³
68.0	25	176.0	0.069	1.79

表 3-3 人体组织的热物理参数

序号	组织名称	热物理参数		
		密度/（kg·m⁻³）	比热容/（J·kg⁻¹·℃⁻¹）	热导率/（W·m⁻¹·℃⁻¹）
1	皮肤	1085.0	−3680.0	0.44
2	肌肉	1085.0	3800.0	0.51
3	脂肪	920.0	2300.0	0.21
4	骨骼	1357.0	1700.0	0.75
5	结缔组织	1085.0	3200.0	0.47
6	血液	1059.0	3850.0	0.47

表 3-4 人体各节段核心层的质量加权平均热物性参数

序号	节段名称	密度/（kg·m⁻³）	比热容/（J·kg⁻¹·℃⁻¹）	导热系数/（W·m⁻¹·℃⁻¹）
1	头部	1192.80	2767.40	0.58
2	颈部	1357.00	1700.00	0.75
3	躯干	1137.41	3153.14	0.52
4	上臂	1267.57	2291.84	0.66
5	前臂	1267.57	2291.84	0.66
6	手	1328.05	1910.78	0.72
7	大腿	1281.79	2197.70	0.67
8	小腿	1281.79	2197.70	0.67
9	足	1319.03	1951.28	0.72

表 3-5 人体各节段的基础代谢产热热流量和基础血流量

序号	节段名称	基础代谢产热热流量/W				基础血流量/（m³·s⁻¹·℃⁻¹）			
		核心层	肌肉层	脂肪层	皮肤层	核心层	肌肉层	脂肪层	皮肤层
1	头部	17.761	0.4421	0.0838	0.1254	12.08	0.123	0.0	0.510
2	颈部	0.0	0.3950	0.0	0.0350	0.0	0.321	0.0	0.098
3	躯干	36.912	7.5200	0.4188	2.750	53.96	2.647	0.0	1.673
4	上臂	0.6545	0.9493	0.0519	0.081	0.327	0.246	0.0	0.433
5	前臂	0.5896	0.4970	0.0362	0.0563	0.174	0.129	0.0	0.311
6	手	0.3515	0.321	0.0291	0.0031	0.103	0.008	0.0	0.874
7	大腿	1.0472	2.6312	0.1290	0.2133	0.472	0.699	0.0	0.353
8	小腿	0.8845	1.3431	0.0696	0.0700	0.421	0.348	0.0	0.603
9	足	0.5272	0.0323	0.0381	0.0088	0.349	0.008	0.0	0.595
	总计	86.60				84.21			

影响上述过程的 3 个重要因素是：人体组织的导热；血液与组织间的对流换热；体表与环境之间的热交换。文献[5]给出了推导人体生物热方程的详细过程。

值得注意的是，1948 年 Pennes 提出的生物热方程具有如下形式。

$$\rho c \frac{\partial T}{\partial t} = \nabla \cdot (\lambda \nabla T) + \dot{m}_{v,b} c_b (T_{ar} - T) + q_{V,m} \qquad (3-1)$$

式中，$q_{V,m}$ 为单位体积内的代谢产热热流量（W/m³）；$m_{v,b}$ 为单位体积内的血流量（kg/m³·s）；c_b 为血液的比热容；T_{ar} 为动脉血液温度，计算时一般取 T_{ar} 为核心温度。另外，考虑图 3-4 所示的某一层时，由于热导率在所考虑的那层内是均匀分布的，因此式（3-1）又可简化为

$$\rho c \frac{\partial T}{\partial t} = \lambda \left(\frac{1}{r} \frac{\partial T}{\partial r} + \frac{\partial^2 T}{\partial r^2} + \frac{1}{r^2} \frac{\partial^2 T}{\partial \theta^2} \right) + q_{V,m} + \dot{m}_{v,b} c_b (T_{ar} - T) \qquad (3-2)$$

式中，ρ 为人体组织的密度；c 为人体组织的比热容；λ 为人体组织的导热率；t 为时间变量。方程（3-2）的边界条件为

径向：$r = R_0$ 当时，$-\lambda \frac{\partial T}{\partial r} = q_c + q_r + q_e - q_s$ （3-3a）

周向：$\qquad\qquad\qquad T(2\pi) = T(0)$ （3-3b）

式中，q_c 为人体与环境之间的对流换热；q_r 为人体与环境之间的辐射换热；q_e 为人体蒸发散热；q_s 为太阳对人体的辐射换热。应当指出的是，q_e 包括皮肤的有感蒸发、无感蒸发以及呼吸换热三部分。另外，在通常情况下，人体通过导热向环境的散热是十分有限的；而对流换热占总换热量的 32%～35%，辐射散发的热量占 42%～44%，蒸发散热占 20%～25%。

3.3 控制分系统数学模型——人体热调节的生理学模型

这里首先考虑控制分系统的各种数学模型，对其历史做一些简要回顾。1966 年，Stolwijk 提出了负反馈控制系统的数学模型。1968 年，Hemmel 提出了用下丘脑温度作为单一被控温度的负反馈控制系统数学模型。1971 年，Huckaba 提出了具有单一参考温度的负反馈控制系统数学模型。1984 年，Shitzer 在 Hemmel 和 Huck-aba 研究的基础上提出了他的控制数学模型。在他提出的模型中，下丘脑温度为被控温度，并且 Shitzer 还借助于 Huckaba 的出汗效应器存在工作阈值的观点，对出汗量的计算做了重要修改，给出了出汗临界温度的计算方法。1977 年，Werner 采用数学系统分析的方法提出了一种新的控制系统数学模型。Werner 认为，用人体的真实温度作为人体热调节系统的被控变量是欠妥的，因为被控变量可能是下丘脑中央控制点的温度，但也可能是由身体各处的温度通过加权计算获得一个积分变量。因此在 Werner 的模型中，没有明确定义该系统的被控变量，而是强调了被控变量的分布性。这充分体现了

他的建模思想，即单一被控温度很难实现人体全身温度分布的控制。应该指出的是，Werner 的分布参数控制系统数学模型与 Stolwijk 模型存在着本质区别：Werner 模型中的被控变量是经过加权积分的"当量被控温度"，而 Stolwijk 模型中的被控变量是人体各单元的真实温度。另外，Werner 在模型中首次给出了人体热调节系统中温度感受器、控制器及效应器的详细数学描述，并使用经过简化的数学方程定量地描述了人体热调节过程中有关生理参数的变化，因此可以说 Werner 的分布参数控制系统数学模型能够较好地描述人体热调节的实际生理过程，使用它所获得的数值结果与实验数据较接近，而且模型的动态性能良好。

从前面简要回顾控制系统数学模型的研究历史中不难发现，对生物控制系统进行精确的数学描述是项非常困难的工作。在以下的讨论中，将以 Werner 模型为主要依据，同时参考 Stolwijk 模型、Hemmel 模型、Huckaba 模型以及 Shitzer 模型中的合理成分，建立可用于二维人体温度分布计算的控制系统数学模型。

如图 3-2 所示，人体热调节控制系统具有感受器、控制器和效应器三种基本控制元件。温度感受器是人体热调节系统的重要组成部分，为体温调节中枢感受器输送温度信息。根据温度感受器的分布，又可分为外周温度感受器和中枢性温度感受器。外周温度感受器对温度的感受很灵敏，它分布在全身皮肤或某些黏膜上，并与神经末梢相联系。中枢性温度感受器指的是存在于下丘脑、脑干网状结构、脊髓中的些对温度变化敏感的神经元。通常认为，外周温度感受器对冷感受起重要作用，而中枢性温度感受器对温热的感受起重要作用。电生理实验证明，刺激下丘脑前部可以引起产热和散热反应，而刺激下丘脑后部则效果不显著。因此，可以认为下丘脑前部是中枢性温度感受器存在的部位；而下丘脑后部可能是对体温信息进行整合处理的部位。这就是说，它将中枢性温度感受器发放的神经冲动和从皮肤温度感受器输入的神经冲动统一起来，并在当时体温的基础上对体温进行综合调节。

体温调节中枢的基本部分位于下丘脑。电生理学研究证明，体温调节神经元可以分为温度监测器和中枢神经元两种类型。下丘脑前部和视前区一带存在着密集的热感受神经元和少数冷感受神经元。这些神经元起到温度检测的作用；而中枢神经元则与监测器的突触联系。引起温度感受神经元兴奋的阈值称为调定点。在正常情况下，体温调定点为 37℃，并且其变动范围很小。

效应器由血管、汗腺和肌肉组成。它可以根据体温调节中枢传来的指令完成相应的动作，从而调节人体的产热和散热情况去控制人体的温度。效应器的生理活动主要包括汗腺活动、血管扩张和收缩、肌肉运动三种。图 3-5 给出了在短时间的冷应激情况下简化的负反馈人体热调节系统。在冷环境下，人体的热调节系统包含两个基本的组成部分：身体受控系统与动态控制系统。身体受控系统表示身体特征及热传递关系；动态控制系统由周身神经系统与中枢神经系统组成。这两部分是相互交织的，只是在研究热调节系统中从概念上加以区分。下面给出上述三个控制元件的数学描述。

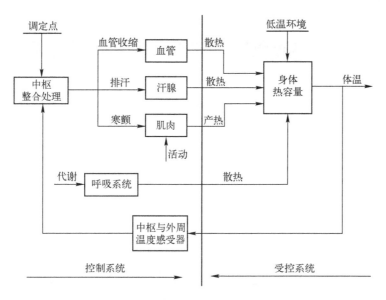

图 3-5 在短时间的冷应激情况下简化的负反馈人体热调节系统

1. 温度感受器

温度感受器的关系式可表示为

$$f_a(X,t) + \tau_r(x)\frac{\partial f_a(X,t)}{\partial t} = K_r(X)\left[T(X,t) + \tau_d(X)\frac{\partial T(X,t)}{\partial t}\right] \quad (3-4)$$

式中，f_a 为温度感受器输出信号；τ_r，τ_d 均为时间常数；K_r 为增益系数；X 为三维空间坐标；T 为人体温度（或组织温度）；t 为时间变量。

2. 温度控制器

$$f_{ej}(X,t) + \tau_c(x)\frac{\partial f_{ej}(X,t)}{\partial t} = \int C_j(X,Y)f_a(X,t)\mathrm{d}X \quad (3-5)$$

式中，f_{ej} 为温度控制器输出信号（$j=1$ 为代谢产热；$j=2$ 为血管运动；$j=3$ 为出汗）；C_j 为温度感受器与效应器空间坐标的匹配矩阵（这里 j 的含义同上）；f_a 为温度感受器输出信号；Y 为效应器的三维空间坐标；X 为三维空间坐标；τ_c 为时间常数；t 为时间变量。

3. 效应器

$$F_j(Y,t) + \tau_e(Y)\frac{\partial f_j(Y,t)}{\partial t} = K_{fj}(Y)f_{ej}(Y,t) \quad (3-6)$$

式中，F_j 为效应器输出信号（这里 j 的含义同上）；K_{fj} 为效应器的增益（这里 j 的含义同上）；τ_e 为效应器时间常数；f_{ej} 为温度控制器输出信号；Y 为效应器的三维空间坐标；t 为时间变量以上 3 个方程只是给出了 3 种控制元件的一般数学描述。应该知道的是，要确定这些方程的具体形式通常还是非常困难的。

3.4 热应激反应时的人体的生理反应

在温度应激环境下,正常的热平衡受到破坏,人体将产生一系列复杂的生理和心理变化,称为应激反应或紧张。相对于冷、热应激,存在冷、热紧张两类反应。下面先讨论热应激反应时人体的热紧张过程。热应激环境下产生的热紧张主要由于散热不足而引起,其过程大致可分为代偿、耐受、热病、热损伤4个阶段。热应激反应的过程可用图 3-6 予以扼要说明。

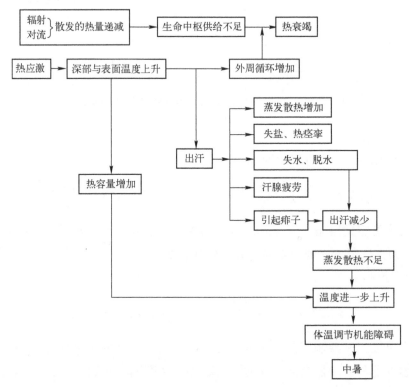

图 3-6 热应激反应的过程

3.5 冷应激反应时人体的生理反应

与热环境产生的热紧张类似,人在冷环境下产生的冷紧张(又称为冷应激反应),其过程也可分为4个阶段。冷应激反应的过程可用图 3-7 予以扼要说明

文献[5]详细分析了热应激与冷应激发生时人体所产生的复杂生理反应过程,本节在结束上述两个问题讨论之前,我们仅给出人体温度状态分区的范围(表 3-6)以及不同紧张区人体主要热生理指标的变化范围(表 3-7),以便分析工程问题时参考。

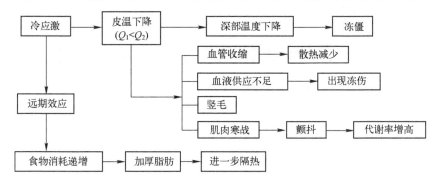

图 3-7 冷应激反应的过程

表 3-6 人体温度状态分区的范围

温度状态			温度负荷	体温调节特点	过程特点	代偿能力	主观感觉	工作能力	可持续时间/h
舒适			无	维持正常的热平衡，无温度性紧张	稳态	不需	良好	正常	不限
局部性温度紧张			低	调节正常，有局部性温度紧张和不舒适感	稳态	有效代偿	稍温或稍凉	基本正常	6~8
全身性温度紧张		I度紧张（相对舒适）	低	通过有效调节达到新的热平衡	稳态	有效代偿	温或凉	工效维持	4~6
	耐受区	II度紧张（轻度耐受）	中	温度负荷超过调节能力，热平衡不能保持	暂态	部分代偿	热或冷	工效允许	2~4
		III度紧张（重度耐受）	高	调节机能逐步被抑制，温度负荷不断加重	暂态	代偿障碍	很热或很冷	显著下降	1~2
		IV度紧张（耐受极限）	极度	调节机能接近丧失，体温急剧变化	暂态	代偿无力	极热或极冷	严重受损	<0.5
病变损伤			超	调节机能完全丧失，体温被动式变化		代偿丧失		完全丧失	

表 3-7 不同紧张区人体主要热生理指标的变化范围

生理紧张区		核心体温/℃	平均皮温/℃	平均体温/℃	热债/(kJ·m^{-2})	皮温梯度/℃	手部皮温/℃	出汗率/(g·h^{-1})	心率增加/bpm	代谢率/(W·m^{-2})
热耐受↑舒适↓冷耐受	热耐受限	38.7（1.00）	38.7	38.7	375（8.1%）	<0	38.7	1250	>60	75
	安全耐限	38.5（0.97）	38.3	38.5	350（7.5%）	0.3	38.2	1000	55	70
	工效限度	38.3（0.95）	37.8	38.3	320（7.0%）	0.8	37.3	800	45	67
	部分代偿	38.0（0.87）	36.7	37.8	260（5.6%）	1.2	36.5	450	30	64
	有效代偿	37.4（0.78）	34.8	36.9	150（3.1%）	2.5	34	100	15	61
	舒适上限	37.2（0.72）	33.8	36.2	50（1.1%）	4.5	31	60	5	58
	舒适	37.0（0.67）	33.3	35.8	0	5.5	29	45	0	55
	舒适下限	36.8（0.65）	32.8	35.4	50（1.1%）	7.0	27	30	5	58
	有效代偿	36.6（0.62）	31.7	34.7	150（3.1%）	9.5	24	—	10	>60
	部分代偿	36.2（0.60）	30.2	33.8	260（5.6%）	13.0	20	—	>15	>60
	工效限度	35.9（0.59）	29.7	33.3	320（7.0%）	18.5	14	—	>15	>60
	安全耐限	35.7（0.57）	29.6	33.1	350（7.5%）	20.5	12	—	>15	>60
	冷耐受限	35.5（0.56）	29.5	32.9	375（8.1%）	>22	10	—	>15	>60

3.6　高温对人体以及作业带来的影响

一般将热源散热量大于 $84\,\mathrm{kJ/(m^3 \cdot h)}$ 的环境称为高温作业环境。高温作业环境有三种基本类型：高温、强热辐射作业；高温、高湿作业；夏季露天作业。在高温作业环境条件下，人体通过呼吸、出汗以及体表血管的扩张向外散热，若人体产热仍大于人体向外的散热量，则人体便产生热积蓄，促使呼吸和心率加快、皮肤表面血管的血流量激烈增加，出现热应激反应。持续的高温环境会导致热循环机能失调，造成热衰竭，极为严重时甚至会死亡。在高温作业环境下，人体的耐受度与人体核心温度（常用直肠温度表示人体的核心温度）有关。核心温度低于38℃，一般不会引起热疲劳。令核心温度为 T_R（单位为℃），M 为作业负荷（单位为W），于是有

$$T_R = 37.0 + 0.0019M \tag{3-7}$$

此外，高温对作业的效率也有影响。英国的研究资料报道，夏季装有通风设备的工厂其生产量比春秋季降低了3%左右，而没装通风设备的同类工厂产量则降低了13%。另外，在高温作业环境下工作，使作业者心情烦躁并容易诱发事故。Vernon（范农）做过这方面调查，结果显示，环境温度以17～22.5℃时的事故率最低，如果以其为基数记为100%，那么当环境温度升高到25.3℃时，男性作业者的事故率增加到140%，女性作业者的事故率增加到108%。

3.7　低温对人体以及作业带来的影响

这里所谓的低温环境条件，是指低于允许温度下限的气温条件。人体具有一定的冷适应能力，当环境温度低于皮肤温度时，皮肤冷感觉器便发出神经冲动，引起皮肤毛细血管的收缩，使人体散热量减少。外界温度进一步下降，肌肉因寒冷而剧烈收缩抖动，出现冷应激反应。人体对低温的适应能力远远不如人体的热适应能力。当气温降低时，人体的不舒适感便迅速上升，机能迅速下降。在低温条件下，脑内高能磷酸化合物的代谢降低，并可导致神经兴奋性与传导能力减弱，出现痛觉迟钝和嗜睡状态。在低温环境条件下，最先感到不适的是人体的手、脚、腿和胳膊以及暴露部分——耳、鼻、脸。低温环境条件对人体四肢的灵活性影响较大。1978年，Eastman Kodak 公司做过实验，以环境温度22℃为参考，分别以13℃、7℃、2℃与-4℃为实验温度，每个温度下分别工作30min、40min、60min与90min，观察作业者操作的灵活程度。图3-8给出了实验的结果。显然，随着温度的降低，手的灵活性下降；在相同的温度下，暴露的时间越长，手的灵活性越差。

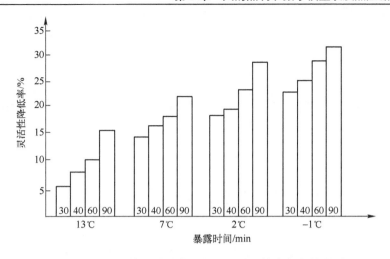

图 3-8 低温环境下暴露时间与手的灵活性降低率的关系

第4章 人的热舒适模型及其评价指标

4.1 人体与周围环境的热交换以及热平衡方程

如果将人体看作一个系统，那么系统所获得的能量减去系统所失去的能量应该等于系统的能量积累。从这一观点出发，可以用热平衡方程式去描述人与环境的热交换，即

$$S = M - W - R - C - E \tag{4-1}$$

式中，M 为人体新陈代谢率；W 为人体所完成的机械功；R 为人体与环境的辐射热交换；C 为人体与环境的对流热交换；E 为人体由于呼吸、皮肤表面水分蒸发以及出汗所造成的与环境的热交换；S 为人体的蓄热率，式中各项采用的单位均为 W/m^2。M 是人体通过新陈代谢作用将食物转化为能量的速率，简称人体新陈代谢率。人体摄取食物就获得了能量。需要说明的是，食物本身也具有一定的温度，即食物本身携带着一定的热量，但这部分热量是相当小的，因此在研究人体与环境的热交换中不考虑这部分热量的进入。因此，这里主要指食物通过氧化作用所能释放出来的能量。所以，在热平衡方程中，M 项始终是正值。W 为人体所完成的机械功。人体对外界做机械功，如人走上楼梯，身体的势能增加了，这部分增加的势能是由新陈代谢所产生的能量转换而来的，因此 W 取正值；反之，如果人体从外界获得机械功，如人走下楼梯，人体原先具有的一部分势能将通过复杂的生理过程转化为进入人体内的热量，此时 W 要取负值。R 是人体与环境的辐射热交换。当人体表面温度高于环境壁面的温度时，R 取正值，表明人体系统的热损失；反之，R 取负值。C 为人体与环境的对流热交换。当人体表面温度高于周围空气温度时，发生对流散热，C 取正值；反之，C 取负值。这里 R 与 C 项所涉及的人体表面温度，对于裸体的人来说就是皮肤表面温度；对于穿着一定服装的人来说，因为他身体的若干部分为服装所覆盖，所以情况就比较复杂了，我们将另作专门分析。人从环境吸入空气，经过呼吸道到达肺泡，完成氧气与二氧化碳的交换后再呼出体外。在这一生理过程中发生了两种热交换过程：一种是由于吸入与呼出的空气温度发生的变化，如吸入 18℃ 的空气，呼出 36℃ 的空气，就要从人体带走热量；另一种是由于吸入和呼出的空气湿度发生的变化，通常是呼出的空气中含有更多的水蒸气，这部分增加的水蒸气来自人体，要带走相应的汽化潜热。另外，人体的皮肤表面不断地向周围空气蒸发水分，人体出汗时，汗液在人体皮肤表面蒸发，这两种情况都会从人体带走汽化潜热。在通常

情况下，E 为正值，只有在环境湿度非常大时 E 才可能出现负值。在式（4-1）中，S 为人体的蓄热率。当 S 项为正时表示人体的得热量大于失热量；反之，S 项为负值。若蓄热率 S 为零，则表明人体得热正好等于失热。从动态平衡的角度来看，人体正处于热平衡状态。人体蓄热率 S 与人体温度之间的关系可表示为

$$S = \frac{C_b G dT_b}{A_D dt} \qquad (4-2)$$

式中，C_b 为人体组织的平均比热容（通常取 3.49kJ/（kg·℃））；A_D 为人体的 Du Bois（杜波依斯）外表面积；G 为人的体重；T_b 为人体平均温度；t 为时间。在式（4-1）中，人体新陈代谢率 M 的表达式由威尔（Weir）在 1949 年提出，1963 年利德尔（Liddell）对其做了进一步简化，其表达式为

$$M = 20600 \Omega (O_i - O_e) / A_D \qquad (4-3)$$

式中，Ω 为呼吸换气量（L/s）；O_i 与 O_e 分别为吸气中氧气的体积分数与呼气中氧气的体积分数。一般 O_i=0.2093，但要测定 O_e 比较麻烦，故也可用下式计算。

$$M = 352.2(0.23\beta + 0.77)\Omega_{O_2} / A_D \qquad (4-4)$$

式中，β 为呼吸商（人体呼出的二氧化碳与同一时间内的耗氧量的体积之比）；Ω_{O_2} 为人体耗氧量；A_D 为人体的杜波依斯（Du Bois）外表面积。人在清醒时，为了维持心跳、呼吸及其他一些基本的生理活动（使不进行任何工作）也必须有一定量的最基本的能量代谢，称为基础新陈代谢率。1964 年戴维森（Davison）给出了测量结果，如图 4-1 所示。以 35 岁的男性为例，从图中查得基础新陈代谢率约为 46W/m²，这与用式（4-4）的计算结果非常吻合。在式（4-1）中，对外所做的机械功 W 为

$$W = \eta M \qquad (4-5)$$

式中，η 为机械效率。经过研究与实测发现[维因汉姆（Wyndham）1966 年给出的实验曲线（图 4-2）]，其机械效率是很低的，最大不超过 20%。另外，在式（4-2）计算人体蓄热率时要用到人体平均温度 T_b，其实这不是一个实际测定的温度，通常是用人体核心温度与皮肤平均温度的加权得出的，即

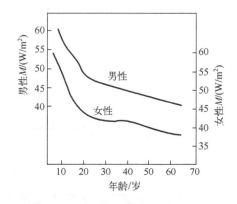

图 4-1 不同年龄及性别的基础新陈代谢率

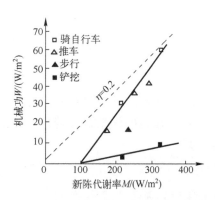

图 4-2 不同活动时受试者的机械效率

$$\begin{cases} T_b = 0.9T_{co} + 0.1T_{ms} & \text{(在热环境中)} \\ T_b = 0.67T_{co} + 0.33T_{ms} & \text{(在冷环境中)} \end{cases} \quad (4\text{-}6)$$

式中，T_{ms} 为人体皮肤的平均温度，通常 T_{ms} 为 20～40℃；T_{co} 为人体的核心温度。严格地讲，人体核心温度应当是人体内部的平均温度，但为方便起见，常用直肠温度来表示 T_{co}。在式（4-1）中，R 为人体与环境的辐射热交换，借助于斯蒂芬-玻耳兹曼定律这里可表示为

$$R = \varepsilon \sigma f_{ef} f_{cl}(T_{cl}^4 - T_{mr}^4) \quad (4\text{-}7a)$$

或者

$$R = 3.9 \times 10^{-8} f_{cl}(T_{cl}^4 - T_{mr}^4) \quad (4\text{-}7b)$$

式中，f_{ef} 为着装人体的有效辐射面积系数，其取值可采用表 4-1 中的数据；ε 为着装人体外表面的平均黑度；σ 为斯蒂芬-玻耳兹曼常数；f_{cl} 为服装面积系数（着装人体的表面积与裸体人体表面积之比）；T_{cl} 为着装人体外表面的平均温度；T_{mr} 为环境的平均辐射温度。考虑到在一般情况下人体与环境辐射换热所处的温度范围是比较小的，为了简化计算，也可用线性温差来代替 4 次方温差，于是式（4-7a）变为

$$R = \varepsilon h_r f_{ef} f_{cl}(T_{cl}^4 - T_{mr}^4) \quad (4\text{-}8)$$

式中，h_r 为线性辐射换热系数，即

$$h_r = 4\sigma \left(\frac{T_{cl} + T_{mr}}{2}\right)^3 \quad (4\text{-}9)$$

表 4-1 人体的有效辐射面积系数

	f_{ef} 值	
	范格（1972 年）	盖伯特和泰勒（1952 年）
坐着	0.70	0.70
站着	0.72	0.78
半立着		0.72

在常温下，$h_r = 5.7 \text{W/(m}^2 \cdot \text{K)}$，或者可近似地表达为

$$h_r = 4.6(1 + 0.01T_{mr}) \quad (4\text{-}10)$$

在式（4-1）中，C 为人体与环境的对流热交换，其表达式为

$$C = f_{cl} h_c (T_{cl} + T_a) \quad (4\text{-}11)$$

式中，T_{cl} 为人体外表平均温度；T_a 为人体周围空气温度；h_c 为人体与空气的对流换热系数；f_{cl} 为服装面积系数（若是裸体的人时，则 $f_{cl}=1$）。引入综合显热换热系数 f_{er}，其定义为

$$h_{cr} = h_c + h_r \quad (4\text{-}12)$$

并注意到 $R+C$ 为显热换热量，于是，可以参照牛顿换热公式的形式将 $R+C$ 表达为

$$R + C = f_{cl} h_c (T_{cl} - T_0) \quad (4\text{-}13)$$

式中，T_0 为折算温度，其定义式为

$$T_0 = \frac{h_r T_{mr} + h_c T_a}{h_r + h_c} \quad (4\text{-}14)$$

对于裸体者，则 $T_{cl} = T_{ms}$，于是由牛顿换热公式，便有

$$R + C = h_{cr}(T_{cl} - T_0) \quad (4\text{-}15)$$

对于着装者，$R+C$ 可以有下列表达式。

$$R + C = f_{cl} h_c (T_{cl} - T_0) F_{cl} \quad (4\text{-}16)$$

式中，F_{cl} 为服装的有效传热效率（显然，$F_{cl}<1$）。在式（4-1）中，E 为人体由于呼吸、皮肤表面水分蒸发以及出汗所造成的与环境的热交换。事实上，当人在没有进食与排泄，也没有汗珠掉落的情况下，由于水分蒸发所造成的总的热损失可以通过测量人体重量的变化来估算，即

$$E = \frac{60 r \Delta G}{A_D \Delta t} \quad (4\text{-}17)$$

式中，E 为人体总的蒸发热损失；r 为水的汽化潜热，通常可取 2450 kJ/kg；ΔG 为人体体重的变化；Δt 为测定的时间（min）；A_D 为人体的杜波依斯外表面积。式（4-17）尽管物理意义非常清晰，但由于这个计算方法的基础是实测体重的变化，因此每次都要做实测，所以用起来很不方便，为此讨论下面的计算方法。

我们将总的蒸发热损失分成两部分：一部分是由于呼吸造成的蒸发热损失（这里呼吸不仅从人体带走水分，造成潜热损失，还由于环境空气的温度与人体温度不一致，吸入的空气经过呼吸道被加热，也会造成显热损失）；另一部分是皮肤蒸发水分造成的蒸发热损失。呼吸的潜热损失可用下式计算，即

$$E_{re1} = 0.0173 M (5.87 - \varphi_4 P_a^*) \quad (4\text{-}18)$$

呼吸的显热损失可按下式计算，即

$$E_{re2} = 0.0014 M (34 - T_a) \quad (4\text{-}19)$$

在式（4-18）和式（4-19）中，M 为人体新陈代谢率；φ_4 为周围空气的相对湿度；P_a^* 为在周围空气温度下的饱和水蒸气分压力（kPa）；T_a 为呼出空气的温度。注意，在式（4-19）中，已将人体的平均温度近似取为34℃；对于人体皮肤水分蒸发所造成的热损失的分析要更复杂。理论上，人体通过出汗，使汗液在皮肤表面完成蒸发可以带走汽化潜能，事实上，分析起来汗液的蒸发可以分为以下3种情况。

（1）人体皮肤表面看上去是干燥的，没有汗液造成的湿润情况。这时人体的一部分水分仍可通过皮肤表面层直接蒸发到周围空气中去，我们称这种情况为隐性出汗（或称为皮肤扩散），这时所造成的潜热损失用 E_d 表示。其计算式为

$$E_d = 3.054 \times (0.256 T_{ms} - 3.37 - \varphi_a P_a^*) \quad (4\text{-}20)$$

式中，T_{ms} 为皮肤表面的平均气温；φ_a 为周围空气的相对湿度；P_a^* 为在周围空气温度下的饱和水蒸气分压。

（2）由于大量出汗，人体皮肤完全被汗液所润湿，这时汗液蒸发热损失达到最大值，用 E_M 表示，称为显性出汗。这时 E_M 的计算式为

$$E_M = 16.7 h_c (P_{sk}^* - \varphi_a P_a^*) \tag{4-21}$$

式中，h_c 为对流传热系数；P_{sk}^* 为在皮肤温度下空气中水蒸气的饱和分压（kPa）；φ_a 为周围空气的相对湿度；P_a^* 为在周围空气温度下的饱和水蒸气分压。需要指出的是，在式（4-21）中使用了 Lewis（刘易斯）数 Le，在海平面上可取

$$Le = 16.7 \ ℃/kPa \tag{4-22}$$

（3）对于大多数情况，则是人体表面部分被汗液浸湿，部分保持干燥，因此这时的蒸发损失介于 E_d 和 E_M 之间，这里我们引进皮肤湿度 ω_{rs} 的概念。其定义为

$$\omega_{rs} = \frac{E_{rsw}}{E_M} \tag{4-23}$$

式中，E_{rsw} 为在一定皮肤湿度下的实际蒸发热损失（W/m²）；ω_{rs} 为皮肤湿度。E_{rsw} 的计算式为

$$E_{rsw} = 16.7 \omega_{rs} h_c (P_{sk}^* - \varphi_a P_a^*) \tag{4-24}$$

式中，ω_{rs} 为皮肤湿度；h_c 为对流传热系数；P_{sk}^* 为在皮肤温度下空气中水蒸气的饱和分压；φ_a 为周围空气的相对湿度；P_a^* 为在周围空气温度下的饱和水蒸气分压。

综上所述，由于水分蒸发造成的人体总蒸发热损失为

$$E = (E_{re1} + E_{re2}) + (E_d + E_{rsw}) = E_{res} + E_{sk} \tag{4-25}$$

式中，E_{sk} 为皮肤蒸发热损失。其计算式为

$$\begin{aligned} E_{sk} &= E_d + E_{rsw} = (1-\omega_{rs})(0.06 E_M) + \omega_{rs} E_M \\ &= 16.7 \times (0.06 + 0.94 \omega_{rs}) h_c (P_{sk}^* - \varphi_a P_a^*) \end{aligned} \tag{4-26}$$

这里对 E_d 的计算使用了下式，即

$$E_d = 0.06 \times (1-\omega_{rs}) E_M \tag{4-27}$$

值得注意的是，以上分析人体的蒸发热损失时都是以未穿衣服为前提的。如果穿着服装之后，情况就会有变化。这时呼吸蒸气发热损失仍可用式（4-18）与式（4-19），因为普通的服装并没有阻碍呼吸通道，服装引起其他热损失的变化所带来的影响可以反映在人体新陈代谢率 M 的变化中。但是，服装对于皮肤的蒸热损失 E_{sk} 的影响是显著的。为此，引进服装的渗透系数 F_{pcl}。其计算式为

$$F_{pcl} = \frac{1}{1 + 0.143 f_{cl} h_c I_{cl}} \tag{4-28}$$

式中，f_{cl} 为服装面积系数（着装人体的表面积与裸体人体表面积之比）；h_c 为人体与空气的对流换热系数；I_{cl} 为服装基本热阻（clo）。于是，在着装后 E_{sk} 可表示为

$$E_{sk} = 16.7 (0.06 + 0.94 \omega_{rs}) h_c (P_{sk}^* - \varphi_a P_a^*) F_{pcl} \tag{4-29}$$

至此,式(4-1)中的 R、C 与 E 项便可由式(4-16)、式(4-18)、式(4-19)以及式(4-29)进行计算,将这些公式代到式(4-1)便得到

$$S = M(1-\eta) - f_{cl}h_{cr}(T_{ms}-T_o)F_{cl} - 0.0173M(5.87-\varphi_a P_a^*) - \\ 0.0014M(34-T_a) - 16.7(0.06+0.94\omega_{rs})h_c(P_{sk}^* - \varphi_a P_a^*)F_{pcl} \quad (4-30)$$

显然,描述人与周围环境热交换的热平衡方程式(4-30)中主要包括了以下3个方面的变量。

① 与周围环境有关的变量:空气温度 T_a、相对湿度 φ_a、环境折算温度 T_o、综合显热换算系数 h_{cr}。

② 与人体自身生理活动有关的变量:人体新陈代谢率 M、对外做机械功 W(或者相应的机械效率 η)、皮肤平均温度 T_{ms}、皮肤湿度 ω_{rs}。

③ 环境与人体的中介即服装基本热阻 I_{cl}:它虽然没有直接反映在热平衡方程中,但它直接影响到服装的特性系数 F_{cl} 与 F_{pcl} 的值。

此外,还有一些环境变量也会影响到热平衡的建立。例如,空气流速 v,它的影响已反映在对流换热系数 h_c 的值内,进而又要影响综合换热系数 h_{cr} 值以及 F_{cl} 与 F_{pcl} 等。另外,大气压的变化也会影响 h_c 值。

因此,为了使用热平衡方程式(4-30)来分析人体与环境的热交换情况,我们必须首先定量地确定以下3个方面的参数。

① 与人体正在从事的活动相对应的人体新陈代谢率 M 以及机械效率 η 值。

② 人体所穿着的衣服的热工性能,主要是服装的热阻 I_{cl} 以及 F_{cl} 与 F_{pcl} 值。

③ 确定所处环境的对流换热系数 h_c 以及辐射换热系数 h_r 值。

其他一些可以直接测定的参数,如气温 T_a、相对湿度 φ_a、人体皮肤平均温度 T_{ms} 等也应该预先确定。引进人体净得热(或称为净产热率)H 以及环境空气中的水蒸气分压 P_a,其表达式分别为

$$H \equiv M - W = M(1-\eta) \quad (4-31)$$

$$P_a \equiv \varphi_a P_a^* \quad (4-32)$$

于是,式(4-30)又可表示为

$$S = M[(1-\eta) - 0.0173M(5.87-P_a) - 0.0014M(34-T_a)] \\ - f_{cl}h_{cr}(T_{ms}-T_o)F_{cl} - 16.7\times(0.06+0.94\omega_{rs})h_c(P_{sk}^* - \varphi_a P_a^*)F_{pcl} \quad (4-33)$$

式(4-33)的右边又可简记为函数 $f(x)$,于是式(4-33)变为

$$S = f(M, T_a, P_a, v, T_{ms}, T_{mr}, E_{rsw}, I_{cl}) \quad (4-34)$$

式中,M 为人体新陈代谢率;T_a 为人体周围空气的温度;P_a 为人体吸入空气中的水蒸气分压;v 为人体周围空气的流速;T_{ms} 为皮肤的平均温度;T_{mr} 为人体所处环境的平均辐射温度;E_{rsw} 为在一定皮肤湿度下的实际汗液蒸发热损失;I_{cl} 为服装基本热阻。显然,在式(4-34)中,函数 f 含有8个变量。

4.2 范格的热舒适方程

范格认为，能够确定人体舒适状态的物理参数是与人体有关，而不是与环境有关。例如，一个人所感觉到的是他自己的皮肤温度，而不是周围空气的温度。范格提出了人在某一热环境中要感到热舒适必须应满足如下三个最基本的条件。

（1）人体必须处于热平衡状态。这里所指的热平衡是当热平衡方程式中的人体内蓄热 $S=0$ 时严格意义上的热平衡。如果 $S\neq 0$，人体将蓄热或失热，体温将升高或下降，因此人迟早会感到不舒适。热平衡不是热舒适的充分条件，通过出汗之类的生理机制可维持热平衡。然而，在这种情况下却是很不舒适的。

（2）皮肤平均温度应具有与舒适相适应的水平。人体的热感觉与皮肤平均温度有关，当新陈代谢率较高时，舒适需要的皮肤温度通常低于坐着工作时的皮肤温度。

（3）为了使人体感到舒适，人体应具有最佳的排汗率，排汗率也是新陈代谢率的函数。

范格认为，如果人处于热舒适的状态下，那么人体表面的平均温度 T_{ms} 以及 T_{mr} 人体实际的出汗蒸发热损失 E_{rsw} 应该保持在一个较小的范围内，并且两者都是人体新陈代谢率 M 的函数。也就是说，人要感到舒适，除满足条件1之外，还必须满足第2个和第3个基本条件。由基本条件1，则要求 $S=0$，于是式（4-34）变为

$$f(M, T_a, P_a, v, T_{ms}, T_{mr}, E_{rsw}, I_{cl}) = 0 \tag{4-35}$$

由基本条件2与基本条件3，于是式（4-35）可以由8个变量简化为6个变量，并且用函数 F 表达为

$$F(M, I_{cl}, T_a, P_a, v, T_{mr}) = 0 \tag{4-36}$$

式（4-36）表明，对于确定的人的活动量（反映在人体新陈代谢率 M 上）与着装情况（反映在服装基本热阻 I_{cl} 上），可以找到一种 T_a、T_{mr}、P_a、v 的最佳组合，给出一个热舒适的环境。

在一个稳定的热环境中，经过一定时间的热调节和热适应，如果一个人达到了热平衡，那么热平衡方程也可表达为

$$H - (E_d + E_{rsw}) - (E_{re1} - E_{re2}) = K = R + C \tag{4-37}$$

式中，H、E_d、E_{re1} 与 E_{re2} 分别由式（4-31）、式（4-20）式（4-18）与式（4-19）定义；R 与 C 分别由式（4-7b）与式（4-11）定义；E_{rsw} 为实际汗液蒸发热损失；K 为由人体皮肤表面到服装外表面（通过服装）的传导热损失。事实上，通过服装从皮肤表面到服装外表面的显热传递是非常复杂的。在人体与服装之间有空气层，服装与服装之间也有空气层。服装织物本身有热阻，而纤维之间的空隙内也含有空气。为了反映服装的这一综合传热特性，这里采用了服装基本热阻（basic clothing insulation）I_{cl} 的概念，它包括上述提到的各种空气层以及纤维本身的热阻，是从皮肤表面到服装外表面的总传热

热阻。于是，K 可以表示为

$$K = \frac{T_{ms} - T_{cl}}{0.155 I_{cl}} \quad (4-38)$$

将各项的具体表达式代入式（4-37）中，得到

$$M[(1-\eta) - 3.054(0.256 T_{ms} - 3.37 - P_a) - E_{rsw} - 0.0173 M(5.87 - P_a) - 0.0014 M(34 - T_a)] = \frac{T_{ms} - T_{cl}}{0.155 I_{cl}} = 3.9 \times 10^{-8} f_{cl}(T_{cl}^4 - T_{mr}^4) + f_{cl} h_c (T_{cl} - T_a) \quad (4-39)$$

在稳定状态下，热舒适所需的第一个最基本条件已由式（4-39）给出，它是热平衡方程式。这里需要指出的是，式（4-37）与式（4-33）主要的不同点在于：一是 S 项的取值不同，前者为零，后者可以不为零；二是式（4-37）引进了过渡项 K，其目的是可以借助于热平衡状态下的方程求出服装外表平均温度 T_{cl} 值，显然这在最后求解热舒适方程式时非常有用。另外，式（4-39）表达了对于活动量以及着装一定的人，在一定的热环境中可以造成一定的生理反应以维持热平衡，而这一反应主要可通过 T_{ms} 以及 E_{rsw} 的适当组合来实现，即保持一定的皮肤温度及出汗量。但是当我们要求热舒适时，这两个变量就必须限制在一个非常小的范围，即应当有

$$a_1 < T_{ms} < a_2 \quad (4-40)$$

$$o < E_{rsw} < b_1 \quad (4-41)$$

这两个限制范围的界限值 a_1、a_2 与 b_1 对于每个具体的人都可能是不同的，但确实存在着这样的一个确定范围已被许多的实验所证实。应该指出的是，式（4-40）与式（4-41）所确定的界限范围仅适用于稳定状态，即环境参数保持相对稳定时的情况。

通过大量的实验测定，得到了图 4-3 与图 4-4 所示的曲线。它们分别表示了在热舒适状态下人体皮肤平均温度与人体新陈代谢率 M 的关系以及人体汗液蒸发热损失与 M 的关系。

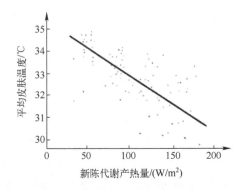
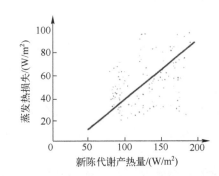

图 4-3 热舒适状态下 T_{ms} 与 M 的关系图　　图 4-4 热舒适状态下 E_{rsw} 与 M 的关系图

从图 4-3 和图 4-4 中可以看出，为了保持热舒适，当人的活动量增加时，则要求环境温度要降低一些，也就是说，在稳定环境中要保持舒适，若活动量上升，则相应的皮肤平均温度要降低。将上述的两张图的实验结果回归成两个线性方程，得

$$T_{\mathrm{ms}} = 35.7 - 0.0275H \tag{4-42}$$

$$E_{\mathrm{rsw}} = 0.42(H - 58.15) \tag{4-43}$$

式中，T_{ms} 的单位为℃；E_{rsw} 的单位为 W/m²。因此将式（4-42）与式（4-43）代入到式（4-39）后得到

$$\begin{aligned}&M[(1-\eta) - 3.054 \times (5.765 - 0.007H - P_{\mathrm{a}}) - 0.42 \times (H - 58.15) \\ &- 0.0173M(5.87 - P_{\mathrm{a}}) - 0.0014M(34 - T_{\mathrm{a}})] \\ &= \left[\frac{35.7 - 0.0275H - T_{\mathrm{cl}}}{0.155I_{\mathrm{cl}}}\right] = 3.9 \times 10^{-8} f_{\mathrm{cl}}(T_{\mathrm{cl}}^4 - T_{\mathrm{mr}}^4) + f_{\mathrm{cl}} h_{\mathrm{c}}(T_{\mathrm{cl}} - T_{\mathrm{a}})\end{aligned} \tag{4-44}$$

解式（4-44）左侧第一个等号前后两个中括号的项，得到

$$\begin{aligned}T_{\mathrm{cl}} &= 35.7 - 0.0275H - 0.155I_{\mathrm{cl}}[M(1-\eta) - 3.054(5.765 - 0.007H - P_{\mathrm{a}}) \\ &\quad - 0.42(H - 58.15) - 0.0173M(5.87 - P_{\mathrm{a}}) - 0.0014M(34 - T_{\mathrm{a}})]\end{aligned} \tag{4-45}$$

如果将式（4-44）左侧第一个等号后的中括号项去掉，就得到了范格的热舒适方程式，即

$$\begin{aligned}&M(1-\eta) - 3.054(5.765 - 0.007H - P_{\mathrm{a}}) - 0.42(H - 58.15) \\ &- 0.0173M(5.87 - P_{\mathrm{a}}) - 0.0014M(34 - T_{\mathrm{a}}) \\ &= 3.9 \times 10^{-8} f_{\mathrm{cl}}(T_{\mathrm{cl}}^4 - T_{\mathrm{mr}}^4) + f_{\mathrm{cl}} h_{\mathrm{c}}(T_{\mathrm{cl}} - T_{\mathrm{a}})\end{aligned} \tag{4-46}$$

值得注意的是，式（4-46）中的 T_{cl} 项可借助于式（4-45）获得。这里我们再次从下面的三个方面明确一下热舒适方程式（4-46）所涉及的变量以及它们所采用的单位。

（1）作为服装热工特性有：I_{cl} 为服装的基本热阻（clo）；f_{cl} 为服装的面积系数（%）。这两个参数可以从有关资料和计算公式中获得。

（2）作为人体活动量的有：M 为人体新陈代谢率（W/m²），η 为人的机械效率（%）。这两个参数可以用经验公式获得，也可以从有关资料中获得。

（3）作为环境变量的有：v 为人体周围空气的流速，这里用的是速度矢量的模（m/s）；T_{a} 为人体周围空气的温度（℃）；P_{a} 为吸入空气中的水蒸气分压力（kPa）；T_{mr} 为环境的平均辐射温度（℃）。这些参数可以直接用仪器或用公式计算获得。

热舒适方程式的理论价值在于它首次将众多的变量归结到一个方程中，给出了这些变量之间的相互关系，这显然比过去仅仅对某个单一变量进行实验的研究要先进、合理。另外，热舒适方程式的实用价值还在于它的工程应用很方便。方程的形式简单，用计算机求解非常方便。图 4-5 给出了使用范格的热舒适方程计算与实验结果[该实验分别由奈文斯（Nevins）以及麦克纳尔（McNall）完成]的比较。图 4-5 中横坐标表示空气温度 T_{a}，纵坐标表示湿球温度 T_{s}；φ_{a} 为相对湿度，图中作出了 φ_{a} 分别取 0%、20%、40%、60%、80% 与 100% 时的线。另外，在图 4-5 中，虚线表示用热舒适方程计算的结果，实线表示 Nevins 与 McNall 的实验结果。这里应该指出的是，T_{s} 主要是为了反映环境的湿度情况。事实上，只要测定了干球温度 T_{a} 及湿球温度 T_{s} 后，则环境空气的水蒸气分压力 P_{a} 便可由下式决定，即

$$P_a = P_s^* - 0.0667(T_a - T_s) \tag{4-47}$$

式中，P_a 的单位为 kPa，而任意温度 T 下的饱和水蒸气分压力 P_s^* 为

$$P_s^* = \exp[16.6536 - 4030.183/(T+235)] \tag{4-48}$$

式中，P_s^* 的单位为 kPa。另外，在图 4-5 的分析整理时做了 $T_a = T_{mr}$ 的近似假设。若 $T_a \neq T_{mr}$，则 T_{mr} 由下式计算，即

$$T_{mr} = T_g + 2.44\sqrt{v}(T_g - T_a) \tag{4-49}$$

式中，T_g 为黑球温度计（blcak globe thermometer）读数；v 为空气的流速；T_{mr} 的单位为℃。

从图 4-5 中可以看到，对于坐态活动情况时，计算与实验值两者非常吻合。对于其他活动情况，基本上也是吻合的。对于范格的热舒适方程，从总体上说，能够得到与实验结果如此接近的数值解，已经是件非常不容易的事情了。

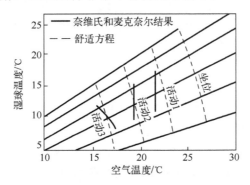

图 4-5 热舒适方程式的数值计算与实验结果的比较

4.3 人的热感觉以及均匀与非均匀环境的评价问题

1. 热应力指标（heat stress index，HSI）

热应力指标是表示人体维持热平衡所需的通过皮肤的实际蒸发热损失与可能的最大蒸发热损失之比值。由式（4-1）可得

$$S + E_{sk} = [M(1-\eta) - E_{re1} - E_{re2}] - (R+C) = M_{sk} - (R+C) \tag{4-50}$$

式中，E_{re1} 与 E_{re2} 分别为呼吸的潜热损失和呼吸的显热损失；E_{sk} 为皮肤蒸发热损失；M_{sk} 为人体净产热率与呼吸热损失之差，即

$$M_{sk} = M(1-\eta) - (E_{re1} + E_{re2}) \tag{4-51}$$

定义热应力指标时认为式（4-50）中 $S=0$，于是有

$$\text{HSI} = \frac{M_{sk} - (R+C)}{E_M} \tag{4-52}$$

式中，E_M 为可能的最大蒸发热损失。另外，在实际求 HSI 时，还规定了皮肤平均温度 $T_{ms}=35℃$。这样，当环境的 HSI>100 时，这意味着人体开始蓄热，体温升高；当 HSI<0 时，人体开始失热，体温下降；当 HSI=0 时，则无热应力。

2. 热感觉等级（thermal sensation scale）

对热感觉等级，表 4-2 分别列出了托马斯·拜德福（Thomas Bedford）以及 ASHRAE 提出的两种七级分级法。研究表明，采用七级分级法是适合正常人的分辨能力的，并且七级的好处在于使热舒适或热中性状态正好在等级中心。

表 4-2 热感觉等级的七级分级法

拜德福法	ASHRAE 法	指标值
极热	热	7
太热	暖和	6
适度的热	稍暖	5
舒适（不冷也不热）	中性（舒适）	4
适度的冷	稍凉	3
太冷	凉	2
极冷	冷	1

等级的指标也可以采用从-3 到+3 并且以 0 为中性状态，如表 4-3 所列。表 4-3 中的计算公式是在大量实验结果的基础上进行回归分析获得的。由于这些回归公式仅涉及 T_a 与 P_a 两个指标，也就是说，它们只反映了温度、湿度方面对人热感觉所造成的影响，而 T_{mr}（平均辐射温度）、服装以及活动量等均被限定在一个很小的范围内，关于这一点在使用表 4-3 中的回归公式时应该注意。

表 4-3 热感觉分级的预测公式

暴露时间/h	性别组合	回归公式 T_a/℃，P_a/kPa
1.0	男	$Y=0.220T_a+0.233P_a-5.673$
	女	$Y=0.272T_a+0.248P_a-7.245$
	混	$Y=0.245T_a+0.248P_a-6.475$
2.0	男	$Y=0.221T_a+0.270P_a-6.024$
	女	$Y=0.283T_a+0.210P_a-7.694$
	混	$Y=0.252T_a+0.240P_a-6.859$
3.0	男	$Y=0.212T_a+0.293P_a-5.949$
	女	$Y=0.275T_a+0.255P_a-8.622$
	混	$Y=0.243T_a+0.278P_a-6.802$

3. 热感觉的平均预测指标（PMV）

PMV 指标是在范格热舒适方程的基础上建立起来的一种评价指标，它涉及 T_a、P_a、T_{mr}、空气速度 v、服装基本热阻以及人体活动量 6 个变量。因此建立 PMV 的计算公式关键在于找出热感觉的等级值与上述 6 个变量之间的关系。正如生理学基础课程所讲的，人体能够在较大的环境变化范围内维持热平衡，主要靠的是人自身的调节机能（例如，血管的收缩与舒张、汗液分泌以及肌肉紧张、寒颤、发抖等)。在这样一个较大的范围内,仅有较小的一个区域可以认为是舒适的。假定偏离舒适条件越远,不舒适程度越大,则环境给人体调节机能造成的负荷也就越重。

引进人体热负荷,记作 L,它是人体内的产热与(人体对实际环境的)散热之差。于是,单位人体表面积上人体热负荷 L 可以表述为

$$L = M(1-\eta) - 3.054 \times (5.765 - 0.007H - P_a) - 0.42 \times (H - 58.15) - \\ 0.0173M(5.87 - P_a) - 0.0014M(34 - T_a) - \\ 3.9 \times 10^{-8} f_{cl}(T_{cl}^4 - T_{mr}^4) + f_{cl}h_c(T_{cl} - T_a) \quad (4-53)$$

式中,各项参数的含义同式(4-46),并且 T_{cl} 值由式(4-45)决定,而 h_c 可由下式计算。

$$h_c = 2.05(T_{cl} - T_a)^{0.25} \text{ 或 } h_c = 10.4\sqrt{V} \quad (4-54)$$

式中,T_{cl} 为人体外表平均温度;V 为空气的流速矢量的模。在式(4-54)中含有两个表达式,计算时应选用其中较大者。对于式(4-53),显然,若 $L=0$,则意味着满足热舒适条件。在其他环境中,为了保持 $L \neq 0$ 时的热平衡,人体调节机能作用的结果是改变了实际的 T_{ms} 或 E_{rsw},因而热负荷是环境对人体造成的一种生理紧张。

1968 年麦克纳尔给出了人体热负荷 L,人体新陈代谢 M 与热感觉等级 Y 间的经验关系式,即

$$Y = (0.303e^{-0.036M} + 0.0275)L \quad (4-55)$$

在通常情况下,热感觉应该是人体热负荷与活动量的函数,即

$$Y = f(L, M) \quad (4-56)$$

图 4-6 给出了基于实验数据而获得的 $\partial Y / \partial L$ 与活动量 M 之间的关系曲线。此曲线的方程为

$$\frac{\partial Y}{\partial L} = 0.303e^{-0.036M} + 0.0275 \quad (4-57)$$

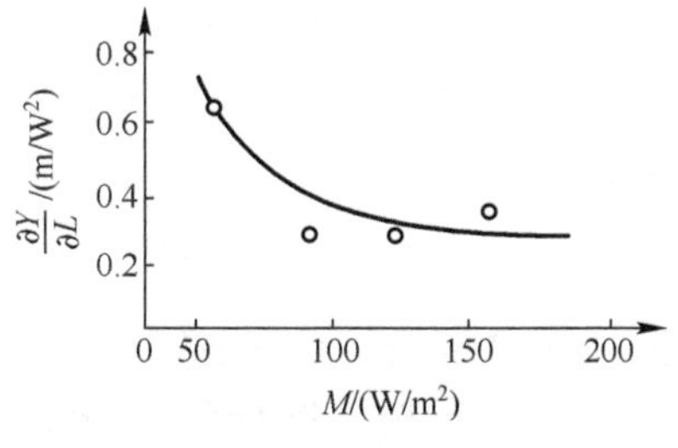

图 4-6 $\partial Y / \partial L$ 与活动量 M 之间的关系曲线

显然,将式(4-53)代入式(4-55)中消去 L 便得出了这时 Y 的表达式(PMV)为

$$\text{PMV} = (0.303e^{-0.036M} + 0.0275)[M(1-\eta) - 3.054 \times (5.765 - 0.007H - P_a) - \\ 0.42 \times (H - 58.15) - 0.0173M(5.87 - P_a) - \\ 0.0014M(34 - T_a) - 3.9 \times 10^{-8} f_{cl}(T_{cl}^4 - T_{mr}^4) + f_{cl}h_c(T_{cl} - T_a)] \quad (4-58)$$

这时，PMV 值涉及了 M、T_{cl}、T_a、T_{mr}、P_a 与 V 6 个变量。此外，表 4-4 还给出了 PMV 值与热感觉的对应关系。显然，当 PMV=0 时，人的热感觉属于舒适的范围。目前，在许多场合下可以认为 PMV 值取在 -1 至 +1 范围内，这时的环境可视为热舒适环境。

表 4-4　PMV 值与热感觉的对应关系

热感觉描述	PMV 值	热感觉描述	PMV 值
热	+3		
暖	+2	稍凉	-1
稍暖	+1	凉	-2
舒适	0	冷	-3

4．PPD 评价指标

人体的体温控制是一个非常完善的温度调节系统，尽管外界环境温度千变万化，但人体的体温波动却很小，这对于保证生命活动的正常进行十分重要。为了延续生命或从事作业劳动，人体要进行能量代谢。能量代谢伴随着产生大量的附加热，只有一小部分用于生理活动和肌肉做功。因此，人体本身也是一个热源。若人体新陈代谢率为 M，向体外做功为 W，向体外散发的热量为 H，显然当

$$M = W + H \tag{4-59}$$

时，人体处于热平衡状态（此时，人体皮温在 36.5℃ 左右），人感到舒适；当

$$M > W + H \tag{4-60}$$

时，人感到热；当

$$M < W + H \tag{4-61}$$

时，人感到冷。当人体内单位时间的蓄热量为 S 时，人体的热平衡方程式（4-1）可改写为

$$S = M - W - H \tag{4-62}$$

人体单位时间内向外散发的热量 H，取决于辐射热交换量 R、对流热交换量 C、蒸发热交换量 E 以及传导热交换量 K，即

$$H = R + C + E + K \tag{4-63}$$

人体单位时间的辐射热交换量 R 取决于热辐射常数、皮肤表面积、对流散热系数、服装基本热阻、反射率、平均环境温度和皮肤温度等；人体单位时间对流热交换量 C 取决于气流速度、皮肤表面积、对流散热系数、服装基本热阻、平均环境温度和皮肤温度等；人体单位时间蒸发热交换量 E 取决于皮肤表面积、服装基本热阻、蒸发散热系数以及相对湿度等。在热环境中，增加气流速度，降低湿度，可以加快汗水蒸发，以达到散热的目的。人体单位时间热传导交换量 K 取决于皮肤与物体温差和接触面积的大小以及物体的导热系数。关于 R、C、E 和 K 的详细计算可参阅文献[5]。

所谓热舒适环境，在国内的许多教科书中都定义为：人在心理状态上感到满意的热

环境。这里所谓心理上感到满意，就是既不感到冷，又不感到热。影响舒适环境的主要因素有 6 个，其中 4 个与环境有关，即空气的干球温度、空气中的水蒸气分压力、空气流速以及室内物体和壁面辐射温度；另外两个因素与人有关，即人体新陈代谢和人的服装。此外，还与一些次要因素有关，如大气压力、人的汗腺功能等。图 4-7 给出了美国供暖、制冷和空调工程师协会（ASHRAE）公布的经过多年研究改进后的新有效温度 ET^* 图。图中 ET^* 值是根据人体生理响应的简化模型而得出的。经数千名受试者测试证实，大部分人在 ET^* 值为 23.9～26.7℃ 范围内感到舒适。

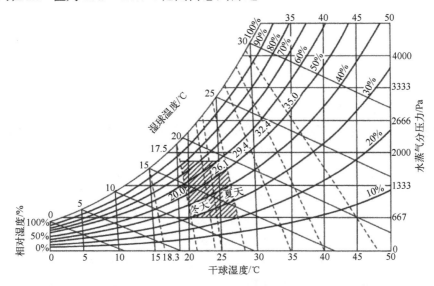

图 4-7 新有效温度（ET^*）以及舒适区

图 4-7 中的左上曲线上的数值代表湿球温度，并由斜线表示；虚线为有效温度线，有效温度线与相对湿度 100%线的交点为有效温度（ET）值，而与相对湿度 50%线的交点的横坐标值为"新有效温度"（ET^*）值。图中阴影部分是舒适区。新有效温度（ET^*）适用于海拔高度为 2134m 的室内环境。应该指出的是，ET 的概念是 1923 年由 Houghten 和 Yaglou 提出的，ET^* 的概念是 1971 年由 Gagge 等提出的，PMV（predicted mean vote，预测平均热感觉指标）是丹麦的 Fanger 教授提出的，并于 1984 年作为 ISO 7730 标准而国际化。PMV 指标是国际上公认的一种比较全面的评价热环境舒适性的指标。PMV 值与温冷感觉的对应关系已由表 4-4 给出。目前，一般认为 PMV 值在-1 至+1 范围内均可视为热舒适环境。Fanger 进一步定义了不满足率（PPD）这一概念，并建立了 PPD 与 PMV 间的计算公式为

$$PPD = 100 - 95\exp[-(0.3353PMV^4 + 0.2179)PMV^2] \tag{4-64}$$

由式（4-64）可知，即使是 PMV=0（理论上最佳的环境状态）时，也会有 5%的人对该环境不满意，这恰恰反映了人的个性、习惯等方面的差异，PPD 值能较客观地反映这些差异。图 4-8 给出了 PMV 与 PPD 之间的关系曲线。

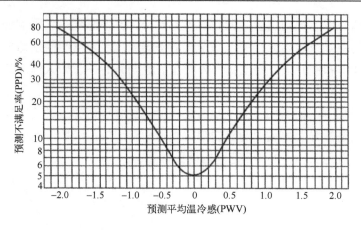

图 4-8　PPD 与 PMV 之间的关系曲线

5．EHT 与 EQT 评价指标

在装甲车辆、汽车、宇宙飞船的舱室内，其室内温度多是非均匀分布的，因此针对不均匀热环境，Wyon 提出了等效均一温度（Equivalent Homogeneous Temperature，EHT）的概念。Wyon 使用的是男性坐姿的暖体假人，分 19 个加热段，手脚平均温度为 31℃，躯干平均温度为 34℃，采用比例积分微分控制方法，假人局部皮肤温度变化仅有±0.1℃，属于恒温假人。这里 EHT 的定义为：将暖体假人置于无风、所有表面温度等于空气温度的均匀试验室环境中，假人服装不变，保持坐姿，但无椅子热阻（为带状或网状椅子），若假人这时的散热量与在原真实环境中的相等，则这时试验室的温度就是原真实环境的等效均一温度（EHT）。显然，EH 是将实际环境与试验室环境作比较，通过测试得到的。由于实际环境中的椅子都有热阻，因此得到的 EHT 将略为偏大。Wyon 等还通过实验得出了 EHT 与环境空气温度、风速的函数关系，还用假人和一批受试者同时对某一通风系统进行了评价，实验的 EHT 范围为 19~28℃，受试者的主观热感觉（mean thermal vote，MTV）采用了 7 级标度（-3~+3），得到的主观热感觉（MTV）与 EHT 的关系为

$$MTV = -20.3 + 0.81EHT \tag{4-65}$$

由式（4-65）计算最舒适（MTV =0 时）的 EHT 约为 25.1℃。

热感觉同人体与环境间的换热有密切关系，许多热感觉指标都是由人体热平衡导出来的，但是无法用它们来评价不均匀的热环境。与人体形状相同的暖体假人，是测量人体与环境换热的有力工具。等价温度（equivalent temperature，EQT）就是根据暖体假人的散热量导出的热指标。这里等价温度的定义为：假设有一个温度均一的封闭空间，空气温度等于平均辐射温度，气流平稳，相对湿度为 50%，暖体假人在该环境中的热损失与在实际环境中相等，则这时封闭空间的温度就是实际环境的等价温度。与 Wyon 的 EHT 不同的是，等价温度（EQT）的值可以借助于实测假人的散热量 Q 后得到，即

$$EQT = 36.4 - \left[0.054 + 0.155\left(I_{cl} + \frac{I_a}{f_{cl}}\right)\right]Q_t \qquad (4\text{-}66)$$
$$= T_{ms} - 0.155\left(I_{cl} + \frac{I_a}{f_{cl}}\right)Q_t$$

式中，I_{cl} 为服装基本热阻；I_a 为裸体假人外表的空气层热阻；f_{cl} 为服装面积系数。大量的对比实验表明，式（4-66）既适用于假人整体，也适用于假人的局部。用等价温度（EQT）去评价局部吹风、不对称辐射等条件下的非均匀热环境是非常有效的。

对于非均匀热环境，EQT 与 EHT 是两个非常有效的评价指标。对于 EQT 指标，式（4-66）给出了借助于暖体假人的实测散热量 Q_t 值去获得 T_{eq} 的相关表达式。另外，Madsen 等给出了如下经验表达式。

$$T_{eq} = \frac{1}{2} \times (T_a + T_{mr}) \qquad \text{当} v_a \leqslant 0.1\text{m/s时} \qquad (4\text{-}67)$$

$$T_{eq} = 0.55T_a + 0.45T_{mr} + \frac{0.24 - 0.75\sqrt{v_a}}{1 + I_{cl}} \times (36.5 - T_a) \qquad \text{当} v_a > 0.1\text{m/s时} \qquad (4\text{-}68)$$

式中，T_{eq} 为当量温度，即 EQT 值。此外，对于人体各个节段 T_{eq} 的表达式，是通过当量温度的概念以及对人体各节段列能量方程获得的，即

$$C_i + R_i + Q_{s,i} = h_{eq,c,i} S_i (T_{s,i} - T_{eq,i}) \qquad (4\text{-}69)$$

式中，C_i 为第 i 节段人体对环境的对流热交换；R_i 为第 i 段人体与车室内环境间的辐射热交换；$Q_{s,i}$ 为第 i 节段人体得到的太阳辐射；$h_{eq,c,i}$ 为在当量温度下第 i 节段的对流换热系数；S_i 为第 i 节段的表面面积；$T_{s,i}$ 为人体第 i 节段的表面温度；$T_{eq,i}$ 为人体第 i 节段的当量温度。显然，有如下关系式，即

$$C_i = h_{c,i}(T_{s,i} - T_{a,i}) \qquad (4\text{-}70)$$

$$R_{i,n} = \sigma \varepsilon_i f_{i,n}(T_i^4 - T_n^4) \qquad (4\text{-}71)$$

式中，$f_{i,n}$ 为第 i 节段对车室内表面 n 的角系数；T_n 为表面 n 的温度；其他符号的含义类似于式（4-7a）。于是，借助于式（4-69）～式（4-71）便可得到 $T_{eq,i}$ 的显示表达式。

对于 Wyon 提出的 EHT 指标的推导，可结合图 4-9 所示的 EHT 定义示意图进行。图 4-9 中理想均匀环境是指为了换算出 EHT 值所假想的均匀热环境，借助于 EHT 的概念，于是有

$$R + C + Q_s = R_{EHT} + C_{EHT} \qquad (4\text{-}72)$$

式中，C 为实际环境下人体皮肤或衣服与环境的对流换热；R 为实际环境下人体与环境的辐射换热；Q_s 为人体得到的太阳辐射热；R_{EHT} 与 C_{EHT} 分别为理想均匀环境下的辐射与对流换热。

$$R = \sigma F_{i,j} \{\varepsilon_{cl} f_{cl}[T_{cl}^4 - T_r^4] + \varepsilon_{sk}(1 - f_{cl})[T_{sk}^4 - T_r^4]\} \qquad (4\text{-}73)$$

$$R_{EHT} = \sigma F_{i,j} \{\varepsilon_c f_{cl}[T_{cl}^4 - T_{EHT}^4] + \varepsilon_{sk}(1 - f_{cl})[T_{sk}^4 - T_{EHT}^4]\} \qquad (4\text{-}74)$$

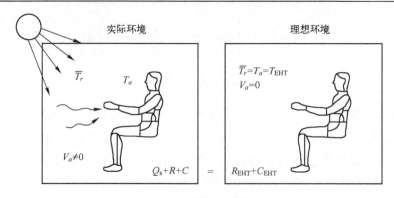

图 4-9　EHT 定义示意图

$$C = f_{cl}h_c(T_{cl} - T_a) + (1 - f_{cl})h_c(T_{sk} - T_a) \tag{4-75}$$

$$C_{EHT} = f_{cl}h_{c,EHT}(T_{cl} - T_{EHT}) + (1 - f_{cl})h_{c,EHT}(T_{sk} - T_{EHT}) \tag{4-76}$$

于是，将式（4-73）～式（4-76）代入式（4-72）中，便得到关于 T_{EHT} 的方程。另外，在式（4-73）与式（4-74）中 $F_{i,j}$ 为面 i 与面 j 间的角系数[16]。

第 5 章　人的作业能力与疲劳分析

人在进行体力作业时，人体将产生种种生理、生化以及心理效应，文献[5]详细讨论了人进行作业时的生理效应，即人体作业对能量代谢、心血管系统以及呼吸系统的影响。本章仅对作业时人体的调节与适应、作业能力的动态分析以及作业疲劳及其测定方法这 3 个问题进行扼要的讨论。

5.1　作业时人体的调节与适应

1．神经系统的调节与适应

作业时每个有目的的操作动作，既取决于中枢神经系统的调节作用，又取决于机体从内外感受器传入的各种神经冲动，在大脑皮层进行综合分析，然后去调节各器官以适应作业活动的需要，维持机体与环境的平衡。

如果作业者长期在同一环境中从事同一项作业活动，借助于复合条件反射便会逐渐形成一种程序化、自动化的熟练操作潜意识，称为动力定型（dynamic stereotype），也称为习惯定型。习惯定型不仅能提高作业能力，还会使机体各器官从作业一开始就能去适应作业需要，使操作协调、轻松、反应迅速。动力定型在建立时虽然比较困难，但一旦建立，对提高作业能力极为有利，故应该积极利用神经系统的这一特性。

建立习惯定型应循序渐进，注意节律性和重复性。若改变习惯定型，则必须破坏已经建立的习惯定型，这对大脑皮层细胞是一种很大的负担。若转变过急，则有可能导致高级神经活动的紊乱。因此，在作业性质或操作复杂程度需要做出较大的变动时，不可操之过急，必须进行重新训练，这对保障身体健康和避免发生事故具有重要意义。由此可见，中枢神经系统的机能状态，对作业时机体的调节和适应过程起着决定性作用。

体力劳动还会影响感觉器官的功能，适当的轻度作业能使眼睛的暗适应敏感；而大强度作业会使眼睛的暗适应敏感性下降；重作业和大强度作业能引起视觉及皮肤感觉的时滞延长，作业后数十分钟才能恢复。

2．心血管系统的调节与适应

心率是单位时间内心脏搏动的次数。正常人安静时的心率为 75 次/分，最大心率（它是心脏搏动的最高次数）随着年龄的增长而逐渐减小。其表达式为

$$最大心率 = 220 - 年龄 \tag{5-1}$$

最大心率与安静时心率之差称为心搏频率储备，该值可用来表示体力劳动时心率可能增加的潜在能力。

当从事体力作业时，心率在作业开始后的 30～40s 内迅速增加，经过 4～5min 后便可达到与劳动强度相适应的水平。对于强度较小的体力劳动，心率增加不多，在很快达到与劳动强度相适应的水平后，心率便保持在一个恒定的水平上。而强度较大的劳动，心率将随作业的延续不断加快，直到最大心率值（通常可达到 150～195 次/分）。图 5-1 给出了上述两种劳动强度下心率的变化曲线。

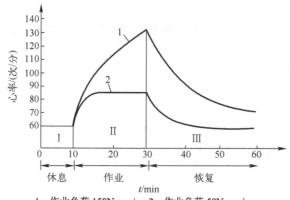

1—作业负荷 150N·m/s；2—作业负荷 50N·m/s；
Ⅰ—安静心率；Ⅱ—作业心率；Ⅲ—恢复心率。

图 5-1　不同劳动强度下心率的变化曲线

在停止作业后，由于氧债的存在，心率需经过一段时间才能恢复到安静状态时的心率。一般作业停止后的几秒到 15s 后心率才开始迅速减速，然后 15min 内缓慢地恢复到安静心率。当然，恢复时间的长短与劳动强度、环境条件以及劳动者的健康状况有关。

心率通常可作为衡量劳动强度的一项重要指标，若以该指标为标准，对于健康男性，作业心率为 110～115 次/分（女性应略低于此值），停止作业后 15min 内恢复到安静心率时，则认为该体力劳动负荷处于最佳范围，可以连续工作 8h。如果停止作业后 30s～1min 时测得心率不超过 110 次/分，并且在 2.5～3min 时测得心率不超过 90 次/分，在满足上述两个条件时，劳动者也可连续工作 8h。

心脏每搏动一次，由左心室射入主动脉的血量称为每搏输出量。每分钟由左心室射出的血量称为心脏血液输出量，简称心输出量。心输出量为每搏输出量与心率的乘积。正常男性成年人安静时每搏输出量为 50～70mL，心输出量为 3.75～5.25L/min（女性心输出量比同体重的男性约低 10%）。一般人的心输出量最高可达 25L/min。

体力作业开始之后，在心率加快的同时，心脏的每搏输出量迅速增加并逐渐达到最大值，随后心输出量的增加便依赖于心率的加快。通常，中等劳动强度作业时，心输出量可比安静时增加 50%；而特大强度的作业，心输出量可高达安静时的 5～7 倍。

血压是血管内的血液对于单位面积血管壁的侧压力，通常多指血液在体循环中的动脉血压，一般以毫米汞柱（mmHg）为单位，这里 1mmHg=133.32Pa。通常，人安静时的动脉血压较为稳定，变化范围不大。心室收缩时动脉血压的最高值即收缩压，为 100～120mmHg，心室舒张时动脉血压的最低值即舒张压，为 60～80mmHg。

动态作业开始之后，由于心输出量的增多，收缩压立刻升高，并且随着劳动强度的增加而继续升高,直达到最高值;而舒张压却几乎保持不变(或略有升高),因此形成收缩压与舒张压之差即脉压的增大,如图 5-2 所示。脉压逐渐增大或维持不变,是体力劳动可以继续有效进行的标志。

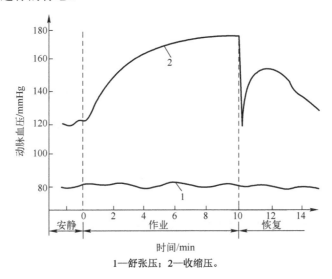

1—舒张压;2—收缩压。

图 5-2　动态作业时收缩压与舒张压的变化

静态作业时,动脉血压的变化不同于动态作业。静态作业使收缩压、舒张压、平均动脉压都升高,而心率和心输出量相对增加的较少。

作业停止后,血压迅速下降,通常在 5min 内便可恢复到安静状态时的水平。但在较大强度的劳动作业后,恢复时间较长,需 30～60min 才能恢复到作业前的水平。

人处于安静状态时,血液流向肾、肝以及其他内脏器官;而体力作业开始后,心脏射出的血液大部分流向骨骼肌,以满足其代谢增加的需要。表 5-1 给出了安静时与重体力劳动时的血液分配状况。显然,进行重体力作业时,流向骨骼肌的血液量较安静时多 20 倍以上。

表 5-1　安静时和重体力劳动时的血液分配状况

器官	安静休息		重体力劳动	
	%	L/min	%	L/min
内脏	20～50	1.0～1.25	3～5	0.75～1.25
肾	20	1.00	2～4	0.50～1.00
肌肉	15～20	0.75～1.00	80～85	20.00～21.25
脑	15	0.75	3～4	0.75～1.00
心肌	4～5	0.20～0.25	4～5	1.00～1.25
皮肤	5	0.25	0.5～1	0.125～0.25
骨	3～5	0.15～0.25	0.5～1	0.125～0.25

3．脑力劳动与持续警觉作业时生理变化的特点

脑的氧代谢较其他器官要高,安静时为等量肌肉耗氧量的 15～20 倍,占成年人体

总耗氧量的 10%。但由于脑的重量仅为身体的 2.5%左右,因此即使大脑处于高度紧张状态,能量消耗量的增加也不至于超过基础代谢的 10%;葡萄糖是脑细胞活动的最主要能源,平时 90%的能量都靠它的分解来提供。表 5-2 给出了脑力作业和技能作业时的 RMR（relative metabolic rate,相对能量的代谢率）值。

表 5-2 脑力作业和技能作业时的 RMR 值

作业类型	RMR	作业类型	RMR
操作人员监视面板	0.4～1.0	记账、打算盘	0.5
仪器室作记录、伏案办公	0.3～0.5	一般记录	0.4
电子计算机操作	1.3	站立（微弯腰）谈话	0.5
用计算器计算	0.6	坐着读、看、听	0.2
讲课（站立）	1.1	接、打电话（站立）	0.4

例如,在化工厂、发电厂、雷达站和自动化生产系统中仪表的监控、舰艇与飞机的驾驶,都要求作业者长时间地保持警觉状态。在持续警觉作业中,信号漏报是衡量作业效能下降的指标。信号漏报是指信号已出现,但观察者却报告没有发现信号。随着作业时间的增加,信号漏报比例增高,即发现信号的能力下降。若以接近感觉阈限的信号即临界信号的出现频率为横坐标,以发现信号率为纵坐标,即可画出图 5-3 所示的曲线。由该曲线可知,当信号频率增加时,发现信号率也随之增加,但信号频率增加到一定程度后,如再继续增加,发现信号率反而出现下降。由此可见,信号频率存在一个最佳值。在作业时,信号频率低于其最佳值时,观察者处于警觉降低状态;而信号频率高于其最佳值时,观察者又处于信息超负荷状态（超过了人的信息加工能力）。因此,两者都将导致作业效能的降低。图 5-3 中信号频率的最佳值为 100～300 信号数/30min。如果以觉醒状态为横坐标,以作业效能为纵坐标,就可得到觉醒-效能曲线,如图 5-4 所示。显然,它与图 5-3 所示的曲线形状极为相似。觉醒-效能曲线是人机工程学中的一条极为重要的理论曲线。借助于该曲线可以获得与人的最高作业效能相对应的觉醒状态,即最佳觉醒状态。影响持续警觉作业效能下降的主要因素有:不良的作业环境（如噪声大、温度高、干扰信息多）、信号强度弱、信号频率不适宜、作业者的主观状态（例如,过分激动的情绪、失眠、疲劳）等。其中,信号出现的时间极不规则性是造成信号漏报的重要原因。

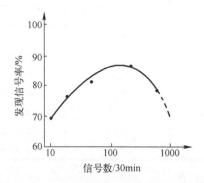

图 5-3 信号频率与作业效能的关系

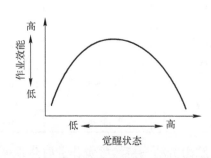

图 5-4 觉醒-效能曲线

5.2 作业能力的动态分析

能力是指一个人完成一定活动所表现出的稳定心理生理特征。它直接影响着活动的效率。能力总是与活动联系在一起，并且在活动中表现出来。能力通常可分为一般能力与特殊能力两种。一般能力主要是指认识活动能力，也称为智力，包括观察力、记忆力、注意力、思维力、想象力等，是人们从事各项活动都需要的能力。特殊能力是从事某项专业活动所需要的能力，如写作能力、管理能力、作业能力等。一般能力是特殊能力的基础，而特殊能力的发展又会促进一般能力的发展与进步。

1. 作业能力的动态变化规律

作业能力是指作业者完成某项作业所具备的生理、心理特征和专业技能等综合素质。它是作业者蕴藏的内部潜力。这些心理、生理特征，可以从作业者单位作业时间内生产的产品数量和质量间接地体现出来。在实际生产过程中，生产的成果（这里指产量和质量）除受作业能力的影响之外，还要受到作业动机等因素的影响，即

$$生产成果 = f(作业能力 \times 作业动机) \tag{5-2}$$

在作业动机不变的情况下，生产成果的波动主要反映在作业能力的变化上。图 5-5 给出了体力作业时典型的动态变化规律，它一般呈现 3 个阶段。

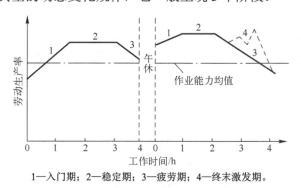

1—入门期；2—稳定期；3—疲劳期；4—终末激发期。

图 5-5 体力作业时典型的动态变化规律

（1）入门期（induction period）：作业开始时，由于神经调节系统的"一时性协调功能"尚未完全恢复与建立，致使呼吸与血液循环系统以及四肢调节迟缓，导致作业效率起点较低。随着"一时性协调功能"的加强，作业动作逐渐加快并趋于准确，习惯定型得到了巩固，作业效率迅速提高。入门期一般可持续 1~2h。

（2）稳定期（steady period）：作业效率稳定在最好水平，产品质量达到控制状态，此阶段一般可维持 1~2h。

（3）疲劳期（fatigue period）：作业者产生疲劳感，注意力起伏分散，操作速度和准确性降低，作业效率明显下降，产品质量出现非控制状态。

通常经过午休之后，下午的作业又会重复上述的 3 个阶段，但这时入门期和稳定期的持续时间要比午休前的短，而且疲劳期出现得早。有时在作业快结束时出现一种作业效率提高的现象（如图 5-5 中的虚线所示），这种现象称为终末激发期（terminal motivation）。通常，这个时期的维持时间很短。

以脑力劳动和神经紧张型为主的作业，其作业能力动态特性的差异很大。这种作业的能力变化情况取决于作业类型及其紧张程度，作业者的生理和心理指标的变化，通常很难找出具体的规律性。

2．动作的经济与效率法则

动作的经济与效率法则又称为动作经济原则，是一种为保证动作既经济又有效的经验性法则。该法则首先由吉尔布雷斯（Gilbreth）提出，然后众多的学者在吉尔布雷斯研究的基础上做出了进一步的改进与发展，其中巴恩斯（R.M.Barnes）的工作更为突出，他将动作经济原则归纳总结为三大类共 22 条。这些原则是以人的生理、心理特点为基础，以减轻人在操作过程中的疲劳为目的而建立的。这些原则不仅适用于工厂车间的作业，而且适用于教育、医护、军事、生产管理等各个领域。

5.3 作业疲劳及其测定方法

1．作业疲劳的特点与分类

疲劳是一个很难准确解释的概念，迄今尚无统一的确切定义。作业疲劳的特点突出表现在，疲劳不仅是生理反映，还包含着大量的心理因素、环境因素等。通常，疲劳可分为以下 4 种类型。

（1）个别器官疲劳（例如，抄写、刻写蜡纸、长时间打字等）。

（2）全身性疲劳，表现为全身肌肉关节酸痛、疲乏、不愿动、主观疲倦感和客观上作业能力明显下降、错误增加、操作迟钝混乱，甚至打瞌睡等。

（3）智力疲劳。主要是长时间从事紧张的脑力劳动所引起的第二信号系统活动能力的减退，表现为头昏脑胀、全身乏力、肌肉松弛等。

（4）技术性疲劳。例如，汽车、拖拉机、飞机的驾驶作业以及收发电报或操纵半自动化生产设备时都易出现这种疲劳现象。

2．疲劳发生的机理

疲劳的类型不同，发生的机理不尽相同。

（1）疲劳物质的累积机理。短时间大强度体力劳动所引起的局部肌肉疲劳，是由于乳酸在肌肉和血液中大量积蓄引起的，这就是疲劳物质累积的发生机理。

（2）力源耗竭机理。对于较长时间的轻度或中等强度的劳动所引起的疲劳，既有局部肌肉疲劳，又有全身性疲劳。这种局部肌肉疲劳不是由于乳酸积蓄所致，而是由于肌糖元储备耗竭。

（3）中枢变化机理。强烈或单调的劳动刺激会引起大脑皮层细胞储存的能源迅速消耗，这种消耗会引起恢复过程的加强。当消耗占优势时，会出现保护性抑制，以避免神经细胞进一步耗损并加速其恢复过程，这种机理称为中枢变化机理。

（4）生化变化机理。全身性体力疲劳是由于作业及其环境所引起的体内平衡状态紊乱，引起这种平衡紊乱的原因除包含局部肌肉疲劳之外，还有许多其他原因，如血糖水平下降、肝糖原耗竭、体液丧失（脱水）、电解质丧失（如 Na^+ 与 K^+）、体温升高等，因此称上述发生的机理为生化变化机理。

（5）局部血流阻断机理。静态作业引起的局部疲劳，是由局部血液阻断引起的。当肌肉收缩时，肌肉变得非常坚硬，其内压可达几十千帕，因此会部分地或完全地阻断血流通过收缩的肌肉。例如，股四头肌张力在最大收缩力的5%~10%时，血流达到稳定状态，此时产能在有氧状况下进行，因此作业可维持很长时间；当股四头肌张力在最大收缩力的20%~30%时，作业时对血流稳定地增加，作业停止后，仍然有所增加，以补偿"血流债"，可见此时有一部分能量是在无氧的情况下产生的，这里乳酸堆积速率和收缩力呈线性关系；当股四头肌张力在最大收缩力的30%时，血流开始减少；当股四头肌张力达到最大收缩力的30%~60%时，血液中乳酸堆积得最多；当股四头肌张力达到最大收缩力的70%时，血液流动完全停止。因此，上述疲劳机理称为局部血流阻断机理。

3. 测定疲劳的方法

疲劳可以从3种特征上表露出来：身体的生理状态发生特殊变化，如心率（脉率）、血压（压差）、呼吸以及血液中乳酸含量等发生了变化；作业能力的下降，如对特定信号的反应速度、正确率、感受性等能力下降；疲倦的自我体验。

检验疲劳的基本方法可分三类：生化法、生理心理测试法、他觉观察和主诉症状调查法。现对前两类方法简述如下。

（1）生化法。生化法通过检查作业者的血、尿、汗以及唾液等体液成分的变化判断疲劳。这种方法的不足之处是，测定时需要中止作业者的作业活动，而且容易给被测者带来不适和反感。

（2）生理心理测试法。生理心理测试法主要包括膝腱反射机能检查法、两点刺激敏感阈限检查法、频闪融合阈限检查法、反应时间测定法、脑电肌电测定法以及心率（脉率）、血压测定法等。下面仅对其中的几种方法略作介绍。

① 膝腱反射机能检查法：是用医用小硬橡胶锤按规定的冲击力敲击被试者的膝部，根据小腿弹起的角度大小评价疲劳程度的一种方法。一般认为，作业前后反射角度变化在5°~10°时为轻度疲劳；反射变化在10°~15°时为中度疲劳；反射角度变化在15°~30°时为重度疲劳。

② 频闪融合阈限检查法：是利用视觉对光源闪变频率的辨别程度来判断机体疲劳的方法。当光源以某一频率闪变时，人眼能够辨别出光源一明一暗。若把闪变频率提高到使人眼对光源闪变感觉消失时，称为融合现象。对于开始产生融合现象的闪变频率称为融合度。相反，在融合状态下降低光源的闪变频率，使人眼产生闪变感觉的临界闪变频率称为闪变度。融合度与闪变度的均值便称为频闪融合阈限。它表征着中枢系统机能的迟钝化程度。显然，频闪融合阈限因人而异，但均受机体疲劳程度的影响。为了表征

疲劳程度，一般以频闪融合阈限的日间变化率（用符号 d_R 表示）与周间变化率（用符号 w_R 表示）予以表达，即

$$d_R = \frac{F_{d2} - F_{d1}}{F_{d1}} \tag{5-3}$$

$$w_R = \frac{F_{w2} - F_{w1}}{F_{w1}} \tag{5-4}$$

式中，F_{d1} 为作业前的频闪融合阈限；F_{d2} 为休息日后第一天作业后的频闪融合阈限；F_{w1} 为休息日后第一天作业前的频闪融合阈限；F_{w2} 为周末作业前的频闪融合阈限。表 5-3 给出了日本早稻田大学大岛的研究成果，可作为正常作业时应满足的标准。

表 5-3 频闪融合阈限值

劳动类型	日间变化率/%		周间变化率/%	
	理想界限	允许界限	理想界限	允许界限
体力劳动	-10	-20	-3	-13
体力、脑力结合的劳动	-7	-13	-3	-13
脑力劳动	-6	-10	-3	-13

③ 反应时间测定法：反应时间的变化同样能表征中枢系统机能的迟钝化程度，测定作业者的反应时间，根据其反应时间的长短也能判断出作业者的疲劳状况。另外，也可用脑电图反映作业者的疲劳程度。对于局部肌肉疲劳，也可采用肌电图测量肌肉的放电反应，去判断肌肉的疲劳程度。当肌肉疲劳时，肌肉的放电反应振幅增大，节律变慢。

④ 心率（脉率）、血压测定法：该方法可以在作业者的作业过程中实现对作业者的心率（脉率）、血压遥控检测，而且不会给作业者增加负担。

第6章 人的自然倾向以及人为差错问题

在产品生命周期的各个阶段,从设计到制造、运行、管理、维护,再到淘汰或废弃,都会有人的参与,人因差错总会存在,所以在人机工效学中,人的可靠性分析(human reliability analysis,HRA)便显得格外重要。HRA 方法的发展大致可分为三个阶段,对此文献[17]给出了详细地讲述。本章主要从人的自然倾向以及人为差错的方面做些扼要讨论。

6.1 习惯与错觉

1. 群体习惯

习惯分为个人习惯和群体习惯。群体习惯是指在一个国家或一个民族内部,人们所形成的共同习惯。一个国家或一个民族内的人,常对工器具的操作方向(前后、上下、左右、顺时针和逆时针等)有着共同认识,并在实际中形成了共同一致的习惯。这类群体习惯有的是世界各地相同的,也有的是国家之间、民族之间不同的。例如,顺时针方向旋拧螺栓是拧紧,逆时针方向旋拧是放松;逆时针方向旋转水龙头是放水,顺时针旋转是关水等,这些在世界各地几乎是一致的。而电灯开关扳钮却是另一种情况,英国人往下扳动为开灯,中国人往上扳动为开灯。至于生活风俗习惯,不同之处就更多了。

符合群体习惯的机械工具,可使作业者提高工作效率,减少操作错误。因此对群体习惯的研究在人机工程学中占有相当重要的位置。

绝大多数人习惯用右手操作工具和做各种用力的动作。他们的右手比较灵活而且有力。但在人群中也有 5%~6%的人惯用左手操作和做各种用力的动作。至于下肢,绝大多数人也是惯用右脚,因此机械的主要脚踏控制器,一般也放在机械的右侧下方。

总之,惯用右侧者在人群中占绝大多数,这个事实在人机系统设计时应该予以考虑。

2. 错觉

错觉是指人所获得的印象与客观事物发生差异的现象。造成错觉的主要原因有心理因素和生理因素。

首先,讨论视错觉。视错觉主要是对几何形状的错觉,可分 4 类:长度错觉、方位错觉、透视错觉、对比错觉。除了视错觉,还有空间定位错觉、大小与重量错觉、颜色错觉、听错觉、运动视觉中的错觉等。同样地,正确的认识与掌握人可能导致的错觉现象对指导人机系统的合理设计十分有益。

6.2　精神紧张与躲险动作

1. 精神紧张、慌张以及惊慌

人在工作繁忙时，常处于精神紧张状态。一般来讲，紧张状态的发展可分为三个阶段：警戒反应期、抵抗期、衰竭期。在不超过衰竭期的紧张状态下，人在紧张状态时的工作能力还有可能提高。例如，某人短期内要完成某项重大科研任务，这时责任心与紧迫感会使人满怀激情地作业，从而增加了动力，提高了活动积极性。

表6-1给出了紧张程度与各种作业因素之间的关系。以办公室的作业种类为例，打字的紧张度为30%，记账为45%，打珠算（又称为算盘）为53%，默读为62%，操作电子计算机为67%。

表6-1　紧张程度与各种作业因素之间的关系

事项	紧张度大↔紧张度小
能量消耗	大↔小
作业速度	快↔慢
作业精密度	精密↔粗糙
作业对象的种类	多↔少
作业对象的变化	变化↔不变化
作业对象的复杂程度	复杂↔简单
是否需要判断	需要判断↔机械式地进行
人所受限制	限制很多↔限制很少
作业姿势	要求作勉强姿势↔可采取自由姿势
危险程度	危险感多↔危险感少
注意力集中程度	高度集中注意力↔不需要集中注意力
人际关系	复杂↔简单
作业范围	广↔窄
作业密度	大↔小

慌张是作业者在某种心理状态下所出现的一种工作状态，表现为着急慌忙，工作急于求成，而且忙中又常出错。着急慌忙有两方面的原因：一是本人主观上的性格；二是由种种原因想尽快将某件事情做完。表6-2是作业者在慌忙状态下与平静状态下的动作对比。其中"转来转去的动作""无意义的动作""自以为是的动作""看错想错"等都是与事故有联系的动作。总之，着急慌忙时的动作与平静条件下的动作相比，事故的危险性明显增大。

表 6-2 慌忙状态下与平静状态下的动作对比

动作	慌忙	平静
动作的次数	20.7	6.7
每次动作平均时间/s	8.5	36.4
无效动作次数	15.4	1.6
有秩序有计划的动作/%	13.3	63.7
转来转去的动作/%	37.4	17.2
无意义的动作/%	28.2	1.4
自以为是的动作/%	31.4	1.8
看错、想错的次数	4.2	0.2

惊慌是在异常情况下，尤其是在紧急危险状况下（例如，发生火灾、爆炸或即将发生房屋倒塌、突然涌水等），多数人心理会骤然发生变化，内心十分紧张，一时失去正确的判断能力，行动也随之失去常态；或者惊呆不能动弹；或者张皇失措，行动不能自控；也有的在生理上出现种种不正常现象，如心率加快、血压升高、大小便失禁、哆嗦、皮肤起鸡皮、上下牙齿振碰、口吃等。抢险救灾必须分秒必争，如果这时人处于上述惊慌失措状态，往往会贻误时机，不但不能及时采取有效措施抵御灾害，有时还会采取错误行动、扩大灾害。

人恐惧不安时，在心电图上显示出明显的变化。正常人平时心脏收缩时，波形是正常而有规律的；恐惧时由于心跳加快，波的间隔变窄；若恐惧进一步加重，则心电图中的 T 波几乎完全消失；解除恐惧以后，波形又恢复正常。人在紧急危险状态下，常会做出一些莫名其妙的举动，这些举动没有经过深思熟虑，事后当事者本人也说不出为什么当时要这样做。例如，房屋失火时，有的人不是先把重要物件抢救出来，而是急急忙忙把无关紧要的东西抢出来；头顶上重物快要落下时，不是赶快躲开，而是用手捂着头顶在那里等着。因此，要做到临危不惧，遇事不慌，平时就必须注意意志的锻炼，以便培养大家在紧急事态下能够果断迅速做出决定的能力。这点对于工厂或矿山从事作业的人员非常重要，平时多注意进行防灾训练，使广大作业者搞清楚在紧急情况下如何切断电源、关闭哪些阀门、如何快速逃出室外等，免得临时在惊惶中手足无措。

2. 躲险行动

躲险行动的研究十分重要。当人静立时发现前方有物袭来会立刻做出反应，采取躲避行动。至于躲向哪侧，有人曾做过试验统计，如表 6-3 所列。躲向左侧的人数大致为躲向右侧的 2 倍，这是因为人体重心偏左，站立时身体略向左倾，而且右手右脚又比较强劲有力，所以在紧急时身体自然容易向左移动。当人在步行中如果发现危险物自前方飞来时，其躲险方向除了上面所说的，还要看这时迈出的是左脚还是右脚。当迈出左脚时，有物飞来则身体比较容易向右倾斜；当迈出右脚时，有物飞来则身体容易向左倾斜。大量的观察表明，向左躲避的情况远比向右的多。由此可知，无论是静立时还是步行时，当事者均显示出向左躲的倾向。因此，在人工作位置的左侧留出一点安全地带，是比较合适的。

表6-3 静立时躲避方向的特点

躲避方向	落下物飞来方向			总计
	由左前方	由正面	由右前方	
左侧/%	19.0	15.6	16.1	50.7
呆立不动/%	3.0	10.5	7.3	20.8
右侧/%	11.3	7.3	9.9	28.5
左右侧比值	1.68	2.14	1.62	1.77

对于从人所在位置正上方落下的物体，人们如何采取躲避行动，对此曾做过试验。这个试验是让被测试者直立在楼房外面，从其前方距地面 7m 的三楼窗户内大声喊叫被测试者的名字，在被测人听到声音后便向上仰望的同时，从被测人的正上方掉落一个物体，并观察被测人躲落下物的行动。试验结果表明，几乎所有的被测试者在仰头向上的同时，都能发现落下物并且表现出表 6-4 中给出的有关反应。这些反应可大致分为两类：一类是采取防御姿势；另一类是不采取防御姿势。采取防御姿势的占 41%。不采取防御姿势的占 59%。在不采取防御措施的人中，又有 41%的全然没有任何行动的表现，其中大多数是女性。试验结果显示，人对来自上方的危险物往往表现为无能为力。因此，在作业场所，特别是立体作业的现场，要求作业者一定要戴安全帽。另外，还要防止器物由上方坠落，在适当的地方应安装安全网或其他遮蔽物。

表6-4 躲避落下物的行动类型

防御与否	行动特征	比率/%
采取防御姿势	1. 抱住头部 2. 想在头部接住落下物 3. 上身向后仰，想接住落下物	3 28 10
不采取防御姿势	1. 不采取行动（僵直，呆立不动） 2. 采取微小行动（只动手） 3. 脚不动，只转头部 4. 想尽快逃离（离开中心）	24 10 7 18

6.3 人为差错问题

1. 人为差错的定义与分类

人为差错是指人未能实现规定的任务，从而可能导致中断计划运行或引起设备或财产的损坏行为。人为差错发生的方式可分为 5 种：人没有实现某一个必要的功能任务；实现了某一个不应该实现的任务；对某一任务做出了不适当的决策；对某一意外事故的反应迟钝和笨拙；没有察觉到某一危险情况。

人为差错所造成的后果随人为差错程度的不同以及机械安全设施的不同而不同，一般可归纳为 4 种类型：①由于及时纠正了人为差错，且设备有较完善的安全设施，故对设备未造成损坏，对系统运行没有影响；②暂时中断了计划运行，延迟了任务的完成，但设备略加修复，工作顺序略加修正之后系统仍可正常运行；③中断了计划运行，造成了设备的损坏和人员的伤亡，但系统仍可修复；④导致设备严重损坏，人员有较大伤亡，使系统完全失效。

2. 人为差错发生的原因

在系统的研究与开发阶段,人为差错可分为以下 6 类。

(1) 设计差错。由于设计人员设计不当造成的,如负荷拟定不当、选材不当、经验参数选择不当、结构不妥、计算有错误等。一般来说,许多作业人员的差错,都是由于设计中潜在隐患所造成的,因此设计差错是引起操作时人为差错的主要原因之一。

(2) 制造差错。制造差错是指产品没有按照设计图样进行加工与装配。例如,使用了不合格的零件、漏装或错装了零件、接错线路等。

(3) 检验差错。检验手段不正确,放宽了标准,没有完成检验的有关项目,未发现产品所潜在的缺陷。

(4) 安装差错。没有按照设计图纸或说明书进行安装与调试。

(5) 维修差错。对设备未能进行定期维修或设备出现异常时,没有及时维修和更换零部件。

(6) 操作差错。操作差错是指操作人员错误地操纵机器和设备。

表 6-5 扼要地给出了系统的研究与开发阶段时人为差错的 6 种情况。对于人为差错发生的机理,目前尚不清楚,但可以肯定人为差错是人、环境、技术、机械和管理等诸多因素相互作用的结果,如图 6-1 所示。

表 6-5　系统的研究与开发阶段时人为差错的 6 种情况

差错类型	差错的造成或发生差错的阶段	发生差错的原因
设计差错	由于设计人员设计不当造成的,发生在设计阶段	1. 不恰当地分配人机功能 2. 没有满足必要的条件 3. 不能保证人机工程设计要求 4. 指派的设计人选不称职。设计时过分草率。 5. 设计人员对某一特殊设计方案的倾向和对系统需求的分析不当
制造差错	由加工和装配人员造成,发生在产品制造阶段。是工艺不良的结果 通常发生故障后,在使用现场被发现	1. 不合适的环境,如照明不足、噪声太大、温度太高 2. 设计不当的工作总体安排,混乱的车间布置缺少技术监督和培训 3. 信息交流不畅 4. 不合适的工具 5. 说明书和图样质量差 6. 没有进行人机工程设计
检验差错	没有达到检验目的。检验时未发现产品缺陷,装配、使用时被发现	检测不是 100%准确,平均的检验有效度约为 85%,可能造成在公差范围内的零件被认为不合格,而超差的零件反被使用
安装差错	发生在安装阶段,属短期错误	1. 没有进行人机工程设计 2. 没有按照说明书或图样进行设备安装
维修差错	1. 发生在对有故障的设备修理不正确的现场 2. 随着设备的老化,维修频率增大,故发生维修错误的可能性增加	1. 对设备调试不正确 2. 在设备的某些部位使用了错误的润滑脂 3. 对维修人员缺乏必要的培训 4. 没有进行人机工程设计
操作差错	由操作人员造成。在使用现场的环境中发生	1. 不适当的和不完全的技术数据 2. 缺少或违反正常的操作规程 3. 任务复杂或超负荷程度太高 4. 环境条件不良 5. 没有进行人机工程设计 6. 作业场所或车间布置不当 7. 人员的挑选和培训不适当,操作人员粗心大意和缺少兴趣 8. 注意错误和记忆错误 9. 操作、识别和解释错误

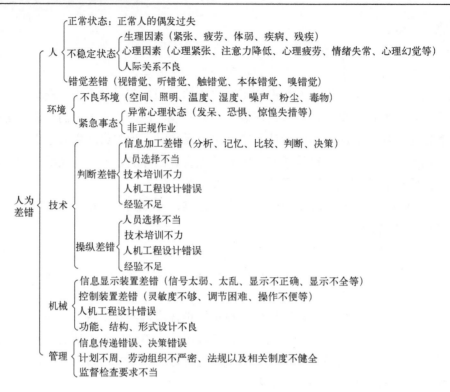

图 6-1 导致人因错发生的因素

3. 人因差错的概率估计

人为差错的概率是对人的动作的基本量度，定义式为

$$p_{he} = \frac{E_n}{Q_{pe}} \tag{6-1}$$

式中，Q_{pe} 为发生错误机会的总次数；E_n 为给定类型错误的总次数；p_{he} 为在完成规定任务时人为差错发生的概率。

表 6-6 给出了人因差错的概率值。

表 6-6 人因差错的概率值

任务号	任务说明	人为差错概率
1	图表记录仪读效	0.006
2	模拟仪读效	0.003
3	读图	0.01
4	不正确地理解指示灯上的指示（个别地检查某些特殊的目的）	0.001
5	在紧张的情况下将控制转向错误的方向	0.5
6	正确地使用清单	0.5
7	与一连接器相匹配	0.01
8	从很多相似的控制板中选错了控制板	0.003

第 7 章 人的行为控制与决策模型

以下着重从人的行为控制与决策这两方面阐述人体的数学模型的建立。

7.1 人的行为控制模型

人体的数学控制模型的发展可划分为三个时期（图 7-1），而且这 3 个时期的发展都与工程控制理论的发展密切相关。

人的传递函数模型（transfer function model，TFM）是第一个发展时期的主要模型。这类模型是 20 世纪 40 年代中期根据经典控制理论发展起来的。传递函数模型的种类较多，其中以 D.T.McRuer 提出的"非线性模型"与"穿越模型"以及 S.M.Shinners 提出的"时间序列模型"最具有代表性。由于经典控制理论主要研究线性、定常的自动控制系统，并且被控对象几乎全部为单输入与单输出，因此对工程中出现的多输入与多输出的被控对象问题便遇到了麻烦，所以要发展新的解决办法。

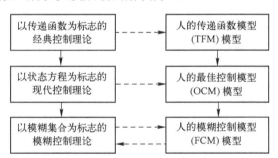

图 7-1 人体的数学控制模型的发展以及与工程控制理论的关系

20 世纪 60 年代，D.L.Kleiman 根据现代控制理论，提出了人的最佳控制模型（optimal control model，OCM）的概念，这标志着人的控制模型的研究已经进入了第二个发展时期。人的最佳控制模型的基本思想是把人看作一个最佳控制器，并以状态方程为基础，用卡尔曼（R.E.Kalman）滤波和均方预测为手段来描述人的控制行为。现代控制理论主要用来研究多输入-多输出的被控对象，而这时系统可以是线性或非线性的，也可以是定常或时变的。这种理论是用一组一阶微分方程（也称为状态方程）代替经典理论中的一个高阶微分方程来描述系统的，并且把系统中各个量均取为时间 t 的函数，因而它属于时域分析方法。显然，它有别于经典理论中的频域法，因此更有利于用计算机进行运算。在现代控制理论的发展过程中，庞特里亚金（Л.С.Понтрягин）1961 年提出的极大值原理，贝尔曼（Bellman）1957年提出的动态规划最佳原理以及20世纪70年代初奥斯特隆姆（K.J.Aström）教授与朗道（I.D.Landau）教授在确定性自适应控制与不确定性自适应控制方面都为现代控制理论的发展做出了重大贡献。正是众多科学家的努力才使得现代控制理论及应用取得了令人满意的成果。

20世纪70年代末开始的智能控制理论与大系统理论可以认为是控制理论第三个发展阶段的开端。神经网络（neural network）和模糊控制（fuzzy control）方面的文章从1988年开始就在《Neural Network》杂志上刊载了。需要指出的是，模糊数学和模糊控制的概念是美国加利福尼亚大学著名教授查德（L.A.Zadeh）首次提出的。1974年，英国伦敦大学的E.H.Mamdani教授利用（基于模糊控制语句组的）模糊控制器在实验室中成功控制了锅炉与汽轮机的运行，1977年Mamdani教授对英国的十字路口交通枢纽指挥采用模糊控制。试验结果表明，使车辆平均等待时间减少7%。1984年美国推出了"模糊推理决策支持系统"，1985—1986年，日本在模糊控制技术方面已进入实用化的阶段。从20世纪80年代初期开始，以龙升照先生为代表的我国人机环境系统工程方面的研究工作者采用模糊数学方法研究建立人的数学模型，并建立了人的模糊控制模型（fuzzy control model，FCM）。它标志着人控制模型的研究已经进入了第三个发展时期。下面仅对人的传递函数模型、人的最佳控制模型以及人的模糊控制模型分别扼要阐述。

1. 人的传递函数模型（transfer function model，TFM）

人的传递函数模型为第一个发展时期的主要模型之一。这类模型是20世纪50年代根据经典控制理论发展起来的。第二次世界大战期间，人的传递函数被认为是一种线性函数，即

$$G(S) = \frac{系统输出}{系统输入} = K_p \frac{(1+T_A S)}{S} e^{-DS} \tag{7-1}$$

式中，D为人的反应延缓时间；T_A为操作者的提前时间常数；K_p为控制环节的零频增益；S为拉普拉斯变换的算子。

1947年，人们发现操纵反应与输入信号不成线性关系，于是将人的传递函数修改为

$$G(S) = K_p \frac{(1+T_A S)}{S} e^{-DS} + N(S) \tag{7-2}$$

1957年，麦克鲁尔和克伦达尔提出了通用线性连续模型，其传递函数为

$$G(S) = K \frac{(1+T_A S)e^{-DS}}{(1+T_L S)(1+T_N S)} \tag{7-3}$$

式中，K为人工控制环节的增益，其取值范围为1~100；T_A为操作者的提前时间常数，其取值范围为0~2.5s；D为人的反应延缓时间，其取值范围为（0.2±0.2%）s；T_L为操作者的误差平滑滞后时间函数，其取值范围为0~20s；T_N为操作者的收缩神经肌肉延迟，其取值范围为（0.1±20%）s；S为拉普拉斯变换的算子。在上述K、D、T_A、T_L与T_N个参数中，K、T_A与T_L是经人的大脑综合之后得到的，并且能根据输入量的性质与受控系统的动态特性进行适当的调节。参数D和T_N与人的神经肌肉系统的动态特性有关。对于每个操作者，一般可假设D和T_N为固定值，但是在不同的操作者之间，它们可以在

一定范围内变动。应该指出的是，式（7-3）已经在工程中取得了一定的成功，它被广泛用于描述人的动态特征。大量的实践表明，当一个受过较好训练的操作者完成的任务较简单时，如果人跟踪的是低频信息，那么式（7-3）给出的结果与实际情况十分吻合。

最后给出美国 NASA 完成的两个典型的例子：一个是使用人的传递函数解决了 Apollo 登月着陆模拟器的设计；另一个是成功地完成了"土星-V"推进器的设计。J.Adams 等曾利用一个多回路作业中航天员的传递函数模型，对全尺寸的月球着陆模拟器的驱动系统进行了分析与设计。结果表明，模拟器驱动系统的动力学特性影响航天员的登月操作响应，而且模拟器的纵向驱动系统的增益应尽可能保持高一些，以使对人的登月操作影响最小。在模拟器投入运行之后，上述的理论分析结果在实践中得到了证实。以 D.T.McRuer 为首的研究团体利用人的传递函数模型对"土星-V"推进器的完全人工控制和辅助人工控制系统进行了研究，其研究结果也为推进器人工控制系统的设计提供了指导性的依据。这是 20 世纪 80 年代在航天工程中成功获得应用的两个典型例子，它有力地说明了合理地使用人的传递函数模型，的确能够解决工程系统中的许多问题。

2．人的最佳控制模型

人的最佳控制模型是 20 世纪 60 年代末期 D.L.Kleiman 借助于现代控制理论提出的，它的基本思想是将人（操作者）看作一个最佳控制器，这种模型考虑了人所固有的生理限制，包括时延、神经肌肉滞后、观察噪声和运动噪声，后两项集中表现为控制者余项。整个模型的结构如图 7-2 所示。

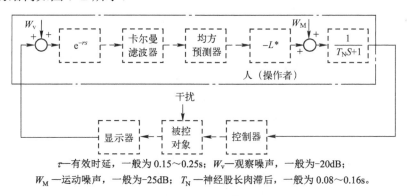

τ—有效时延，一般为 0.15～0.25s；W_V—观察噪声，一般为-20dB；
W_M—运动噪声，一般为-25dB；T_N—神经肌肉滞后，一般为 0.08～0.16s。

图 7-2 人的最佳控制模型的结构

3．人的模糊控制模型

为便于讨论，现考虑一个单自由度控制系统，并假定忽略显示器与控制器的动力学特性。人为了对机器（被控对象）进行控制，首先必须对系统的控制误差与误差的变化率进行感知，并将感知到的信息用人脑中预先确定的概念进行判断，再根据上述判断进行分析，以决定需要采取何种控制策略（对推理结果做出决断）；最后通过神经肌肉的反应来使之实施，从而产生所需要的控制量输出。同时，考虑到人运动的随机性，因而在最终的控制量输出上还需迭加一个余项白噪声。这是人操作者对被控对象（机器）进行控制活动时的完整过程，如图 7-3 所示。

由图 7-3 可知，这里被研究的论域有 3 个：E 为人操作者感知的被控对象偏离目标值（系统的输入）的误差，简称误差；R为人操作者感知的误差变化速率，简称速率；C为人操作者作用于被控对象的控制量输出，简称控制量。假定这三个论域有7个模糊子集，即PL、PM、PS、ZE、NS、NM、NL，它们分别代表正大、正中、正小、零、负小、负中、负大7个模糊变量。对误差E来说，"误差是正大"这个判断可用E_{PL}表示，类似地，可定义出E_{PM}、E_{PS}、E_{ZE}、E_{NS}、E_{NM}、E_{NL}。另外，根据人的生理特点和实验数据可知，人对事物的判断遵循正态分布原则。因此，输入量E、R都是正态型模糊变量。同时，假定人对正、负信号的判断是对称的，于是上述模糊变量的隶属函数如下。

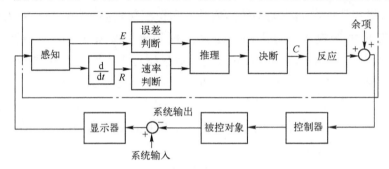

图7-3 人的模糊控制模型的结构

（1）对于论域E，若令$e_1<e_2<e_3<e_4$，则有

$$\begin{cases} E_S(x) = \begin{cases} 1, & 0<x\leqslant e_1 \\ e^{-\left(\frac{x-e_1}{\sigma_e}\right)^2}, & x>e_1 \end{cases} \\ E_M(x) = \begin{cases} 1, & e_2\leqslant x\leqslant e_3 \\ e^{-\left(\frac{x-e_1}{\sigma_e}\right)^2}, & x>e_3 \end{cases} \\ E_L(x) = \begin{cases} e^{-\left(\frac{x-e_e}{\sigma_e}\right)^2}, & 0<x<e_4 \\ 1, & x\geqslant e_4 \end{cases} \\ E_{ZE}(x) = \begin{cases} 0, & x\neq 0 \\ 1, & x=0 \end{cases} \end{cases} \quad (7-4)$$

（2）对于论域R，若令$r_1<r_2<r_3$，则有

$$\begin{cases} E_S(x) = \begin{cases} 1, & 0<x\leqslant r_1 \\ e^{-\left(\frac{x-r_1}{\sigma_r}\right)^2}, & x>r_1 \end{cases} \\ E_M(x) = e^{-\left(\frac{x-e_e}{\sigma_r}\right)^2}, & x>0 \\ E_L(x) = \begin{cases} e^{-\left(\frac{x-e_e}{\sigma_r}\right)^2}, & 0<x<r_3 \\ 1, & x\geqslant r_3 \end{cases} \\ E_{ZE}(x) = \begin{cases} 0, & x\neq 0 \\ 1, & x=0 \end{cases} \end{cases} \quad (7-5)$$

为了描述人的推理活动,将论域 E、R 与 C 中 PL、PM、PS、ZE、NS、NM、NL 分别定义为 3、2、1、0、−1、−2、−3。在推理过程中,人的思维活动并不表现为对单一现象做出反应。表 7-1 给出了 49 个推理规则假定它大致概括了人控制行为的推理范围,而且可以用一个带修正因子 α 的式子表达。

$$C = -[\alpha E + (1-\alpha)R] = -[n] \tag{7-6}$$

式中,α 的取值范围为 0~1;$[n]$ 代表一个与 n 同号,并且绝对值大于或等于 $|n|+0.5$ 的最小整数。显然,只是调节 α 便可以对人的推理规则进行灵活改变。

表 7-1 推理规则表的量化表示(取 α=0.3)

数值		R						
		−3	−2	−1	0	1	2	3
E	−3	3	2	2	1	1	0	−1
	−2	3	2	1	1	0	0	−1
	−1	2	2	1	0	0	−1	−1
	0	2	1	1	0	−1	−1	−2
	1	1	1	0	0	−1	−2	−2
	2	1	0	0	−1	−1	−2	−3
	3	1	0	−1	−1	−2	−2	−3

表 7-1 中的每条规则都是一个似然推理。例如,对第一行、第一列这条规则来说,其含义是:"如果误差与速率都是负大,那么控制量是正大"。应该指出的是,似然推理中的结论可称为一个决断。同样,这种决断也是正态型模糊变量,而且假定它正负对称,具有 7 个模糊集合。对于论域 C 来说,若令 $C_1 < C_2 < C_3$,则它的模糊集合表达式为

$$\begin{cases} C_S(x) = e^{-\left(\frac{x-c_1}{\sigma_c}\right)^2}, & x > 0 \\ C_M(x) = e^{-\left(\frac{x-c_2}{\sigma_c}\right)^2}, & x > 0 \\ C_L(x) = e^{-\left(\frac{x-c_3}{\sigma_c}\right)^2}, & x > 0 \\ C_{ZE}(x) = \begin{cases} 0, & x \neq 0 \\ 1, & x = 0 \end{cases} \end{cases} \tag{7-7}$$

根据模糊集理论,表 7-1 中的每条似然推理规则可用模糊运算进行描述。例如,对第一行、第一列这条规则,它可表达为

$$C_1 = E \circ (E_{NL} \times C_{PL}) \cdot R \circ (R_{NL} \times C_{PL}) \tag{7-8}$$

同理,可得出 $C_2, C_3, \cdots, C_{48}, C_{49}$ 的规则。由于推理过程是选择可能性最大的,因此表 7-1 中的全部推理规则可概括为

$$C = C_1 + \cdots + C_{49} = E \circ (E_{NL} \times C_{PL}) \cdot R \circ (R_{NL} \times C_{PL}) + \cdots + \\ E \circ (E_{PL} \times C_{NL}) \cdot R \circ (R_{PL} \times C_{NL})$$
(7-9)

在式（7-8）与式（7-9）中，+、•、×与∘分别表示模糊集理论中的并、交、笛卡儿积及组合运算。显然，式（7-9）概括了人脑思维活动（概念、判断、推理，直至决断）的基本过程；再加上人的感知延迟 e^{-DS}，神经肌肉滞后 $1/(1+T_N S)$ 以及人的偶然活动余项 $N(S)$，因此便构成了人操作者模糊控制模型的全貌（图 7-3）。一般来讲，三个模糊变量[$E(x)$、$R(x)$、$C(x)$]、推理规则表、感知延迟 D（或者用 τ 表示）、神经肌肉滞后时间常数 T_N 与余项 $N(S)$ 就是该模型的 7 个基本变量。

为了检验人的模糊控制模型的有效性，必须先对人的模糊控制模型进行参数辨识。参数辨识的基本任务是：在给定模型结构和模型参数类型的基础上，需要找出一组最优模型参数，使得模型的输出与人的实际输出之间的拟合误差最小。然后将辨识后的最优模型参数代入模型中，并将模型的输出与人的实际输入进行比较。图 7-4 给出了参数辨识方法进行有效检验的框图。图 7-5 给出了某算例采用人的模糊控制模型的拟合输出和人的实际输出的比较。显然，结果令人满意。

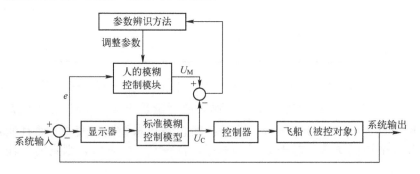

图 7-4　参数辨识方法进行有效性检验的框图

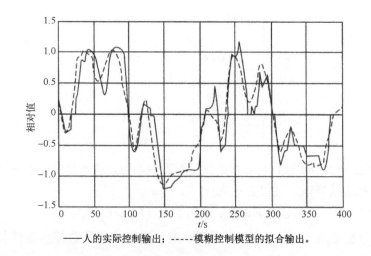

图 7-5　人的模糊控制模型的拟合输出与人的实际输出的比较

7.2 人的决策模型

在人机环境系统中,根据人所完成任务的不同可以建立不同类型的决策模型。文献[8]中详细阐述了人的最佳决策模型(optimal decision model,ODM)。图 7-6 给出了人的最佳决策模型的结构。

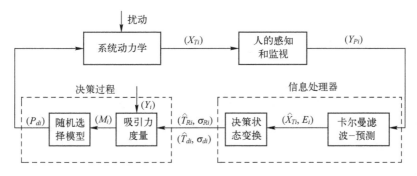

图 7-6 人的最佳决策模型的结构

北京理工大学高超声速气动热力学与人机环境系统工程中心(aerothermodynamics and man-machine-environment laboratory,AMME Lab)近 20 年来,在人的数学模型及应用、机的数学模型及应用、环境的数学模型及应用、人机环境系统总体性能的评价及应用等方面做了大量的工作。仅以人的模型为例,AMME Lab 团队通过改进人的行为控制模型与人的可靠性模型,曾成功地建立了 3125 位飞机驾驶员的样本库,从而为成功预测人机闭环系统的性能、分析飞机纵向飞行品质、避免驾驶员诱发振荡(pilot induced oscillation,PIO)现象提供了十分宝贵的数据。文献[18]详细介绍了 AMME Lab 团队在人机环境系统的几大领域中所取得的成果,供感兴趣者参阅。

第8章 人的可靠性模型及其研究方法

人的可靠性一般定义为：在规定的时间内以及规定的条件下，人无差错地完成所规定任务的能力。人的可靠性的定量指标为人的可靠度。根据人的可靠性定义便可将人的可靠度定义为：在规定的时间内以及规定的条件下，人无差错地完成所规定任务（或功能）的概率。

通常，在人机环境系统中，人的作业主要有两种形式：一种是连续作业；另一种是不连续作业（也称为离散作业）。对于这两种作业形式，人的可靠度计算公式（又称为可靠性模型）也不一样。在未讨论这两种可靠性模型之前，先讨论一下基本可靠性指标的概念以及常用的概率分布函数。

8.1 基本可靠性指标以及常用的概率分布函数

为便于叙述，本节以产品的可靠性为背景讨论关于可靠性的有关概念。通常，产品在规定的条件下和规定的时间内可能出现故障，也可能不出现故障。假定规定的工作时间为 t_0，产品出现故障前的时间为 ξ，若 $\xi \leqslant t_0$，则称产品在时刻 t 前出现故障；若 $\xi > t_0$，则称产品在时刻 t_0 前没有发生故障，为此引进可靠度的概念。可靠度是指产品在规定条件下和规定时间内完成规定功能的概率，是可靠性的概率度量，这里可用符号 $R(t_0)$ 来表示，即

$$R(t_0) = P\{\xi > t_0\} \tag{8-1}$$

式中，P 为概率，事件 $\{\xi > t_0\}$ 是事件 $\{\xi \leqslant t_0\}$ 的补集。不同的时间 t 对应不同的可靠度，因此 $R(t)$ 称为可靠度函数，并定义为

$$R(t) = P\{\xi > t\} \tag{8-2}$$

式中，ξ 为随机变量；t 为规定的时间。显然，t 时刻的可靠度反映了产品在 $[0,t]$ 内完成规定功能的概率。另外，不可靠度 $F(t)$ 为

$$F(t) = P\{\xi \leqslant t\} \tag{8-3}$$

即 t 时刻的不可靠度，表示产品在 $[0,t]$ 内发生故障的概率。在可靠性分析工作中，$F(t)$ 称为累积故障概率（或累积失效概率），又称为故障概率。显然，有

$$R(t) + F(t) = 1 \tag{8-4}$$

对于有限样本，设在规定条件下进行工作的产品总数目为 N_0，令在 0 到 t 时刻的工作时间内，产品的累积故障数目为 $r(t)$。于是，这时可靠度与不可靠度的估计值分别为

$$R(t) = \frac{N_0 - r(t)}{N_0} \tag{8-5}$$

$$F(t) = \frac{r(t)}{N_0} \tag{8-6}$$

在可靠性分析中，常引进故障概率密度函数与故障率的概念。故障概率密度函数 $f(t)$ 是不可靠度的导数，即

$$f(t) = \frac{\mathrm{d}F(t)}{\mathrm{d}t} \tag{8-7}$$

类似地，对于有限样本，则故障概率密度函数的估计值可以表示为

$$f(t) = \frac{r(t+\Delta t) - r(t)}{N_0 \Delta t} \tag{8-8}$$

式中，$r(t)$ 为产品的累积故障数目。注意到式（8-4），于是式（8-7）又可变为

$$f(t) = -\frac{\mathrm{d}R(t)}{\mathrm{d}t} \tag{8-9}$$

由概率论基础知识，得

$$F(t) = P\{\xi \leqslant t\} = \int_0^t f(t)\mathrm{d}t \tag{8-10}$$

$$R(t) = P\{\xi > t\} = \int_t^\infty f(t)\mathrm{d}t \tag{8-11}$$

$F(t)$ 与 $R(t)$ 的关系如图 8-1 所示。

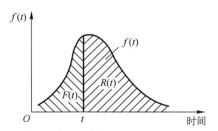

图 8-1　$F(t)$ 与 $R(t)$ 的关系

故障率（又称为失效率）是表示工作到某时刻 t 尚未发生故障的产品，在该时刻 t 后单位时间内发生故障的概率。对于有限样本，令在 0 到 t 时刻的工作时间内，产品的累积故障数目为 $r(t)$，相应地，在 0 到 $t+\Delta t$ 时刻的工作时间内，产品的累积故障数目为 $r(t+\Delta t)$。于是，故障率的估计值为

$$\lambda(t) = \frac{r(t+\Delta t) - r(t)}{N_\mathrm{S}(t)\Delta t} \tag{8-12}$$

式中，$N_\mathrm{S}(t)$ 为到 t 时刻尚未发生故障的产品数，即 $N_\mathrm{S} = N_0 - r(t)$。当考察的产品的总数目足够多（$N_0$ 足够大，这里 N_0 代表 $t=0$ 时在规定条件下进行工作的产品数）并且考察时间足够短（$\Delta t \to 0$）时，则

$$\lambda(t) = \lim_{\substack{\Delta t \to 0 \\ N_0 \to \infty}} \frac{\frac{r(t+\Delta t) - r(t)}{N_0 \Delta t}}{\frac{N_0 - r(t)}{N_0}} = \frac{f(t)}{1 - F(t)} = \frac{f(t)}{R(t)} \quad (8\text{-}13)$$

值得注意的是，在可靠度 $R(t)$、不可靠度 $F(t)$、故障概率密度函数 $f(t)$ 与故障率 $\lambda(t)$ 这 4 个指标之间，只要知道其中的一个，就可以确定出另外的 3 个指标。以下分三种情况讨论。

（1）已知 $R(t)$ 时，求其他函数。

若 $R(t)$ 已知，则

$$F(t) = 1 - R(t) \quad (8\text{-}14)$$

由式（8-9）和式（8-13）可得

$$f(t) = \frac{\mathrm{d}F(t)}{\mathrm{d}t} = -\frac{\mathrm{d}R(t)}{\mathrm{d}t} \quad (8\text{-}15)$$

$$\lambda(t) = \frac{f(t)}{1 - F(t)} = \frac{1}{1 - F(t)} \frac{\mathrm{d}F(t)}{\mathrm{d}t} = \frac{f(t)}{R(t)} = -\frac{1}{R(t)} \frac{\mathrm{d}R(t)}{\mathrm{d}t} \quad (8\text{-}16)$$

（2）已知 $f(t)$ 时，求其他函数。

若 $f(t)$ 已知，则

$$F(t) = \int_0^t f(t)\mathrm{d}t \quad (8\text{-}17)$$

$$R(t) = 1 - F(t) = \int_t^\infty f(t)\mathrm{d}t \quad (8\text{-}18)$$

$$\lambda(t) = \frac{f(t)}{1 - F(t)} = \frac{f(t)}{R(t)} \quad (8\text{-}19)$$

（3）已知 $\lambda(t)$ 时，求其他函数。

如果 $\lambda(t)$ 已知，于是将式（8-16）两边积分得

$$\int_0^t \lambda(t)\mathrm{d}t = -\int_0^t \frac{1}{R(t)} \frac{\mathrm{d}R(t)}{\mathrm{d}t}\mathrm{d}t = -\ln R(t) + \ln R(0)$$

当 $t=0$ 时，$R(0)=1$，得

$$R(t) = \exp\left[-\int_0^t \lambda(t)\mathrm{d}t\right] \quad (8\text{-}20)$$

$$F(t) = 1 - \exp\left[-\int_0^t \lambda(t)\mathrm{d}t\right] \quad (8\text{-}21)$$

另外，由式（8-13），则 $f(t)$ 为

$$f(t) = \lambda(t)\exp\left[-\int_0^t \lambda(t)\mathrm{d}t\right] \quad (8\text{-}22)$$

在可靠性分析中，不可修复产品的平均寿命是指产品失效前的平均工作时间（mean time to failure，MTTF）。它是一个常用的可靠性指标。假设有 N_0 个不可修复产品在相同条件下进行试验，测得寿命数据为 $t_1, t_2, \cdots, t_{N_0}$，则 MTTF（常用符号 θ 表示）的估计

值为

$$\text{MTTF} = \theta = \frac{1}{N_0}\sum_{i=1}^{N_0} t_i \tag{8-23}$$

如果子样比较大，即 N_0 值很大，就可将数据分成 m 组，每组中的中值为 t_i，每组故障频数为 Δr_i。于是，有

$$\theta = \frac{1}{N_0}\sum_{i=1}^{N_0}(t_i \Delta r_i) \tag{8-24}$$

假设第 i 组的故障频率为 P_i，则

$$P_i = \frac{\Delta r_i}{N_0}$$

于是，式（8-24）又可写为

$$\theta = \sum_{i=1}^{m}(t_i P_i)$$

显然，当子样数无限增多，分组越来越细，$m \to \infty$，则

$$\frac{\Delta r_i}{N_0} \to \frac{1}{N_0}\frac{\mathrm{d}r(t)}{\mathrm{d}t}\mathrm{d}t = f(t)\mathrm{d}t$$

将上式代入式（8-24）并将Σ号变为积分号后得到

$$\text{MTTF} = \theta = \int_0^\infty tf(t)\mathrm{d}t = \int_0^\infty t\left[-\frac{\mathrm{d}R(t)}{\mathrm{d}t}\right]\mathrm{d}t = \int_0^\infty R(t)\mathrm{d}t \tag{8-25}$$

在许多文献中，MTTF 又称为平均失效前的工作时间，它是常用的可靠性指标之一。

8.2 连续作业时人的可靠性模型

所谓连续作业，是指人一直从事连续的操作活动。例如，驾驶员对汽车的驾驶以及飞行员对飞机的操纵等均属于这类操作。对于这类操作，可直接用时间函数进行描述。为此，首先定义人为差错率，借助于式（8-16），于是其表达式为

$$\lambda(t) = -\frac{1}{R(t)}\frac{\mathrm{d}R(t)}{\mathrm{d}t} \tag{8-26}$$

式中，$R(t)$ 为时刻 t 时人的动作可靠度；$\lambda(t)$ 为人为差错率（又称为人为失误率）。将式（8-26）变换一下形式，得

$$\lambda(t)\mathrm{d}t = -\frac{1}{R(t)}\mathrm{d}R(t) \tag{8-27}$$

将式（8-27）两边在时间区间 $[0,t]$ 内积分并注意到 $t=0$ 时 $R(0)=1$，于是可得到

$$R(t) = \exp\left[-\int_0^t \lambda(t)\mathrm{d}t\right] \tag{8-28}$$

式中，$\lambda(t)$ 为人为差错率。例如，汽车司机操纵方向盘的恒定差错率 $\lambda(t)$ 取为 0.0001 时，若某司机驾车 300h，则由式（8-28）可算得其可靠度为

$$R(300) = \exp\left[-\int_0^t 0.0001 \mathrm{d}t\right] = 0.9704$$

在通常情况下，人为差错率可能有多种取法，如采用指数分布、伽玛分布、瑞利分布、威布尔分布、正态分布或浴盆分布等，式（8-28）均成立。仿照式（8-25），可以给出平均人为差错时间（MTHE）的一般表达式为

$$\mathrm{MTHE} = \int_0^\infty R(t)\mathrm{d}t = \int_0^\infty \exp\left[-\int_0^t t\lambda(t)\mathrm{d}t\right]\mathrm{d}t \tag{8-29}$$

8.3　不连续作业时人的可靠性模型

在不连续作业时，人的作业特点是从事间断的操作活动。例如，汽车的换挡、制动等均属于这类操作。这类操作可能是有规律的，也可能是随机的。对于这类操作，人的可靠度模型可仿照式（8-5）给出，即

$$R = \frac{N_\mathrm{r}}{N_\mathrm{t}} \tag{8-30}$$

式中，R 为人的可靠度；N_t 为执行操作任务的总次数；N_r 为无差错地完成操作任务的次数。

8.4　人的可靠性研究方法

人的可靠性研究起源于 20 世纪 50 年代前期，最早的工作是由美国 Sandia 国家实验室（SNL）进行的，研究的对象是复杂武器系统可行性研究中人的失误估计。研究结果认为，人在地面操作其失误概率为 0.01；如果在空中操作，其失误概率增加为 0.02。从 20 世纪 60 年代后，人的可靠性研究方法大致经历了两个阶段：第一代人的可靠性研究方法与第二代人的可靠性研究方法。

1. 第一代人的可靠性研究方法

第一代人的可靠性研究方法是在 20 世纪 60～70 年代发展起来的，其主要工作包括人的失误理论与分类研究，人的可靠性数据的收集整理（包括现场数据与模拟机数据）以及以专家判断为基础的人失误概率统计分析方法与预测技术。其中最有代表性的是人的失误预测技术（THERP），又称为人为差错率预测方法。这种方法的基本指导思想是，将人的操作事先分解为一系列的由系统功能所规定的子任务，并分别对其给出专家判断的人的失误概率值。该模型的基础是人的行为理论，即以人的输出行为为着眼点，不去探究行为的内在历程，因此这种方法又称为静态的基于专家判断与统计分析相结合的可

靠性研究方法。表 8-1 中汇总了国际上提出的 14 种静态人的可靠性研究方法及其主要特点。在这 14 种方法中，常用的是 ASEP、HCR、SHARP 和 THERP，其中 THERP、ASEP 与 HCR 最为常用。

表 8-1　第一代人的可靠性研究方法汇总表

序号	缩写	全称	特点	来源
1	THERP	人的失误率预计技术	通过任务分析，建立人因事件树	Swain，Guttmann，1983
2	ASEP	事故序列评价程序	THERP 的简便方法	Swain，1987
3	OAT	操作员动作树	可用于操作员的决策分析	Wreathall，1982
4	AIPA	事故引发与进展分析	用于与响应时间相关联的情况	Fleming et al，1975
5	HCR	人的认知可靠性模型	一个不完全独立于时间的 HEP	Hannaman et al，1984
6	SAINT	一体化任务网络的系统分析法	模拟复杂的人—机相互作用关系	Kozinsky et al，1984
7	PC	成对比较法	采用专家判断结果	Comer et al，1984
8	DNE	直接数字估计法	要求有较好的参考数值	Comer et al，1984
9	SLIM	成功似然指数法	专家判断的技术	Embrey et al，1984
10	STAHR	社会-技术人的可靠性分析法	主观推测和心理分析结合方法	Phillips et al，1985
11	CM	混合矩阵法	初因事件诊断中的混淆错误	Potash et al，1981
12	MAPPS	维修个人行为模拟模型	分析 PSA 中有关维修工作的方法	Kopsttin，Wolf，1985
13	MSFM	多序贯失效模型	以维修为导向的软件模型	Samanta et al，1985
14	SHARP	系统化的人的行为可靠性分析程序	建立人的可靠性分析的框架	Hannaman，Spurgin，1984

2．第二代人的可靠性研究方法

第二代人的可靠性研究方法是从 20 世纪 80 年代初期发展起来的。尤其是 1979 年美国三哩岛核电厂堆芯熔化事件后，人们清醒地认识到在核电厂运行中，人与机（系统）的交互作用对事故的缓解或恶化起着至关重要的作用。对于这种复杂的动态过程，人的可靠性研究具有非常重要的现实意义。另外，在人的可靠性研究中，人们注重了结合认知心理学，并把人的认知可靠性模型作为研究重点。也就是说，着重研究人在应急情景下的动态认知过程（包括探查、诊断、决策等意向行为），探讨人的失误机理并建立模型。第二代人的可靠性研究方法更加强调人、机相互作用的整体性、人的心理过程的影响以及环境对人行为的重要影响作用。此外，还常常要考虑操作人员的班组群体效应的影响，因此更加符合人机环境系统工程的研究思路。

目前比较流行的第二代人的可靠性模型有 GEMS 模型、CES 模型、IDA 模型、ATHEANA 模型以及 CREAM 模型等。

GEMS 模型是 Reason 提出的，它是人的失误分析时的一个定性分析模型，该模型可以较好地反映人的认知心理过程的特点，并注意了人的行为分类。

CES（cognitive environment simulation）模型即认知环境模拟，是更多地强调任务与人之间相互作用的动态分析模型。CES 的软件设计还具有人工智能的特点，它可以帮助研究人员找到人失误的认知意向性环节，从而有利于防止失误的发生。

IDA（information，decisions，actions）模型是 1994 年提出的人的可靠性分析模型。IDA 模型可分为单个操作员模型与班组群体行为模型两种。IDA 模型详细描述了操作员在某种工况下的认知过程以及解决问题的策略路线等。

8.5　人的可靠性的基本数据

在可靠性的研究中，人的可靠性数据起着重要的作用，加拿大著名人因专家 B.S.Dhillon 教授在人的可靠性方面做了大量的工作。在人机环境系统中，人的许多作业都与人输入信息的感知以及人输出信息的控制有关，因此这里给出有关这方面人的可靠性的基本数据供实际使用时参考。

当采用不同显示形式和安装不同显示仪表时，人的认读可靠度是不同的。表 8-2 给出了不同显示形式仪表的认读可靠度数据；表 8-3 列出了不同显示视区人的认读可靠度的数据。

表 8-2　不同显示形式仪表的认读可靠度

显示形式	人的认读可靠度			
	用于读取数值	用于检验读数	用于调整控制	用于跟随控制
指针转动式	0.9990	0.9995	0.9995	0.9995
刻度盘转动式	0.9990	0.9980	0.9990	0.9990
数字式	0.9995	0.9980	0.9995	0.9980

表 8-3　不同显示视区人的认读可靠度的数据

扇形视区	人的认读可靠度	扇形视区	人的认读可靠度
0°～15°	0.9999～0.9995	45°～60°	0.9980
15°～30°	0.9990	60°～75°	0.9975
30°～45°	0.9985	75°～90°	0.9970

当采用不同控制方式进行控制输出时，人的控制可靠度也不同。表 8-4 给出了人进行按键操作时，不同按钮直径与人的动作可靠度的相关数据；表 8-5 列出了操作人员用控制杆进行位移操作时，不同操作方式与人的动作可靠度的相关数据。

表 8-4　按键操作时的动作可靠度

按钮直径/mm	人的动作可靠度	按钮直径/mm	人的动作可靠度
小型	0.9995	9～13	0.9993
3.0～6.5	0.9985	13 以上	0.9998

表 8-5　控制杆操作时的动作可靠度

控制杆位移	人的动作可靠度	控制杆位移	人的动作可靠度
长杆水平移动	0.9989	短杆水平移动	0.9921
长杆垂直移动	0.9982	短杆垂直移动	0.9914

另外，人的大脑意识活动的水平对人体的行为和人的失误有非常重要的影响。日本的桥本邦卫从生理学的角度将大脑的意识水平分成了5个层次，并研究了人在不同层次时的可靠性。

第0层次：无意识或精神丧失，注意力为零，生理表现为睡眠，这时大脑可靠性为零。

第Ⅰ层次：意识水平低下，注意迟钝，生理表现为疲劳、瞌睡、单调刺激、药物或醉酒作用等，大脑可靠性为0.9以下。当处于此状态时，作业者对眼前信号不注意，失误率高。

第Ⅱ层次：正常意识的意识松弛阶段，注意力消极被动，心不在焉，生理表现为安静、休息，大脑可靠性为0.99~0.99999。

第Ⅲ层次：正常意识的意识清醒阶段，注意行为积极主动，注意范围广，生理状态表现为精力充沛、积极进取，大脑可靠性达0.999999以上。

第Ⅳ层次：超常意识的意识极度兴奋和激动阶段，注意力高度紧张，生理表现为紧急状态下的惊慌和恐惧，大脑几乎停止了判断，大脑可靠性下降到0.9以下。

此外，日本东京大学井口雅一教授还根据人的行动过程模式[信息输入（S）、判断决策（O）、操作处理（R）简称为S-O-R模式，该模式又称为"刺激输入-人的内部反应-输出反应"模型]提出了一种确定人的操作可靠度的计算方法。他认为，机器操作者的基本可靠度Y为

$$Y = Y_1 \times Y_2 \times Y_3 \qquad (8\text{-}31)$$

式中，Y_1为信息输入过程的基本可靠度；Y_2为判断决策过程的基本可靠度；Y_3为操作输出过程的基本可靠度。表8-6给出了Y_1、Y_2与Y_3的取值。在求出了操作者的基本可靠度Y后，再考虑作业条件、作业时间、操作频数、危险程度、心理、生理因素对操作的影响。因而对基本可靠度进行修正后才可求出操作可靠度R值，即

$$R = 1 - b \times c \times d \times e \times f \times (1-Y) \qquad (8\text{-}32)$$

式中，b为作业时间修正系数；c为操作频数修正系数；d为危险程度修正系数；e为生理与心理条件修正系数；f为环境条件修正系数；$(1-Y)$为操作的基本不可靠度。表8-7给出了上述修正系数的取值范围。

表8-6 基本可靠度Y_1、Y_2、Y_3的取值

作业类别	内容	Y_1、Y_3	Y_2
简单	变量在几个以下，已考虑工效学原则	0.9995~0.9999	0.999
一般	变量在10个以下	0.9990~0.9995	0.995
一般	变量在10个以下，考虑工效学原则不充分	0.990~0.999	0.990

表8-7 修正系数（b、c、d、e、f）的取值

系数	作业时间b	操作频数c	危险度d	心理、生理条件e	环境条件f
1.0	宽裕时间充分	适当	人身安全	良好	良好
1.0~3.0	宽裕时间不充分	连续发生	有人身危险	不好	不好
3.0~10.0	无宽裕时间	极少发生	可能造成重大恶性事故	非常不好	非常不好

本 篇 习 题

1. 什么是人体的静态测量？它与动态测量有什么区别？

2. 某地区人体测量的平均值 $\bar{x}=1650$mm，标准差 $S_D=57.1$mm，求该地区第95、第90以及第80百分位尺寸数据。

3. 人的生理特征主要包含哪些方面？人的知觉特征大体上可以从哪些方面进行研究？

4. 20世纪60年代，美国科学家使用人的传递函数解决登月着陆模拟飞行器生命保障系统的设计，以及完成"土星-V"推进飞行器设计中人体热调节系统数值模拟。它们是人体热调节系统数学模型用于工程并解决工程问题最成功的两个例子，你是否知道人体热调节系统的控制框图主要包括哪些控制分系统？并给出每个控制分系统的大致框图。

5. 人体热调节的控制分系统包括哪几个控制元件？请给出它们的数学表达式。

6. 热舒适技术是现代人类生活环境研究领域的高科技，范格提出的热舒适方程早已被国际学术界公认并获得了广泛应用。请给出热舒适应满足的三个最基本条件，并用相应的数学表达式去描述这三个条件。

7. 使用 PMV 指标去评价一个房内人员较少、房间较宽敞的热环境与去评价一个空间狭窄、舱内温度分布很不均匀并有乘员存在的坦克车舱热环境时，上述哪种情况在评价时会遇上困难？遇上什么困难？（这里主要讨论在计算 PMV 值过程中可能遇到的困难）

8. 原航天医学工程研究所工效研究室主任龙升照教授在人机环境系统人的模型研究中，最早将 Fuzzy 的概念用到了人体建模，在钱学森先生的直接指导下，他在人的模糊控制模型方面做出了贡献。请你用模糊数学的语言描述一下人的模糊控制模型。

9. 人的动作习惯主要包括哪些方面？在人机界面设计时应如何符合人的动作习惯？请举例说明。

10. 人为差错发生的原因有哪些方面？请举例说明。

11. 作业场所，尤其是立体作业的现场，为什么要求人要戴安全帽？

12. 如果某产品的故障概率密度函数服从对数正态分态，即

$$f(t)=\begin{cases}\dfrac{1}{(\sqrt{2\pi})\sigma_t}\exp\left[-\dfrac{(\ln t-\mu)^2}{2\sigma^2}\right] & (0<t<\infty) \\ 0 & (t\leqslant 0)\end{cases}$$

试求累积概率分布函数 $F(t)$ 的表达式。

13. 人的可靠性研究方法大体上历经了两个阶段，请扼要说明一下第二代人的可靠性方法，并请详细说明 ATHEANA 模型和 CREAM 模型。

14. 人的基本特征包括哪些方面？为什么研究人机环境工程问题时必须了解和掌握人的基本特征呢？

第 2 篇　机应具备的特性以及人机界面安全设计的工效学原则

在人机环境系统中，机的设计要符合人的要求。也就是说，要符合人使用"机"时要求的 3 个主要特性，即可操作性、易维护性和本质可靠性。这 3 个特性对人机环境系统的总体性能（即满足"安全、环保、高效、经济"的 4 项评价指标）的影响极大。本章着重介绍机的 3 个特性，并对人机界面的安全设计进行一些分析。

第 9 章　机应具备的一些重要特性

9.1　机的动力学特征分析

9.1.1　可操作性的 3 个特征

机的可操作性是指在人机环境系统中，某个特定的"机"（包括机器或过程）在特定的使用"环境"下，由人（操作人员）进行操作或控制时能够稳定、快速、准确地完成预定任务能力的一种度量。每个人机环境系统都是一个具有反馈回路的闭环控制系统，如图 9-1 所示。因此，可操作性一般应具备以下三大特征。

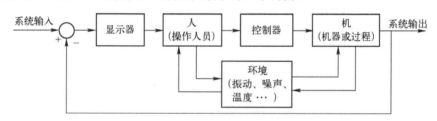

图 9-1　人机环境系统示意图

1. 稳定性

稳定性是保证人机环境系统正常工作的先决条件。如果某个机的动力学特性设计不当，那么在人对其进行操作或控制时就会出现不稳定现象。因此要提高机的可操作性就必须提高机在运行中的稳定性。

2. 快速性

要很好地完成人机环境系统的预定任务，仅仅满足稳定工作的要求是远远不够的，必须能快速地完成任务。例如，当两架歼击机进行格斗时，快速性就成为飞机生存的必要条件。

3. 准确性

如果一个人机环境系统能快速地达到目的，但却不能准确无误地完成预定的任务，那么这个系统也不是一个好系统。这里我们仍以两架歼击机格斗为例，飞行员不仅要快速地控制自己飞机的瞄准方向，而且要能准确地击中对方飞机才能取得空战的胜利。

9.1.2 机的特性描述及其动力学特性分类

对于线性定常系统，为了对机的输入/输出动力学特性进行描述，一般用传递函数表达为

$$G(S) = Y(S)/X(S) \tag{9-1}$$

式中，$G(S)$ 为机的动力学特性，即传递函数；$X(S)$ 为输入信号的拉普拉斯变换；$Y(S)$ 为输出信号的拉普拉斯变换。通常，当人对机进行操作或控制时，由于受人的信息处理能力的限制，机的动力学特性一般应在二阶积分特性之内。因此，机的动力学特性可以简化为以下 6 类主要基本特性。

1. 比例特性

比例特性的传递函数为

$$G(S) = \frac{Y(S)}{X(S)} = K \tag{9-2}$$

式中，K 为常数，称为放大系数，比例特性又称为放大特性，这时它的输出量与输入量成比例，其传递函数是一个常数。

2. 一阶惯性特性

惯性特性也称为滞后特性或非周期特性，其传递函数为

$$G(S) = \frac{Y(S)}{X(S)} = \frac{K}{TS+1} \tag{9-3}$$

式中，K 为常数，称为放大系数；T 为时间常数。

3. 一阶积分特性

一阶积分特性的传递函数为

$$G(S) = Y(S)/X(S) = K/S \tag{9-4}$$

式中，K 为常数，称为放大系数。一阶积分特性的输出量为输入量的积分。

4. 一阶惯性-积分特性

一阶惯性-积分特性的传递函数为

$$G(S) = \frac{Y(S)}{X(S)} = \frac{K}{S(TS+1)} \tag{9-5}$$

式中，K 为常数，称为放大系数；T 为时间常数。一阶惯性-积分特性的输出量为被滞后了的输入量的积分。

5. 二阶积分特性

二阶积分特性的传递函数为

$$G(S) = \frac{Y(S)}{X(S)} = \frac{K}{S^2} \tag{9-6}$$

式中，K 为常数，称为放大系数。二阶积分特性的输出量为输入量的二次积分。

6. 不稳定惯性-积分特性

不稳定惯性-积分特性的传递函数为

$$G(S) = \frac{Y(S)}{X(S)} = \frac{K}{S(TS-1)} \tag{9-7}$$

式中，K 为常数，称为放大系数；T 为时间常数。不稳定惯性-积分特性一般都产生不稳定振荡，在机的设计时应尽量避免出现这类现象。

表 9-1 给出了上述几类动力学特性与一些机的典型工作状态之间的关系。值得强调的是，实际应用中的"机"，它的动力学特性要比上述几类基本特性复杂得多，有时往往是几种基本特性的复合。这里以可操纵飞行器的动力学方程[19-21]为例，在飞行力学课程中推导飞行器的运动方程时，往往把飞行器视为理想刚体，即忽略了弹性变形、旋转部件、燃料流动和晃动的影响，因此这时飞行器在大气层的运动便具有 6 个自由度，相应地，有 6 个动力学方程（其中，3 个方程描述飞行器质心运动，3 个方程描述飞行器绕质心的转动），这就是通常所说的飞行器一般动力学模型，它是一组非线性微分方程组。然而，为了便于分析各种因素对飞行器动态特性的影响，常要引入"小扰动"假设，也就是将微分方程线性化。

表 9-1 动力学特性与一些机的典型工作状态之间的关系

动力学特性种类	传递函数	机的典型工作状态举例
比例特性	K	人用扶手控制割草机进行割草
一阶惯性特性	$K/(TS+1)$	人用车把控制自行车的方向
一阶积分特性	K/S	飞行员用升降舵控制飞机的倾斜角
一阶惯性-积分特性	$K/[S(TS+1)]$	飞行员用副翼控制飞机的滚转角
二阶积分特性	K/S^2	航天员用喷管控制飞船的姿态角
不稳定惯性-积分特性	$K/[S(TS-1)]$	飞行员用升降舵控制静不稳飞机的倾斜角

此外，为了便于工程计算，通常还建立了飞行器动力学的低阶等效模型，它具有形式简单、效果好等特点，因此在评价飞行器的飞行品质时得到了广泛的应用。

9.1.3 可操作性的比较

在前面所述的 6 类机的动力学特性中，比例特性的可操作性最好，不稳定惯性-积分特性的可操作性最差，这 6 类机的动力学特性的可操作性从好到差的依次排列顺序为：比例特性→一阶惯性特性→一阶积分特性→一阶惯性-积分特性→二阶积分特性→不稳定惯性-积分特性。为了对不同动力学特性的可操作性作对比，今以两驾歼击机空中格斗时追踪瞄准为例进行说明与比较。图 9-2 给出了模拟实验的框图。实验中飞机的简化动力学采用 4 种难度：$0.5/S$、$0.5/[S(0.25S+1)]$、$0.5/[S(0.9S+1)]$ 和 $0.5/S^2$（以下分别用动力学难度 1、2、3、4 表示），并用模拟计算机实现其动力学特性。该人机环境系统的主要性能指标有两个：作战的反应时间（T）；瞄准精度（P）。为了对不同实验数据进行比较，引进相对的系统性能描述 P^* 与 T^*，即

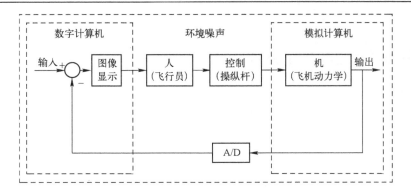

图 9-2　飞机可操作性的比较模拟实验的框图

$$P^* = \frac{P(\text{实验值})}{P_0(\text{参照值})} \tag{9-8}$$

$$T^* = \frac{T(\text{实验值})}{T_0(\text{参照值})} \tag{9-9}$$

于是,引入一个性能综合指标 SP,其定义式为

$$\text{SP} = \sqrt{[(P^*)^2 + (T^*)^2]/2} \tag{9-10}$$

表 9-2 给出了飞机动力学特性对系统的性能影响。显然,SP 值越小,则系统的性能就越好。

表 9-2　飞机动力学特性对系统性能的影响

动力学难度	系统性能		
	P^*	T^*	SP
1	0.64	0.90	0.78
2	1.00	1.00	1.00
3	1.38	1.12	1.26
4	1.95	1.22	1.62

从表 9-2 中可以看出,在这 4 种飞机的动力学特性中,0.5/S 是最好的机器参数。在进行人机环境系统的设计时,从"机的因素"考虑,应该尽量降低控制系统的阶次,使机器适用于人的使用,以便有效地提高整个系统的效率。

9.2　机的易维护性以及机的本质可靠性

机的易维护性(又称为易维修性)是指在任何一个人机环境系统中,对某一个特定的"机"(包括机器或过程)在特定的维护"环境"下,由具有所规定的技术水平的维护人员,利用规定的程序和资源进行维护时,使机保持或恢复到规定状态能力的度量。这里所讲的易维护性应包括两种情况:①在故障状态下机的故障维修;②在正常状态下机的定期养护。

9.2.1 易维护性的设计原则

1. 便于维护

应给维护提供适当的、可达性的操作空间和工作部位，其中包括：①根据系统、设备、组件的可靠性作出维护频率预测，据此进行设备、组件的可达性布置；②设备、系统的检查窗口、测试点、检查点、润滑点以及燃油、液压等系统的维护点都要布局在便于接近的位置；③在机的总体布局时，应给维护人员提供拆装设备、组件的维护空间；④系统、分系统、设备、组件应尽量采用专舱布局，各专舱中的设备及组件应尽量单层排列。

需维护的设备、部件应具有互换性，要尽量采用标准件，其中包括：①在设计系统、设备、组件和零件时要根据维修条件提供合理的使用容差，维护中需要更换时，应保证其物理（机构、外形、材料）上和功能上的互换性；②结构部件以及非永久性紧固连接的装配件，都应具有互换性；③不同工厂生产的相同型号的产品，必须具有良好的功能与安装互换性。

另外，应尽量采用标准化设计，多采用标准化的零件、组件和设备。应保证系统、设备以及维护设施之间的相容性，要使之能配套使用。

2. 维护时间要短

尽量采用模块化设计。根据实际需要重装系统和设备按功能设计成若干个可以互换的模块；对于重要的系统和设备要设有故障显示和机内测试装置；设备、组件、导管、电缆等的拆装、连接、紧固、检查窗口的开关等都要做到简易、快速和牢靠；维护工作中所需的各种油料、气体的加灌充填、弹药与武器补充等都应尽量方便维护者。

3. 维护费用低

要尽量减少非必要的维护，维护成本要少；专用的工具、设备以及维护设施要少，维护条件要求不应过高，对维护人员的技术等级要求不能过高。

4. 要有预防维护差错的措施

维护标志、符号和技术数据要清晰准确，应注意减少维护工作中可能导致的危险、肮脏、单调、别扭等容易引起人的差觉的因素。

5. 维护作业应满足人的要求

工作舱口开口的尺寸、方向、位置都要方便操作者，使作业者有一个比较合适的操作姿态；在系统、设备上进行维护时，其环境条件应符合人的生理参数和能力。其中包括：①噪声不应超过人的忍受能力；②要避免维护人员在过度振动条件下操作；③应给维护工作提供适度的自然或人工照明条件。

6. 满足与维护有关的可靠性与安全性的要求

设计时注意系统、设备以及器件的可靠性，必要时要进行冗余设计；设计中有关安全性的问题更重要，设备、设施等有可能发生危险的部位都应标有醒目的标记、符号和文字警告，以防止发生事故和危及人员、设备的安全。

7. 尽量降低对维护人员的要求

对维护人员的操作和工作应按逻辑和顺序安排；维护程序和规程要简单、明确、有效；对维护人员的专业要求应尽量减少，对需要的维护人员数目也应尽量少。

9.2.2 基本维修性指标

维修性是指在规定的条件下使用的可维修产品，在规定的时间内按规定的程度和方法进行维修时，保持或恢复到能完成规定功能的能力。如果把产品从开始出故障到修理完毕所经历的时间（把故障诊断、维修准备及维修实施时间之和）称为产品的维修时间，并记为 ξ。显然，它是一个随机变量。我们把产品维修时间 ξ 所服从的分布称为维修分布，记作 $M(t)$，即

$$M(t)=P\{\xi<t\} \tag{9-11}$$

式中，$M(t)$ 为产品的维修度。若 ξ 为连续型随机变量，则其维修密度函数为 $m(t)$，它是维修度函数 $M(t)$ 的导数，即

$$m(t)=\frac{\mathrm{d}M(t)}{\mathrm{d}t} \tag{9-12}$$

假设有 N 个故障产品，在 $[0,t]$ 时间内被修复产品的数目为 $N(t)$，则维修度 $M(t)$ 的估计值 $M(t)$ 为

$$M(t)=\frac{N(t)}{N} \tag{9-13}$$

显然，样本数目足够多时，便有

$$M(t)=\lim_{N\to\infty}\frac{N(t)}{N} \tag{9-14}$$

假设有 N 个故障产品，在时刻 t 时被修复产品的数目为 $N(t)$，在时刻 $t+\Delta t$ 被修复产品数目为 $N(t+\Delta t)$，维修概率密度函数 $m(t)$ 的估计值为

$$m(t)=\frac{N(t+\Delta t)-N(t)}{N\Delta t} \tag{9-15}$$

当产品数目足够多，考虑的时间间隔足够短时，则有

$$m(t)=\lim_{\substack{\Delta t\to 0\\N\to\infty}}\frac{N(t+\Delta t)-N(t)}{N\Delta t} \tag{9-16}$$

维修率函数（又称为修复率）$\mu(t)$ 是产品在任意时刻 t，尚未修复的产品在单位时间内被修复的概率，即

$$\mu(t)=\lim_{\substack{\Delta t\to 0\\N\to\infty}}\frac{N(t+\Delta t)-N(t)}{N\Delta t} \tag{9-17}$$

对于有限样本，$\mu(t)$ 的估计值为

$$\mu(t)=\frac{N(t+\Delta t)-N(t)}{[N-N(t)]\Delta t} \tag{9-18}$$

由式（9-13）、式（9-15）和式（9-17），得

$$\mu(t) = \lim_{\substack{\Delta t \to 0 \\ N \to \infty}} \frac{\frac{N(t+\Delta t) - N(t)}{N \Delta t}}{\frac{N - N(t)}{N}} = \lim_{\substack{\Delta t \to 0 \\ N \to \infty}} \frac{m(t)}{1 - M(t)} = \frac{1}{1 - M(t)} \frac{dM(t)}{dt} \qquad (9\text{-}19)$$

将式（9-19）两边积分，得

$$\int_0^t \mu(t) dt = \int_0^t \frac{dM(t)}{1 - M(t)} = \ln[1 - M(0)] - \ln[1 - M(t)] \qquad (9\text{-}20)$$

又因 $M(0) = 0$（产品发生故障的瞬间是不可能立即修复的），于是式（9-20）变为

$$M(t) = 1 - \exp\left[-\int_0^t \mu(t) dt\right] \qquad (9\text{-}21a)$$

$$m(t) = \mu(t) \cdot [1 - M(t)] = \mu(t) \cdot \exp\left[-\int_0^t \mu(t) dt\right] \qquad (9\text{-}21b)$$

如果已知维修概率密度函数 $m(t)$，那么由式（9-12）与式（9-19）便分别可得到

$$M(t) = \int_0^t m(t) dt \qquad (9\text{-}22)$$

$$\mu(t) = \frac{m(t)}{1 - \int_0^t m(t) dt} \qquad (9\text{-}23)$$

如果已知维修度函数 $M(t)$ 时，显然由式（9-12）与式（9-19）得到

$$m(t) = \frac{dM(t)}{dt} \qquad (9\text{-}24)$$

$$\mu(t) = \frac{1}{1 - M(t)} \frac{dM(t)}{dt} \qquad (9\text{-}25)$$

在维修性分析中，平均修复时间（mean time to repair，MTTR）是一个常用的修复性指标。显然，平均修复时间是修复时间的数学期望值。假设修复时间为 ξ，若已知维修性函数 $M(t)$，即

$$\mathrm{MTTR} = E(\xi) = \int_0^{+\infty} t m(t) dt = \int_0^{+\infty} t dM(t) = \int_0^{+\infty} [1 - M(t)] dt \qquad (9\text{-}26)$$

若修复时间服从指数分布时，则

$$M(t) = 1 - e^{-\frac{t}{a_0}} \qquad (9\text{-}27a)$$

将式（9-27a）代入到式（9-19），便得到

$$\mu(t) = \frac{1}{a_0} \qquad (9\text{-}27b)$$

将式（9-27b）代入到式（9-26），便得到

$$\mathrm{MTTR} = E(\xi) = a_0 \qquad (9\text{-}27c)$$

从上面的讨论可以看到．式（8-3）与式（9-11）、式（8-7）与式（9-12）、式（8-13）与式（9-19）、式（8-25）与式（9-26）分别比较，则可以发现在可靠性与维修性研究中，

$F(t)$ 与 $M(t)$、$f(t)$ 与 $m(t)$、$\lambda(t)$ 与 $\mu(t)$、MTTF（参阅式（8-25）与 MTTR 是一一对应的，可靠性指标依据的是从开始工作到故障发生的时间（寿命）数据，而维修性指标依据的是发生故障后进行维修所花费的时间，即修复时间数据。两者相比，通常情况下维修时间数据比寿命数据要小得多。另外，可靠性是由设计、制造、使用等因素所决定的，而维修性是人为地排除故障、使产品的功能恢复，因而人的因素影响更大。

9.2.3 有效性特征量

有效性也称为可用性，它是综合反映可靠性和维修性的一个重要概念，是一个反映可维修产品使用效率的广义可靠性尺度。

有效度（又称为可用度）是指可维修的产品在规定的条件下使用时，在某时刻具有或维持其功能的概率。显然，对于可维修的产品，当发生故障时，只要在允许的时间内修复后又能正常工作，则其有效度与单一可靠度相比是增加了正常工作的概率，对于不可维修的产品，则有效度等于可靠度。因此，有效度也是时间的函数，故又称为有效度函数，记作 $A(t)$。通常有效度函数可能有 4 种形式

1. 瞬时有效度（instantaneous availability）

瞬时有效度是指在某一特定瞬时，可能维修的产品保持正常工作使用状态或功能的概率，记作 $A_i(t)$。

2. 平均有效度（mean availability）

可维修产品的平均有效度是指瞬时有效度 $A_i(t)$ 在 $[0,t]$ 内的平均值，记作 $\overline{A}(t)$，即

$$\overline{A}(t) = \frac{1}{t}\int_0^t A_i(t)\,\mathrm{d}t \qquad (9\text{-}28)$$

另外，如果设备或系统在执行任务，那么在 $[t_1,t_2]$ 内的平均有效度便称为任务有效度，即

$$\overline{A}(t_1,t_2) = \frac{1}{t_2-t_1}\int_{t_1}^{t_2} A_i(t)\,\mathrm{d}t \qquad (9\text{-}29)$$

3. 稳态有效度（steady availability）

稳态有效度又称为时间有效度，是时间 t 趋于 ∞ 时瞬时有效度 $A_i(t)$ 的极限，用符号 A_S 表示，即

$$A_\mathrm{S} = \lim_{t\to\infty} A_i(t) \qquad (9\text{-}30)$$

稳态有效度又可表示为

$$A_\mathrm{S} = \frac{可工作时间}{可工作时间+不能工作时间} = \frac{\mathrm{MTTF}}{\mathrm{MTTF}+\mathrm{MTTR}} \qquad (9\text{-}31)$$

当可靠度 $R(t)$ 与维修度 $M(t)$ 均服从指数分布规律，且 $\mathrm{MTTF}=\frac{1}{\lambda}$、$\mathrm{MTTR}=\frac{1}{\mu}$ 时，稳态有效度为

$$A_\mathrm{S} = \frac{\mathrm{MTTF}}{\mathrm{MTTF}+\mathrm{MTTR}} = \frac{\mu}{\mu+\lambda} \qquad (9\text{-}32)$$

图 9-3 给出了瞬时有效度、任务有效度以及稳态有效度之间的关系。

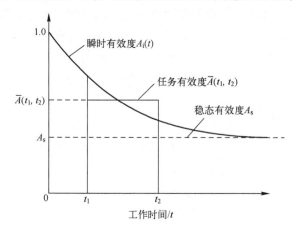

图 9-3 瞬时有效度、任务有效度以及稳态有效度之间的关系

4．固有有效度（inherent availability）

固有有效度可表示为

$$A_{\text{inh}} = \frac{\text{工作时间}}{\text{工作时间}+\text{实际不能工作时间}} = \frac{\text{MTTF}}{\text{MTTF}+\text{MADT}} \tag{9-33}$$

式中，MADT（mean active down time）为平均实际不能工作时间。

由式（9-31）可知，提高设备或产品的有效度的途径有两条：一条是提高 MTTF；另一条是缩短 MTTR 值。通常，既要提高 MTTF 又要缩短 MTTR，这件事往往是很难同时做到的。为了提高维修性，缩短 MTTR，必然会采取模块化设计，采用可更换与可检测设计，但这样做便增加了设备的复杂性，从而使设备的可靠性降低，因此如何使两方面兼顾便构成了可靠性设计的重要内容。

再简单介绍一下系统的有效性问题。所谓系统的有效性（system effectiveness），乃是由有效度 A、可靠度 R 以及完成功能概率 P 所组成的一个重要综合指标，记作 E。它是系统使用时的有效度、使用期间的可靠度和功能概率的乘积，其表达式为

$$E = ARP \tag{9-34}$$

其中，有效度 A 可以取上面介绍的 $\bar{A}(t)$、A_s 或 A_{inh} 值中的任意一个。

9.2.4 机的本质可靠性

机的本质可靠性是指在任何一个人机环境系统中，在特定的使用"环境"下，"机"（包括机器或过程）的设计要具有从根本上防止人的操作失误所引起的人机环境系统功能失常或导致人身伤害事故发生的能力。

人作为人机环境系统的工作主体，往往会出现人的操作失误。正如墨菲（Murphy）定律所指出的："如果一台机器存在错误操作的可能，那么就一定会有人错误地操作它。"因此，人的操作失误具有必然性。机的本质可靠性设计的根本任务就是在机的可靠性设计的基础上，充分考虑人的操作失误时可能产生的危险因素，在进行机的设计时从根本

上去防止人的操作失误,从而确保人机环境系统的正常运行和人员的安全。图9-4给出了本质可靠性与可靠性之间的关系。本节重点是从人机环境系统的全局与整体出发,阐述机的本质可靠性设计方法。

图9-4　本质可靠性与可靠性之间的关系

为了进一步理解机的本质可靠性概念,现举一个典型的实例:在一次空战中,一架A国飞机侵入B国领土,B军派两架飞机起飞迎击。发射两发导弹未中,转用机炮攻击,发射炮弹155发,弹道偏高未中,A机逃出B国境。事后B国检查之所以未击中A国飞机,是因为空中临战才打开其灯丝预热电门,预热时间不够而未能正常工作。另外,机炮未中的原因是:从发射导弹转成机炮射击,要求飞行员必须把武器选择开关由"导弹"转成"航炮",并且把瞄准方式转换成"活动环"位置。这两个操作动作在平时一般不会出错,但在这次战斗中,先发导弹未中,飞行员精神已高度紧张,时间又那么短促,致使只顾瞄准就击发,忘了扳动瞄准器光环转换开关,造成所有炮弹均未击中。这一事例充分说明,在这次空战中,尽管飞行员有不可推卸的责任,但若对飞机的火控系统进行了本质可靠性(预防人的操作失误)设计,也就是说,在转换攻击方式时只要求飞行员扳动一个开关,或者导弹发射完之后自动转换攻击方式时,则完全可以避免这次意外事件的发生,从而使B国取得空战的胜利。

为了预防人的操作失误,本质可靠性设计通常可以采取如下的方法。

1. 连锁设计

当机器状态不允许采用某种操作时,可以采用适当的电路或机构进行控制,避免由于人的操作失误导致的故障。例如,为了防止飞机在地面走火,便可以专门设计一套机构,只有当飞机起飞后且起落架收起时,才能自动接通武器发射线路。也就是说,只有这时启动发射按钮才能击发武器。而当飞机返航时,只要起落架一放下就会自动切断武器发射线路,因此也就从根本上避免了飞机由于人的操作失误而导致在地面上走火事故的发生。

2. "唯一性"设计

"唯一性"设计是指机器的操作或连接只有一种状态才能被接受,其他状态都是排斥的,这就从根本上消除了人的操作失误的可能性。

3. "允许差错"设计

在人操作失误中,相当一部分是由于遗忘和失误造成的,"允许差错"设计是指允许操作差错存在，而不危及机器的安全。例如，采取程序控制的方法进行控制，就可以防止操作差错的出现。

4．"自动化"设计

机器的自动化程度越高，操作的数量和程序就越少、越简单，对操作者的技能要求也就越低，因此出差错的可能性也就越小。例如，飞机飞行中的一个难点是飞机着陆，很多飞行员因着陆技能不佳而造成飞机事故。如果飞机在航空母舰上降落就更困难了，因为航空母舰在航行，海浪使甲板摇晃，所以飞机着舰的事故率就更高。为了保证飞机着陆（着舰）的安全，设计了自动着陆系统，这就从根本上克服了飞机着陆的困难。

5．"差错显示"设计

一旦出现了人的操作失误，机器就会立即出现警告提示，通常有灯光显示和语音警报两种。显然，这对防止人的操作失误发生是十分有益的。

6．"保护性"设计

"保护性"设计是将一些非常重要的操作部位，如机炮、火箭、导弹等的发射按钮，都用一个红色的保险盖加以保护，平时不易碰到它们。一旦需要使用，首先要打开保险盖，才可进行发射操作。显然，这种保护性设计是十分必要的。

9.3 安全防护装置的作用与设计原则

安全防护装置是指配置在机械设备上能防止危险因素引起人身伤害，保障人身和设备安全的所有装置。它对人机系统的安全性起着重要作用。

9.3.1 安全防护装置的作用与分类

安全防护装置的作用是杜绝或减少机械设备的事故发生，其作用主要表现在以下几个方面。

（1）防止机械设备因超限运行而发生事故。这里所谓机械设备的超限运行，是指超载、超速、超位、超温、超压等。当设备处于超限运行状态时，相应的安全防护装置就可以使装置卸载、卸压、降速或自动中断运行，从而避免了事故的发生。例如，超载限制器、限速器、安全阀、熔断器等都属于这类安全防护装置。

（2）通过对系统进行自动监测与诊断的方式避免或排除故障，避免事故发生。例如，自动报警装置是通过提醒操作者注意危险，避免事故的发生；也有的安全装置是通过监测仪器及时发现设备故障，并通过自动调节系统排除故障，从而避免了危险的发生。

（3）防止人的误操作而引发事故。例如，电气控制线路中的互锁与联锁装置便属于这类安全防护装置。

（4）防止操作者误入危险区。例如，防护罩、防护屏、防护栅栏等都属于这类安全防护装置。

安全防护装置可以具有单一功能，也可以具有多种功能。因此，对安全防护装置的分类，也就产生了多种分类方法。例如，按安全防护方式进行分类，可分为隔离防护装置、联锁控制防护装置、超限保险装置、紧急制动装置以及报警装置等。

9.3.2 安全防护装置的组成

安全装置的品种繁多，结构各异，但就其作用来说它们都要完成一定的安全防护或安全控制功能，因此安全装置一般应该由传感元件、中间环节和执行机构三个基本部分组成。其中，传感元件用来感知不安全信号，并将非电量转移成电量；中间环节将传感元件感知的不安全信号进行放大、处理或将感知的运动或力进行传动，并向执行机构发出指令信号；执行机构是执行控制指令的元器件，可以将危险运动中断，将危险因素排除，或者将人隔离在危险区域以外。例如，压力容器中的弹簧式安全阀，当容器内压力升高到超过最大极限压力时，感知压力的传感元件弹簧被压缩，使阀门打开，将超压气体排放。当压力降到正常值后，弹簧力又将阀门关闭，于是借助这一装置便避免了由于超压而发生的容器爆炸事故。

9.3.3 安全防护装置的设计原则

（1）坚持以人为本的设计原则。设计安全防护装置时，首先要考虑人的因素，确保操作者的人身安全。

（2）坚持装置的安全可靠原则。安全防护装置必须达到相应的安全要求，要保证在规定的寿命期内有足够的强度、刚度、稳定性、耐磨性、耐腐蚀和抗疲劳性，即保证其本身有足够的安全可靠度。

（3）坚持安全防护装置与机械装备的配套设计原则。这就是说在进行产品的结构设计时应把安全防护装置考虑进去。

（4）坚持简单、经济、方便的原则。

（5）坚持自组织的设计原则。安全防护装置应具有自动识别错误、自动排除故障、自动纠正错误及自锁、互锁、联锁等功能。

9.3.4 典型安全防护装置的设计

下面仅以超限保护安全装置为例，扼要介绍典型安全防护装置的设计。

机械设备在正常运转时，一般都保持一定的输出参数和工作状态参数。当由某种原因，机械发生故障时将引起某些参数（例如，振动、噪声、温度、压力、负载、速度、位置等）的变化，而且其值可能超出规定的范围，如果不及时采取措施，将可能发生设备或人身事故，超限安全保险装置就是为了防止这类事故发生而设置的，它可以自动排除故障并且通常都能自动恢复运行。下面是常用的 3 种超限保险安全装置，对它们的设计做如下介绍。

1. 超载安全装置

超载安全装置的种类很多，但一般都由感受元件、中间环节和执行机构三部分组成。其工作原理有机械式、电气式、电子式、液压式等。例如，起重机超重限制器，常用的有杠杆式、弹簧式的超重限制器，也有数字载荷控制仪，主要用来防止起重机的超载，防止引起钢丝绳断裂和起重设备受损。又如，电路的过载保护和短路保护装置也属于这类。

2. 越位安全装置

对于某些机械，如果执行件运动时超越了规定的行程，就可能会发生损坏设备和撞伤人身的事故。为此，必须设置行程限位安全装置。这种装置有机电式的，也有液压式的。例如，起重机械工作时就必须设置越位安全装置，否则易造成起重事故。

3. 超压安全装置

超压安全装置广泛用于锅炉、压力容器（例如，液化气储存器、反应器、换热器）等装置中。因为这些装置若超压运行都可能发生重大事故（如爆炸或发生泄漏等）。超压安全装置主要有安全阀、防爆膜、卸压膜等。按结构和泄压方法的不同，又可分为阀型、断裂型与熔化型等。例如，锅炉或气瓶中的安全装置常用的是安全阀，而驱动阀芯移动的动力有杠杆式的，也有弹簧式的。虽然安全阀芯移动的动力方式不同，但它们所起的作用是相同的，即都是当容器中介质超过允许压力时，安全阀便自动开启，从而避免了事故的发生。

第 10 章　两类人机界面的设计

10.1　视觉、听觉显示器及其设计

在人机环境系统中，存在着一个人与机相互作用的"面"，所有的人机信息交流都发生在这个"面"上，通常人们称这个面为人机界面。在人机界面上，向人们表达机械运转状态的仪表或器件称为显示器（display），供人们操纵机械运转的装置或器件称为控制器（controller）。对机械来说，控制器执行的功能是输入，显示器执行的功能是输出。对人来说，通过感受器接受机械的输出效应（例如，显示器所显示的数据）是输入；通过运动器操纵控制器，执行人的指令则是输出。

如果把感受器、中枢神经系统和运动器作为人的三个要素，而把机械的显示器、机体和控制器作为机械的三要素，那么图 10-1 给出了它们相互间的联系。

人机界面设计主要指显示器、控制器以及它们之间的关系设计，使人机界面符合人机信息交流的规律与特性。

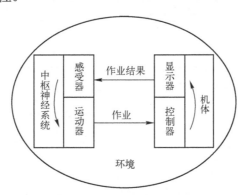

图 10-1　人与机几种要素间的关联

10.1.1　信息显示方式的类型及其功能

按人接受信息传递的通道可分为视觉传递、听觉传递和触觉传递 3 种方式。其中，以视觉显示应用最为广泛。由于人对突然发出的声音具有特殊的反应能力，因此听觉显示器作为紧急情况下的报警装置，比视觉显示器具有更大的优越性。触觉显示是利用人的皮肤受到触压刺激后产生感觉而向人传递信息的一种方式。表 10-1 给出了上述 3 种显示方式所传递的信息特征。

表 10-1　3 种显示方式所传递的信息特征

显示方式	所传递的信息特征	显示方式	所传递的信息特征
视觉显示	1. 比较复杂、抽象的信息或含有科学技术术语的信息 2. 传递的信息很长或需要迟延者 3. 需用方位、距离等空间状态说明的信息 4. 以后有被引用的可能的信息 5. 所处环境不适合听觉传递的信息；适合听觉传递，但听觉负荷已很重的场合；不需要急迫传递的信息 6. 传递的信息常需同时显示、监督和操纵	听觉显示	1. 较短或无须迟延的信息 2. 简单且要求快速传递的信息 3. 视觉通道负荷过重的场合 4. 所处环境不适合视觉通道传递的信息
		触觉显示	1. 视、听通道负荷过重的场合 2. 使用视、听通道传递信息有困难的场合 3. 简单并要求快速传递的信息

仪表是信息显示器中应用极为广泛的一种视觉显示器。一般可按其显示形式和显示功能分为两类。

如果按显示形式分类，可分为数字式显示器和模拟式显示器两大类。

（1）数字式显示器：是直接用数码来显示信息的仪表，如各种数码显示屏、机械或电子的数字记数器等。这类显示器的特点是认读过程简单、速度快、读数准确、精度高。

（2）模拟式显示器：是用标定在刻盘上的指针来显示信息的，如手表、电流表、电压表等。这类显示器的特点是能连读、直观地反映信息的变化趋势，使人对模拟值在全量程范围内一目了然。

表 10-2 给出了模拟式与数字式显示仪表的特征比较。表 10-2 中从 8 个方面进行了比较，可供选择显示仪表时参考。

表 10-2　模拟式与数字式显示仪表的特征比较

特征	模拟式显示仪表		数字式显示仪表
	指针运动式	指针固定式	
数量信息	中：指针活动时读数困难	中：刻度移动时读数困难	好：能读出精确数值，速度快，差错少
质量信息	好：易判定指针位置，不需要读出数值和刻度就能迅速发现指针的变动趋势	差：未读出数值和刻度时，难以确定变化方向和大小	差：必须读出数字，否则难以得知变化的方向和大小
调节性能	好：指针运动与调节活动有简单而直接的关系，便于调节和控制	中：调节运动方向不明确，指示的变动难控制，快速调节时不易读数	好：数字调节的监测结果精确。数字调节与调节运动无直接关系，快速调节时难以读数
跟踪控制	好：能很快确定指针位置并进行监控，指针与调节监控活动关系最简单	中：指针无变化有利监控，但指针与调节监控活动的关系不明显	差：不便按变化的趋势进行监控
一般情况	中：占用面积大，照明可设在控制台上，刻度的长短有限，尤其在使用多指针显示时认读性差	中：占用面积小，仪表需局部照明，只在很小一段范围内认读。认读性好	好：占用面积小，照明面积也最小，表盘的长短只受字符的限制
综合性能	可靠性好 稳定性好 易于显示信号的变化趋向 易于判断信号值与额定值之差		精度高 认读速度快 无插值误差 过载能力强 易于与计算机联用
局限性	显示速度较慢 易受冲击和振动的影响 环境因素影响较大 过载能力差 质量控制困难		显示易跳动或失效 干扰因素多 需内附或外附电源 元件或焊接件存在失效问题
发展趋势	提高精度和速度 采用模拟与数字混合型显示仪表		提高可靠性 采用智能化显示仪表

如果按显示功能分类，可分为读数用仪表、检查用仪表、警戒用仪表、追踪用仪表和调节用仪表。①读数用仪表用于显示机器的有关参数和状态，如飞机上的高度表、汽车上的时速表等；②检查用仪表用于显示系统状态参数偏离正常值的情况，一般无须读出确切的数值；③警戒用仪表用于显示机器是处于正常区、警戒区还是危险区，常用绿、黄、红三种颜色分别表示正常区、警戒区、危险区；④追踪用仪表是动态控制系统中最常见的操纵方式之一，这类显示器必须显示实际状态与需要达到的状态之间的差距，宜选用直线形仪表或指针运动的圆形仪表；⑤调节用仪表只用于显示操纵器调节的值，而不显示机器系统运行的动态过程，宜选用由操纵者直接控制指针或刻度盘运动的结构形式。

10.1.2 显示方式的选择方法与原则

1. 选择方法

使用哪种显示类型和选择哪种显示方式都取决于显示的目的与被显示内容的性质。有的要求精确的数量显示，有的要求明显地显示某一种状态，有的要求显示各信息之间的比较等。除此之外，显示器的显示状态还有静态显示与动态显示之分。静态显示的显示变化间隔时间较长，每次认读都有足够的时间，显示基本处于静止状态；动态显示则相反，显示处于变动状态，显示变化间隔时间很短，使显示不停地连续变化，处于动态显示过程。由此可见，显示器显示方式的选择要根据不同的工作场合和不同的工作要求来确定。例如，定量显示，除尽可能提高其数字、指针、刻度、颜色等的认读率之外，选择静态显示就比较合适。又如，示警显示，除信号单纯明显易识别之外，动态显示更能提高其认读率。

2. 选择原则

显示器的主要功能就是反映生产过程中设备运行的所有信息，是人们了解、监督和控制生产过程的必要手段。为此选择显示器的显示方式时要求使操作者能够快速辨认，准确认读，不易失误，不易疲劳。其选择的原则如下。

（1）用尽量简单明了的方式显示所传达的信息，尽量减少译码的错误。

（2）使用与信息精度要求相一致的显示精度，要保证最少的认读时间。

（3）采用与操作人员的操作能力及习惯相适应的信息显示形式，提高显示方式和人机可靠性。

（4）按观察条件（如照明、速度、振动、操作位置、运动约束等），运用最有效的显示技术和显示方法，使显示变化的速度不要超过人的反应速度。

对于定量显示的视觉显示器，基本形式有数字显示和指针模拟显示两种。在静态显示条件下，数字显示优于指针模拟显示，数字显示所产生的误读率较低，而且认读所用的时间也比较短。数字显示的误读率约为指针模拟显示误读率的1/10。然而，当显示快速变化且人的认读速度跟不上显示变化速度时，人们就会感到数字显示闪烁不定，称为无法认读的模糊状态。这时只有使用指针模拟显示才能得到较为准确的读数。指针模拟显示不仅可以提供准确的定量信息，而且在许多情况下可以给出供检查用的信息等。总之，对于静态精确显示来讲，数字显示优于指针模拟显示；而动态的检查性显示和预测性显示时，则指针模拟显示优于数字显示。

10.1.3 显示器设计的基本原则

1．准确性原则

要求显示装置的设计，尤其是供数量认读的显示装置的设计应尽量使读数准确。读数的准确性可以通过类型、大小、形状、颜色匹配、刻度、标记等的设计解决。

2．简单性原则

应使传递信息的形式尽量直接表达信息内容，尽量减少译码的错误；不使用不利于识读的装饰；尽量符合使用目的，越简单、越清晰越好。

3．一致性原则

应使显示器指针运动的方向与机器本身或其控制器运动方向一致，如显示器上的数值增加，就表示机器作用力的增加或设备压力的增大；显示器的指针旋转方向应与机器控制器的旋转方向一致。

4．排列性原则

关于显示器的装配位置或几种显示器的位置排列要认真考虑，其位置排列应是：①最常用的和最主要的显示器应尽可能安排在视野中心 3°范围之内，因为在这一视野范围内，人的视觉效率最优，也最能引起人的注意；②当显示器很多时，应按它们的功能分区排列，区与区之间应有明显界限；③显示器应尽量靠近，以缩小视野范围；④显示器的排列要适用于人的视觉特征。例如，人眼的水平运动比垂直运动快且幅度宽，因此显示器水平排列的范围可以比垂直方向大。此外，为达到较好的视觉效果，在光线暗的地方要装设合适的照明设备。

10.1.4 视觉显示器的设计

以下对指针式仪表与数字显示器分别进行简要的讨论。

1．指针式仪表的设计

指针式仪表是用模拟量来显示机器有关参数与状态的视觉显示装置，其特点是显示的信息形象、直观，监控作业效果好。根据刻度盘的形状，指针显示器可分为圆形、弧形和直线形，如表 10-3 所列。

表 10-3 指针显示器的刻度盘分类

类型	圆形指示器			弧形指示器	
度盘	圆形	半圆形	偏心圆形	水平弧形	竖直弧形
简图					

类别	直线形指示器			说明
度盘	水平直线	竖直直线	开窗式	开窗式的刻度盘也可以是其他形状
简图				

对于指针式仪表,要使人能迅速而准确地接收信息,则刻度盘、指针、字符和色彩匹配的设计都必须要适合人的生理与心理特征。分析飞行员对仪表的错误反应表明,真正由于仪表故障引起的失误不到10%,不少失误是由于仪表设计不当引起的。例如,使用多针式指示仪表,表面上看似乎减少了仪表的个数,实际上由于指针不止一个,增加了误读的可能性,其失误超过10%。

设计指针式仪表时应考虑的安全人机工程学问题有:①指针式仪表的大小与观察距离是否比例适当;②刻度盘的形状与大小是否合理;③刻度盘的刻度划分、数字和字幕的形状、大小以及刻度盘色彩对比是否便于监控者迅速而准确地识读;④根据监控者所处的位置,指针式仪表是否布置在最佳视区范围内。

2. 数字显示器的设计

数字显示器是直接用数码来显示有关参数或工作状态的装置,如电子数字记数器、数码管、数码显示屏等。其特点是显示简单、准确,具有认读速度快,不易产生视觉疲劳等优点。

10.1.5 听觉显示器的设计

听觉传示装置分为两大类:一类是音响及报警装置;另一类是语言传示装置。

1. 音响及报警装置的设计

音响及报警装置的类型及特点如下。

(1) 蜂鸣器。蜂鸣器是音响装置中声压级最低、频率也较低的装置。蜂鸣器发出的声音柔和,不会使人紧张或惊恐,适合较安静的环境,常配合信号灯一起使用。例如,驾驶员在操纵汽车转弯时,驾驶室的显示仪表板上就有信号灯闪亮和蜂鸣器鸣笛,显示汽车正在转弯,直到转弯结束。

(2) 铃。铃因其用途不同,其声压级和频率有较大差别。例如,电话铃声的声压级和频率只稍大于蜂鸣器,主要是在宁静环境下让人注意。

(3) 角笛和汽笛。角笛的声音有吼声(声压级为90~100dB、低频)和尖叫声(高声强、高频)两种。常用于高噪声环境中的报警装置;汽笛声频率高,声强也高,适用于紧急状态的音响报警装置。

(4) 警报器。警报器的声音强度大,可传播很远,频率由低到高,发出的声调富有上升与下降的变化,主要用于危急状态报警,如防空警报、火灾警报等。表10-4给出了一般音响显示和报警装置的强度及频率参数的范围,可供设计时参考。

表10-4 一般音响显示和报警装置的强度及频率参数的范围

使用范围	装置类型	平均声压级/dB		可听到的主要频率/Hz	应用举例
		距装置2.5m处	距装置1m处		
用于较大区域(或高噪声场所)	4in铃	65~67	75~83	1000	用于工厂、学校、机关上下班的信号以及报警的信号
	6in铃	74~83	84~94	600	
	10in铃	85~90	95~100	300	
	角笛	90~100	100~110	5000	主要用于报警
	汽笛	100~110	110~121	7000	

续表

使用范围	装置类型	平均声压级/dB		可听到的主要频率/Hz	应用举例
		距装置2.5m处	距装置1m处		
用于较小区域（或低噪声场所）	低音蜂鸣器	50～60	70	200	用作指示性信号
	高音蜂鸣器	60～70	70～80	400～1000	可作报警用
	1in 铃	60	70	1100	用于提醒人注意的场合，如电话、门铃，也可用于小范围内的报警信号
	2in 铃	62	72	1000	
	3in 铃	63	73	650	
	钟	69	78	500～1000	用作报时

注：1in=25.4mm。

音响和报警装置的设计原则是：①音响信号必须保证位于信号接受范围内的人员能够识别并按照规定的方式作出反应。因此，音响信号的声级最好能在一个或多个倍频程范围内超过听阈 10dB 以上；②音响信号必须易于识别，因此音响和报警装置的频率选择应在噪声掩蔽效应最小的范围内，如报警信号的频率为 500～600Hz，当噪声声级超过 110dB 时，最好不用声信号作为报警信号；③为引人注意，可采用时间上均匀变化的脉冲声信号，其脉冲声信号频率不低于 0.2Hz 和不高于 5Hz；④报警装置最好采用交频的方式，使音调有上升和下降的变化，如紧急信号的音频应在 1s 内由最高频（1200Hz）降低到最低频（500Hz），再突然上升，这种变频声可使信号变得特别刺耳；⑤对于重要信号的报警，除使用音响报警装置之外，最好与光信号同时使用，组成视听双重报警信号。

2. 语言传示装置的设计

经常使用的语言传示装置有无线电广播、电视、电话、报话器、对话器及其他录音、放音的电声装置等。用语言作为信息载体，可使传递和显示的信号含义准确、接收迅速、信息量大。在进行语言传示装置的设计时应注意以下几个问题。

（1）语言的清晰度。所谓语言的清晰度，是指人耳通过语言传达能听清的语言（音节、词或语句）的百分数。表 10-5 给出了语音清晰度与人的主观感觉之间的关系。由表 10-5 可知，在进行语言传示装置的设计时，其语言的清晰度必须在 75%以上才能正确地传示信息。

（2）语言的强度。研究表明，当语言强度接近 130dB 时，受话者有不舒服的感觉；当达到 135dB 时，受话者耳中有发痒的感觉，再高便达到了痛阈。因此语音传示装置的语言强度最好在 60～80dB。

（3）噪声对语言传示的影响。当语言传示装置在噪声环境中工作时，则噪声将会影响语言传示的清晰度。研究表明，当噪声声压级大于 40dB 时，这时噪声对语言信号有掩蔽作用，从而影响语言传示的效果。

表 10-5 语言清晰度与人的主观感觉之间的关系

语言清晰度百分率/%	人的主观感觉	语言清晰度百分率/%	人的主观感觉
65 以下	不满意	85～96	很满意
65～75	语言可以听懂，但非常费劲	96 以上	完全满意
75～85	满意		

10.1.6 信号灯与符号标志的设计

1. 信号灯的设计

信号灯设计一定要符合人机工程学的要求,其设计原则如下。①清晰、醒目和必要的视距。②具有合适的使用目的。各种情况指示灯应当用不同的颜色。为了引起注意,可用强光和闪光信号,闪光频率为 0.67～1.67Hz,闪光方式可为明暗、明灭等。③按信号性质设计。重要的信号(如危险信号等)可考虑采用听觉、触觉显示方式。④信号灯位置与颜色的选择。重要的信号灯应安置在最佳视区(视野中心 3°范围)。一般信号要在 20°以内,极次要的信号灯才安置在离视野中心 60°～80°范围。常用的 10 种信号灯颜色为黄、紫、橙、浅蓝、红、浅黄、绿、紫红、蓝、粉黄,但在单个信号灯情况下,以蓝绿色最为清晰。⑤要注意信号灯与操纵杆间的配合与协调。

信号灯的观察距离受其光强、光色、闪动特性等因素的影响,对于红、绿色稳光信号的观察距离可按照下面的公式计算。

$$D = (2000I) \times 0.3048 \tag{10-1}$$

式中,D 为观察距离(m);I 为发光强度(cd)。对于红、绿闪光信号的观察距离,应先按下列公式换算发光强度后,再代入式(10-1)计算出观察距离,即

$$I_E = \frac{t \times I}{0.09 + t} \tag{10-2}$$

式中,I_E 为有效发光强度(cd);I 为稳定发光强度(cd);t 为闪光亮时的持续时间(s)。

2. 符号标志的设计

在现代信息显示中,广泛使用各种类型的符号标志,如交通(铁路、公路、海上)路标、航标、气象标志、危险标志、工程图、地图、电子路线、商标、元器件上的标志等。符号标志的评价往往要从识别性、注目性、视认性、可读性、联想性 5 个方面进行评定。

10.2 控制器的设计

在人机环境系统中,人通过信息显示器获得关于机的信息之后,利用效应器官操纵控制器,通过控制器调整和改变机器子系统的工作状态,使其按人预定的目标进行工作。因此,控制器是将人的输出信息转换为机的输入信息的装置。也就是说,在生产过程中,人是通过操纵控制器实现对机器的指挥与控制。控制器是人机环境系统中的重要组成部分,控制器的设计是否得当,直接关系到整个系统能否正常安全的运行。因此,控制器的设计必须适合于人的使用要求。

10.2.1 控制器的类型及其适用范围

控制器的分类方法很多,如果按操纵控制器的使用方式,可分为手动控制器和脚动

控制器；如果按照控制器运动的类别的不同，可分为旋转控制器、摆动控制器、按压控制器、滑动控制器和牵拉控制器，如表 10-6 所列。各类控制器的特性及其适用范围各不相同。表 10-7~表 10-10 分别给出了旋转控制器、摆动控制器、滑动控制器和牵拉控制器的特性及其适用范围，可供设计时参考。

表 10-6 控制器的分类

基本类型	运动类别	举例	说明
做旋转运动的控制器	旋转	曲柄、手轮、旋塞、旋钮、钥匙等	控制器受力后在围绕轴的旋转方向上运动，也可反向倒转或继续旋转直至起始位置
做近似平移运动的控制器	摆动	开关杆、调节杆、杠杆键、拨动式开关、摆动开关、脚踏板等	控制器受力后围绕旋转点或轴摆动，或者倾倒到一个或数个其他位置。通过反向调节可返回起始位置
做平移运动的控制器	按压	钢丝脱扣器、按钮、按键、键盘等	控制器受力后在一个方向上运动。在施加的力被解除之前，停留在被压的位置上。通过反弹力可回到起始位置
	滑动	手闸、指拨滑块等	控制器受力后在一个方向上运动，并停留在运动后的位置上，只有在相同方向上继续向前推或改变力的方向，才可使控制器做返回运动
	牵拉	拉环、拉手、拉圈、拉钮	控制器受力后在一个方向上运动。回弹力可使其返回起始位置，或者用手使其在相反方向上运动

表 10-7 旋转控制器的特性及其适用范围

名称	特性	调节角度	尺寸/mm	扭矩/(N·m) 单手操纵	扭矩/(N·m) 双手操纵
曲柄	进行无级控制时，要求几个快速旋转动作后，控制器停止在一个位置上；进行两个或多个工位有级控制时，要求快速精确调节，且调节位置要求可见和可触及时均可使用曲柄	无限制	曲柄半径 100 以下 100~200 200~400	0.6~3 5~14 4~80	— 10~28 8~160
手轮	用于无级调节、三工位和多工位分级开关，极少应用于两工位。特别适用于要求控制器保持在某一工位上及要求精确的调节的场合。为防止无意识的操作，需加特殊的保险装置	无限制；无把手 60°	手轮半径 25~50 50~200 200~250	0.5~6.5 — —	— 2~40 4~60
旋塞	用于两个工位、多个工位和无级调节。若调节范围小于一周，用于分极调节的旋塞可以有 2~24 个工位（旋塞量程选择开关）。旋塞应成指针形状或带有指示标记，各工位有指示数值，以利于精确控制。最适用于要求控制器保持在某一工位和要求可见工位的精确调节	在两个开关位置之间 15°~90°	塞长 25 以下 25 以上	0.1~0.3 0.3~0.7	
旋钮	无级调节的旋钮适用于施力不大、旋转运动不受限制、可作粗调和精调的场合。若调节范围小于一周，带有指示标记的旋钮，可有 3~24 个开关工位。若通过旋钮的形状做出了相应的标识，不带标记的无级调节旋钮可用于两个工位调节	无限制	旋钮直径 15~25 25~70	0.02~0.05 0.035~0.7	
钥匙	为避免非授权的和无意识的调节，可用钥匙做两级或多级调节，尤其适用于要求控制器保持在某一工位及要求工位可见的场合	在两个开关位置之间 15°~90°		0.1~0.5	

表 10-8 摆动控制器的特性及其使用范围

名称	特性	行程/mm	操纵力/N
开关杆	可用于两个或多个工位调节,也可用于多个运动方向以及无级调节。最适用于要求每个工位都可见、可及且快速调节的场合,也适用于要求保持控制器位置的场合	20～300	5～100
调节杆（单手调节）	可用于两个或多个工位的调节、无级调节以及传递较大的力。当要求保持控制器的位置、快速调节和要求相应工位可见又可触及时,宜使用调节杆	100～400	10～200
杠杆键	仅限于两个工位。最适用于单手同时快速操纵较多控制器的场合,也适用于要求保持控制器的位置,且有时可触及工位的场合	3～6	1～20
拨动式开关	可调节两个或三个工位。极适用于在地方小的条件下,单手同时快速准确调节几个控制器和要求可见、可触及工位的场合	10～40	2～8
摆动式开关	仅限于两个工位。最适用于在地方小的情况下,对几个控制器用单手同时进行快速准确调节,也适用于要求可见和可触及相应工位的场合	4～10	2～8
踏板	可用于两个或几个工位的调节和无级调节。尤其适用于快速调节和传递较大的力。采取相应的结构设计时,可保持调节的位置和达到所要求的精度,也可使脚较长时间地放置在踏板上面保持调节的位置	20～150	30～100

表 10-9 滑动控制器的特性及其适用范围

名称	特性	行程/mm	操纵力/N
手闸	调节频率较低时,可用于两个工位或数个工位的调节及无级调节。工位易于保持且可见又可及。阻力不大时,可作为两个终点工位间的精确调节。需单手同时调节多个滑动控制器时可进行快速精确调节,并可保持在调节的工位上	10～400	20～60
指拨滑块	指拨滑动有两类:一类为滑块所受的力是通过手指与滑块之间摩擦传递的,此类滑块只允许有两个工位,可做快速准确调节,最适用于地方小、工位可见的场合,也适用于应防止无意识操作的场合;另一类为滑块所受的力是通过其突起的形状传递的,此类滑块可用于两个或多个工位的调节以及无级调节,可做快速调节,最适用于要求可见和可触及所调节工位且保持控制器位置的场合	5～25	1.5～20

表 10-10 牵拉控制器的特性及其适用范围

名称	特性	行程/mm	操纵力/N
拉环	可进行两个工位或多个工位以及无级调节。最适用于要求可见工位和要求保持控制器位置的快速调节场合	10～400	20～100
拉手	可用于两个工位或多个工位的调节以及无级调节。在有恰当的结构设计的情况下,最适用于要求可见工位的场合	10～400	20～60
拉圈	可用于两个工位或多个工位的调节以及无级调节。在有适当的结构设计的情况下,最适用于要求可见工位和要求保持控制器位置的场合	10～100	5～20
拉钮	可进行两个工位或多个工位的调节以及无级调节。在有恰当的结构设计的情况下,最适用于要求可见工位的场合	5～100	5～20

10.2.2 控制器设计的人机工程学因素

1. 控制器编码

为避免控制系统中众多控制器的相互混淆,提高操作效率和防止误操作,因此要对控制器进行编码。编码的方式主要有形状编码、大小编码、颜色编码、标记编码和位置编码等。

（1）形状编码。形状编码是将不同用途的控制器设计成不同的形状,以便使各控制器彼此之间不易混淆。采用形状编码时应该注意以下几个方面：一是控制器的形状应尽可能地反映控制器的功能，从而使人能由控制器的形状联想到该控制器的用途，这样便可减少在紧急情况下因摸错控制器而造成的事故；二是控制器的形状应使操作者在无视觉指导下仅凭触觉也能够分辨出不同的控制器，因此编码所选用的各种形状不宜过分复杂；三是控制器的形状设计应使操作者在戴有手套的情况下，也可以通过触摸便能区分出不同的控制器。图 10-2 给出了亨特（D.P.Hunt）通过实验在 31 种旋钮形状中筛选出的三类 16 种适用于不同情况、识别效果好的形状编码旋钮。其中，A 类[图 10-2（a）]适用于做 360°以上的连续转动或频繁转动，旋钮偏转的角度位置不具有重要的信息意义；B 类[图 10-2（b）]适用于旋转调节范围不超过或极少超过 360°的情况，旋钮偏转的角度位置不具有重要的信息意义；C 类[图 10-2（c）]旋钮调节范围不宜超过 360°，旋钮的偏转位置可提供重要信息的场合，如用以指示状态等。

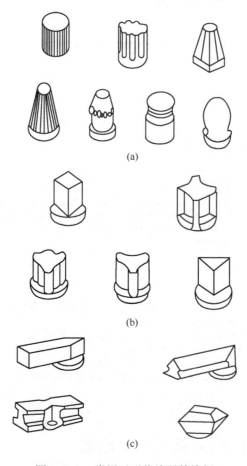

图 10-2　3 类用于形状编码的旋钮

（2）大小编码。大小编码是通过控制器的尺寸大小不同来分辨控制器，因此控制器大小之间的尺寸等级差必须达到触觉的识别阈限。实验结果表明，当小旋钮的直径为大旋钮直径的 5/6 时，彼此之间即可被人们所识别了。

（3）颜色编码。将不同功能的控制器涂以不同的颜色，以便彼此之间相互区别。代码的颜色不宜过多，一般只用红、橙、黄、蓝、绿 5 种颜色。对于紧急开关控制器，采用红色。

（4）标记编码。在不同控制器的上方或侧旁标注不同的文字或符号，以便借助于这些文字或符号区分不同的控制器，因此称为标记编码。采用这种编码方式需要良好的照明条件，而且控制板要有足够的空间。

2．控制器的外形结构和尺寸

控制器的形状要方便于人的使用。对于手动控制器，其形状设计应考虑手的生理特点，在人手握住手柄时要保证手掌血液循环良好，神经不受强压迫。另外，控制器的表面质地也是影响控制动作质量的一个因素。对于需要与手接触的控制器表面，不宜过分光滑，但也不能过分粗糙。

3．控制器的阻力

不论是手动控制器还是脚动控制器都应有一定的操作阻力。控制器的操作阻力主要有静摩擦力、弹性阻力、黏滞阻尼和惯性 4 种。表 10-11 给出了它们的特性。静摩擦力适用于不连续控制；弹性阻力和黏滞阻尼可提供操纵反馈信息，帮助操作者提高控制的准确度，适用于连续控制。惯性可用于准确度要求不高的控制，操作阻力大小的选择既不宜过小，也不宜过大。阻力过小，起不到有益于控制的作用；阻力过大，则影响操作速度且容易引起肢体的疲劳。表 10-12 给出了不同类型控制器所需的最小阻力，可供控制器设计时参考。

表 10-11 控制器的 4 种操作阻力的特性

阻力类型	特性	使用举例
静摩擦力	运动开始时阻力最大。此后显著降低可用以减少控制器的偶发启动。但控制准确度低，不能提供控制反馈信息	开关、闸刀等
弹性阻力	阻力与控制器位移距离成正比，可作为有用的反馈源。控制准确度高。放手时，控制器可自动返回零位，特别适用于瞬时触发或紧急停车等操作，可用以减少控制器的偶发启动	弹簧作用等
黏滞阻尼	阻力与控制运动的速度成正比。控制准确度高、运动速度均匀、能帮助平稳的控制。防止控制器的偶发启动	活塞等
惯性	阻力与控制运动的加速度成正比。能帮助平稳的控制防止控制器的偶发启动。但惯性可阻止控制运动的速度和方向的快速变化，易于引起控制器调节过度，也易于引起操作者疲劳	大曲柄等

表 10-12 不同类型控制器所需的最小阻力

控制器类型	最小阻力/N	控制器类型	最小阻力/N
手推按钮	2.8	曲柄	由大小决定：9～22
脚踏按钮	脚不停留在控制器上：9.8	手轮	22
	脚停留在控制器上：44	杠杆	9
肘节开关	2.8	脚踏板	脚不停留在控制器上：17.8
旋转选择开关	3.3		脚停留在控制器上：44.5

4．操作反馈

在设计控制器时，应考虑通过一定的反馈形式，以便使操作者及时纠正错误。例如，按钮操作到位时即发光或旋钮操作到位时发出卡嗒声等。此外，还可以通过操作者的眼睛、手、手臂、肩、脚、腿等感受到的位移或压力来获得操作的反馈信息，也可以通过耳朵听到机器发出的噪声变化获得。

5．防止控制器的意外启动

为了避免控制器被无意碰撞或牵拉引起意外启动从而造成伤人、损机事故，在控制器的设计时应有防范措施。防止办法有以下几种。

（1）在控制器上加保护罩。

（2）将控制器安装在不易碰撞的位置上。

（3）操作者必须连续做两种操作运动才能使控制器启动，而且后一种操作运动的方向与前一种操纵的方向不同，以此将控制器锁定在位置上。

（4）适当增大控制器的操作阻力等。

10.2.3 手动与脚动控制器的设计

这里首先讨论控制器设计与选择的基本要求，再分别扼要讨论一下手动与脚动控制器设计的注意事项。

1．控制器设计与选择的基本要求

在设计和选择控制器时，除应考虑上述人机工程学因素之外，还应该考虑下列基本要求。

（1）控制器应根据人体测量数据、生物力学以及人体运动特征进行设计。对于控制器的操纵力、操纵速度、安装位置、排列位置等应按总体操作者中95%的人都能方便使用的原则进行设计，使控制器适用于大多数人的使用。对于要求快速而准确的操作，应该设计和选用手指或手操纵的控制器，如按钮、按键、手闸、杠杆键等；对于用力较大的操作，则应设计成手臂或下肢操作的控制器，如控制杆、手轮、大曲柄、脚踏板等。

（2）控制器的运动方向应与机器设备的被控方向一致。汽车转弯时所采用的方向盘，其转动方向便与汽车的转弯具有相应的一致性。

（3）应尽量利用控制器的结构特点以及操作者身体部位的重力进行控制。另外，在可能的条件下，尽量设计和选用多功能控制器（例如，多功能旋钮、多功能操纵杆等）。

2．手动控制器

常用的手动控制器有旋钮、按钮、扳动开关、控制杆、曲柄、手轮等。对于它们的设计在许多机械类或工业设计类书中都有讲述，对此这里不做一一说明，仅对控制杆的设计问题略做介绍。控制杆是一种需要用较大力进行操作的控制器。控制杆的运动多为前后推拉或左右推拉，适用于小范围内的快速调节。控制杆的长度是根据设定的位移量与操作力决定的。当操作角度较大时，控制杆端部应该设置球状把手。球状把手用指尖抓住时，其直径为12.5mm；用手握住时，其直径为12.5～25mm，最大不超过75mm；控制杆的操纵角度以30°～60°为宜，一般不超过90°，如图10-3所示。控制杆的位移量随控制杆的运动方向不同而不同，当控制杆前后运动时，最大为350mm；控制杆左右运动时，最大为950mm；控制杆的最小阻力，用手指操作时为3N，用手操作时为9N。

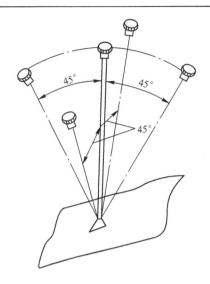

图 10-3 控制杆

3．脚动控制器

在操作过程中，脚的操作速度和准确度都不如手，因此只有在下列情况下才考虑选用脚动控制器。

（1）需要连续进行操作，而用手又不方便时。

（2）无论是连续控制或间歇性控制，其操纵力超过 49～147N 时。

（3）手的控制工作负荷过大，需要使用脚以减轻手的负担时。

脚动控制器主要有脚踏板和脚踏钮两种。这里仅对脚踏板的相关问题做扼要介绍。

脚踏板可分为往复式、回转式和直动式 3 种，如图 10-4 所示。直动式脚踏板有以脚跟为转轴和脚悬空两种。例如，汽车的油门踏板是以鞋跟为转轴的踏板，而汽车的制动踏板为脚悬空的踏板。实验结果表明，踏板角 $\alpha=15°\sim35°$ 时，不论脚处于自然位置还是处于伸直位置，脚均可以使出最大的力，如图 10-5 所示。踏板的长宽尺寸，主要取决于工作空间和踏板间距，但必须保证脚与踏板有足够的接触面积。表 10-13 给出了美国 MIL-STD-1472B 推荐的踏板设计参数。表 10-14 给出了不同工作情况下选择控制器的建议，可供参考。

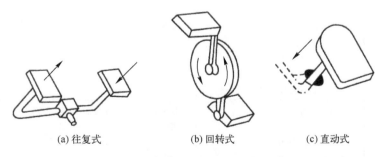

(a) 往复式　　　(b) 回转式　　　(c) 直动式

图 10-4 脚踏板的类型

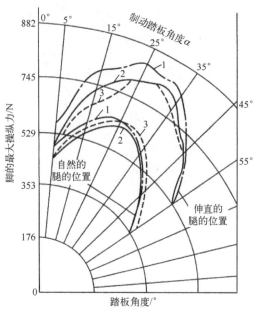

1—地面到眼睛距离910mm；2—地面到眼睛距离990mm；3—地面到眼睛距离1040mm。

图10-5 踏板角α与脚的最大操纵力之间的关系

表10-13 脚踏板设计参数的推荐值

名称		最小	最大	名称		最小	最大
踏板大小	长度	25	取决于可用空间	阻力/N	脚不停在踏板上	18	90
	宽度	75			脚停在踏板上	45	90
踏板位移/mm	一般操作	13	65		踝关节弯曲	—	45
	穿靴操作	25	65		整脚运动	45	800
	踝关节弯曲	25	65	踏板间距/mm	单脚任意操作	100	150
	整脚运动	25	180		单脚顺序操作	50	100

表10-14 不同工作情况下选择控制器的建议

	工作情况	建议使用的控制器
操纵力较小情况	2个分开的装置	按钮、踏钮、拨动开关、摇动开关
	4个分开的装置	按钮、拨动开关、旋钮、选择开关
	4~24个分开的装置	同心成层旋钮、键盘、拨动开关、旋转选择开关
	25个以上分开的装置	键盘
	小区域的连续装置	旋钮
	较大区域的连续装置	曲柄
操纵力较大情况	2个分开的装置	扳手、杠杆、大按钮、踏钮
	3~24个分开的装置	扳手、杠杆
	小区域连续装置	手轮、踏板、杠杆
	大区域连续装置	大曲柄

10.3 显示器与控制器之间的工效学设计

10.3.1 显示器和控制器的布局设计原则

一台复杂的机器,往往在很小的操作空间集中了多个显示器与控制器。为了便于操作者迅速、准确地认读和操作,获得最佳的人机信息交流系统,因此布置显示器和控制器时应遵循如下原则。

1．使用顺序原则

如果控制器或显示器是按某一固定顺序操作的,那么控制器或显示器也应该按同一顺序排列布置,以方便操作者的记忆和操作。

2．功能原则

按照控制器或显示器的功能关系安排其位置,将功能相同或者相关的控制器与显示器组合在一起。

3．使用频率原则

将使用频率高的显示器或控制器布置在操作者的最佳视区或者最佳操作区,而偶尔使用者则布置在次要的区域。但是,对于紧急制动器,则尽管其使用频率低,也必须布置在易于操作的位置。

4．重要性原则

重要的控制器或显示器,应该安排在操作者操作或认读最为方便的区域。

10.3.2 视觉显示器的布置

对于视觉显示器,除应考虑上述原则之外,还必须考虑它的可见度。因为视觉显示器是否能发挥作用,完全依赖于它是否能被操作者看见,这是由于在人的不同的视野区中人对显示的反应速度和准确度并不相同,海恩斯（Haines）和吉利兰（Gilliland）1973年曾测试了人对放置于其视野中不同位置的光的反应时间,图 10-6 给出了视野中的反应曲线,用它可以确定重要程度不同的显示器的位置。由图 10-6 可知,最快的反应时间（这里为 280ms）在视中心线上下各为 8°、向右约为 45°、向左约为 10°所包围的区域内。在对角线上,右下角 135°的视区,反应速度快于其他 3 个方向（快于 45°、225°、315°）的视区。显然,对于重要显示器,应该布置在反应时间最短的视区之内。

人眼的分辨能力,也随视区而异。以视中心线为基准,视线向上 15°到向下 15°,是人最少差错的易见范围。在此范围内布置显示器,误读率极小。若超出此范围,则误读率将增大。增大状况可由人的视线向外每隔 15°划分的各个扇形区域所规定的相应不可靠概率来表示。

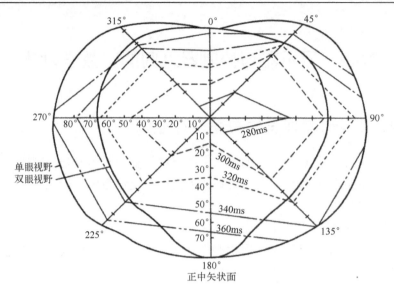

图 10-6 视野中的反应曲线

10.3.3 控制器的布置

控制器可根据其重要性、使用频率、施力大小等安排其空间位置。图 10-7 是考虑人体尺寸和运动生物力学特性所确定的在操作者正前方的垂直控制板上布置控制器的 4 个区域。对于不同的控制器，由于其操作动作的不同，因此其最佳操作区域也有所区别。

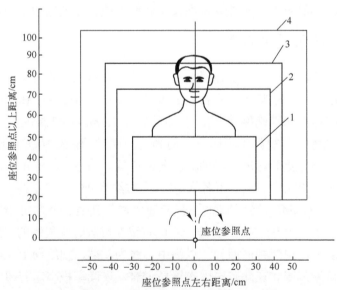

1—主要控制；2—紧急控制器和精确调节的次要控制器；
3—其他次要控制器的可取限度；4—次要控制器的最大布置区。

图 10-7 手动控制器在垂直面板上的布置区域

10.3.4 显示器与控制器的配合

在显示器与控制器联合使用时，显示器与控制器的设计，不仅应该使其各自的性能最优，而且应该使它们彼此之间的配合最优。显示器与控制器的配合得当，可减少信息加工与操作的复杂性，因此可减少人为差错，避免事故的发生。显然，这对紧急情况下的操作更为重要。

1. 控制-显示比

所谓控制-显示比（简称 C/D 比），是指控制器的位移量与对应的显示器可动元件的位移量之比。位移量可用直线距离（例如，杠杆、直线式刻度盘等）或角度、旋转次数（用旋钮、手轮、圆形或半圆形刻度盘等）来测量。控制-显示比表示了系统的灵敏度，即 C/D 比值越高表明系统的灵敏度越低；反之，则相反。在使用与显示器运动相联系的控制器时，人的操作效果也会明显地受到 C/D 比值的影响。在这类操作中，人首先进行粗略调整运动（大幅度地移动控制器），此时所需的时间称为粗调时间。在粗略调节之后，要进行精细地调节以便找到正确的位置，此时所需的时间称为微调时间。通常，若 C/D 比较小时，粗调时间短，微调时间长；而 C/D 比较大时，粗调时间长，微调时间短，如图 10-8 所示。当粗调时间与微调时间之和最小时，则系统的控制-显示比最佳。一般系统的最佳控制-显示比可以根据系统的设计要求及其性质通过实验来确定。使用旋钮的最佳 C/D 的范围为 0.2～0.8，使用操纵杆或手柄时 C/D 的范围为 2.5～4.0 时较为理想。

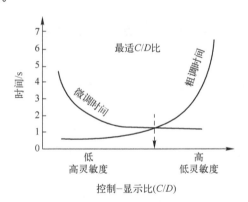

图 10-8　调节时间与 C/D 比的关系

2. 控制器与显示器的配合设计原则

控制器与显示器的配合一致，主要包括两个方面。一方面是控制器与显示器在空间位置关系上的配合一致，即控制器与其相对应的显示器在空间位置上有明显的联系；另一方面是控制器与显示器在运动方向上的一致，即控制器的运动能使与其对应的显示器产生符合人的习惯模式的运动。例如，操作者顺时针方向旋转旋钮，显示仪表上应该指示出增量。又如，汽车方向盘向右转动，则汽车向右拐等。

第 11 章　人机系统功能匹配的原则与方法

人机环境系统主要由人、机、环境三部分组成。任何机器都必须有人操作，并且都处在各种特定的环境之中工作。随着现代机器设计的日益先进、机器构造高度复杂与精密，这不仅对机器所处的环境条件提出了一定的要求，而且对使用机器的人提出了越来越高的要求。人机环境系统工程的设计，重点是解决系统中人的效能、安全、身心健康以及人机匹配最优化的问题。也就是说，要使机的设计既符合人的特点，又应考虑如何才能保证人的能力适合机的要求，即必须做到机宜人、人适机，使人机之间达到最佳匹配，这是一条基本的原则。因此，在人机环境系统工程研究中，必须处理好人机关系，只有这样，才可能确保人机环境系统总体性能的实现。

人机关系通常可分为静态人机关系和动态人机关系两大方面。静态人机关系主要研究人、机之间的空间关系；动态人机关系主要研究人、机之间的功能关系和信息关系（包括人机界面的分析、设计与评价）。当然，无论是人机空间关系，还是人机功能关系和信息关系，它们都不是孤立的，而是相互联系的。

11.1　人机功能关系

对于一个复杂的人机环境系统来讲，一方面要注意对人的功能进行适当开发与利用，并注意对操作人员进行必要的系统训练；另一方面要在机、环方面采取有效的措施，以保证相应人员的能力得以充分发挥。此外，更重要的是从人机环境系统的开始研究与设计阶段，就应该采用系统分析的方法，从该系统的任务出发提出系统的功能要求；再以功能要求为基础，根据当时的技术条件，对机的功能和人的能力做详细的分析和研究，合理地进行人与机之间任务的科学分配，因此详细了解人和机的功能特点、两者各自的长处和短处，这对实现整个人机系统高效、可靠、安全以及操纵方便是十分必要的。这里我们不妨举一个宇宙航行中飞船的例子，对于绕月球飞船飞行的成功率来讲，国外文献分析显示，如果采用全自动化飞行时，成功率仅为 22%；如果采用有人参与时，成功率为 70%；如果在飞行中航天员还能承担维修任务时，成功率为 93%。显然，这时后者为前者的 4.2 倍，所以它充分说明了合理的功能分配对完成人机系统的成功设计是非常重要的。

1. 人的主要功能

人在人机系统操纵过程中所起的作用，可以用图 11-1 做概括性说明。图 11-1 给出了人在操作活动中的基本功能示意图。它集中体现在信息输入[感受刺激(S)]、信息处理

[意识或称为大脑信息加工(O)]以及行为输出[做出反应(R)]这三个过程中。上述过程，心理学家称为行为反应的 S-O-R 模式。事实上，对于人的子系统，又分为 S-O 系统和 O-R 系统。S-O 系统由各种感觉器官（视觉、听觉、触觉等）与大脑中枢组成，由传入神经作为联络纽带。这个系统的任务是收集信息、发现问题，并传递到大脑进行加工整理即做出判断和决策。对输入的信息，有的只需要存储记忆或分析判断，而不必要启动 O-R 系统做出直接反应；有的则要求动用 O-R 系统做出相应的反应，如图 11-2 所示。O-R 系统由大脑中枢与运动器官（手、脚、肢体、声带等）组成，由传出神经作为联络纽带。这个系统的任务是执行大脑发出的指令，去改变客体的状态。此外，从图 11-1 中可以看出，人在人机系统中主要具有如下 3 种功能。

图 11-1 人在操作活动中的基本功能示意图

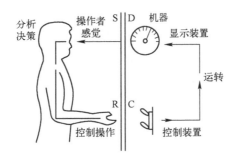

图 11-2 人机系统的基本模式

（1）人的第一种功能——感受器（或称为传感器，也称为信息发现器）。人在人机系统中首先具有感觉功能。通过感觉器官接收信息，也就是说，用感觉器官作为联系渠道，去感知机的工作情况与使用情况，因此这时感觉器官便成了联系人机之间的枢纽和信息接收者。

（2）人的第二种功能——信息处理器。实际上，人的中枢神经系统（脑和脊髓）是接收外界刺激以及做出相应反应的指挥中心。在此系统中，脑处于中心地位，处于协调指挥地位（图 11-3～图 11-5）。正如图 11-5 所给出的人的信息加工模型。它包括感觉储存、编码知觉、决策和反应的选择、反应的执行、反馈以及注意资源六大部分。

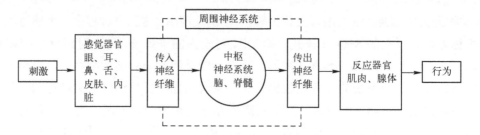

图 11-3　刺激与行为关系的示意图

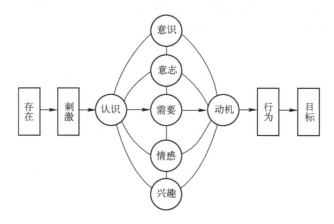

图 11-4　行为的基本模式

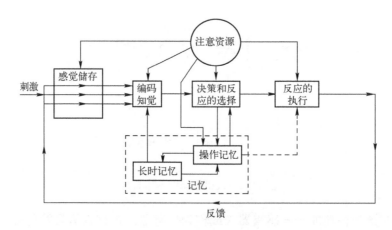

图 11-5　人的信息加工模型

（3）人的第三种功能——操纵器，即通过机的控制器进行操纵。控制器（图 11-6）的设计与显示器的设计一样，应使人用它时方便、少出差错。

2．机的主要功能

机的子系统分为 C-M 和 M-D 系统，如图 11-6 所示。C-M 系统由控制器和机器的转换机构（或计算机主板）组成。这个系统的任务是使机器接收操作者的指令，实现机器的运转与调控，把输入转换为输出。M-D 系统由机器的转换机构和显示器组成。该系统的任务是反映机器的运行过程和状态的信息。并不是所有的机器子系统都具备 C-M 系统和 M-D 系统,有的只有 C-M 系统,如自行车等;有的只有 M-D 系统,如某种信息显示仪表等。当然,机器是按照人的某种目的与要求进行设计的,尤其是自动化程度较高的机器更是如此,也具有接收信息、储存信息、处理信息和执行命令等主要功能。

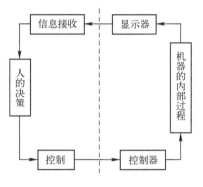

图 11-6　人机系统模型

3. 人与机特性的比较

在进行人机系统的设计时,首先必须考虑人与机各自的特性,根据两者的长处和弱点确定最优的人机功能分配,以便从设计开始就尽量防止产生人的不安全行动和机的不安全状态,使整个人机系统保持安全可靠、效果最佳。表 11-1 给出了人与机特性的比较。显然,表 11-1 中的比较仅仅是从工程技术方面进行的。

表 11-1　人与机特性的比较

能力种类	人的特性	机的特性
物理方面的功率	10s 内能输出 1.5kW,以 0.15kW 的输出能连续工作 1 天,并能做精细的调整	能输出极大的和极小的功率,但不能像人手那样进行精细的调整
计算能力	计算速度慢,常出差错,但能巧妙地修正错误	计算速度快,能够正确地进行计算,但不会修正错误
记忆容量	能够实现大容量的、长期的记忆,并能实现同时和几个对象联系	能进行大容量的数据记忆和取出
反应时间	最小值为 200ms	反应时间可达微秒级
通道	只能单通道	能够进行多通道的复杂动作
监控	难以监控偶然发生的事件	监控能力很强
操作内容	超精密重复操作时易出差错,可靠性较低	能够连续进行超精密的重复操作和按程序常规操作,可靠性较高
手指的能力	能够进行非常细致而灵活快速的动作	只能进行特定的工作
图形识别	图形识别能力强	图形识别能力弱
预测能力	对事物的发展能做出相应的预测	预测能力有很大的局限性
经验性	能够从经验中发现规律性的东西,并能根据经验进行修正总结	不能自动归纳经验

4. 静态人、机功能匹配的原则与方法

所谓静态的功能分配与设计,就是根据人和机的特性进行权衡分析,将系统的不同功能以固定的方式恰当地分配给人或机,而且系统在运行中并不随时再加以调整,因此称其为静态人、机功能分配。

人机匹配的内容很多,如显示器与人的信息感觉通道特性的匹配;控制器与人体运动反应特性的匹配;显示器与控制器之间的匹配;环境条件与人的生理、心理及生物力学特性的匹配等。

人机功能匹配是一个非常复杂的问题,在长期的实践中,人们总结出如下系统功能分配的一般原则。

(1)比较分配原则:就是详细地比较人与机的特性,再去确定各个功能的分配。例如,在信息处理方面,机器的特性是按预定的程序可以高度准确地处理数据,记忆可靠且易于提取,不会"遗忘"信息;人的特性是高度的综合、归纳、联想创造的思维能力。因此,在设计信息处理系统时,要根据人和机的各自处理信息的特性进行功能分配。

(2)剩余分配原则:在进行功能分配时,要首先考虑机所能承担的系统功能,然后将剩余部分功能分配给人。在实施这一原则时,必须充分掌握机本身的可靠度,不可盲目从事。

(3)经济分配原则:以经济效益为原则,合理恰当地进行人机功能分配。究竟哪些由人完成,哪些由机去完成,都需要做细致的经济分析之后再做决定。

(4)宜人分配原则:功能分配要适用于人的生理和心理的多种需要,有意识地发挥人的技能。

(5)弹性分配原则:该原则的基本思想是系统的某些功能可以同时分配给人或机,于是人便可以自由地去选择参与系统行为的程度。

以上是根据不同侧面所提出的5条原则。人机功能匹配的一般性原则为:笨重的、快速的、精细的、规律性的、单调的、高阶运算的、支付大功率的、操作复杂的、环境条件恶劣的作业以及检测人不能识别的物理信号的作业,应该分配给机去承担;而指令和程序的安排,图形的辨认或多种信息的输入,机器系统的监控、维修、设计、制造、故障处理及应付突发事件等工作,则由人去承担。

可以从以下7点去说明人优于机的一些方面。

(1)在感觉与知觉方面,人的某些感官的感受能力比机优越。例如,人的视觉器官可以发现仅有几个光量子的微光,听觉器官对声音的分辨力以及嗅觉器官对某些化学物质的感受性等都优于机。人对图像的识别能力远胜过机。

(2)人能运用多种通道接收信息,当一种信息通道有障碍时,可用其他通道补偿。而机只能按设计的固定结构和方法输入信息。

(3)人具有高度的灵活性和可塑性,能随机应变,能应付意外事故和排除故障。而机应付偶然事件的程序往往是非常复杂的。

(4)人能长期大量储存信息,并且能随时综合利用记忆信息进行分析与判断。

(5)人具有总结和学习功能,而机无论多么复杂,都只能按照人预先编好的程序工作。

(6)人能进行归纳推理,在获得实际观察资料的基础上归纳出一般结论,形成概念并能创造发明。

(7) 人是有感情、意识和个性的，人具有能动性，人在社会活动中具有明显的社会性。

当然也可以从以下 7 点去说明机优于人的一些方面。

(1) 机能平稳而准确地运用巨大动力，其功率、强度和负荷的大小可以随需要而定。而人要受到人体结构和生理特性的限制。

(2) 机动作速度快、信息传递、加工和反应的速度快。对于人的操作活动来讲，较快的反应频率最快也只能每秒 1～2 次，显然远不及机械与计算机。

(3) 在感受外界的作用方面，机的精度高。而人的操作精度不如机。

(4) 机的稳定性好，可终日不停地重复工作而不会降低效率，而人有疲劳问题。

(5) 机的感受和反应能力一般比人的高。

(6) 机可同时完成多种操作，而人一般只能同时完成 1～2 项操作，并且难以持久。

(7) 机能在恶劣环境下（例如，高压、低压、高温、低温、超重、缺氧、辐射、振动等条件下）工作，而人则无法耐受。

5．动态人、机功能匹配的方法

前面讨论的静态作业分配策略，是在忽略了作业的时变性以及人的响应可变性的条件下讨论的。对于一个人来讲，我们可以将分配给他的作业负荷与他可利用能力之间的差距记作 δ，这个差距 δ 是随时间而变化的，如图 11-7 所示。在通常情况下，人将能够补偿这个变化。然而，在某些情况下，这种差距可能过大，以致产生人不可接受的超负荷或低负荷。在这种情况下，或者会出现工效率降低，或者会出现更严重的问题造成系统无法实现原定的功能。因此，这时需要有一个能够动态地实现最佳作业分配的决策机制。在这个机制下，系统功能的分配可以依据作业的定义、工作环境和当前系统组成要素的能力等条件，随时做出相应的分配决策。这就是说，要求作业不是以一个固定的实体来设置的。理想的情况是作业的构造能随着系统的目标与要求而变化，因此就需要引进一个智能适应界面系统或辅助智能界面系统去适应上述变化。智能界面系统能够根据当前作业的要求与人可利用资源之间的失匹配信息并借助于相关作业模型、机器系统模型、人的模型、工作负荷与能力关系模型等进行推理和预测，而后智能界面系统完成输出，这时输出是反映了作业的重新构造与作业的重新分配。动态的系统功能分配的目的是要达到人、机两方面功能的相互支援、相互补充、相互促进。

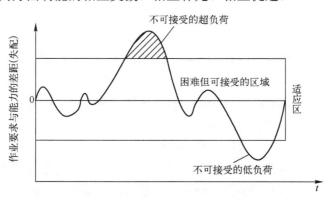

图 11-7 作业要求与可利用能力失配示意图

11.2 人机系统设计的基本要求和要点

人机系统设计是一个很广义的概念，可以说，凡是包括人与机相结合的设计，小至一个按钮、开关或一件手用工具，大至一个大型复杂的生产过程、一个现代化系统（如导弹设计、宇宙飞船）的设计均属于人机系统设计的范畴。它不仅包括某个系统的具体设计，而且包括相关的作业以及作业辅助设计、人员培训和维修等。

人机系统设计的思想和过程可由图 11-8 予以概括。人机系统设计绝对不是某一个单一专业领域所能胜任的事，它应该由专业工程师、人机工程学家、心理学家等共同协作完成。

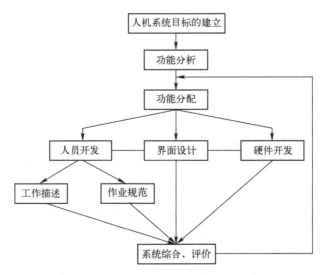

图 11-8 人机系统设计的思想和过程

总体上讲，对人机系统设计的基本要求可由下面 5 点予以概括。
（1）能达到预定的目标，完成预定的任务。
（2）要使人与机都能够充分发挥各自的作用和协调地工作。
（3）人机系统接收的输入和输出功能，都应该符合设计的能力。
（4）人机系统要考虑环境因素的影响，这些因素包括室内微气候条件（如温度、湿度、空气流速等）、厂房建筑结构、照明、噪声等。人机系统的设计不仅要处理好人与机的关系，还需要把机的运动过程与相应的周围环境一起考虑。因为在人机环境系统中，环境始终是影响人机系统的重要因素之一。
（5）人机系统应有一个完善的反馈闭环回路。

人机系统设计的总体目标是：根据人的特性，设计出最符合人操作的机器，最适合手动的工具，最方便使用的控制器、最醒目的显示器、最舒适的座椅、最舒适的工作姿势和操作程序、最有效最经济的作业方法、最舒适的工作环境等，使整个人机环境系统保持安全、环保、高效、经济，使人机环境系统的三大要素形成最佳组合的优化系统。换句话说，就是实现人机环境系统的总体设计目标，如图 11-9 所示。人与机的结合方式如图 11-10 所示。

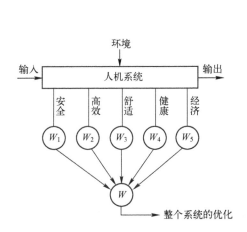

图 11-9　人机环境系统的总体设计目标

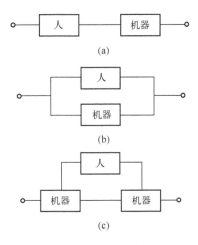

图 11-10　人与机的结合方式

1．设计的原则与要点

国际标准 ISO 6385：2004 规定了人机工程学的一般指导原则，其中包括以下 3 个方面。

（1）工作空间和工作设备的一般设计原则（其中规定了与人体尺寸有关的设计，与身体姿势、肌肉和身体动作有关的设计，与显示器、控制器以及信号相关的设计）。

（2）工作环境的一般设计原则。

（3）工作过程的一般设计原则（其中特别提醒设计者应避免工人劳动超载和负载不足的问题，以保护工人的健康与安全，增进福利与便于完成工作）。

对于上述 3 个方面的一般原则，在国际标准中已有详细的规定与说明，这里就不做展开介绍了。

2．人机系统的设计步骤

一般来说，完成人机系统的设计可参照图 11-11 给出的设计框图进行。该框图主要包括如下 8 个方面。

（1）对系统的任务、目标，系统使用的环境条件以及对系统的机动性要求等要有充分的了解和掌握，即要把握住整个系统的必要条件。

（2）要调查系统的外部环境，如要对系统执行上形成障碍的外部大气环境进行必要的检验和监测。

（3）要了解与掌握系统内部环境的设计要求，如照明、采光、噪声、振动、湿度、温度、粉尘、辐射等作业环境以及操作空间的要求，并从中去分析系统执行上形成障碍的那些内部环境。

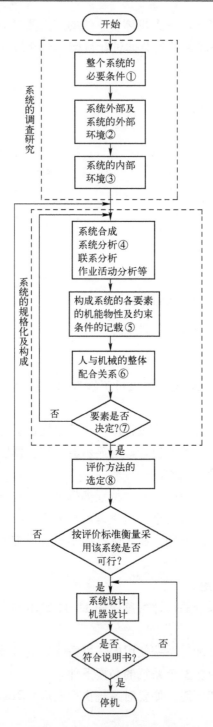

图 11-11 人机系统设计框图

（4）进行认真的系统分析，即利用人机工程学基础知识对系统的组成、人机的联系方式、作业活动等内容进行方案分析。

（5）分析该系统各要素的机能特性及其约束条件，如人的最小作业空间，人的最大

第 11 章 人机系统功能匹配的原则与方法

操作力，人的作业效率，人的可靠性和人体疲劳、能量消耗，以及系统的费用、输入输出功率等。

（6）完成人与机的整体匹配与优化。

（7）具体确定出人、机、环境各要素在系统设计中所承担的任务与角色。

（8）借助于人机工程学中的相关标准与原则对设计方案进行评价。在选定了合适的评价方法之后，对系统的可靠性、安全性、高效性、完整性以及经济性等方面做出综合评价，以确定方案是否可行。

本 篇 习 题

1. 在人机环境系统中，机的动力学数学模型往往是非常复杂的，这里不妨以车辆子系统的动力学数学模型为例，对于车辆大位移时它的非线性动力学方程可以用 Kane（凯恩）微分方程组描述，它的形式远远比 9.1 节所讨论的机的动力学特性复杂，请问书中讲到的机动力学特性分类有效吗？为什么？

2. 机的易维护性设计原则主要包括哪些内容？请举例说明这些原则的具体应用。

3. 维修性指标包括哪些内容？能否将它与可靠性指标作比较？能否用自己的语言描述一下 MTTF 与 MTTR 的具体含义？

4. 什么是机的本质可靠性？机的本质可靠性设计方法主要包括哪些？能否举出些实例说明机的本质可靠性研究的重要意义呢？

5. 用自己的语言描述一下人机界面的概念，并举例说明。

6. 信息显示装置主要有哪几种类型？并结合实例加以说明。

7. 显示器显示方式的选择原则是什么？请结合实例说明这些原则。

8. 控制器设计的基本原则是什么？能否结合实例加以说明呢？

9. 显示器与控制器的配合应遵循哪些最基本的原则？并举实例说明。

10. 对于任何一个人机系统都必须做到机宜人、人适机，应使人机之间达到最佳匹配。请举一个实例说明"机宜人、人适机"的具体含义。

11. 安全防护装置主要在哪些方面起作用？安全防护装置的基本组成是什么？

12. 试列举几个你在工厂以及生活中所见到的机械、机电、液压等方面的安全防护装置，并扼要说一下它们的工作原理。

第3篇　作业微空间的设计以及生态大系统健康维护

　　作业空间乃是人在操作机器时所需要的操作活动空间以及机器、设备、工具、被加工对象所占有的空间总和。所谓作业空间设计，是指根据人的操作活动要求，对机器、设备、工具、被加工对象等进行合理的布局与安排，以达到操作安全可靠、舒适方便，提高工作效率的目的。

　　另外，1987年世界环境与发展委员会向联合国大会提交了《我们共同的未来》的研究报告，该报告中提出了"可持续发展"（sustainable development）的重要概念。1992年联合国环境与发展大会通过并颁布了《21世纪议程》，提出了具体实施可持续发展的手段，其中"清洁生产"被列为重要措施之一。到了20世纪中期，人类的活动对环境的破坏已经达到了相当严重的程度。这里应当指出的是，人们的认识经历了从"排放废物"到"净化废物"再到"利用废物"的过程，因此到20世纪90年代便提出了将清洁生产、资源综合利用、生态设计和可持续消费等融为一体的循环经济的战略思想，并逐步形成了循环经济的七大基础原则，即：①大系统分析的原则；②生态成本总量控制的原则；③尽可能利用可再生资源的原则；④尽可能利用高科技的原则；⑤把生态系统建设作为基础设施建设的原则；⑥建立绿色GDP统计与核算体系的原则；⑦建立绿色消费制度的原则。循环经济以"减量化"（reduce）、再利用（reuse）、再循环（recycle）作为其操作准则，简称"3R"原则。这里还应指出的是，推行循环经济技术的前提是产品的生态设计，而生态设计的基本出发点是应该从保护环境的角度考虑，减少资源消耗，真正地从源头开始实现污染预防，构筑新的生产与消费系统。近几年来，《中华人民共和国清洁生产促进法》《中华人民共和国节约能源法》《中华人民共和国循环经济促进法》（它们分别于2003年1月1日、2008年4月1日与2009年1月1日起实施）的制定，标志着我国的"清洁生产"工作步入了规范化、法制化的轨道，也标志着对人类生存环境问题的重视。

第 12 章 作业微空间的基本特性及其设计与分析方法

12.1 环境的分类以及环境的基本特性

12.1.1 环境的分类及其一般特性

在人机环境系统中，对于不同的作业任务，人和机是在各种不同的环境下工作的。通常，环境可分为物理环境、化学环境、生物环境和心理环境等几大类。另外，在人机环境系统中，环境还可以按照来源，分成自然环境与人工环境；按照环境对人-机的影响程度，可分为通常环境与异常环境；按照环境与外部的联系，可分为密闭环境与开放环境；按照环境随时间的变化，分为稳态环境、非稳态环境与瞬变环境；按照环境的空间特性，可以分为野外环境、室外环境、舱室环境、高空环境、深水环境及宇宙环境等；按照环境的组成因素，可分为单因素环境与复合因素环境等。

环境作为人机环境系统中的一个子系统，它具有空间属性、物质属性和运动属性。环境的空间属性是指环境可以容纳人与机的存在，并为人与机的活动提供场所。例如，驾驶员和车辆奔驰在陆地上，地面为环境条件；航天员与飞船飞行在太空，宇宙空间为环境条件；水兵与舰艇游弋在海洋，海面或水下空间为环境条件。因此，在人机环境系统中，需要全面考虑整个系统的空间布局、人和机的工作区域以及特殊空间和场所对人和机的影响；环境的物质属性是指各自不同环境所对应的物理、化学、生物学特性，与它们所服从的物理、化学和生物学的基本规律以及对环境中的人与机产生的物理、化学和生物学的作用。例如，在密闭舱的环境中，气压、温度和气流速度是环境的物理属性；氧、二氧化碳和微量的有害气体将涉及环境的化学属性；微生物是环境的生物学属性，它们经常同时存在并且相互影响。因此，在人机环境系统中，需要全面考虑环境的物理、化学、生物学属性对人与机所产生的影响，以及它们相互之间产生的作用。环境的运动特性体现在环境条件不是静止不变的，而是随着时间的推移发生变化的。例如，坦克行驶时，舱室内的环境温度随着发动机的排热以及人体散热量的增加，将逐渐升高。因此，在考虑环境中系统的性能与功能时，环境特性的变化也应当注意。总之，环境是容纳人和机的场所，也是保障人与机工作的必要条件。环境中的各种因素，无论是物理的、化学的，还是生物的都会对人与机产生作用、施加影响；反过来，人与机的活动也会对环境产生影响。因此，环境与人、机之间的相互作用是密不可分的。

12.1.2 地球大气层环境的基本特性

自地表向上，大气层可以划分为对流层、平流层、电离层和外大气层 4 个区域。与人类和动植物生存最为密切的是最贴近地表的高度为 0~18km 的对流层；人类乘坐有密封舱的飞机和探空气球可以到达平流层的下部，而整个平流层的高度是对流层向上直至 60~80km 的高空，因此，人类只有乘坐载人航天器，才能进入更高的空间。

物理学中定义标准大气压为纬度 45°处海平面高度时空气的压强。一个标准大气压为 101.3kPa（760mmHg），用工程单位表示便为 1.033kg/cm²。在人和机的许多工作场合下，作业环境是非密闭的舱室，这时舱室内外大气压力基本上相等。但是，在一些特殊任务和工作中，特别是在航空、潜水和航天等存在特殊外界压力的环境中，载人舱室是封闭的，这时人和机处于一种人工的劳动环境中。以载人航天器为例，为确保航天员的生命安全，航天器的乘员舱必须是密闭的，这时舱室内的气压需由载人航天系统的具体特点确定，表 12-1 给出了美国与苏联航天器舱内压力的数据。显然，美国在航天器研制中采用了 1/3 大气压力制度。

表 12-1 美国与苏联航天器采用的压力制度

航天器	舱内压/kPa(atm)	舱内气体环境
水星	34.5(1/3)	纯氧
双子星座	34.5(1/3)	纯氧
阿波罗	34.5(1/3)	纯氧
天空实验室	34.5(1/3)	高浓氧
航天飞机	101.3(1)	氧-氮混合气
苏联研制的各型号	101.3(1)	氧-氮混合气

这里的气温是指地球大气的温度，它反映了大气环境冷热的程度，通常采用温度计度量。1957 年 Yaglou 和 Missnard 提出了一种可以评价暑热环境的综合指标，即三球温度（WBGT）。它是由干球温度（DBT）T_{db}、湿球温度（WBT）T_{wb} 以及黑球温度（BCT）T_{bg} 组成的。在受太阳辐射的环境下，湿球温度计应完全暴露在太阳的辐射下，而干球温度计应防止太阳辐射，三球温度的表达式为

$$WBGT = 0.7T_{wb} + 0.2T_{bg} + 0.1T_{db} \tag{12-1}$$

在室内或室外遮阳的环境下，干球温度项可以取消，而黑球温度的加权系数变成 0.3，于是式（12-1）变为

$$WBGT = 0.7T_{wb} + 0.3T_{bg} \tag{12-2}$$

大气湿度又称气湿，是人与机所处大气环境中的含湿量，通常用水蒸气的含量表示它。而湿度的相对值表示空气中的水蒸气分压占空气在该湿度下饱和蒸气压的比值，简

称为空气的相对湿度（记作 RH）。显然，RH 值越高，则空气中的含湿量越大。

大气的物理属性是由大气的物质组成决定的，它是由多种气体和水汽组成的。干燥空气组分的体积分数依次为：氮（N_2）78.09%、氧（O_2）20.95%、氩（Ar）0.93%、二氧化碳（CO_2）0.03%、氖（Ne）0.00123%、氦（He）0.0004%、氢（H_2）0.00005%，等等；氧气乃是人体生命活动所必需的物质，氧气由呼吸道进入肺泡中的毛细血管后便溶解于血液之中。氧和血液红细胞中的血红蛋白相结合，通过动脉输送到全身各组织。在末端毛细血管处氧在血红蛋白中分解、溶解、渗透并进入组织细胞，参与细胞的呼吸活动，产生热量。通常，消耗 1L 的氧气所产生的热量，对于蛋白质是 18.8kJ，脂肪是 19.62kJ，糖类是 21.13kJ；另外，二氧化碳是人体氧化过程的产物，它进入末端毛细血管后溶解以化学结合的方式，由静脉系统传递至肺泡，最终呼出体外。

12.1.3 力学环境的基本特性

力学环境包括的面很广，这里仅扼要介绍一下超重环境、失重环境以及振动环境等。所谓超重环境，是指在这个环境中，$G>1$，这里 G 定义为

$$G = \frac{|mg - ma|}{|mg|} = \frac{|g - a|}{|g|} \quad (12-3)$$

式中，g 为重力加速度；a 为物体运动的加速度。当 $G>1$ 时为超重状态，工程上称之为过载；当 $G<1$ 时为减重状态；当 $G=0$ 时为失重状态。据文献报道，现代高性能的歼击飞机在进行机动飞行时，G 值最高可达 8~9，甚至可达 12。对于飞行员来讲，当 G 值较低时持续的时间较长，可达数十秒；但当 G 值较高时，由于飞机本身的保护作用和人的反应，因此不能维持较长的时间，一般只有几秒。在载人航天中，为了使飞行器进入不同的轨道飞行，必须使它具有相应的轨道速度。而为了达到这个速度，就必须在一定的时间内加速。表 12-2 给出了进入不同轨道时所需要的速度与时间条件。例如，当飞船绕地球轨道飞行时，需要具有 7.9km/s 的速度，即第一宇宙速度。显然，为实现这一要求，便需要采用二级或者三级运载火箭加速。另外，失重是一种 $G=0$ 时的重力状态，例如，当载人航天器沿地球轨道飞行时，它的惯性离心力与重力基本相等，因此这时航天员和航天器基本处于失重状态。

表 12-2 进入不同轨道所需要的速度与时间条件

轨道	速度/(km/s)	$G \times S$ 值
绕地	7.9	806
脱离地球	11.2	1143
脱离太阳系	16.7	1704

在人机环境系统中，振动是十分普遍的力学环境因素。振动环境可以是自然条件形成的，如地震、火山爆发等偶发性的灾难性振动，但更多的是人工条件下引起的振动，如马达、发动机、车床、车辆等机械所产生的振动。振动可以分为确定性振动和随机振动两大类。从物理本质上讲，振动是在往复力的作用下所发生的往复性运动，其物理参

数主要是频率、振幅和速度。频率是每秒振动的次数，单位为Hz。对于周期性振动，周期是频率的倒数。对于多个自由度振动系统，它具有多频率成分，其中最低的固有频率称为基本频率。通常，一个振动环境的频率有一个分布范围，这个范围称为频带宽度。振动环境的频带宽度通常用倍频程表示。如果f_1与f_2分别表示下限频率与上限频率，用f_0表示中心频率，于是有

$$f_0 = \sqrt{f_1 f_2} \tag{12-4}$$

n定义为

$$n = \log_2\left(\frac{f_2}{f_1}\right) \tag{12-5}$$

显然，当$n=1$时，为倍频程；当$n=1/3$时，为1/3倍频程。人体是一个复杂的振动系统，其动力学效应主要由频率响应和幅度响应构成。人体频率响应特性可分成低频反应部分和高频反应部分，其分界点大致为50Hz。低频反应时，人体可视为由质量、弹性元件、阻尼元件及其连接器构成的多自由度振动系统。低频反应的主要表现是身体共振，它能引起人体的不舒适、使工作效率降低并且危害身体的健康。许多生物学效应具有明显的频率响应，并且与共振特性密切相关。表12-3给出了人体各部位的共振频率范围。

表12-3 身体各部位的共振频率范围

身体部位	共振频率/Hz	身体部位	共振频率/Hz
全身（放松站立）	4～5	腹部实质器官	4～8
全身（坐姿）	5～6	手臂	10～40
全身（横向）	2	胸腹内脏（半仰卧位）	7～8
头部	20～30	头部（仰卧位）	50～70
眼睛	20～25	胸部（仰卧位）	6～12
脊柱	8～12	腹部（仰卧位）	4～8

图12-1给出了人体对振动的感觉，图12-2给出了人体短时间振动的耐限，图12-3给出了振动对人体的影响因素。正如实验所证实的，全身振动的生理效应是因振动频率、强度和作用方向的不同而异，全身效应的急性病理作用主要是引起疼痛、病理损伤甚至致命。尤其需要指出的是，重要器官共振时，反应极为强烈。当人体承受4～8Hz的短时间作用时，由于胸腹脏器官的共振，引起了强烈的不适与疼痛；当加速度大于20m/s²时便引起了病理损伤，因此对此要格外注意。另外，在航天活动中，0.1～1Hz频段的振动，会使人处于极端烦恼、不适和痛苦之中，是产生运动病的重要原因之一。该病的主要症状是，脸色苍白、恶心、呕吐、头昏、眼花和暂时丧失劳动能力。另外，实验还进一步证实，在0.1～0.3Hz时，振动强度达1m/s²的情况下，便可引起10%的呕吐发生率，因此这个范围被称为最敏感的频率区。关于振动问题的更多讨论，可参阅12.5节内容。

第 12 章 作业微空间的基本特性及其设计与分析方法

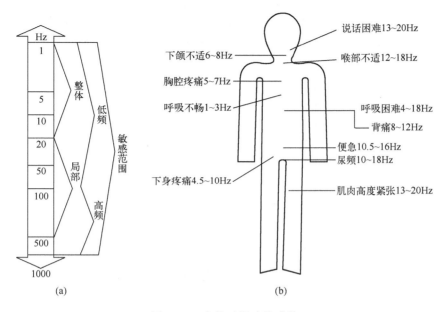

图 12-1 人体对振动的感觉

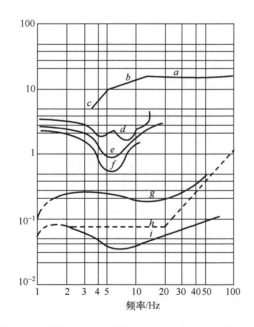

a—无损伤的志愿耐力；b—小损伤（取决于时间）；c—小损伤；d—短时间耐力；e—1min 耐力；f—3min 耐力；g—志愿耐力；h—军用飞机的振动耐力（长时间暴露）；i—不舒服。

图 12-2 人体短时间振动的耐限

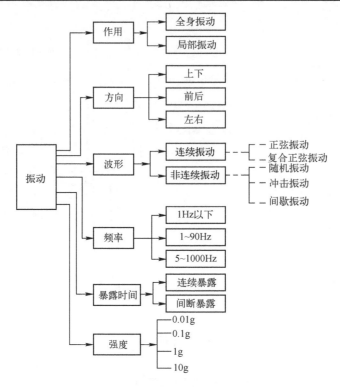

图 12-3 振动对人体的影响因素

12.1.4 声学环境的基本特性

声环境是人和机所处的主要物理环境之一。声环境从其物理本质上说是机械振动环境的一种。声是由于振动而产生的，在弹性介质中以波的形式传播。人耳可听声波的频率范围是 20～20000Hz（波长为 17～0.017m）。通常将频率低于 20Hz 时的声波称为次声（波长大于 17m），高于 20000Hz 的声波称为超声（波长短于 0.017m），次声和超声均为人耳所不可听。此外，在作业环境的噪声控制中，常常把 300Hz 以下称为低频，30～1000Hz 称为中频，1000Hz 以上称为高频。

声波在介质中传播时，引起质点压力偏离静压力的波动，这时压强与静压强之差便称为声压（记作 p），单位为帕斯卡（Pa）。声学中规定基准声压为 20μPa（2×10^{-5}Pa），于是声压级的数学表达式为

$$L_p = 20\lg\frac{p}{p_0} \tag{12-6}$$

式中，L_p 为声压级；p 为声压；p_0 为基准声压。声波具有一定的能量，用能量的大小来表示声波的强弱称为声强，单位为 W/m²。正如实验所证实的，对于 1000Hz 附近的声波，人耳可听到的声强为 1×10^{-12}W/m²，将其定为基准声强（记作 1）；与此对应的人的痛阈声强为 10^2 W/m²，于是声强的数学表达式为

$$L_I = 10 \lg \frac{I}{I_0} \quad (12\text{-}7)$$

式中，L_I 为声强级；I 为声强；I_0 为基准声强。

从人机环境系统的角度来看，噪声是一种环境因素，从严格的物理含义上讲，噪声是一种紊乱、随机的声振荡。下面从三个方面叙述噪声的特性。

1．噪声的时间特性

按照噪声的时间特性，噪声可分为稳定噪声与非稳定噪声。稳定噪声的声压级及其频谱特性在一定时间内不随时间变化，例如，在持续正常工况下，稳定运转的机器发出的噪声是稳定噪声。而非稳定噪声的声压级及其频谱特性是随时间而变化的，如爆炸、枪炮射击等产生的噪声。

2．噪声的强度特性

按照强度特性，噪声可分为低强度噪声、中等强度噪声和高强度噪声。需要指出，这里强度的等级划分是相对的，应视具体情况而定。

3．噪声的频率特性

按照频率特性，噪声可分为低频噪声、中频噪声、高频噪声、窄带噪声和宽带噪声。例如，飞机发动机和火箭发动机产生的噪声就是强度很高但频率很低的宽带噪声；汽笛或高速运转机械所产生的噪声一般是高频噪声和窄带噪声。

值得注意的是，在各类噪声中，时间特性、强度特性和频率特性三者之间不是截然无关的，而是相互牵连、相互关联的。

12.2 作业空间设计及其分析

作业空间并非只限于在一定的作业姿势下的作业域以及作业者周围有限场地所组成的物理空间，还应该去满足作业者的心理和行动等方面的要求，以保证作业者具有高效率的工作氛围。

12.2.1 行动空间

行动空间是人在作业过程中，为保证信息交流通畅、方便而需要的运动空间。为此，作业空间设计时应满足如下要求。

1．应满足人体测量学方面的要求

作业空间设计，首先要满足人体测量学方面的要求，这是保证作业空间适合于作业者的最基本的原则。例如，设计人行通道与走廊，其宽度至少应等于人的肩宽，如果考虑人的着装类型和尺寸，那么过道的高度至少为 1950mm，宽度至少为 630mm。对于多人通行的过道，每增加一人，应增加 500mm 的宽度。对于机器之间的过道，在宽度上还应该适当增加，因为机器有些凸出的部件如控制手柄，若走动时人无意碰撞便可能造成意外事故。

2. 操作时要便于联系

作业者在联系方面的要求，指的是作业者与机器之间的联系以及作业者之间相互的联系两个方面。作业者与机器之间，应使作业者能通过其视觉、听觉、触觉与之发生联系。作业者相互之间的联系，应使其能听到其他作业者的声音并能相互交谈。

3. 机器布置要合理

机器的安装应遵循便于人迅速而准确地使用机器为原则。机器或作业区域应按其功能进行分组安装布局。

4. 信息交流应当通畅

应使作业者在操作的过程中能看到自己所操纵的机器以及与自己联系的其他作业者。作业者与机器之间信息联系的通道主要是视觉，而作业者相互之间的联系通道主要是听觉，因此对作业环境的噪声水平应尽量降低，以保证信息交流的通畅。

12.2.2 心理空间

心理空间设计的要求，可以从人身空间和领域性两个方面来考虑。实验已经表明，对人身空间和领域的侵扰，可使人产生不安感、不舒适感和紧张感，因此作业者便难以保持良好的心理状态，进而影响了工作的效率。

1. 人身空间

人身空间是指环绕一个人的随人移动的具有不可见边界线的封闭区域。如果其他人无故闯入该区域时就会引起人行动上的反应。人身空间的大小可以用人与人交往时保持的物理距离来衡量。通常分4种距离，即亲密距离、个人距离、社会距离和公共距离。不同类型的距离，允许进入的人的类别也不同，如表12-4所列。人身空间以身体为中心，在不同的方向要求的距离也有所不同。霍洛维兹（M.J.Horowitz）通过实验发现，人们站立时接近物体的距离总小于接近人的距离；不同性别的人，身体前、后、侧部的接近距离不同，构成了人体周围的八角形"缓冲带"，如表12-5所列。

表12-4　人身空间的分区及其说明

区域名称和状态		距离/cm	说明
亲密距离	与他人身体密切接近的距离	接近状态　0~15	指亲密者之间的爱抚、安慰、保护、接触等交流的距离
		正常状态　15~45	指头、脚部互不相碰，但手能相握或抚触对方的距离
个人距离	与朋友、同事之间交往时所保持的距离	接近状态　45~75	指允许熟人进入而不发生为难、躲避的距离
		正常状态　75~120	指两人相对而立，指尖刚刚相接触的距离，即正常社交区
社会距离	参加社会活动时所保持的距离	接近状态　120~210	一起工作时的距离，上级向下级或秘书说话时保持的距离
		正常状态　210~360	业务接触的通行距离，正式会谈、礼仪等多按此距离进行
公共距离	在演说、演出等公共场合所保持的距离	接近状态　360~750	指需要提高声音说话，能看清对方的活动的距离
		正常状态　750以上	指已分不清表情、声音的细微部分，要用夸张的手势、大声疾呼才能交流的距离

表 12-5　人身到接近对象的距离　　　　　　（单位：cm）

被试者	目标名称	前方	后方	侧面		前方		后方	
				右	左	右	左	右	左
正常人	物体	4.06	7.62	9.40	9.38	3.56	4.32	6.86	5.59
	男性	15.75	9.14	18.80	18.54	14.99	13.46	12.70	11.94
	女性	12.19	17.27	19.56	16.26	13.46	12.45	11.43	10.92

2．领域性

与人身空间相类似，领域性也是一种涉及人对空间要求的行为规则。例如，用活动式屏板将工作场所隔开，用扶手或者用椅边小桌将座位隔开等都体现了人对领域性的要求。

12.2.3　活动空间

人从事各种作业活动都需要有足够的操作活动空间。作业中，常采用的作业姿势有立姿、坐姿、坐-立姿、单腿跪姿以及仰卧姿等。这里不再详细介绍，感兴趣者可去参阅相关的资料。

12.2.4　作业空间分析

作业空间按其安全程度可以分为安全空间、潜在危险空间和危险空间。在设计上，作业空间都应该是安全空间，但如果设计错误或使用不当，那么安全空间也就变成了危险空间。潜在危险空间是指作业空间内存在着潜在的危险，如起重机周围、高压架线塔下、矿井下等工作场所。危险空间是指不许人进入的极危险区域，例如，大型机台旋转部分附近的区域、高压变压器附近、本来不属于作业空间但在特殊情况下又常需要有人进入去做修理清扫等工作的区域。因此，对这些危险空间的防护便格外重要。

1．作业空间的设计要求

作业空间应该是作业的物理空间再加上作业人员心理要求的富余空间。大量的事实表明，富余空间是十分必要的。例如某厂高压配电室，因厂区内灰尘大需要定期用压缩空气吹扫高压控制柜内的积尘。当工人从控制柜的后面开柜门时，因为柜与墙壁间的富余空间太小，胶皮风管弯曲部分触及高压电元件造成了触电身亡事故。尽管平时控制框后部无人工作，并无空间狭小的感觉，但上述事故已显示这里留出的富余空间太小。因此上述空间可称作隐性危险作业空间。而炼钢厂高炉出铁口平台附近，下面有出铁沟、出渣沟，上面有天车等设备，场地狭小，它是显性危险作业空间。通常，隐性危险区域在设计上常被忽略，应需格外注意。

对于作业空间周围有危险源（如高压电）及危险区（如大型的转动设备等）时应加防护网、防护栏等设施加以隔绝，以防接触危险源或跌入危险区。例如某钢铁厂炼钢车间，厂房宽敞并无拥挤的感觉。但由于工作习惯不好，铸钢件乱堆乱放，地面上料斗杂物得不到及时清理，以致车间内人行通道变得十分狭窄。某作业者在夜间照明不良的条件下，行路跌倒在铸钢件上，造成严重烧烫伤。由此可见，对于固定的危险源容易设置防护装置，而对于由于工作制度和习惯不良而造成的移动性、暂时性的危险源，则只有从管理工作的角度上加以改进。

对于作业空间附近如可能有物体飞出或可能发生溅射液体时，应该设置栏板、拦网加以防护。例如某木材加工厂在使用电锯时，把带有木节的料送上电锯，致使高速旋转的电锯击飞，打在操作工人的头上造成伤亡事故。因此在操作者前方安装一块大孔目的铁网既不妨碍观察加工情况，又可避免人员的伤害。

还应指出的是，作业空间的上方不得有坠物的危险性作业和设施；另外，对于桥式起重机所通过的位置也不能设计成经常作业的场所。事故统计表明，因落物而造成的伤亡事故在数量上占据了事故的第2~4位。从事故分析看，首先是上、下层立体交叉作业的危险性大，其次是非经常作业的流动场所往往也容易发生事故。有的建筑工地，从上方朝下抛掷用具、材料，这是很不好的习惯，而且也很危险。另外，有桥式起重机工作的车间，往往由于上下联系不好、瞭望不周、视线不清，造成作业人员被吊物撞击致伤的事故。

对于作业空间的照明，应该符合卫生标准和作业的要求。照明不良是许多事故的诱因。因此，作业空间应该有良好的色彩环境，它既能使人愉悦舒畅，也有益于工作效率和工作质量的提高。

2．作业空间案例分析

作业空间如果设计错误也会成为危险空间。例如某工厂的一间浴室布置如图12-4所示。一天夜班，浴室值班工人在浴室中放满冰水后打开蒸汽管A加热池内的水。因加热需要的时间较长，他便回休息室睡觉。当其醒来，发现浴室内充满水蒸气，视线不清。他脚穿胶靴，急步沿通道C走向A点去关闭蒸汽阀门。因通道狭窄、水滑，又加上初醒时睡意蒙胧，失足跌入池中。当夜班工人来洗澡时，发现浴池值班工人已被烫死。以后，夜班时又陆续发生两次类似事故，一人终身致残，一人重伤。重复事故的发生，说明了浴池内的作业场潜伏着事故的因子，事故的发生带有必然性。按照安全人机工程学进行分析，可以发现，真正的原因是浴池设计得不合理。开关设在浴池里边，当开与关蒸汽及冷水阀门时，必须走过被水润滑的水磨石浴池间的通道C。当池水过热时，一旦落水，非死即伤。

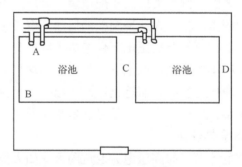

图12-4 浴池内布置图

上述案例的解决方法是，把水阀门与蒸汽阀移到B点的位置，这样人站在池外便可以操作了。如果安装温度控制仪按水温控制蒸汽阀门，那么会更为合理。一个阀门的位置设计不当竟造成一死、两伤的重复性重大事故，这一沉痛的教训令人深思。

12.3 工作座椅的静态舒适性设计

坐姿乃是人体较自然的姿势,并且它比立姿更有利于血液循环。正因如此,座椅的设计问题便显得十分重要。通常人在站立时,血液和体液在地球引力的作用下向腿部集中,而坐姿时的肌肉松弛,腿部血管内血液静压稳定,有利于减轻疲劳。另外,坐姿以臀部支撑全身更有利于发挥脚的作用。

12.3.1 舒适坐姿的生理特征

在坐姿状态下,支撑身体的是脊柱、骨盆、腿和脚。脊柱是人体的主要支柱,它由24节椎骨以及5块骶骨和4块尾骨组成,如图12-5(a)所示,其中椎骨自上而下又分为颈椎(共7节)、胸椎(共12节)、腰椎(共5节)三部分。每两节椎骨之间由软骨组织和韧带相联系。颈椎支撑头部,胸椎和肋骨构成胸腔,腰椎、骶骨和椎间盘承担人体坐姿的主要负荷。从侧面观察脊柱,可看到脊柱呈现颈、胸、腰和骶4个弯曲部位,其中颈曲和腰曲凸向前,胸曲和骶曲凸向后。成年人脊柱的自然弯曲弧形如图12-5所示。在此情况下,椎骨的支撑表面位置正常,椎间盘没有错位的趋势。在正常情况下,躯干与大腿之间大约有135°的夹角,并且座椅的设计应使坐者的腰部有适当的支撑,以使腰部弧形自然弯曲,使腰背肌肉处于放松状态。

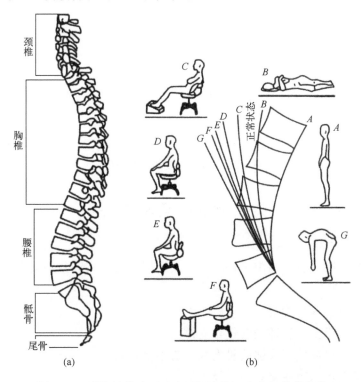

图 12-5　脊柱的构造以及在不同姿态下人体腰椎的弯曲

人坐着时，大腿与上身的重量是由座椅来支撑的；对于座面上的臀部，其压力分布应该在坐骨结节处最大；对于座椅靠背上的压力分布，应该在肩胛骨和腰椎骨两个部位处最高（所谓的"两点支撑"准则）；不同用途的座椅，两点支撑的作用也不一样，例如休息用的座椅，这时身体与腿的夹角较大（其舒适角度约为 115°），坐着时身体向后倾斜，只要肩胛部分支撑稳靠，这时没有腰靠也感到舒适；对于一般操作用的座椅，由于操作的要求，身体需要略向前倾，肩胛骨部分几乎接触不到靠背，因此只要腰靠起支撑作用而肩靠并不需要。

为了使操作者能够坐稳并且有充分的安全感，座椅设计时应设置两个扶手。扶手高度应当可以调整，以适应各种不同身材的作业者使用。为了使作业者脚踩着地板，地板搁脚的部位应当朝着前上方倾斜，与水平面的夹角为 20°；当作业者操纵脚踏板时，小腿与大腿间的舒适夹角应为 110°～120°；脚与小腿的舒适夹角应为 85°～90°。

综上所述，舒适的坐姿状态应保证腰曲弧形处于正常自然状态，腰背肌肉处于松弛状态，从上体通向大腿的血管不受压迫，保证血液正常循环。因此最舒适的坐姿是上体略向后倾斜，保持体腿夹角 90°～115°；小腿向前，大腿和小腿、小腿与脚面之间有合适的夹角，如图 12-6 所示，其相应角度为：$10°<\theta_1<20°$，$15°<\theta_2<35°$，$80°<\theta_3<90°$，$90°<\theta_4<115°$，$100°<\theta_5<120°$，$85°<\theta_6<95°$。

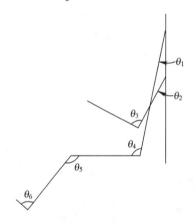

图 12-6　舒适坐姿的关节角度

12.3.2　工作座椅设计的主要准则与基本要求

1. 工作座椅设计的主要准则

（1）人体躯干的重量应该由坐骨、臀部及脊椎按适当比例分别支撑，其主要部分由坐骨承担。

（2）人体上身应保持稳定。

（3）人体腰椎下部应有适当的腰靠支撑。

（4）座面的高度应确保大腿的肌肉和血管不受压迫。

（5）坐者可自如地改变坐姿而不至于滑脱。

（6）座椅的位置与尺寸应与工作台、显示装置、操纵装置相配合，以达到操作时舒适、方便。

2．对工作座椅设计的基本要求

（1）工作座椅的结构形式应该尽可能与坐姿工作的各种操作活动要求相适应，应使操作者在工作中保持身体舒适、稳定并能进行准确的操作与控制。

（2）工作座椅的座高和腰靠高应该可以调节。

（3）操作者无论坐在座椅的前部、中部还是往后靠，工作座椅座面和腰靠结构均应使坐者感到安全、舒适。

（4）工作座椅腰靠结构应具有一定的弹性和足够的刚性。在座椅固定不动的情况下，腰靠承受250N的水平方向作用力时，腰靠倾角β不得超过115°（图12-7）。

（5）工作座椅的结构材料和装饰材料应耐用、阻燃、无毒。对于坐垫与腰靠的材料要柔软、防滑、透气性好。

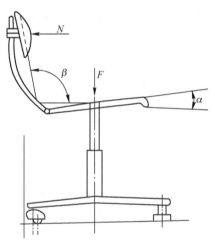

图12-7 工作座椅的基本结构

12.4 环境照明

12.4.1 照度标准与照明设计

照度标准是照明设计和管理的重要依据。我国的照度标准是采用间接法制定的，即从保证一定的视觉功能来选择最低照度值。而直接法则主要是根据劳动生产率及单位产品成本来选择照度标准。根据《建筑照明设计标准》（GB 50034—2013），将照明标准值按照0.5、1、3、5、10、15、20、30、50、75、100、150、200、500、750、1000、1500、2000、3000、5000lx分级。该标准对居住、图书馆、办公室、商业、影剧院、旅馆、医院、学校、博物馆陈列厅、展览馆展厅、交通、体育等建筑的照明标准给出了相应的值。对此感兴趣者可参阅文献[5]，这里不再更多地介绍。

1．照明方式

自然光是任何人工光源所不能比拟的，在设计时应最大限度地利用自然光，尽量防止眩光，增加照度的稳定性和分布的均匀性、协调性等。环境照明设计，在任何时候都应遵循人机工程学原则。工业企业建筑物照明，通常采用三种形式，即自然照明、人工照明以及二者并用的混合照明。一般照明是为照亮整个场所而设置的均匀照明；局部照明是特定视觉工作用的、为照亮某个局部而设置的照明；由一般照明与局部照明组成的照明为混合照明。另外，因正常照明的电源失效而启用的照明为应急照明，它包括疏散照明、安全照明和备用照明。

2．光源选择

室内采用自然光照明是最理想的，因为自然光明亮柔和，光谱中的紫外线对人体生理机能还有良好的影响。因此在设计中应最大限度地利用自然光。另外，在生产环境中还常常要采用人工光源做补充照明。

选择人工光源时，应注意其光谱成分，使其尽可能接近自然光。在人工照明中荧光灯的光谱近似日光，而且与普通白炽灯相比，具有发光效率高（比白炽灯高4倍左右）、光线柔和、亮度分布均匀及热辐射量小等优点。但是，为消除光流波动，应采用多管装置为宜。另外，照明不宜选择有色光源，因为有色光源会使视力效能降低。

3．避免眩光

当视野内出现的亮度过高及对比度过大，感到刺眼并降低观察能力，这种刺眼的光线称为眩光。眩光按产生的原因分为直射眩光、反射眩光和对比眩光。直射眩光由光源直接照射而引起，直射眩光效应与眩光源的位置有关；反射眩光是强光经过表面粗糙度较高的物体表面反射到人眼造成的；对比眩光是物体与背景明暗相差太大造成的。眩光视觉效应的危害，主要是破坏视觉的暗适应，产生视觉后像，使工作区的视觉效率降低，产生视觉不舒适感和分散注意力，造成视觉疲劳。大量的研究表明，做精细工作时眩光在 20min 内就会使差错明显，工效显著降低，眩光源对视觉效率的影响程度与视线和眩光源的相对位置有关。

为了防止和控制眩光应采取如下措施。

（1）限制光源亮度。当光源亮度大于 $16 \times 10000 cd/m^2$ 时，无论亮度对比如何，都会产生严重的眩光。如普通白炽灯灯丝亮度达到 $300 \times 10000 cd/m^2$ 以上，应考虑用氟酸进行化学处理使玻壳内表面变成内磨砂，或在玻壳内表面涂以白色无机粉末，以提高光的漫射性能，使灯光柔和。

（2）合理分布光源。尽可能将光源布置在视线外的微弱刺激区，例如，采用适当的悬挂高度，使光源在视线 45°以上时眩光就不明显了。另一办法是采用不透明材料将光源挡住，使灯罩边沿至灯丝连线和水平线构成一定保护角，此角度以 45°为宜，至少不应小于 30°。

（3）改变光源或工作面的位置。对于反射眩光，通过改变光源与工作面的相对位置，使反射眩光不处于视线内；或者在可能的条件下，改变反射物表面的材质或涂料，降低反射系数，以求避免反射眩光。

（4）应用合理的照度。要取得合理的照度，需进行照度方面的计算。根据所需要的照度值（如照明装置形式及布置、房间各个面的反射条件及照明灯具污染等情况），来确定光源的容量或数量。在可能的条件下，适当提高照明亮度，减少亮度对比。

4．照度均匀度

照明均匀度是指被照场内最大照度与最小照度之差与平均照度的比值。公共建筑的工作房间和工业建筑作业区域内的一般照明均匀度不应小于 0.7；而作业面邻近周围的照度均匀度不应小于 0.5；房屋或场所内的通道和其他非作业区域的一般照明均匀度不宜低于作业区域一般照明照度值的 1/3。

5．亮度分布

工作对象和周围环境存在着必要的反差，柔和的阴影会使心理上产生主体感。如果把所有空间都调成一样的亮度，不仅耗电量多，而且会产生单调感。因此，要求视野内有适当的亮度分布，既能造成工作处有中心感的效果，有利于正确评定信息，又使工作环境协调，富有层次感。

6．照明的稳定性

照明的稳定性是指照度保持一定值，不产生波动，光源不产生频闪效应。照度稳定与否直接影响照明质量的提高。为此，应使照明电源的电压稳定，并且在设计上要保证在使用过程中照度不低于标准值，就要考虑到光源老化、房间和灯具受到污染等因素，适当增加光源功率，采取避免光源闪烁的措施等。

12.4.2 环境照明对工效的影响

1．照明与疲劳

合适的照明能提高视力。实验表明，照度从 10lx 增加到 1000lx 时，视力可提高 70%。当周围环境亮度与中心亮度相等或者周围环境稍暗时，视力最好。当照明不良时，人的视觉易疲劳。

2．照明与工作效率

合适的照明可增加人对目标的识别速度，有利于提高工作效率。舒适的光线条件，不仅对于手工劳动有利，而且有助于提高要求高的记忆、逻辑思维的脑力劳动的工作效率。值得注意的是，照度要合适，太高可能引起目眩，这会使工作效率下降。图 12-8 给出了视疲劳、生产率随照度变化的曲线。

3．照明与事故

适度的照明可以增加眼睛辨色的能力，减少识别物体、色彩的错误率，增强物体、轮廓的立体视觉，有利于辨认物体的大小、深浅、前后、远近等相关位置，降低工作失误率。图 12-9 给出了事故发生次数与照明关系的统计曲线。

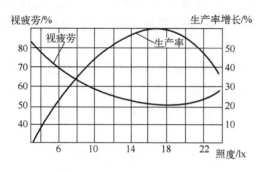 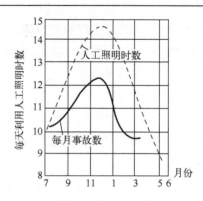

图 12-8　视疲劳、生产率随照度变化的曲线　　图 12-9　事故发生次数与照明关系的统计曲线

12.5　噪声与振动

12.5.1　噪声的危害以及噪声控制措施

1. 噪声的危害

人的听觉系统是对噪声最敏感的系统，也是受噪声影响最大的系统。在噪声作用下，听觉的敏感性下降，表现为听阈的提高（一般不超过 10～15dB），但离开噪声环境几分钟后便可恢复，这种现象称为听觉适应。但听觉适应有一定的限度，在强噪声的长期作用下，听阈提高 15dB 以上，离开噪声需要较长时间才能恢复，这种现象称为听觉疲劳。听觉疲劳初期尚可恢复，但再经强烈噪声的反复作用，则难以完全恢复，是耳聋的一种早期信号。长期在噪声环境中工作产生的听觉疲劳，若不能及时恢复，将产生永久性听阈位移。当听阈位移达 25～40dB 时，则为轻度耳聋；当听阈位移达到 40～60dB 时，则为中度耳聋；常年在 115dB 以上的高频噪声环境中工作，当听阈提高到 60～80dB 时，则为重度耳聋。噪声对听力的影响与噪声的强度、暴露于噪声环境中的时间和频率都有关系。图 12-10 将不同频率、不同声压级的声音给人耳产生相同响度级的点连成等值线（称为等响度曲线）。图中最下面的一条等响度曲线为正常听阈，它表示在没有噪声干扰的情况下，能产生听觉的各频率纯音的最小声压级数值；图中最上面的一条曲线称为痛阈，它表示各频率的纯音不仅不能引起听觉，而只能引起痛觉的各频率临界声压级数值。由正常听阈、痛阈及 20Hz 与 20kHz 4 条线所包围的区域称为听阈。注意，该图是无噪声影响的结果，当有噪声存在时，听阈的范围将会大大地变化。大量的实验表明，在超过 85dB 的噪声作用下，大脑皮质的兴奋和抑制失调，导致条件反射异常，出现头疼、头晕、失眠、多汗、恶心、记忆力减退、反应迟钝等。噪声对心血管系统的慢性损伤作用，一般发生在 80～90dB 的噪声强度下。实验研究还表明，噪声使胃的收缩机能和分泌机能降低。另外，噪声对人的心理的影响主要表现在引起人的烦恼情绪，其烦恼指数 I 与环境噪声强度 L 间的经验关系式为

$$I_d = 0.1058L_A - 4.798 \tag{12-8}$$

式中，I_d 为烦恼指数，其含义可参见表 12-6；L_A 为环境噪声强度（dB）。式（12-8）称为烦恼度的表达式。

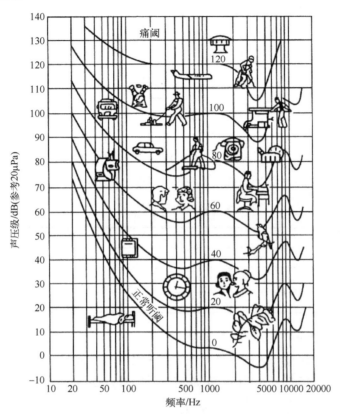

图 12-10 人耳的响度曲线图

表 12-6 烦恼指数

I_d	5	4	3	2	1
烦恼程度	极度烦恼	很烦恼	中等烦恼	稍有烦恼	没有烦恼

噪声对语言通信还具有掩蔽作用。由于人的语言频率范围为 0.5～2kHz，因此 0.5～2kHz 的噪声对语言通信的干扰最大。总之，噪声危害较大，应该对其进行控制。

2．噪声的评价及其控制措施

噪声既危害人体，又影响工作效率，因此应降噪与控制。噪声控制标准可分为三类，第一类是基于对工作者的听力保护提出的，如《工业企业噪声卫生标准》《机床噪声标准》等均属于此类，它以等效连续声级与噪声暴露量为指标；第二类是基于降低人们对环境噪声的烦恼度提出的，如《城市区域环境噪声标准》《机动车辆噪声标准》等均属于此类，它们以等效连续声级与统计声级为指标；第三类是基于改善工作条件，提高工作效率提出的，如《室内噪声标准》属于此类，它以语言干扰级为指标。下面首先介绍等效连续声级、统计声级以及语言干扰级的相关公式，然后再扼要介绍一下噪声控制的措施。

（1）等效连续声级。A声级较好地反映了人耳对噪声的频率特性和主观感觉，这时连续稳定的噪声是一个较好的评价指标。但人们经常遇到的是起伏的、不连续的噪声，所以需要引入等效连续声级的概念。等效连续声级是指起伏不连续的声音，在规定时间内A声级能量的平均值，用符号L_{eq}表示，单位为dB（A）；若每天工作8h，则一天的等效连续A声级按下式近似计算。

$$L_{eq} \approx 80 + 10\lg\frac{\sum_i\left(10^{\frac{i-1}{2}}T_i\right)}{T} \tag{12-9}$$

式中，T为一个工作日的时间，这里可取480min；i为第i段；T_i为第i段声级在一个工作日内的暴露时间（min）。这里i的大小取决于中心声级的大小，而T_i与i对应，i已由表12-7给出，例如中心声级为100dB（A）时，i=5，T_i便为T_5（i=5这一段的暴露时间）。

表12-7 噪声统计表

i段	1	2	3	4	5	6	7	8
中心声级/dB（A）	80	85	90	95	100	105	110	115
各段范围/dB（A）	78～82	83～87	88～92	93～97	98～102	103～107	108～112	113～117
暴露时间T_i/min	T_1	T_2	T_3	T_4	T_5	T_6	T_7	T_8

下面利用式（12-9）完成一个算例：

某车间测得噪声级在一天的变化情况为：中心声级90dB（A）4h；中心声级100dB（A）3h；中心声级110dB（A）1h。于是这一天的等效连续声级为

$$L_{eq} = 80 + 10\lg\frac{10^{\frac{3-1}{2}}\times 240 + 10^{\frac{5-1}{2}}\times 180 + 10^{\frac{7-1}{2}}\times 60}{480} = 102\text{dB(A)}$$

（2）统计声级。由于环境噪声往往不规则并且幅度变化很大，因此需要用不同的噪声级出现的概率或者累积概率表示。对于一个A声级来讲，令大于此声级的出现概率为$m\%$，并用符号L_m表示上述情况时A声级的值。例如，L_{10}=70dB（A），则表示整个测量期间噪声超过70dB（A）的概率占10%，噪声不超过70dB（A）的概率占90%；而符号L_{50}与L_{90}等的意义以此类推。实际上L_{10}相当于峰值平均噪声级，L_{50}相当于平均噪声级，L_{90}相当于背景噪声级。一般测量方法都是选定一段时间（例如取5s），每隔一段时间（这里就是5s）读取一个值，然后去统计L_{10}、L_{50}和L_{90}等指标，即得到L_{10}、L_{50}和L_{90}的值。如果噪声级的统计特征符合正态分布时，那么统计声级L_s为

$$L_s = L_{50} + \frac{d^2}{60} \tag{12-10}$$

式中，$d = L_{10} - L_{50}$，显然，d值越大，说明噪声的起伏程度越大，其分布越不集中。考虑到交通噪声起伏比较大，对人的干扰要比稳定噪声时大得多，因此交通噪声指数TNI表达式为

$$TNI = L_{90} + 4(L_{10} - L_{90}) - 30 \tag{12-11}$$

（3）语言干扰级。对于人的语言的声能量主要集中在 500Hz、1000Hz 和 2000Hz 为中心的 3 个倍频程中，因此选取 500Hz、1kHz、2kHz 以及 4kHz 中心频率的声压级（L_{p500}、L_{p1k}、L_{p2k} 以及 L_{p4k}）进行算术平均作为评价噪声对语言的干扰程度，称为语言干扰级，记为 SIL（speech inderference level），即

$$SIL = \frac{L_{p500} + L_{p1k} + L_{p2k} + L_{p4k}}{4} \tag{12-12}$$

式中，L_{p500}、L_{p1k}、L_{p2k} 与 L_{p4k} 分别表示 500Hz、1000Hz、2000Hz 与 4000Hz 为中心频率的倍频程声压级。

（4）噪声评价数的 NR 值。对于室内活动场所的稳态环境噪声，国际标准化组织（ISO）推荐采用 NR 曲线（图 12-11）来评价噪声对工作的影响。NR 值的具体求法是：对噪声进行倍频程分析，一般取 8 个频带（例如 63Hz、125Hz、250Hz、500Hz、1kHz、2kHz、4kHz、8kHz）测量声压级。根据测量的结果在图 12-11 中画出频谱图，在该噪声的 8 个倍频程声压级中找出较接近的那条 NR 曲线之值，即为该噪声的评价数 NR。通常这样得到的噪声评价数 NR 值比前面介绍的 A 声级计算值低 5dB。

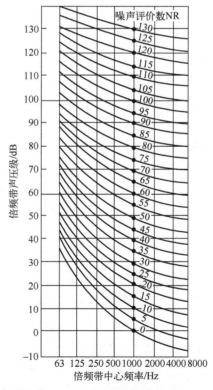

图 12-11 噪声评价的 NR 曲线

（5）噪声控制的措施。由于形成噪声干扰过程的三要素是声源、传播途径以及接受者，因此噪声的控制也必须从这几个方面入手加以解决。

① 对于噪声源的控制：工厂中的噪声主要是机械噪声和空气动力性噪声。降低机械噪声的措施主要应体现在减少运动件的相互撞击、减少摩擦、提高制造精度与装配精度、加强润滑等；降低空气动力性噪声的主要措施体现在降低气流排放速度、减少压力脉冲、减少涡流等。

② 要控制噪声的传播：例如调整声源的指向，将声源的出口指向天空或野外；再如采用吸声、隔声、消声等措施去控制噪声的传播。

③ 注意采取个体防护措施，例如用耳塞、耳罩、防声棉等降低噪声。

④ 当环境噪声强度较低时，采用音乐调节往往是十分有效的。

12.5.2 振动

1. 振动及其危害

振动是指物体沿直线或弧线经过某一平衡位置的往复运动。振动会对人体的多种器官造成影响和危害，从而导致长期接触的人员患多种疾病，尤其是手持风动工具和传动工具的工人，生产性振动对他们健康的影响已经十分突出。振动对人体的危害分为局部振动危害和全身振动危害。加在人体的个别部位并且只传递到人体某个局部的机械振动称为局部振动。如果只通过手传到人的手臂和肩部，那么这种振动称为手传振动。通过支持表面传递到整个人体上的机械振动称为全身振动。比如振动通过立姿人的脚，坐姿人的臀部和斜躺人的支撑面而传到人体都属于全身振动。振动对人的影响主要取决于振动强度、振动频率和振动暴露的时间。实验表明，人对 4～8Hz 的振动感觉最敏感，频率高于 8Hz 或者低于 4Hz 的敏感性就逐渐减弱。图 12-12 给出了振动的阈值曲线。人体不同部位和系统都有各自的固有频率，当人体某一部位的固有频率接近或者等于所承受的振动频率时，就会导致这一部位产生共振、增大生理效应。例如，振动频率为 3～6Hz 时正好接近头部和胸腔内脏的固有频率，变化造成头痛、脑涨、眩晕、呕吐等症状；振动频率为 15～50Hz 时就会引起眼球共振，视力下降。另外，在振动频率较高时，振幅起主要作用；而振动频率较低时，振动加速度起主要作用。例如施加在人全身的振动频率在 40～102Hz 时，一旦振幅达到 0.05～1.3mm 就会对全身产生伤害。表 12-8 列出了全身振动对人体所产生的不良影响。

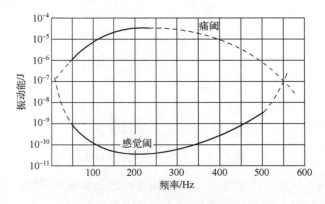

图 12-12 振动的阈值曲线

表 12-8 全身振动对人体产生的不良影响

主观感觉	频率/Hz	振幅/mm
胸痛	6～12 40 70	0.094～0.163 0.063～0.126 0.032
胸痛	5～7 6～12	0.6～1.5 0.094～0.163
背痛	40 70	0.63 0.032
尿急感	10～20	0.024～0.080
粪便急迫感	9～20	0.024～0.12
头部症状	3～10 40 70	0.4～2.18 0.126 0.032
呼吸困难	1～3 4～9	1～9.3 2.45～19.6

强烈的机械振动能造成骨骼、肌肉、关节和韧带的损伤,当振动频率和人体内脏的固有频率接近时,还会造成内脏损伤。足部长期接触振动时,有时候即使振动强度不是很大,也可能造成脚痛、麻木或过敏,小腿和脚部肌肉有触痛感,足背动脉搏动减弱,趾甲床毛细血管痉挛等。局部振动对人体的影响是全身性的,末梢机能障碍中最典型的症状是振动性白指的出现(由于国家的不同,有的也称为振动病、振动障碍、振动综合征等)。振动性白指的特点是发作性的手指发白和紫绀。变白部分一般从指尖向手掌发展,波及手指甚至全手,也称"白蜡病""死手"。振动性白指有时不易被检查发觉。局部振动还可能造成手部的骨骼、关节、肌肉、韧带不同程度的损伤。振动不但影响工作环境中作业者的身心健康,还会使他们的视觉受到干扰,手的动作受妨碍,精力难以集中等,造成操作速度下降、生产效率降低,并且可能出现质量事故。长期接触强烈的振动,对人的循环系统、消化系统、神经系统、血液循环系统、新陈代谢、呼吸系统都有不同程度的影响。

振动的不良影响与频率、强度和振动时间有关。使用振动工具或工件作业,工具、手柄或工件的 4h 等能量频率计权加速度有效值不得超过 5m/s,这一标准限值可保护 90%作业工人工作 20 年,不致发生白指病。如果日接振时间不足或超过 4h,那么按公式计算出 4h 等能量频率计权加速度有效值。对于全身性振动,国际标准化组织已于 1974 年颁布了这方面的评价标准。

2. 振动的控制

在很多情况下,振动是不能全部消除或避免的,对振动的防护主要是如何减少和避免振动对作业者的损害。采取的主要措施有以下几个。

(1) 改进作业工具,对工具的重量、振动频率、振动幅度进行改进和限制。

（2）人员轮流作业。

（3）采用合理的防护用品，如采用防振垫等，以便减少对作业者的伤害。

（4）定期体检，做好振动病的早期防治工作。

12.6 微气候环境

12.6.1 高温作业环境及其改善措施

凡具有下列情况之一者，可认为是高温作业环境。

（1）在有热源的生产场所中，热源的散热率大于 83736J/（m²·h）。

（2）作业地的气温，在寒冷地区超过 32℃，在炎热地区超过 35℃。

（3）作业地的热辐射强度大于 4.186J/（cm²·min）。

（4）作业地的气温超过 30℃，相对湿度超过 80%。

作业者在高温环境中的反应及耐受时间受气温、湿度、气流速度、热辐射、作业负荷、衣服的热阻值等多个因素的影响。对于高温作业环境可以从生产工艺和技术、保健措施、生产组织措施等几方面予以改善。

生产工艺和技术方面的措施：要合理地设计生产工艺过程，应使作业人员尽可能远离热源，例如在热源周围设置挡板等；对于有大量热辐射的车间，可以采用屏蔽辐射的措施，例如，在热辐射源表面铺盖泡沫类的物质、在人与热源之间设置屏风等；对于湿度较大的环境，要降低湿度，例如在通风口设置去湿器。另外，要注意通风换气，增加空气的新鲜感、提高工作效率。

保健方面的措施：高温作业出汗大，所以要合理地供给饮料与补充营养。一般每人每天要补充水 3～5kg，盐 20g，还要注意补充适量的蛋白质和维生素 A、B_1、B_2、C 和钙等元素；高温作业的工作服应耐热、导热系数小、透气性好。另外，应注意到每个人在热适应能力方面的差异（例如有人对高温反应敏感，有人耐热能力强），对作业人员注意体检并进行适应性检查。

在生产组织方面采取的措施：要合理地安排作业负荷。S.H.Rodgers 曾对 3 种作业负荷（轻作业小于 140W；中作业 140～230W；重作业 230～350W）在不同的气流速度、温度和湿度下的耐受时间进行了实验，结果证实，作业负荷越重，持续作业的时间越短。因此高温作业不应该采取强制性生产节拍，要注意安排的合理作息时间。再者，作业者在高温作业时身体积热，需要离开高温环境到休息室休息以便恢复热平衡机能。这时的休息室气流速度不能过高，温度不能过低，否则会破坏皮肤的汗腺机能。

12.6.2 低温作业环境及其改善措施

低温并无明确的规定，低温环境条件通常是指低于允许温度下限的气温条件，一些文献认为 18℃以下温度可视为低温，通常 10℃以下会对人产生不利的影响。大量实验结果表明,当手部皮肤温度降至 15.5℃时,手的操作效率明显降低。作业环境的最低温度最好不低于 11℃;当在 5℃的水中作业时只要浸泡 1min 就会被冻僵。当局部温度降至组织冰点(-5℃)以下时,组织就发生冻结,造成局部冻伤。手的触觉敏感性的临界皮肤温度是 10℃左右,操作灵巧度的临界皮肤温度是 12~16℃,长时间暴露于 10℃以下,手的操作效率会明显降低。另外,低温环境下人体代谢率增高,心血管系统发生相应变化:心率增高,心搏出量增加,呼吸率和肺换气量增加。当环境温度低于 9℃时,人体核心温度开始下降,人体的温度调节推动代偿能力;当人较长时间在 0℃以下的环境中停留时,会引起局部组织冻伤。寒冷刺激还可以使肢端温度下降,引起肢体疼痛、麻木、反射性致鼻黏膜血管痉挛。当人体体温降至 34℃以下时,症状即达到严重的程度,产生健忘、口吃等症状。当降至 30℃时全身剧痛,意识模糊;降至 27℃以下时,运动丧失,瞳孔反射、腱反射和皮肤反射全部消失,人濒临死亡。

对于低温作业要做好采暖和保暖工作。要按照《工业企业设计卫生标准》和《工业企业采暖、通风和空气调节设计规范》的规定,设置必要的采暖设备。调节后的温度要均匀恒定。当外界的冷风吹在作业者身上很不舒服时,应设置挡风板。根据劳动特征和劳动强度所制定的工厂车间内作业区的空气温度和湿度标准如表 12-9 所列。

表 12-9 工厂车间内作业区的空气温度和湿度标准

车间和作业的特征			冬季		夏季	
			温度/℃	相对湿度	温度/℃	相对湿度
主要放散对流热的车间	散热量不大的	轻作业 中等作业 重作业	14~20 12~17 10~15	不规定	不超过室外温度 3℃	不规定
	散热量大的	轻作业 中等作业 重作业	16~25 13~22 10~20	不规定	不超过室外温度 5℃	不规定
	需要人工调节温度和湿度的	轻作业 中等作业 重作业	20~23 22~25 24~27	<80%~75% <70%~65% <60%~55%	31 32 33	<70% <70%~60% <60%~50%
放散大量辐射热和对流热的车间[辐射强度大于 2.5×10^5 J/(h·m²)]			8~15	不规定	不超过室外温度 5℃	不规定
放散大量湿气的车间	散热量不大的	轻作业 中等作业 重作业	16~20 13~17 10~15	<80%	不超过室外温度 3℃	不规定
	散热量大的	轻作业 中等作业 重作业	18~23 17~21 16~19	<80%	不超过室外温度 5℃	不规定

另外,对于低温作业,也可以适当提高作业负荷。这里作业负荷的增加,应该以不使作业者工作时出汗为界限。对于大多数人来说,负荷量大约是 175W。

12.7 职业危害以及职业安全

12.7.1 有毒环境的卫生标准

空气中的污染物种类很多,其中固体尘粒有:炭粒、飘尘、飞灰、氧化锌、氧化铅、碳酸钙、二氧化硅等形成的粉尘。属于气体的有:硫化物(如二氧化硫、三氧化硫、硫化氢等)、氮化物(如一氧化氮、二氧化氮、氨等)以及其他氧化物(如一氧化碳、过氧化物等)、卤化物(如氯化氢、氟化氢等)。属于液体的有:硫酸、盐酸等。一般情况下,空气污染物中粉尘和二氧化硫占40%,一氧化碳约占30%,二氧化氮、碳氢化合物及其他污染物约占30%。这些污染物按其存在状态可分为气态和气溶胶两大类。气态有害物质依其常温下的状态又可分为气体和蒸气。气溶胶是固体或液体细小微粒分散于空气中的分散体系,气溶胶也可依微粒的大小分为烟尘、粉尘和雾三种。它们的典型代表物有:气体有一氧化碳、二氧化碳、二氧化硫等;蒸气有苯、酚、汞等;烟尘有铅烟、锌烟;粉尘有颜料、石棉、煤炭等;雾有硫酸、盐酸等。

空气污染的污染源主要有3种方式产生:一是生产系统的排放物;二是交通工具的排放物;三是生活系统的排放物。另外,空气污染物侵入人体的渠道主要有三条途径:一是从呼吸道吸入;二是由食物和饮水摄入;三是由体表接触侵入。由呼吸道吸入空气污染物,对人体造成的危害最为严重。正常人每天平均要吸入 15~20m³ 的新鲜空气。空气污染越厉害,中毒越深,危害越严重。空气污染可造成呼吸系统疾病、视觉器官疾病、生理机能障碍,严重时会导致心血管系统的病变以致死亡。因此,在未详细研究有毒气体以及工业粉尘、烟雾对人体带来的危害之前,首先了解一下有毒环境的卫生标准是十分必要的。

《工作场所有害因素职业接触限值第 1 部分:化学有害因素》(GB Z2.1—2019)规定了工作场所空气中化学物质、粉尘以及生物因素容许浓度。

职业接触限值(occupational exposure limits,OELs)是指职业性有害因素的接触限制量值,指劳动者在职业活动过程中长期反复接触,对绝大多数接触者的健康不引起有害作用的容许接触水平。化学有害因素的职业接触限值包括时间加权平均容许浓度、短时间接触容许浓度和最高容许浓度三类。

(1)时间加权平均容许浓度(permissible concentration -time weighted average,PC-TWA)是指以时间为权数规定的 8h 工作日、40h 工作周的平均容许接触浓度。

(2)短时间接触容许浓度(permissible concentration-short term exposure limit,PC-STEL)是在遵守 PC-TWA 前提下容许短时间(15min)接触的浓度。

(3)最高容许浓度(maximum allowable concentration,MAC)是指工作地点、在一个工作日内、任何时间有毒化学物质均不应超过的浓度。

工作场所空气中部分化学物质容许浓度如表 12-10 所列。

表 12-10　工作场所空气中部分化学物质容许浓度

毒物名称	OELs/（mg/m³）		
	MAC	PC-TWA	PC-STEL
苯	—	6	10
臭氧	0.3	—	—
滴滴涕（DDT）	—	0.2	—
二甲苯（全部异构体）	—	50	100
二硫化碳	—	5	10
二氧化硫	—	5	10
二氧化碳	—	9000	18000
氟化氢（按 F 计）	2	—	—
己二醇	100	—	—
甲醇	—	25	50
六六六	—	0.3	0.5
四氯化碳	—	15	25
五硫化二磷	—	1	3
液化石油气	—	1000	1500
乙醛	45	—	—
乙酸	—	10	20

当两种或两种以上有毒物质共同作用于同一器官、系统或具有相似的毒性作用（如刺激作用等），或已知这些物质可产生相加作用时，则应按下列公式计算结果，进行评价。

$$C_1/L_1 + C_2/L_2 + \cdots + C_n/L_n = 1 \tag{12-13}$$

式中，$C_1, C_2 \cdots C_n$ 为各化学物质所测得的浓度；$L_1, L_2 \cdots L_n$ 为各化学物质相应的容许浓度限值。据此算出的比值≤1 时，表示未超过接触限值，符合卫生要求；反之，当比值>1 时，表示超过接触限值，则不符合卫生要求。

定点检测是测定 TWA 的一种方法，要求采集一个工作日内某一工作地点各时段的样品，按各时段的持续接触时间与其相应浓度乘积之和除以 8，得出 8h 工作日的时间加权平均浓度（TWA）。定点检测除了反映个体接触水平，也适用评价工作场所环境的卫生状况。定点检测可按下式计算出时间加权平均浓度。

$$C_{\text{TWA}} = (C_1T_1 + C_2T_2 + \cdots + C_nT_n)/8 \tag{12-14}$$

式中，C_{TWA} 为 8h 工作日接触化学有害因素的时间加权平均浓度（mg/m³）；8 为一个工作日的工作时间（h），工作时间不足 8h 者，仍以 8h 计；$C_1, C_2 \cdots C_n$ 为 $T_1, T_2 \cdots T_n$ 时间段接触的相应浓度；$T_1, T_2 \cdots T_n$ 为 $C_1, C_2 \cdots C_n$ 浓度下相应的持续接触时间。

上面是针对一般作业环境进行讨论的。事实上，对航天器乘员舱室的作业环境就更显得重要。据苏联资料报道，礼炮 6 号航天员排出的代谢产物约为 400 种化合物；礼炮 7 号航天员在飞行 3~8 个月返回地面后，呼出气中某些挥发物较飞行前有明显增加，其中乙烯与乙烷的含量增加了 7 倍，这从侧面表明了航天器乘员舱室内的污染。表 12-11

给出了监测航天飞机在轨道航行中乘员舱大气环境中的污染物浓度，显然航天器舱室内的气体环境应该高度重视。正因为载人航天器中乘员舱气体环境中污染源广、涉及的因素多，所以完全依靠实验与检测航行中舱内污染资料进行定性分析的手段，很难深入、较准确地寻找到内在的规律与污染物的动态改变。为此，美国 NASA 针对自由号空间站预研的需要，20 世纪 80 年代末期，建立了空间站污染物模型，开始用数学模型的先进手段去实现预测的目的。

表 12-11　从航天飞机 STS-5 航行收集的样品中发现的污染物浓度

气体含量×10^{-6}		活性碳质量浓度/（mg/g）				氢氧化锂质量浓度/（mg/g）	
甲烷	114.774	氟代	372.201	六甲基三硅氧烷	640.908	丁烯	0.700
一氧化碳	1.021	一氯甲烷	3.838	乙酯	17.554	乙烷	5.839
丁烯	0.683	三氯一氟甲烷	16.694	三氯乙烯	4.248	一氯甲烷	0.244
三氟乙烷	0.009	氯乙烷	71.476	三氯甲烷	13.030	呋喃	0.845
乙烷	0.016	三氯乙烷	1234.990	正丙醇	2.820	丁酮	0.462
丙酮	0.026	乙醛	148.164	三甲基硅烷醇	18.642	正丙醇	1.535
丁酮	0.003	二氯乙炔	6.693	1,2-二氯乙烷	26.465	乙醇	1.535
二氯甲烷	0.006	亚辛基环戊烷	63.484	1,2-二氯丙烷	12.249	二氯甲烷	0.136
正丙醇	0.004	甲基环戊烷	0.890	甲苯	346.631	苯	1.247
乙醇	0.51	有机硅	15.410	四氯乙烯	566.177	四硅氧烷	8.856
苯	<0.001	丙酮	147.359	乙酸丁酯	83.893		
1,4-二甲基苯	<0.001	环己烷	8.987	正丁醇	67.987		
1,2-二甲基苯	<0.001	甲酸乙酯	44.330	乙苯	20.773		
甲苯	0.002	丙烯醛	26.790	1,4-二甲基苯	11.874		
硅氧烷	0.011	乙酸乙酯	82.305	1,3-二甲基苯	55.481		
硅氧烷	0.004	2-甲基丙醇	41.309	1,2-二甲基苯	26.879		
硅氧烷	0.002	1,1,1-三氯乙烷	29.628	正丙苯	1.305		
		异丙醇	1011.280	乙烯基苯	5.387		
		二氯甲烷	41.379	乙酸 2-甲基丙酯	23.648		
		乙醇	892.641	丁酸乙酯	37.963		
		苯	16.794				

12.7.2　瓦斯及其防治

矿井瓦斯是煤矿生产过程中从煤、岩体内涌出的以甲烷（CH_4）为主的各种有害气体的总称。在煤矿一般所讲的瓦斯就是甲烷。瓦斯是无色、无味、无毒气体。与空气相比，其相对密度为 0.554，比空气轻，容易聚集在矿井巷道的顶部。瓦斯虽然无毒，但当其在空气中的浓度超过 57%（这时空气中的氧浓度就会相对地降至 10%以下）时，易造成缺氧窒息事故。另外，在一定的条件下瓦斯遇火就能燃烧和爆炸；在一定的条件下还会发生喷出和突出等动力现象，造成人员伤亡、财产损失；瓦斯爆炸是煤矿最严重的事故之一。当然，瓦斯也可以利用，可作为一种洁净能源，瓦斯可作民用燃料，也可作化工原料，可用于制造甲醛、炭黑等产品。在煤矿业，瓦斯防治是重点与难点，摸清瓦斯的形成过程、涌出规律,对瓦斯灾害的防治具有十分重要的意义。

1. 矿井瓦斯的形成

矿井瓦斯是伴随着煤的形成而产生的。通常,造气的过程分为两个阶段。从植物遗体到形成泥炭的过程中生成的瓦斯,属于生物化学造气;从泥炭转化为褐煤,再逐步变成无烟煤的过程中所生成的瓦斯属于煤化变质作用造气。在漫长的地质年代中,由于两种造气过程中的自然条件不同,加上瓦斯本身在其压力差和浓度差作用下所发生的运动,因此不同煤田或同一个煤田中的不同区域中瓦斯含量是不同的。

煤体是一种多孔性固体,因此瓦斯在煤体中能以游离和吸附两种状态存在。游离瓦斯也称自由瓦斯,是指瓦斯在煤、岩体的裂隙或较大孔隙中呈自由状态,显现出一定的压力,并服从气体的状态方程,即游离瓦斯量的大小与储存空间的容积和瓦斯压力均成正比,与瓦斯温度成反比。

吸附状态的瓦斯主要吸附在煤的微孔表面上以及煤的微粒结构内部。吸附瓦斯量的大小与煤的性质、孔隙结构特点以及瓦斯压力和温度有关。

对于给定的煤体,其瓦斯含量是一定的,但其中的游离瓦斯和吸附瓦斯在一定条件下是可以相互转化的。例如当温度降低或者压力升高时,一部分瓦斯将由游离状态转化为吸附状态,这种现象称为吸附;而当温度升高或压力降低时,一部分吸附瓦斯就会转化为游离瓦斯,这种现象称为解吸。在现有开采条件下,煤层内的吸附瓦斯占瓦斯总量的80%~90%,但是在断层带以及大的裂隙和孔洞内,瓦斯则主要以游离状态存在。另外,沿煤层的垂直方向,瓦斯的含量呈现有规律的变化:当煤层直达地表(俗称露头)或者在冲积层之下有含煤盆地时,由于煤层内的瓦斯向地表运移和地面空气向煤层深部渗透,于是沿煤层的垂直方向气体会出现 4 个条带(CO_2—N_2 带、N_2 带、N_2—CH_4 带与 CH_4 带),其中前 3 个带常称为瓦斯风化带,CH_4 带则称为甲烷带或瓦斯带。上述分带表明,瓦斯含量随深度的加大呈现有规律的增加。因此可利用这一规律去预测不同深度的煤层瓦斯含量。

2. 煤层瓦斯含量的影响因素

(1)煤的吸附特性(它取决于煤化程度。一般情况下,煤化程度越高,吸附性越大,瓦斯含量越大)。

(2)煤层露头(一般情况下,有露头时瓦斯含量比没有露头时小)。

(3)煤层的埋藏深度(在煤体未受采动影响下,煤层埋藏越深,瓦斯含量就越大)。

(4)周围岩体的透气性(通常透气性越差,则煤层中的瓦斯含量就会越大)。

(5)煤层倾角(因为瓦斯沿水平方向流动比沿垂直方向流动难,所以埋藏深度相同的煤层,其倾角越小,则瓦斯含量就越大)。

(6)地质构造(通常,封闭性地质构造的瓦斯含量要比开放性地质构造的瓦斯含量大)。

3. 瓦斯的涌出、喷出与突出现象

地下开采过程中,煤层的应力状态受到破坏,煤体破裂、膨胀变形,部分煤岩的透气性增加,游离瓦斯及部分吸附瓦斯就会从煤岩中均匀地释放出来而涌向井下空间,称为瓦斯涌出。通常,瓦斯涌出可分为普通涌出和特殊涌出。特殊涌出包括瓦斯喷出以及煤与瓦斯突出。所谓瓦斯喷出,是指从煤体或岩体裂隙、孔洞或炮眼中大量瓦斯异常涌出的现象。有关文献还规定：在20m巷道范围内，涌出瓦斯量大于或等于$1m^3/min$并且持续时间在8h以上时则该采掘区即定为瓦斯喷出区域。显然，由于喷出瓦斯在时间上的突然性和空间上的集中性，因此往往导致喷出地点瓦斯浓度很高，发生人员窒息事故，而且如遇高温热源便引起瓦斯的燃烧或爆炸。所谓煤与瓦斯突出现象，是指在煤矿地下采掘过程中，在极短的时间内（一般为几秒到几分钟）从煤、岩体内向采掘空间喷出煤和瓦斯的现象，它是一种显著的动力现象。应指出，煤与瓦斯突出所产生的高速含煤粉的瓦斯流，能摧毁巷道设施，破坏通风系统，造成人员窒息，引起瓦斯燃烧或爆炸等。

尤其要说明的是，关于瓦斯突出的机理乃是世界范围内未能解决的难题，目前还没有给出一个圆满的理论解释。

4．瓦斯爆炸及其防治

瓦斯爆炸是煤矿最严重的灾害之一，其强大的冲击波可造成井巷设施和通风系统的破坏，导致人员的伤亡，而且极易形成瓦斯或煤尘的二次爆炸，扩大受灾面积。瓦斯爆炸必须同时具备以下3个条件。

（1）瓦斯浓度在其爆炸的界限内。

（2）氧气浓度在12%以上。

（3）存在引爆热源，且温度达650～750℃。

在煤矿井下，上述第（2）个条件在作业现场是始终存在的，所以预防瓦斯爆炸的措施主要是防止瓦斯的积聚以及高温热源的处理。

瓦斯爆炸的预防措施如下。

（1）预防瓦斯积聚，尤其要注意通风稀释瓦斯，及时检查瓦斯浓度等。

（2）杜绝或限制高温热源，要禁止一切非生产性热源（如吸烟、电炉或灯泡取暖、私自打开矿灯等）。另外，对生产中可能出现的热源（如电火花、静电火花、电焊、气焊、激光测量等）要采取专门措施，严格控制，防止引燃瓦斯。

（3）一旦发生瓦斯爆炸，应使爆炸所波及的范围尽可能小，减少灾害损失。

12.7.3 矿尘的危害及其防治

矿尘是指在矿井生产过程中产生的各种煤、岩微粒的总称。在煤矿井下，钻眼、爆炸、采煤、矿物装运等各个环节都会产生大量的矿尘。矿尘按其成分可分为煤尘、岩尘、水泥粉尘；按其粒径可分为粗尘、细尘、微尘和超微尘；按其在井下存在的状态可分为浮游矿尘（简称浮尘）和沉积矿尘（简称落尘）；按粒径的组成范围可分为全尘和呼吸性粉尘（简称呼尘）。所谓矿尘防治，主要是针对悬浮在矿井空气中的粉尘，即浮尘。在这些浮尘中粒径在$5\mu m$以下的微细粉尘能通过人体的呼吸道进入人的肺部，对人的健康造成危害，这种矿尘就是前面所介绍过的呼吸性粉尘。

1．矿尘的性质

对于矿尘来讲，矿尘的化学成分是决定它对人体危害大小的主要因素之一。实验表明，矿尘中的游离二氧化硅含量越大，人体吸入量越多，则危害性也就越大。另外，矿尘粒度越小，比表面积越大，则矿尘的危害性就越大。这里所谓矿尘粒度是指矿尘颗粒的平均直径，矿尘比表面积是指单位质量矿尘的总表面积。

对矿尘分析来讲，矿尘的分散度、湿润性、荷电性和光学特性都是需要研究与分析的。分散度是指矿尘整体组成中，按一定的粒径等级划分的各级矿尘占总矿尘的质量或数量（矿尘的颗粒数）的百分比。所谓高分散度矿尘，是指微细颗粒所占比例较大的情况。显然，分散度越高，矿尘的危害就越大。矿尘的湿润性是指矿尘与液体的亲和能力。湿润性好的矿尘便于采取液体降尘的处理措施去降低矿尘的危害。悬浮于空气中的矿尘通常都带有电荷，其带电量的大小受到各种因素的影响，并且各尘粒所带电荷的正、负电有所不同。显然，对带异性电荷的尘粒来讲，由于相互吸引，因此易于凝集而较快沉降，这对防尘很有利；相反，对带相同电荷的尘粒来讲，由于相互排斥而不易沉降，因此对防尘带来不利的影响。所谓矿尘的光学特性，是指矿尘对光的反射、吸收和穿透性。利用矿尘的这一光学特性便可采用光电测尘技术去测定矿尘的浓度。

2．煤尘爆炸机理和特征

煤尘爆炸是在高温点火能的作用下，煤尘与氧气发生的急剧氧化放热反应。其爆炸机理主要有三个方面：一是煤尘本身可爆；二是煤尘受热后能放出大量的可爆气体；三是煤尘被点燃后产生的热量得不到及时释放，形成热量积聚，最终导致爆炸。煤尘爆炸的重要特征有三点：形成高温、高压和冲击波；产生大量一氧化碳；形成黏焦。显然，前两个特征与瓦斯爆炸相似，而有无形成黏焦是判断井下爆炸是否有煤尘参与的重要标志。

煤尘爆炸必须具备 3 个条件：一是要有煤尘（因煤尘本身具有可爆性）；二是空气中飘浮煤尘浓度达到 $45\sim2000g/m^3$，它属于爆炸范围；三是具有达到点火能（温度为 $700\sim800℃$）的高温热源。

3．煤尘爆炸的防治技术

（1）煤层注水，即预先在煤层中钻孔注水，使其渗透到煤体内部，增加煤的水分，减少煤层开采过程中的产尘量。

（2）清除积尘，防止沉积的粉尘参与爆炸。

（3）撒布岩粉，增加沉积粉尘的灰分，抑制煤尘爆炸传播的作用。

（4）设置隔爆设施，减缓煤尘爆炸的传播。

（5）严格控制高温热源。

12.8　航空航天作业中的辐射及其防护

宇宙辐射是航空航天作业时常涉及的重要问题之一。在地球表面，由于大气层的屏蔽作用，有效地防止了宇宙辐射危险。然而，在地球大气层以外的空间飞行，特别是在星际空间飞行或者在月球或行星表面停留时，宇宙辐射对人体的危害极大。本节只讨论近年来国际上一直十分关注的空间重粒子的生物效应以及宇宙辐射的防护问题。

12.8.1　宇宙辐射的生物效应

在航天作业中，航天员可能会受到两种不同来源的辐射：一种是自然产生的；另一种是人工产生的。自然产生的辐射主要有三个来源：一是地磁捕获辐射；二是银河宇宙辐射；三是太阳宇宙辐射。由于地球磁场对太阳风中的电子和质子的捕获作用，在地球周围形成了地磁捕获辐射带（又称范艾伦带）。地磁捕获辐射带可分为内带和外带两种：内带在 300～1200km 高度，其范围随纬度而变；外带起始于 10000km 高度，其上界取决于太阳的活动。辐射效应最明显的是在 55000km 的高度。当载人航天器在低轨道飞行时，地磁捕获辐射带内的辐射强度一般较弱。但在南半球的地磁场中有一个突变区，即南大西洋异常区（其位置在西经 0°～60°，南纬 20°～50°之间），在 16～320km 的高度，异常区内捕获质子的能量强度超过 30MeV，相当于其他地方 1300km 高度的辐射强度，因此在进行空间飞行时应尽可能避开这个区域。目前，美国航天飞机几乎都是在低倾角、低轨道上飞行的，例如轨道倾角为 30°，航天飞机每天要穿过大西洋异常区 5 次，轨道倾角为 38°，则每天要穿过 6 次。当然这时航天员要受到来自南大西洋异常区的宇宙辐射。

银河宇宙辐射来源于太阳系之外，由已经电离并加速到极高能量的原子核组成，其中质子（氢核）占 85%，α 粒子（氦核）约占 13%，其余则是重核（其原子序数在 3～30 之间）。

太阳活动具有规则的周期性，每隔 11 年太阳表面要发射出强烈的电磁辐射和高能粒子，这就是通常所说的太阳耀斑。太阳耀斑一般仅持续 30～50min；当太阳耀斑停止后几小时至几天，太阳粒子能到达地球附近（其实，只有一部分粒子能到达地球，大部分则消失在宇宙空间）。太阳耀斑产生的高能粒子由质子、α粒子和高原子序粒子组成，但以质子为主，统称为太阳宇宙辐射。

除了上述介绍的自然产生的辐射，航天员在航天器上还会受到人工辐射源的照射。在载人航天器上还有人工辐射源，如放射性同位素的发电机等。表 12-12 给出了美国航天员所接受的辐射剂量。这里剂量是表示被组织吸收的辐射能量（单位为 rad，它相当于每克材料或组织中吸收 100 尔格的能量）。国际单位制用的单位是 Gy，这里 1Gy=100rad。

表 12-12　美国航天员所接受的辐射剂量

型号	时间	倾角/(°)	近/远地点/km	剂量/mrad	剂量率/(mrad·d^{-1})
双子星座 4 号	97.3h	32.5	296～166	46	11
双子星座 6 号	25.3h	28.9	311～283	25	23
阿波罗 10 号	192h			480	60
阿波罗 12 号	244.5h			580	57
阿波罗 14 号	216h			1140	127
天空实验室 2 号	28d	50	435	1596	57±3
天空实验室 4 号	90d	50	435	7740	68±9
阿波罗-联盟号	9d	50	220	106	12
航天飞机 41C	168h	28.5	528		74.1
航天飞机 41G	169h	28.5	297		6.3
航天飞机 51B	166h	57	352		21.4
航天飞机 51J	95h	28.5	510		107.8

1．宇宙辐射的急性生物效应

在载人航天中，需要考虑两种生物效应：一种是急性效应；另一种是后效应。急性效应是短期大剂量照射产生的瞬时效应；后效应是长期小剂量照射产生的后发效应。在载人航天技术发展的初期，科学家们比较重视人体特殊器官的急性效应。但近年来，随着载人航天经验的积累，人们更注意小剂量辐射引起的后效应，特别是癌症和遗传效应。表 12-13 列出了急性全身辐射的早期效应，其中恶心、呕吐、腹泻都是急性全身辐射后出现的重要症状。

表 12-13　急性全身辐射的早期效应

剂量/rad	早期效应
0～50	无明显效应，但血液可能有轻微改变，并可出现厌食
50～100	10%～20%的人在辐射后的第一天出现恶心、呕吐、疲劳，但无严重的失能，有短时间的淋巴细胞和中性白细胞减少
100～200	第一天有恶心、呕吐，然后有 50%的人出现放射病其他症状，有 5%的人可能死亡，淋巴细胞和中性白细胞减少约 50%
200～350	第一天有 50%～90%的人出现恶心和呕吐，然后出现放射病的其他症状，如食欲丧失、腹泻和小量出血，照射后的 2～6 周内有 6%～9%的人死亡，幸存者在 3 个月后开始康复
350～550	绝大多数人在第一天就出现恶心、呕吐，然后出现放射病的其他症状，如发烧、出血、腹泻和消瘦，90%的人在 1 个月内死亡，幸存者在 6 个月后开始康复
550～750	所有人在照射后的 4h 之内即出现恶心和呕吐，或至少出现恶心，然后是严重的放射病症状，几乎 100%的人死亡，极少数幸存者在 6 个月后开始康复
1000	所有人在照射后的 1～2h 即出现恶心、呕吐，一般没有幸存者
5000	照射后立即出现全身无力，在 1 周内所有人都会死亡

另外，急性效应还应包括血液学效应（血小板减少、白细胞减少、出血和感染等症状）。血液系统的效应在很大程度上取决于辐射对骨髓和淋巴组织的损伤情况。表 12-14 给出了血细胞变化与损伤程度之间的关系，表 12-15 给出了白细胞减少症出现的时间与急性效应严重程度之间的关系。显然，这些资料为急性效应的量化研究提供了宝贵的实验数据。

表 12-14　血细胞变化与损伤程度之间的关系

伤情与剂量/rad	48～72h 淋巴细胞数	第 7、8、9d 白细胞数	第 20d 血小板数
轻度（100～200）	>1000	3000	>80000
中度（200～350）	500～1000	2000～3000	≤80000
重度（350～550）	200～400	1000～2000	—
极重度（>550）	<100	<1000	—

表 12-15　白细胞减少症出现的时间与急性效应严重程度之间的关系

程度	剂量/rad	白细胞减少症出现/d
极重度	>550	<8
重度	350～550	8～20
中度	200～350	20～32
轻度	100～200	32～37；或不发生

当人体受到宇宙辐射的照射时，皮肤是首当其冲的受害部位。皮肤的受损程度主要取决于照射剂量。通常，照射剂量越大，则皮肤的损伤程度越严重。当受到小剂量照射

时，皮肤可无任何反应，或者有点反应也能很快恢复。表 12-16 列出了不同剂量辐射对皮肤造成的不同程度损伤。除剂量大小之外，辐射的种类和性质、照射剂量的时间分布、机体和皮肤对射线的敏感性等，都对皮肤的损伤程度有影响。在载人航天中，特别是航天员在舱外活动时，宇宙辐射容易引起航天员的皮肤反应，而且容易导致皮肤出现红斑。皮肤红斑对一般人来说并不算严重损伤，但对于航天员则不同，因为即使轻度的红斑也会引起航天员的严重不适，甚至会达到无法忍受的地步。另外，实验证明，在较大剂量的照射之后，由于人的体力下降并且定向力出现障碍，因此作业者已不能完成指定的工作。实验数据还显示，当剂量为 18000rad 时，受照后 5min 内失能，大多数在 1 天内死亡；当剂量为 8000rad 时，受照后 5min 内失能，2 天内死亡；当剂量为 650rad 时，受照 2h 内出现功能障碍，2 周内死亡。

表 12-16　引起皮肤不同程度损伤的辐射剂量

损伤性质	损伤表现	红斑量/%	照射剂量/rad			
			软 X 射线	硬 X 射线	γ 射线	β 射线
急性	1 度：脱毛	70~80	350	500	700	400~500
	2 度：红斑	100	500	700	1000	600~700
	3 度：水泡	150	750	1000	1500	-1000
	4 度：坏死溃疡	200	1000	1500	2000	-1500
慢性	放射性皮炎	~	-12×500	—	—	-12×500
	硬结性水肿	70%×2	—	500×2	—	—
	放射性溃疡	80%×3	—	600×3	—	—
	皮肤癌	~	-1×2×100	-1×2×100	-1×2×100	-1×2×100

2. 空间重粒子的生物效应

近年来，国际上对宇宙辐射的研究主要集中在空间重粒子的生物效应上。空间高能重粒子是高轨道上宇宙辐射中的强电离成分，其能量都在 50MeV/核子以上。这样的能量足够穿透 1mm 厚的航天服和载人航天器上的一般屏蔽。一般的辐射屏蔽对银河宇宙辐射重粒子的防护作用甚微。例如，用 1g/cm² 厚的铝屏蔽能将宇宙辐射中的氦核能减少 40%，而用 10g/cm² 厚的铝屏蔽仅能将银河宇宙辐射重粒子减少 25%~40%；银河宇宙辐射重粒子的传能线密度大都在 100keV/μm 以上，当铝屏蔽从 1g/cm² 增加到 10g/cm² 时，仅能将重粒子数从 7.8 粒子/（cm²·h）减少到 2.6 粒子/（cm²·h）。目前舱外活动航天服的屏蔽厚度平均只有 0.16g/cm² 左右，因此航天员穿着这样的服装进行舱外活动，对空间高能重粒子几乎毫无防护作用。这从侧面告诉人们，这是一项亟待解决的问题之一，应大力组织力量进行这方面的防护研究。

高能重粒子的主要特点是只要 1 个粒子能在组织中积存，就能使几个细胞失活。虽然这种粒子 1rad 的吸收剂量在每百个细胞中只产生 1 条离子径迹，但这条离子径迹的电离作用极强，能贯穿许多细胞和一些细胞核。另外，沿着这条离子径迹渐渐形成一条死亡细胞线，它使得这条线周围的细胞有的被杀伤、有的发生突变、有的则变成恶性肿瘤细胞。重粒子的这一特点就是与通常的射线的不同，例如通常的 γ 射线所产生的电子径迹并无明显的生物效应。为了深入研究重粒子的这一特性，科学家们提出了微损伤的概念。目前,这一概念已广泛地被应用于空间重粒子生物效应问题的研究中。

美国阿波罗航天员在月球表面上时能"看"到一种特殊的闪光,而且当航天员闭上两眼在暗适应之后仍然可以"看"到。通过地面模拟实验已经初步确定:航天员所"看"到的闪光实际上就是空间高能重粒子通过人的视网膜时产生的,也就是高能重粒子是上述闪光现象的主要原因。高能重粒子除引起闪光外,还能损伤眼睛角膜。计算表明,如果一名航天员在高轨道上停留 90d,两眼角膜上可受到 $5×10^4$ 个重粒子的撞击。因此,如果航天员经常参加高轨道飞行,患白内障的可能性是不能排除的。这从侧面再次告诉人们,人机与环境工程方面的研究对航天工程来讲格外重要。由此使人们不难理解,钱学森先生提出创建人机环境系统工程的深远意义。

生物机体经过空间重粒子的照射后,有些病变要经过相当一段时间才表现出来,这就是所谓的"后效应"。大量的统计数据显示,日本原子弹爆炸的幸存者中,白血病的发病期通常在 2~27 年之间,肿瘤或癌症的发病期在 10~50 年之间。因此,对于高轨道上进行长期飞行的航天员是否出现"后效应"的问题,应该是摆在载人航天科学领域中急待研究的关键问题之一。所以,从这个角度来看,人机与环境系统工程学科是需要大力发展的,同时,这也是人机环境安全工程所涉及的内容之一,需要开展大量的基础性研究。

12.8.2 宇宙辐射的防护

在载人航天的科学中,除失重之外,宇宙辐射便是影响航天员健康和生命安全的重要因素之一。1970 年美国科学院辐射生物学咨询委员会航天医学小组委员会向美国宇航局推荐了关于航天员辐射暴露的限值标准(表 12-17)。1982 年,国际科学联合会空间研究委员会对 1970 年的标准进行了更进一步的完善。1983 年,美国辐射防护和测量理事会又成立了专门的委员会负责对空间站上的辐射危害进行评估,并于 1987 年制定了新的防护标准(表 12-18 与表 12-19)。1989 年美国航空航天局公布了 NASA-STD-3000 标准,这是目前国际上有关载人航天的权威性文献。

表 12-17 航天员的辐射暴露限值

飞行时间	剂量/rem			
	骨髓	皮肤	眼晶体	睾丸
日平均剂量	0.2	0.8	0.3	0.1
30 天最大容许剂量	25	75	37	13
季度最大容许剂量	35	105	52	18
年最大容许剂量	75	225	112	38
10 年容许剂量	400	1200	600	200

表 12-18 航天员电离辐射暴露限值(rem)

暴露时限	造血器官	眼睛	皮肤
30d	25	100	150
全年	50	200	300
职业暴露	100~400	400	600

表 12-19　按年龄和性别计算的职业暴露限值（rem）

年龄	25	35	45	55
男	150	250	325	400
女	100	175	250	300

对于航天科学中宇宙辐射的防护目前主要有 5 种措施：被动物理防护；主动电磁防护；化学药物防护；避免高辐射通量；加强对宇宙辐射的监测。

（1）被动物理防护就是增加载人航天器表层结构的厚度，这是防止宇宙辐射危害的主要措施和手段。为了有效地防辐射，屏蔽材料需要有一定的厚度，但对于航天器来讲决不是越厚越好，屏蔽材料厚度的增加会增加航天器的重量。事实上，航天员在空间站上接受到的辐射量取决于多种因素，其中主要是加压舱辐射屏蔽的厚度，其次是空间站的轨道高度和航天员在轨道上的停留时间，最后是地磁场的变化和太阳活动情况等。以美国自由号空间站为例，其加压舱呈圆柱形，长 13.1m，直径 4.44m，舱壁分为两层，里面是内压力壳层，外面是防护层和隔板。为计算方便，将舱壁简化为一层 0.3125cm 厚的铝合金板，相当于每平方厘米重 0.86g。空间站的正常轨道高度为 500km，倾角为 28.5°，设计高度在 463～555km 之间。按表 12-17 的数据进行计算，1 名 40 岁的男性航天员（其职业辐射暴露限值是 275rem），如果每两年进行三个月的空间飞行，可以飞行 20 年。如果再进一步降低空间站的轨道高度，航天员所接受的辐射剂量将会降低，允许飞行的时间可以进一步延长。

（2）主动电磁防护，主要是用人工的方法去产生一种强磁场屏蔽或电场屏蔽，使射向载人航天器加压舱的带电粒子偏转，使之偏离加压舱以达到安全防护的目的。目前正在研究的电磁屏蔽有 4 种，即静电场、等离子体场、封闭磁场和非封闭磁场。应该指出，主动电磁防护目前还没有真正得到实际运用，它仍处于设想与研制阶段。

（3）化学药物防护是指在宇宙辐射暴露前的一定时间内让航天员服用辐射防护药物。理想的辐射防护药应具备 4 个条件：有肯定的效果；无明显的副作用，可重复给药；可以多种途径给药，而且以口服效果最佳，有效时间在 6h 以上；化学性质要稳定，容易合成、生产和储存。在数千种辐射防护药中，主要推荐半胱氨酸和半胱胺。半胱氨酸是一种天然存在的氨基酸，是研究最早和最多的辐射防护药。该药多用静脉注射，而口服无效。半胱胺是半胱氨酸的脱羧衍生物。半胱胺的防护效能高，约为半胱氨酸的 5 倍，但半胱胺毒性大，有效防护期短。

在航天飞机的飞行中，合理地选择轨道倾角与轨道高度十分重要。数值计算表明，在航天飞机的飞行中，每天有 12～15h 可以避开南大西洋异常区，在此期间，航天员在舱外活动就比较安全。另外，在近地轨道上，轨道越高，辐射通量越大，倾角越小则飞行器穿越南大西洋异常区的次数越多。

第 13 章 环境生态系统健康的概念及其主要研究内容

过去在人机环境系统工程中，对环境问题多考虑室内微气候微环境（如舱室内的微环境问题），有时也考虑"机"的外部绕流问题（如高速气流绕过飞行器的流场），但很少考虑大尺度的环境生态问题。随着 20 世纪 60 年代之后，全球生态环境日益恶化，受到破坏的生态系统越来越多，人类社会面临着生存与发展的强大挑战，因此人们开始感到了环境生态问题的重要性。最近 20 年来，有关科学家们的研究已经表明，环境生态的恶化是由人类采取不科学的生产活动导致的，因此在讨论人机环境系统中的环境问题时，不应该仅仅考虑室内或舱室内的微环境。目前，民航问题中，已对发动机的有害气体排放作为重要环境指标考虑。在本章中，我们侧重对生态大环境问题的讨论，即对环境生态系统的健康予以适当的关注。

13.1 生态系统健康的基本概念与环境管理的目标

生态系统健康（ecosystem health）的概念是 1988 年 D.J.Schaeffer 和 D.J.Rapport 首先提出的，1994 年，"第一届国际生态系统健康与医学研讨会"在加拿大首都渥太华召开。这次大会重点讨论并展望了生态系统健康学在地区和全球环境管理中的应用问题，同时宣告国际生态系统健康学会（International Society for Ecosystem Health，ISEH）成立。1995 年 *Ecosystem Health* 杂志创刊，D.J.Rapport 教授任主编。4 年以后，该杂志就成为 SCI 的源期刊。Rapport 教授是加拿大圭尔夫大学（University of Guelph）环境设计学院和西安大略大学（University of Western Ontario）医学院的教授。1996 年，ISEH 召开了"第二届国际生态系统健康学研讨会"，这次大会更明确了要解决复杂的全球性的生态环境问题需要综合自然科学和社会科学，提出了创建生态系统健康学的建议。1999 年 8 月，"国际生态系统健康大会——生态系统健康的管理"在美国加州召开，这是一次非常成功的大会，它为生态系统健康理念的创建奠定了坚实的基础。这里必须指出的是，上述三次生态系统健康学会议的主席均由 D.J.Rapport 教授担任。

生态系统健康是环境管理的一个新方法，也是环境管理的新目标。评价生态系统是否健康可以从活力（vigor）、组织结构（organization）和恢复力（resilience）3 个主要特征来定义。活力表示生态系统功能，可根据新陈代谢或初级生产力等来测量；组织结构根据系统组分间相互作用的多样性及数量来评价；恢复力也称抵抗能力，根据系统在胁迫出现时维持系统结构和功能的能力来评价，当系统变化超过它的恢复力时，系统立即

"跳跃"到另一个状态。依据人类的利益，健康的生态系统能提供维持人类社区的各种生态系统服务，如食物、纤维、饮用水、清洁空气、废弃物吸收并再循环的能力，等等。通常，评价生态系统健康首先需要选用能够表征生态系统主要特征的参数，如生态环境质量、生物的完整性、生态过程、水质、水文、干扰等。但度量这些参数不是一件容易的事。在健康评价时，还要综合不同尺度、考虑生态系统的进化史。另外，生态系统健康主要关心的是功能紊乱的辨识、诊断方案以及有效指标的设计，等等，因此它必然要涉及多个学科之间的交叉。

13.2 研究机构的搭建和生态系统问题研究的主要方向

生态系统健康学是 20 世纪 80 年代末在可持续发展思想的推动下，在传统的自然科学、社会科学和健康科学相互交叉和综合的基础上发展起来的一门新学科。因此，生态系统健康理应纳入可持续发展的框架中加以讨论。国际生态系统健康学会将"生态系统健康学"定义为"研究生态系统管理的预防性的、诊断的和预兆的特征，以及生态系统健康与人类健康之间关系的一门系统的科学"。作为一门新的学科，生态系统健康学面临的主要任务是如何有效地将生态学与社会科学和健康学结合起来。它的主要研究内容包括：生态系统健康的评价方法、生态系统健康与人类健康的关系、环境变化与人类健康的关系、各尺度生态系统健康管理的方法。生态系统健康评价需要分析人类对生态系统的压力、变化了的生态系统的结构与功能、生态系统服务的改变与社会的反应之间的联系。综上所述，生态系统健康学是一门很富有挑战性的新兴学科。

1975 年经国务院批准中国科学院环境化学研究所成立，1986 年该所又与中国科学院生态研究中心（筹）合并建立中国科学院生态环境研究中心，这是中国第一个全国性生态环境领域的综合性研究机构，其主要研究方向：①持久性有毒污染的环境过程与控制；②环境污染的健康风险；③污染水体修复与饮用水安全保障技术；④人与自然耦合机制研究；⑤城市与区域可持续发展的理论与对策；⑥环境生物技术的理论与应用。该中心力争在环境污染的健康效应与危害机制研究等方面有大的突破，并努力为生态系统健康学的发展与成长作出较大的贡献。

本 篇 习 题

1. 在人机环境系统工程中，环境有哪几种分类方法？能否举例说明这些分类方法呢？
2. 什么是超重环境？什么是失重环境？它们的数学表达式如何？
3. 在进行作业空间的设计时应满足哪些基本要求？
4. 工作座椅设计的主要准则是什么？
5. 为什么说开展循环经济的前提是产品的生态设计？

6. 循环经济的几个基础原则是什么？
7. 清洁生产与循环经济两者间的关系是什么？
8. 请给出噪声评价的几种主要方法以及适用范围。
9. 请叙述一下噪声控制的主要措施。
10. 施加在人体全身的振动，在哪些频率范围内会引起人的视力下降？为什么？
11. 请扼要叙述一下煤矿中瓦斯的涌出、喷出与突出现象。
12. 如何才能有效地防止矿井中的瓦斯爆炸呢？
13. 什么是宇宙辐射的急性生物效应呢？
14. 为什么说空间重粒子的生物效应多属于后效应？
15. 在载人航天的科学研究中，宇宙辐射的防护主要有哪些措施呢？
16. 何谓生态系统健康？它的主要研究内容包括哪些？

第4篇 复杂系统中人因事故的分析方法及其预防

安全生产与不损害人类环境生态系统健康是在进行"有序人类活动"时首先关注的两大问题,同时安全生产也是我国的一项基本国策,是保护劳动者安全健康、保证经济建设可持续发展的基本条件。只有弄清楚人因失误的原因所在,才可能减少或者避免事故的再次发生,因此开展事故分析十分必要。

第 14 章　人因失误事故模型及其操作人员失误的分析

14.1　人因失误事故模型

14.1.1　人因失误的定义及分类

对于某一具体的人机系统而言，人因失误是指对系统已设定的目标及系统的构造、模式、运行发生影响，使之逆转运行或遭受破坏的人的因素所造成的各种活动。显然，人因失误一方面影响系统的安全性，另一方面也影响系统的可靠性。它是造成系统故障与性能不良、可靠性降低的原因，也是诱发事故的主要因素。

由于人的行为具有多变、灵活和机动的特性，实际生产中的人为失误表现多种多样。根据对各类生产操作活动进行分析，人因失误的表现大体上可分为以下方面。

（1）操作错误，忽视安全与警告。
（2）人为造成安全装置失效。
（3）使用不安全设备。
（4）手代替工具操作。
（5）物体（指成品、半成品、材料、工具、切屑等）存放不当。
（6）冒险进入危险场所。
（7）攀坐在不安全的位置或在起吊物下作业。
（8）机器运转时加油、修理、检查、调整、焊接、清扫等。
（9）有分散注意力的行为。
（10）在必须使用个人防护用品用具的场合中忽视使用，或者穿戴不安全的装束。
（11）对易燃易爆的危险品处理错误。

人因失误通常可有如下几种分类方法。
（1）按作业要求分类。
① 遗漏差错：遗漏了必须做的事情、任务或步骤。
② 任务差错：把规定的任务做错了。
③ 无关行动：在工作中导入了无关的、不必要的任务或步骤。
④ 时间差错：没有按照规定的时间完成任务。
⑤ 顺序差错：把完成任务的顺序做错了。

(2) 按发生人因失误的工作阶段分类。

① 设计失误：这是发生在设计阶段的人为失误。例如，在电梯设计中没有设置超负荷限制器，致使电梯超载坠落发生伤亡的事故；再如，打开高压危险设备屏护时没有设置报警和带电装置自动断电保护装置。

② 操作失误：指操作者在作业操作中违反安全操作规程的不安全行为。

③ 检查或监测差错：指发生在检查、检验、监视、控制等工作中的人为失误。

④ 制造失误：指影响产品加工质量的人为失误。

(3) 按人体因素或者环境因素分类。

① 由操作者个人所特有的因素造成的人因失误，例如操作者个人心理状态、生理素质、教育、培训、知识、能力、积极性等因素所造成的人为失误。

② 由于环境因素所造成的人为失误，例如机器、设备、设施、器具、环境条件、作业方式、作业空间、车间的组织与管理等因素的影响所造成的人为失误。

(4) 按大脑信息处理过程分类。

① 认知、确认失误：指从接收外界信息到大脑感觉中枢认知过程所发生的失误。

② 判断、记忆失误：指从判断状况并在运动中枢做出相应行动决定到发出指令的大脑，在这一活动过程中所发生的失误。

③ 动作、操作失误：指从大脑运动中枢发出的动作指令到动作完成过程中所发生的人的误操作。

(5) 其他分类办法。将人因失误分成随机失误、系统失误、偶发失误三类。

① 随机失误：是由于人的动作、行为的随机性质引起的人为失误，例如手工操作时用力的大小、精确度的变化、操作的时间差、简单的错误或一时的遗忘等都具有随机性。随机失误往往是不可预测的。

② 系统失误：是由于设计不合理的工作条件或者人员的不正常状态引起的人为失误。易于引起人为失误的工作条件又可分为两种情况：其一是工作任务的要求超出了人的承受能力；其二是规定的操作程序方面的问题，在正常工作条件下形成下意识的行动和习惯使人们不能应付突如其来的紧急情况。

③ 偶发失误：是由于某种偶然出现的意外情况引起的过失行为，或者事先难以预料的意外行为，例如违反操作规程、违反劳动纪律的行为等。

14.1.2 人因事故的基本特性

人因事故的特性主要包括事故的因果性，事故的偶然性、必然性和规律性，事故的潜在性、再现性和预测性。

1. 事故的因果性

因果即原因与结果。事故是许多因素互为因果连续发生的结果，一个因素是前一个因素的结果，而又是后一因素的原因。因果关系有继承性、多层次。

2. 事故的偶然性、必然性和规律性

从本质上讲，伤亡事故属于在一定条件下可能发生，也可能不发生的随机事件。但就某一个特定事故而言，其发生的时间、地点等均无法预测。事故的偶然性还表现在事故是否产生后果（人员伤亡、物质损失）以及后果的大小如何都是难以预测的。事故的偶然性决定了要完全杜绝事故发生是困难的；而事故的因果性决定了事故发生的必然性。事故的必然性中包含着规律性。既为必然，就应该有规律可循，从而为事故的发生提供依据。

3．事故的潜在性、再现性和预测性

事故往往是突然发生的，而导致事故的潜在隐患是早就存在的，只是未被发现。一旦条件成熟，潜在的危险就会酿成事故。

事故一经发生，就成为过去。然而如果不能真正了解事故发生的原因并采取有效措施去消除，那么类似的事故还会再现。

事故的预测是在认识事故发生规律的基础上进行的。预测事故的目的在于识别和控制危险，最大限度地减少事故的发生。

14.1.3 事故因果理论

1．事故因果连锁理论以及事故因果类型

事故现象的发生与其原因存在着必然的因果关系。"因"与"果"有继承性，因果是多层次相继发生的，一次原因是二次原因的结果，二次原因是三次原因的结果，如此类推。事故发生的层次顺序如图 14-1 所示。

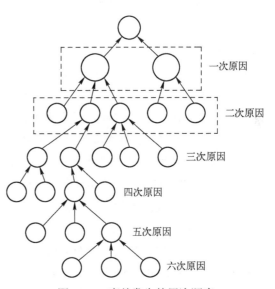

图 14-1 事故发生的层次顺序

通常事故原因分为直接的与间接的。原因又称一次原因，在时间上是最接近事故发生的原因。直接原因又可分为两类：物的原因和人的原因。物的原因是由设备、物料、环境等不安全的状态所引起的；人的原因是人的不安全行为。间接原因是二次原因、三次原因以至多层次继发来自事故本源的基础原因。间接的原因大致可分为 6 类，即：①技术的原因；②教育的原因；③身体的原因；④精神的原因；⑤管理的原因；⑥社会及历史的原因。以上几项，重点是技术、教育和管理，这三项是最重要的间接原因。另外，在①~⑥项间接原因中，①~④是二次原因，⑤~⑥为基础原因。在二次原因中，①是物质和技术方面的原因，而②③④三项是人的原因。

事故因果连锁理论又称为因果继承原则。我们可以将因果继承原则看成这样一个连锁事件链：损失—事故—一次原因（直接原因）—二次原因（间接原因）—基础原因。显然，追查事故时，应该从一次原因逆行查起。因果有继承性，是多层次的连锁关系。一次原因是二次原因的结果，二次原因又是三次原因的结果，以此类推。

事故的因果类型可分为三类：多因致果型、因果连锁型、集中连锁复合型，如

图14-2～图14-4所示。

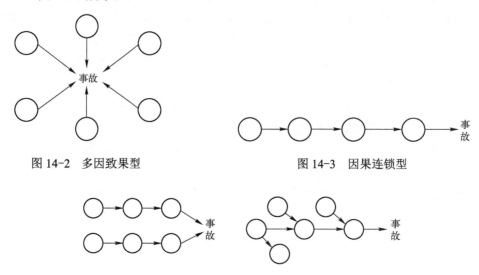

图14-2 多因致果型　　图14-3 因果连锁型

图14-4 集中连锁复合型

2. 多米诺骨牌事故模型

海因里希（W.H.Heinrich）用多米诺骨牌来形象地描述事故因果的连锁关系，如图14-5所示。他认为，人员伤亡的发生是事故的结果；事故的发生是由于人的不安全行为和物的不安全状态；人的不安全行为或物的不安全状态是由人的缺点造成的；而人的缺点是由不良环境诱发或者由先天的遗传因素所造成的。海因里希认为，伤亡事故的发生是一连串事件按一定顺序互为因果依次发生的结果。这些事件就好像5块平行摆放的骨牌，第一块倒下后将引起后面的骨牌连锁式地倒下。这5块骨牌依次代表：M——由于遗传或社会环境而造成的属于人体本身的原因（如鲁莽、固执、轻率等先天性格）；P——人为过失；H——由于人的不安全行为或物的不安全状态而引起的危险性（例如用起重机吊物，不发信号就启动机器；再如拆除安全防护装置等都属于人的不安全行为）；D——发生事故；B——受到伤亡。我们用A_1～A_5分别代表5块骨牌所表示的事件，用A_0代表伤亡事故发生的这一事件，用$P(A)$表示事件A发生伤亡事故的概率。根据海因里希事故因果连锁理论，伤亡事故要发生，必须5块骨牌都倒下，即（属于逻辑"与"门事件），于是$A_0 = A_1 \cdot A_2 \cdot A_3 \cdot A_4 \cdot A_5$

$$P(A_0) = P(A_1) \cdot P(A_2) \cdot P(A_3) \cdot P(A_4) \cdot P(A_5) \tag{14-1}$$

由于$P(A_i)$都小于1（这里$i=1$～5），因此$P(A_0)<1$，这说明伤亡事故的概率是很小的。显然，如果某一个$P(A_i)=0$（相当于抽去5块骨牌中的任意一块），这时$P(A_0)$便为零（这相当于事故就不会发生了）。

应该指出的是，虽然海因里希把事故致因的事件链假设得过于简单与绝对化了（事实上，各个骨牌之间的连锁关系是复杂的、随机的。前面的牌倒下，后面的牌可能倒下，也可能不倒下。另外，事故也并不是都造成伤害，不安全状态也并不是必然会造成事故等），然而他的事故因果连锁理论促进了事故致因理论的发展。

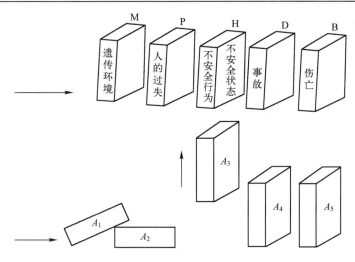

图 14-5　海因里希事故因果连锁理论

14.1.4　能量意外转移理论

1. 能量与事故

1961 年 Gibson（吉布森）、1966 年 Haddon（哈登）等提出了能量意外转移理论。他们认为，事故是一种不正常的和不希望的能量释放并转移于人体。在生产过程中，能量是必不可少的。人类利用能量做功以实现人们生产的目的。人类在利用能量时必须采用措施去控制能量，使能量按照人们的意图产生、转换与做功。如果某种原因能量失去了控制，发生了异常或意外的转移，那么会发生事故。如果事故时意外转移的能量作用于人体，并且能量的作用超过了人体的承受能力，那么将造成人员伤害；如果意外转移的能量作用于设备、建筑物、物体等，并且能量的作用超过它们的抵抗能力，那么将造成设备、建筑物、物体等的损坏。表 14-1 给出了能量意外转移时能量的类型与所产生的伤害。

表 14-1　能量意外转移时能量的类型与产生的伤害

能量类型	产生的伤害	事故类型
机械能	刺伤、割伤、撕裂、挤压皮肤和肌肉、骨折、内部器官损伤	物体打击、车辆伤害、机械伤害、起重伤害、高处坠落、坍塌、冒顶片帮、放炮、火药爆炸、瓦斯爆炸、锅炉爆炸、压力容器爆炸
热能	皮肤发炎、烧伤、烧焦、焚化、伤及全身	灼烫、火灾
电能	干扰神经-肌肉功能、电伤	触电
化学能	化学性皮炎、化学性烧伤、致癌、致遗传突变、致畸胎、急性中毒、窒息	中毒和窒息、火灾
电离辐射	细胞和亚细胞成分与功能的破坏	反应堆事故中，治疗性与诊断性照射，滥用同位素、辐射性粉尘的作用。具体伤害结果取决于辐射作用部位和方式

能量引起的伤害可以分为两大类：一类是由于转移到人体的能量超过了局部或全身性损坏阈值而产生的；另一类是由于影响局部或全身性能量的交换引起的（例如因物理或化学因素而引起的窒息等）。

在能量转移理论中另一个重要的概念是：在一定条件下，某种形式的能量能否产生对人的伤害,除了与能量的大小有关,还与人体接触能量的时间长短、效率的高低、身体接触能量的部位以及能量的集中程度有关。

能量转移理论与其他事故致因理论相比,具有两个优点:其一是把各种能量对人体的伤害归结为伤害事故的直接原因,从而决定了对能量装置加以控制可以作为防止与减少伤害事故发生的最佳手段这一原则;其二是按照这种理论对伤害事故进行统计分类时较全面、较合理。

2. 能量意外转移观点下的事故因果连锁

调查伤亡事故原因时发现,大多数伤亡事故都是由过量的能量,或干扰人体与外界正常能量交换的危险物质意外的转移引起的,而且造成能量意外转移都是由人的不安全行为或者物的不安全状态造成的。美国矿山局的Zabetakis(扎别塔基斯)给出了能量意外转移观点下的事故因果连锁模型,如图14-6所示。这个模型为我们采用能量观点分析事故提供了工具。

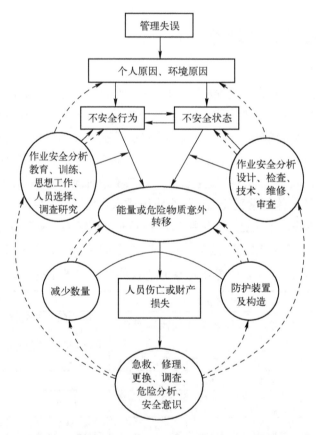

图14-6 能量意外转移观点下的事故因果连锁模型

14.1.5 轨迹交叉理论

轨迹交叉理论的基本思想是:伤害事故是由许多相互联系的事件顺序发展的结果。这些事件概括起来可分为人与物(包括环境)两大系列。当人的不安全行为和物的不安全状态在各自发展过程中,如果在一定的时间和空间上两者发生了接触(或交叉),于是,导致能量转移到人体,便发生了伤害事故。当然,人的不安全行为和物的不安全状态之所以产生和发展,往往是多种因素作用的结果。图 14-7 给出了轨迹交叉理论所建立的事故模型。轨迹交叉理论作为一种事故致因理论,它强调了人的因素与物(包括环境)的因素在事故致因中占有同样重要的地位,这一观点对于调查和分析事故是十分重要的。

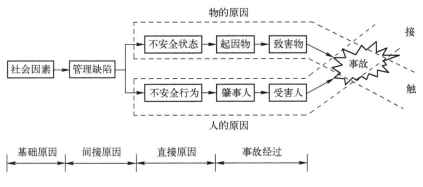

图 14-7 轨迹交叉理论所建立的事故模型

14.1.6 基于人体信息处理的人因失误事故模型

人因失误事故理论都有一个基本观点,即人因失误会导致事故,而人因失误的发生是由人对外界信息(刺激)的反应失误造成的。

1. 威格里斯沃思模型

1972 年 Wigglesworth(威格尔斯沃思)提出了"人因的失误构成所有类型事故的基础"的观点。他认为:在生产操作过程中,各种各样的信息不断地作用于操作者的感官,给操作者以"刺激"。如果操作者能对"刺激"做出正确的响应,事故就不会发生;反之,就有可能出现危险。危险是否会带来伤害事故,则取决于一些随机因素。图 14-8 给出了该事故模型的流程。

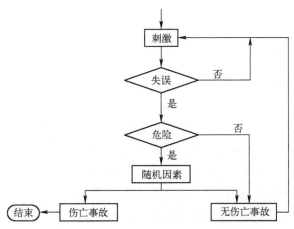

图 14-8 威格尔斯沃思事故模型的流程

2. 瑟利模型

1969 年，Surry（瑟利）把事故的发生过程分为危险出现与危险释放两个阶段。这两个阶段各自包括一组人的信息处理（人的知觉、认识和行为响应）的过程。在危险出现阶段，如果人的信息处理的每个环节都正确，危险就能被消除或得到控制；反之，只要任何环节出现了问题，便会使操作者直接面临危险。另外，在危险释放阶段，如果人的信息处理的各个环节都正确，那么虽然面临着已经显现的危险，但仍然可以避免危险释放出来，也就是这时不会带来伤害或损坏；反之，只要任何一个环节出错，危险就会转化成伤害或损害。图 14-9 给出了瑟利事故模型的流程，显然，这种模型适用于描述危险局面出现得较慢时的情况。

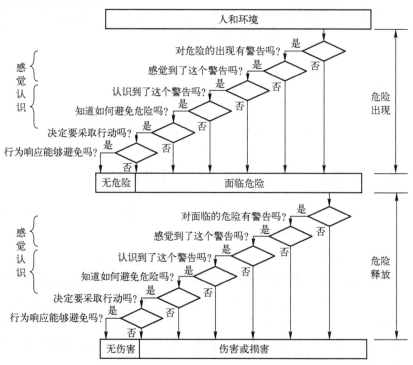

图 14-9　瑟利事故模型的流程

14.1.7　事故的统计规律与预防原则

1. 事故的统计规律

事故的统计规律即事故法则，又称 1∶29∶300 法则，即在每 330 个事故中，会造成死亡、重伤事故 1 次，轻伤、微伤事故 29 次，无伤事故 300 次。这一法则是美国安全工程师海因里希统计分析了 55 万起事故之后提出的，得到了安全界的普遍承认。人们经常根据事故法则的比例关系绘制三角形图，称之为事故三角形，如图 14-10 所示。

图 14-10　事故三角形

2．事故的预防原则

事故是有其固有规律的，人类除了无法预防像地震、山崩之类自然因素造成的事故，在人类生产和生活中所发生的各种事故都是可以预防的。事故的预防工作可以从技术、组织管理与安全教育三大方面进行，应当遵循以下基本原则。

（1）技术原则。在生产过程中，客观上存在的隐患是事故发生的前提。因此要预防事故的发生，就需要针对危险采取有效的技术措施进行治理，其基本原则如下。

① 消除潜在危险的原则。例如，用不可燃材料代替可燃材料；再如，消除噪声、尘毒对工人健康的影响等。

② 降低潜在危险严重度的原则。例如，在高压容器中安装安全阀、手电钻工具采用双层绝缘措施等。

③ 闭锁原则。例如，冲压机械的安全互锁器，煤矿上使用瓦斯-电闭锁装置等。

④ 能量屏蔽原则。例如，建筑高空作业安装安全网、核反应堆的安全壳等。

⑤ 距离保护原则。应尽量使人与危害源距离远一些。例如，化工厂远离居民区等。

⑥ 个体保护原则。例如，作业者系安全带、戴护目镜等。

⑦ 警告、禁止信息原则。例如，使用警灯、警报器、安全标识等。

⑧ 作业时间保护原则。

此外，还有根据需要而采取的预防事故发生的技术原则。

（2）组织管理原则。

① 系统整体性原则。安全工作涉及企业生产过程中的各个方面，要注意有主次地有效抓住各个环节，体现出安全工作的系统性、整体性。

② 计划性原则。安全工作要有计划，有近期与长期的目标，要形成闭环式的管理模式。

③ 效果性原则。

④ 责任制原则。

⑤ 坚持合理的安全管理体制的原则。

3．安全教育原则

安全教育可概括为安全态度教育、安全知识教育和安全技能教育，对于这方面国内出版的书籍与教材很多，例如，陈宝智等编著的《安全管理》以及袁昌明等编著的《实用安全管理技术》等，这里因篇幅所限不再展开谈论。

14.2 复杂人机系统中操作人员失误的分析

14.2.1 HRA 的 3 种行为类型以及操作人员的认知行为模型

在人因可靠性分析（human reliability analysis，HRA）中，通常可将人的行为划分为技能型、规则型及知识型 3 种类别，它代表了人的 3 种不同的认知水平。

（1）技能型行为（skill-based behavior）是指在信息输入与人的响应之间存在紧密的耦合关系，它不完全取决于给定任务的复杂性，而只依赖于人员的实践水平和完成该项任务的经验。它是个体对外界刺激或需求的一种条件反射式、下意识的反应。例如，操纵员对一些控制器的简单操作或将仪表从某个位置调整到另一位置，操纵员对这些操作非常熟练，无须作任何思考。如果操纵人员具有很好的培训，有完成任务的动机，清楚地了解任务并具有完成任务的经验，这类行为可以划归为技能型。通常，疏忽大意是技能型失误的主要表现形式。

（2）规则型行为（rule-based behavior）是指人的行为由一组规则或协议所控制、所支配，它与技能型行为的主要不同点是来自对实践的了解或掌握的程度。规则型行为包括诊断或者操纵员根据规程的要求实施某种操作或行动。规则型失误的主要原因是对情景的误判断或不正确的选择规则。

（3）知识型行为（knowledge-based behavior）是指当遇到新的情景，没有现成可用的规程，操作人员必须依靠自己的知识和经验进行分析诊断及处理。由于知识的局限性和不完整性，该水平上的失误很难避免，其结果往往也很严重。当前两种情况不能应用或操纵员必须理解系统状态条件，解释一些仪表的读数或者做出某种困难的诊断时，这类行为应划归为知识型。

这里应特别指出的是人的行为形成因子（performance shaping factors，PSFs），斯温（Swain）把它分为三大类：一是外部 PSFs，即个人因素之外的；二是内部 PSFs，即人员自身的；三是应激水平。PSFs 的成功组合可以有效地降低人的应激水平，提高人的可靠性，反之则会破坏和降低人的可靠性，而在 HRA 中经常考虑的是后者。

近年来 HRA 研究发现，以人为中心的因素和工厂条件的影响并非彼此独立，在一些主要的事故中往往是特殊工作条件产生对操作人员行为的需要，而在这些超常的工作条件下，如果不能充分地辨识出特定的工作条件及其与常态条件的差异，分析人员就无法识别最可能导致操作失误的状态。

行为科学认为，人的行为是人与环境交互作用的函数，是人的内在因素与外部环境影响的结果。在大规模复杂人机系统中，操作人员在长期训练及现场体验所获得的知识、技能和操作规程的基础上，通过主控室把握系统工作状态，进行复杂的控制操作。其运行过程为：通过仪表、视听显示装置将系统的运行状态信息传送给操作人员，操作人员通过认知处理后，做出控制操作，其特征是"监视—确认—决策—控制"。

基于大规模复杂人机系统运行控制特征和 Rasmussen 的三级行为模型，可做出大规模复杂人机系统操作人员认知行为模型，如图 14-11 所示。

该模型不是将某一任务单独划分为技能型、规则型或知识型，而是将这三种行为类型看成完成一个（或多个）任务时，人的不同的往复的认知层次。在系统正常运行时，人的活动属于技能型，只对外界信息做出习惯性反应，即技能型水平活动，但容易分散注意力而产生"疏忽"行为，这是该水平上的重要失误类型。当系统进入异常状态，操作人员注意到这种情况之后，就会对这些异常信息进行处理，运用现成的规则去解决问题，这就是规则型水平，这一水平上的失误类型为规则型错误。如果发生的异常事故情景十分复杂,从前没有遇到过,操作人员不得不运用所掌握的系统的基本知识去考虑造成异常工况的原因,并采取相应的措施,这就是知识型解决问题的过程,这一水平上的失误类型为知识型错误。该模型体现了人类认知的多层次性和由浅入深及往复循环的必然规律,并对各个层次上的失误类型的特点和原因进行详细的分析和讨论,较为客观地反映了人因的失误的内在机理,有助于改进人机界面和预防人的失误。

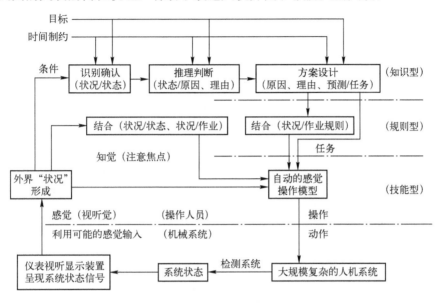

图 14-11 大规模复杂人机系统操作人员认知行为模型

人因失误的分类方法很多。这里为了从人的内在认知行为过程分析人因失误的机制,基于人的认知行为意图,将人因失误分为偏离(意图正确但行动时失误)和弄错(在行为意图形成阶段的失误)两大类。由图 14-11 可知,偏离失误仅可能出现于技能型行为中,对应于操作人员特征中的"监视与控制"。当它发生后,失误的信息能迅速反馈于操作人员,操作人员将此信息与头脑中设想的状态加以比较,容易觉察失误并修正。而弄错失误可能发生于规则型和知识型行为中,对应于整个"监视—确认—决策—控制"过程。尤其是当发生知识型行为时,系统反馈的信息可能与操作人员头脑中设想的状态相一致,因而操作人员很难发觉失误。

从动态方面考虑,偏离通常产生于监视中(问题检出前的偏离),弄错通常产生于问题解决中(问题检出后处理过程中的弄错)。在操作值班中,操作人员间断性地检测系统是否按意图运行(称为意图检测),若是熟识的状态,则无意识地做熟练性的操作(技能型行为)。这个技能型的行为可以看作是预先被程序化了的一连串动作的有序集合。在这个有序集合中,如图 14-12 所示,在某些节点(称为分歧节点)可能产生数个分支。

另外,对于在意图检测时觉察到了异常情况(问题检出)的场合,操作人员考虑解决问题的方法时,受本能的意识制动调节机制的作用,常常不是去探索最优化方案,而是更多地表现出选择简单易行的模型进行组合匹配的倾向,首先采取基于规则的行为(在此可能产生选择规则、匹配模型的错误),当这种行为遇到麻烦时才开始转向基于抽象知识的行为模式。

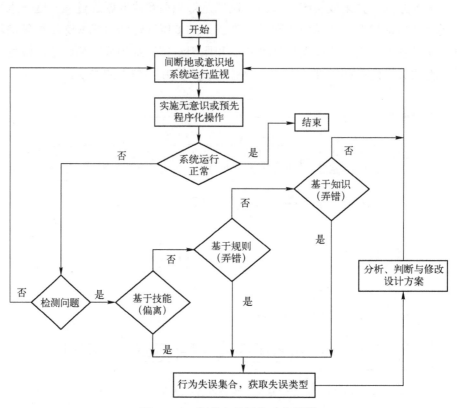

图 14-12　作业人员行为动态模型

综合以上分析，作业人员的失误可细分为技能型偏离、规则型弄错和知识型弄错。其在行为类型、操作模式、注意焦点、失误形式、失误检出几方面的特征归纳于表 14-2 中。

表 14-2　3 种失误类型的特征

	技能型偏离	规则型弄错	知识型弄错
行为类型	常规行动	解决问题	解决问题
操作模式	按照熟知的例行方案无意识地自动处理	依据选配模型半自动处理	资源制约性的系列意识处理
注意焦点	现在的工作以外	与问题相关联的事项	与问题相关联的事项
失误形式	在行动中	在应用规则中错误强烈	多种多样
失误检出	快速	困难，需他人帮助	困难，需他人帮助

14.2.2　诱发人因事故的主要因素

根据系统工程理论，引起复杂人机系统操作人员失误的因素必然与人员本身的因素及机械、环境因素有关。通过对大量人因事故的分析，发现诱发大规模复杂人机系统人因事故的主要原因可归结为下列几个方面。

(1) 操作人员个体的原因：疲劳、不适应、注意力分散、工作意欲低、记忆混乱、期望、固执、心理压力、生物节律影响、技术不熟练、推理判断能力低下、知识不足等。

(2) 设计上的原因：操作器/显示器的位置关系、组合匹配、编码与分辨度、操作与应答形式，信息的有效性、易读性，反馈信息的有效性等。

(3) 作业上的原因：时间的制约、对人机界面行动的制约、信息不足、超负荷的工作量、环境方面的压力（噪声、照明、温度等）等。

(4) 运行程序上的原因：错误规程、指令、不完备或矛盾的规程、含混不清的指令等。

(5) 教育培训上的原因：安全教育不足、现场训练不足（操作训练、创造能力培养训练、危险预测训练等）、基础知识教育不足、专业知识、技能教育不足、应急规程不完备、缺乏应付事故的训练等。

(6) 信息沟通方面的原因：信息传递渠道不畅、信息传递不及时等。

(7) 组织管理因素：管理混乱、不良的组织文化等。

以上 7 个方面的原因是相互联系的。通常在一次事故中，诱发其产生的根源常常是这 7 个因素的叠加。但是随着科技的不断现代化，机械、环境系统及人机界面这些作为外部的条件越来越完善。在这种情况下，今后可能诱发人员失误的最主要、最根本的因素或许就是人的内在因素。人的弱点主要有以下表现形式。

(1) 存在误解、错觉。

(2) 易产生疲劳、体力界限。

(3) 欠缺机体的恒常性，存在不稳定性、转移性；精度界限。

(4) 存在速度界限，有 0.2s 的反应延迟时间。

(5) 具有对环境的容许界限。

(6) 易被感情左右。

(7) 具有生物节律。

(8) 存在意识水平波动性。

(9) 存在信息处理能力界限、信息传递容量的界限。

(10) 知觉能力与规划能力有限。

在这里应特别注意人的意识水平的变化对人的作业有着显著的影响。根据大脑生理学，大脑的信息处理系统是否容易犯错误，取决于意识水平层次的高低。大脑的意识水平分为 5 个层次（0、Ⅰ、Ⅱ、Ⅲ、Ⅳ），分别对应于大脑的 5 个阶段（可参阅张力教授和廖可兵教授编著的《安全人机工程学》）。

在一天的生活中，人的意识状态是不断地波动、变化的。第Ⅲ层次是人的可靠性最好的状态，但一次的持续时间不会超过 30min。在作业时，人的意识状态一般属于第Ⅱ层次的松弛状态和第Ⅲ层次的活跃状态，而属第Ⅱ层次的累计时间最长，尤其是在监视作业中。在此层次的意识水平下，由于没有把注意力积极向前推动，因此表现出"不注意"，此时预测力、创造力均低下，因而容易产生失误。事实上，前文所述的偏离失误其生理根源也在于此，即意识水平的高低影响着意图检测的频率和有效性。

当紧急事态或非常规状态发生时，作业量突然增加，作业时间紧迫，给作业者精神上造成巨大的压力，大脑意识水平急升为第 IV 层次，在高度紧张和焦虑情况下，信息处理能力显著降低，如三里岛核事故发生的最初 30s 内，警报响了 85 次，警灯亮了 137 个，超异常的外界紧急信息致使运行人员心理极度紧张，陷入了混乱。

人在过度紧张的心理背景下的行为特点如表 14-3 所列，从信息输入、处理到输出，都比正常状态下容易向失误行为倾斜。这时 HRA 模型中需重点考虑应激因子。

表 14-3 紧急状态下人的行为

	输入	信息处理	输出
行为特征	1. 注意力集中于一点 2. 无视、遗忘正常信息 3. 信息获取能力低下 4. 歪曲感知到的信息 5. 知觉能力麻痹 6. 知觉对象偏移	1. 信息综合能力质量减退 2. 提取信息能力低下 3. 与记忆信息对照能力低下 4. 判断内容检查能力低下 5. 时间裕度过小评价	1. 实施习惯动作 2. 操作定位不良 3. 操作连续性、灵活性低 4. 不能协同作业 5. 多余、过激操作 6. 无目的操作 7. 操作无反馈 8. 不能操作

14.2.3 人因失误的结构模型

鉴于上述分析，人因失误是作业人员感知外界信息、构造相对应的模型与操作过程中产生的，其机制相当复杂，既受到外在因素的影响，又受到人内在的失误因素的作用。从全方位来考虑，人因失误的结构如图 14-13 所示。

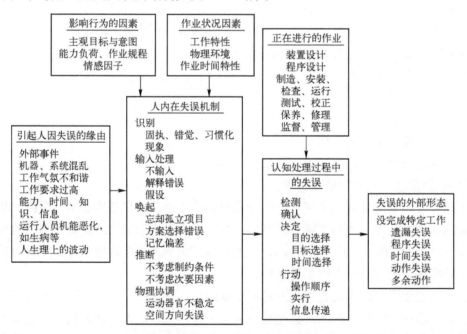

图 14-13 人因失误的结构模型

在图 14-13 中，最左边的下方框意味着引起人因失误（人误）行为出现的缘由，通常始于环境或人内在波动对事件的某些干扰，也是人误的直接原因。这些干扰激发了人心理上的内在失误机制，进而引发了"人误内部模式"，即在认知处理过程中的失误，这些人误内部模式在操作环境中可能会也可能不会直接表现出来，而直接观察到的是人误的外部模式。在图上方的"影响行为的因素""作业状况因素""正在进行的作业"代表可能提高失误概率的最重要的行为形成因子（PS-Fs），它可以去解释人误为什么发生。

14.2.4 人因事故根原因分析方法

所谓根原因，是指如果该原因得到纠正，那么可防止类似事件的重复发生。根原因分析是一种回溯性分析方法，它从事故的现象出发，追溯引发人因事故最基本的原因，因而已被广泛应用于高风险企业重大人因事故调查中。该方法有助于确定发生了什么、如何发生的、为什么会发生。因此，它能帮助识别、修订或减少相似问题的重复发生。它一般用于揭露事件中的潜在失误，其目的就是寻找系统失效的原因，什么因素创造条件，使人处于该条件下操作而发生失误，避免使用传统的分析方法而最终责备个体。根原因分析识别的是具体的原因或原因组，它们一般属于管理控制的范畴，因为只有这样才能采取有效的措施预防它们的重复发生，如监管人员要求操作者关闭阀门 A，但是操作者关闭的却是阀门 B，很显然这是操作失误，但是它不是根原因，因为就凭操作失误不能提出有效的预防对策。

人因事故根原因分析方法包括如下步骤：人因事故的调查与确定；故障模式确定；屏障分析；改进措施与建议。

1. 人因事故的调查与确定

（1）事故的调查与资料收集。通过对以下情况的调查和访谈，获取可能对事故分析有用的所有可用信息。

① 弄清可用信息（运行日志、规程、各种记录图表、监督记录、维修记录及类似事故的报告等）。

② 弄清人员失误或不恰当动作发生时的背景，必要时进行作业分析（对照规程，按照书面作业分析工作单的要求，把作业分解为具体可实施步骤，并指出每一步骤的执行者、所需工具、施工对象及采取的行动，同时指出规程的不足之处）。

③ 确定进一步详细调查的内容，列出问题清单，为访谈做准备。

④ 进行访谈，通过对事故有关人员或目击人员的调查，得到问题的结果。

（2）事故的时序描述。根据以上对事故的调查，把一个事故的全过程，从它的初始状态到事故发生后产生的后果之间所经历的一切，按时间顺序描述（其中包括不适当的动作和事情的 when、where、who、what 和 why），用简短、完整、真实和符合逻辑的表述清晰而又明了地描述事故的全过程。

（3）事故时序图的构造。为了使事故过程各有关事情和故障（人员不适当的动作和失误）的前后联系更直观、不遗漏。在事故调查和资料收集的基础上，参照事故时序描述构建事故时序图。这一工作分为三步进行。

① 事故范围的确定。事故的始点（初始稳定状态）和终点（事故的后果）的确定。

② 事情和故障发生顺序的识别。从事故开始到结束，按顺序弄清事故的各个环节：发生了什么（what）；在什么地方发生（where）；何时发生的（when）；谁发生失误（who）

以及最后事故后果。

③ 事故时序图的构建。在弄清事故发生的前因后果的基础上，重点是抓住谁或什么（设备）发生了故障。"谁发生故障"是人因失误，"什么发生了故障"指的是设备失误，不能完成预期功能或出现非预期状态。将这些人因或设备故障统一定义为"故障"（failure），放在"◇"图框内。在"故障"的前面或是这一故障的后面发生的动作或存在的状态称为"事情"（occurrence），放在"□"图框内。有的动作不直接卷入事故的某一状态（不适当的动作），但是它却影响着事情，这样的动作称为"次级事情"（sub-occurrence），放在矩形图框内。事故的开始状态也可看成事情，放在矩形框内，事情的后果放在"○"图框内。按顺序把初始状态→事情→故障→后果置于一条主线（直线）上，次级事情置于主线的两侧。在"◇""□""○"图框下面注明相应的发生日期、时间，这样便构成事故时序图，其示意图如图 14-14 所示。

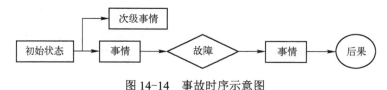

图 14-14　事故时序示意图

2. 故障模式的确定

在构建事故时序图时，要确定置于"◇"内的故障是颇困难的。对于人因事故中的人因失误或不恰当动作有的可能被故意隐瞒，有的可能被无意中遗忘，有的可能无关紧要而不报告。事故发生后的调查和资料收集应注意其全面性。对收集到的资料进行甄别，对事故的发生有促成作用的动作就是"不适当的动作"，亦即故障。

人因失误的基本故障模式包括：不注意细节；判断错误；承诺的任务没有执行（完成）；技能或知识不够；精神状态不适合完成工作任务。每一种故障模式下又可以分为若干个子故障模式，共可分为 31 个子故障模式，感兴趣者可参阅相关文献。

3. 屏障分析

屏障是防范事故发生的手段，它可能是实体的保护，也可以是行政管理的防范。正是由于防护屏障的失效，才导致事故的发生。通过屏障分析，找出防范体系的缺陷或漏洞，从而提出有效的改进方案。

较典型的屏障类型包括物理屏障和管理屏障。

① 物理屏障：声、光报警信号；各种安全保护设备；各种警示性标牌；安全门、锁；各类应急设备等。

② 管理屏障：运行及维修工作规程；人员培训与教育；资格认定及人员任命；管理条例；工作人员的交流方式；人员授权；人员的相互监管等。

4. 改进措施与建议

通过以上人因事故分析过程，可以得到引发事故发生的原因以及失效屏障的具体状况，进而可以采取适当的改进措施与建议，消除事故的根本诱发原因并增添必要的保护屏障以保障系统的安全运行，并有效地避免同类人因事故的再次发生。

第 15 章　人因可靠性分析方法的选择及其事故防御

15.1　人因可靠性分析方法的选择及其比较标准

15.1.1　HRA 方法的选择

尽管自 20 世纪 60 年代以来,研究 HRA（human reliability analysis,人因可靠性分析）的方法以及数据达 20 多种,但由于定量化人的行为无论从理论上还是在实践中都存在着较大的困难,因此从总体上看,HRA 领域的发展还不太理想。当然,每一种 HRA 方法都存在着一定的不足,这里选择了 7 种常用的 HRA 方法进行了比较,提出了 HRA 方法比较的 12 条标准。

所选择的 HRA 方法有：THERP、ASEP HRA、HCR、HEART、SLIM、CREAM、ATHEANA。其中 THERP、ASEP HRA、HCR、HEART、SLIM 属于第一代 HRA 方法,CREAM、ATHEANA 属于第二代 HRA 方法。第一代 HRA 方法开发较早,在工业系统风险分析中应用也较多,但在考虑认知失误、情景影响等方面存在不足。第二代 HRA 方法的开发开始于 20 世纪 90 年代,普遍考虑情景对人行为的影响,弥补了第一代 HRA 方法在事故情况下人误概率定量化上的不足。但目前第二代 HRA 方法发展还不够成熟,尤其是其定量化方法缺乏足够的数据支持。另外,在人的可靠性方面,B.S.Dhillon 教授曾做过大量的研究工作,他 1986 年出版的 *Human Reliability* 中也曾给出过许多重要的方法。

1. THERP 方法

THERP 方法是应用最多的可靠性分析方法。THERP 是建立在任务分析基础上的一种较完善的人员可靠性分析模型,不仅提供了分析人误的机制,还提供了定量化的数值和方法。THERP 主要用于估计人员（在一定的时间内、在某种条件下）不能正确执行所需要完成的任务的概率。它以任务为中心,通过图形化表示需要执行的任务流程,这样就将人的操作行为分解为一系列的基本动作,通过对这些基本动作赋予可参照的基本失误概率,并且使用 PSF 进行修正,考虑相关性和恢复因子的影响,最终得到复杂操作任务的人误概率。THERP 提供的 HRA 事件树分析方法成为其主要特点。

2. ASEP HRA 方法

ASEP HRA 是 THERP 方法的简化版。ASEP 试图改进原 THERP 方法中对人在异常工况或事故情景下的认知行为缺乏恰当表述的缺陷。该方法的定量化结果有两种类型：筛选值定量化和精确值量化。该方法提供了事故前和事故后两种人误定量化实施程序，其定量化所用的人误概率、所考虑的 PSF、相关性、恢复因子的影响都较为粗略和保守。

3. HCR 方法

HCR 方法建立在模拟机数据收集研究，以及 Rasmussen 认知过程 SRK 分类的基础上。HCR 模型提供了一种用模拟机实验数据进行人机交互作用过程中人的可靠性分析的有力工具，在认知过程的定量化中考虑了时间相关性的影响。HCR 使用了模拟机实验中得到的数据，这对于理解操纵员班组的行为是有效的。HCR 在定量化中考虑了压力、人员经验和人机界面三类 PSF 的影响。HCR 方法需要利用模拟机实验的结果，资源需求较高。模拟机实验表明，情景对人的绩效影响很大，HCR 模型仅仅考虑时间因素的影响还是不够的。

4. HEART 方法

HEART 方法通过基本的人误概率值和失误产生条件（EPC）相乘的方法得到定量化数值。HEART 提供了 9 种通用任务的基本人误概率值和 38 种 EPC 的影响因子，分析人员进行定量化时，首先从 9 种通用任务中选择一种类似的通用任务，取其值为基本的概率值，然后判断该任务受到哪些 EPC 影响，得到其影响因子。将基本概率值和影响因子相乘即得到最终的人误概率。HEART 方法使用简单、快速，还提供了一些有针对性的补救措施。可以在设计阶段明确所设计系统的不足，提出改进措施。该方法提供了详细 EPC 的影响描述，和其他类似的修正方法相比容易操作。它的主要不足是需要依赖较多的专家判断，并且该方法的数据来自人机工程领域的研究结果，还需要对这些数据及其来源进行验证。

5. SLIM 方法

SLIM 方法是一种基于专家判断的人误定量化方法。它的基本假设是人误概率决定于行为形成因子（PSF）的综合影响，如时间、规程、培训等。它通过专家，使用系统化的方法确定一系列任务的 PSF，评价这些任务在 PSF 上的得分，并且给出 PSF 的相对重要性。根据这些评价的结果，可以为每一个任务得到其对应的成功似然指数（SLI），并将 SLI 转化为对应的任务失效概率。SLIM 方法不需要将任务分解得很细，而是依据一个高层次、相对整体的任务描述。它的主要不足是 PSF 的取值和权重由专家给出，具有一定的不确定性。

6. CREAM 方法

CREAM 是基于情景控制模型发展起来的第二代人的可靠性分析方法。CREAM 方法的基本原则是它的双向性原则——既可以对已发生事故的原因进行追溯式分析，也可以对人误概率进行定性和定量的预测。CREAM 的定量预测方法有两种：基本法和扩展法。基本法得到的是一般失效概率（概率区间），用于筛选分析；而扩展法得到的是失效概率的具体值。CREAM 法强调人在生产活动中的绩效输出不是孤立的随机性行为，而是依赖于人完成任务时所处于的环境或工作条件（指共同绩效条件 CPC），它们通过影响人的认知控制模式和其在不同认知活动中的效应，最终决定人的响应行为。

7. ATHEANA 方法

ATHEANA 方法是 NRC 于 1998 年 5 月开发的一个版本，该方法强调了情景的重要性。ATHEANA 方法由两部分组成：一是用来分析事故为什么发生，以及可以采取哪些措施来防止类似事件的发生；二是定量化分析，目的是确定人误事件发生的概率。该方法本身没有提供定量化所需的数据，主要依赖于专家判断和 HEART 方法中的数据进行定量化。

15.1.2　HRA 方法的比较标准

为了对多种 HRA 方法进行比较分析，首先需要确定比较标准。1988 年 P.Humphreys 等提出了 6 个 HRA 比较标准。1989 年 N.Haney 等提出了 6 个 HRA 比较标准。1994 年 L.Reiman 认为，HRA 比较的两个重要标准是方法的正确性和方法的定性有用性。

HRA 方法的比较很难通过一个综合的指标或单个标准来进行，而且比较的标准随着 HRA 方法的改进和提高也要做相应的调整。在综合以前比较分析文献的基础上，这里提出了下列比较标准。

（1）方法的可用性：该方法是否提供了足够的资料、文献，是否提供了详细的操作步骤。

（2）方法的复杂程度：指方法本身的复杂程度、操作的难易程度、对实施人员的能力要求。

（3）方法的资源需求：指分析的投入、所需要参与的人员多少等。

（4）方法的成熟度：该方法自身是否完善，是否还需要有较大的改进。

（5）方法的可接受性：指方法在 PSA 中的应用情况。

（6）方法的定性有用性：该方法是否能够发现安全问题、管理问题，是否能够对人因失误预防有作用。

（7）方法的可追溯性：多数 HRA 完成后需要经过安全当局的审核、同行评审，而且还需要根据系统状态的更新，不断进行修正。如果某种方法对其假设处理、模型应用、方法处理都有明确的文档要求，并且所提供的文档结构清晰，那么该方法就具有较好的追溯性。

（8）方法的正确性：包括模型合理性、完备性，是否全面、合理地考虑了行为形成因子（PSF）的影响，是否合理考虑了恢复因子的作用。

（9）数据的可用性：指方法是否提供人因失误定量化的数据。

（10）数据的正确性：指该方法引用（或提供）数据来源的正确性，所引用（或提供）的数据是否合适。

（11）结果的准确性：该方法的定量化结果是否正确，是否得到实际数据的验证。

（12）结果的一致性：指不同的人员得到的结果是否会有较大的差异，相同人员在不同时间进行分析得到的结果是否会有较大差异，定量化过程中是否过多地依赖专家的判断，是否过多地依赖于主观评价。

15.2 人因事故的预防

15.2.1 人的能力及状态

在人机环境系统中,人的作业与"机""环境"密切相关。作业人员需要经常处理各种有关的信息,同时要付出一定的智力和体力去承受工作中的负荷。当作业人员处理信息的能力过低时,便容易发生失误。人处理信息的能力简称为人的能力,它主要取决于作业人员的硬件状态、心理状态和软件状态。

硬件状态是指人的生理、身体、病理以及药理状态。当人受到生物节律、工作倒班、生产作业环境不利等因素的影响以及生理状态处于疲劳、睡眠不足、醉酒、饥渴等情况下时,人的大脑意识水平将降低、信息处理的能力将下降。另外,人体自身感觉器官的灵敏程度、感知范围的大小都会影响人们对外界信息的接收能力;人体的不同身高、力量大小的差异以及运动速度上的快慢等都会直接影响着人的动作行为的准确性。此外,对于那些人体患病、心理精神不正常等病理状态也都会影响人的大脑意识水平。

心理状态是指人心理的稳定状况,它将直接影响着人的心理紧张的程度。如果一个人处于心理焦虑、恐慌的状态这必然会妨碍人大脑对正常信息的处理,另外,一些人有家庭纠纷、忧伤等也会引起情绪不安,使人的注意力分散,易导致操作失误。总之,影响人心理状态的因素很多,除了上面所述的情况,工作环境、工作任务以及相互之间的人际关系等也会影响人的心情。

软件状态是指作业人员在生产操作方面的技术水平、知识水平、执行作业规程的能力。在信息处理过程中,软件状态对于选择、判断、决策具有重要的影响。随着现代科学技术的进步以及机械化、自动化水平的不断提高,对作业人员的软件状态的要求也就越来越高。值得注意的是,尽管人的硬件状态、心理状态在短时间内有可能会发生很大变化,而人的软件状态仍然需要经过很长时间的工作实践和经常性的教育与训练才能改变。

15.2.2 人因失误的预防

1. 防止人因失误的技术措施

(1)采用机器代替人的作业。通常机器的故障率为 $10^{-6} \sim 10^{-4}$,而人为失误率为 $10^{-3} \sim 10^{-2}$。显然,机器的故障率远远小于人为失误,因此用机器代替人的作业是彻底防止作业中人因失误的最好办法。

(2)采用冗余系统预防人因失误。所谓冗余就是把若干个元素并联附加于系统基本功能元素上,以提高系统的可靠性。例如采取双人操作、人机并列操作等。

(3)采取安全设计预防人因失误。在工程或设备的设计中可以采取安全设计措施,以便使作业者不出现人因失误或出现人因失误时也不会导致事故发生。具体的办法是采用不同形状、不同规格尺寸的插头或连接件，以预防安装失误或者操作失误。另外，利用联锁或紧急停车装置去预防人因失误。

（4）采取警告措施预防人因失误。这里警告包括视觉警告（亮度、颜色、信号灯、标志等）、听觉警告（警铃、警报器等）、气味警告（释放不同的气味等）和感（触）觉警告（温度、阻挡物等）。

（5）人、机、环境合理匹配预防人因失误。主要包括人机动作的合理匹配、机器设备的人机学设计以及生产作业环境的人机学要求等（例如显示器的人机学设计、操纵设备的人机学设计、生产环境的人机学设计）。

2．在发生人因失误后所进行的无害化技术措施

（1）设立事故预防装置，保证在人因失误的情况下也能确保系统处于安全的状态。

（2）设立失误保护系统，当个别部件或子系统发生故障时，仍可保证系统可靠地工作。

（3）设立联锁装置，当操作失误时，使设备不能启动。

3．在发生人因失误后对后果的控制措施

事故通常是由小到大、由近而远的，为了控制由人因失误所导致的事故危害范围，对危险作业地点应事先做好准备（例如易燃车间，应备好足够的自动灭火器），一旦出现事故，便及时控制在发生地。

4．管理措施

预防人因事故的管理措施主要体现在职业适应性措施、作业标准化措施、安全教育措施和技能训练措施等。

（1）职业适应性措施。所谓职业适应性，是指人员从事某种职业应具备的素质条件，即所负的责任、所需的知识水平、技术水平、创造能力、灵活性以及所需的体力状况、所接受的训练与应具备的经验等。对职业适应性要进行测试，测试后合格者才可上岗工作。对于特定职业（如航天员）还要进行心理上及其他方面的严格考核和训练之后才能录用。

（2）作业标准化措施。在进行人为失误原因的调查时发现，造成人为失误经常以下列3种原因为主：①不知道正确的操作方法；②为了省事，省略必要的操作步骤；③按自己的习惯操作。为了克服这些问题，应采取作业标准化去规范人的行为。作业标准化应满足如下要求：应明确规定操作步骤和程序，例如人力搬运作业时，应具体地规定出如何搬、运往何处等；不应给操作者增加负担，例如对操作者的技能和注意力不能要求太高，要使操作尽可能简单化、专业化，尽量采用自动化设备；要符合现场的实际情况并制定切实可行的作业标准。因此规定的作业标准一定要考虑人体运动、作业场所布置以及所使用的设备与工具等，这些都应符合人机学原理。

（3）安全教育措施。主要包括如下3个方面：①安全知识教育，就是要使操作者掌握有关事故预防的基本知识，使操作者了解和掌握生产操作过程中潜在的危险因素和防范措施等；②安全技能教育，就是在熟练掌握安全知识的基础上，使操作者学习与掌握保证操作安全的基本技能；③安全态度教育，是指在既掌握了安全知识又掌握了安全技

能之后，使操作者自觉运用安全知识和安全技能，变被动的"要我安全"为主动的"我要安全"。

（4）技能训练措施。主要包括如下两个方面：①安全技能训练，对操作要反复实践、反复训练，使之在遇到安全问题时果断与熟练；②生产技能训练，对生产技能也要反复训练、精益求精，熟练地掌握好生产技能。

综上所述，人因失误的预防主要包括技术措施与管理措施两个方面，前面讲到的前3点属于技术措施，它们分别针对人为失误之前、人因操作失误之后如何无害处理以及对后果进行控制方面的具体技术措施，第4点是针对管理而言的。显然，所有这些措施都是借助于人机环境安全工程的基本原理，因此认真学好这门课程很有必要。另外，生产中有效的管理是提高生产效率、提高产品质量、确保生产安全与人身安全的重要保障，在这方面文献[22-23]给出了详细的论述，可供感兴趣者参考。

本 篇 习 题

1. 事故的基本特征有哪些？
2. 为什么说海因里希的骨牌理论是事故研究科学化的先导，具有什么重要的历史地位呢？
3. 能量意外转移理论认为能量引起的伤害分几大类，请举例分别说明。
4. 什么是事故法则？为什么说安全工作必须从基础抓起呢？事故的预防原则是什么？
5. 工程心理学中常用S-O-R模型，其含义是什么？
6. Rasmussen提出的S-R-K分类法，其含义是什么？
7. PSA（probility safety assessment）与PRA（probility risk assessment）具有相同的含义吗？为什么？
8. 何谓人因失误？它有哪几种类型？文献[5]中都对人因失误问题进行过细致的分析与讨论，你可否给出一起因为人的失误而导致事故发生的案例去说明应该吸取什么教训？
9. 吴超教授等编著的《高硫矿井内因火灾防治理论与技术》，蒋军成教授等编著的《工业特种设备安全》，王凯全教授与邵辉教授编著的《事故理论与分析技术》，钮英建教授编著的《电气安全工程》，周世宁院士、林柏泉教授、沈斐敏教授编著的《安全科学与工程导论》，范维澄院士、王清安教授等编著的《火灾学简明教程》，霍然教授等编著的《火灾爆炸预防控制工程学》，吴宗之研究员等编著的《重大危险源辨识与控制》等安全类书籍，曾针对矿井、工业特种设备、电气设备、火灾预防、安全生产等领域论述了事故以及控制事故发生的措施。今以矿井中的煤自燃为例，试述如何避免煤炭的自燃。
10. 文献[9]的第12章讲述与分析了14个由于人为失误造成的重大事故，试任选其中的一个重大事故，详细分析一下在这场事故中，人为失误是怎样导致事故发生的，应该吸取什么教训，能否建立这场重大事故的事件树和相关事件的故障树，并且评价后果事件的风险。

第5篇 人机建模、系统评价与性能预测的常用方法

人机建模是人机工程学的基础，人机系统的评价与性能预测又是人机工程学所关注的核心问题，本篇将扼要讨论构建人机环境系统的基本理论（控制论与优化理论）以及系统评价的4项指标与常用的智能算法。毫无疑问，这篇所讨论的问题非常重要。另外，在第五篇习题中给出了30道习题，这些题目将极大地开阔了读者对安全人机工程学的认知。

第16章 构建人机环境系统的基本理论与系统评价指标

16.1 控制论与模型论

构建人机环境系统模型的三个基本理论是控制论、模型论和优化论。控制是控制论的基础，在经典控制理论、现代控制理论以及大系统理论的框架下控制论都取得了十分可喜的成果。

人机环境系统工程是一门综合性边缘技术科学，为了形成其本身的理论体系，它从一系列基础学科中吸取了丰富营养，并奠定了自身的基础理论。

控制论对人机环境系统工程的根本贡献在于，它用系统、信息、反馈等一般概念和术语，打破了有生命与无生命的界限，使人们能用统一的观点和尺度来研究人、机、环境这三个物质属性截然不同、互不相关的对象，并使其成为一个密不可分的有机整体。

控制论的奠基人是美国数学家维纳（Wiener）。控制论是一种概括了一类广泛对象所具有的某些普遍现象、普遍规律或属性而创立的学科。控制论作为控制科学，它只研究控制系统，即自然系统、工程系统、社会系统中带有控制与信息关系的问题、控制与信息流原理及规律。但控制与信息关系现象及规律又是系统中普遍存在的。

对系统进行控制是为了保证系统在其内部条件和外部环境变化时能同样有效地完成某种有目的的行为。适当的控制是保证一个系统有效运行的前提，控制也是使系统性能得以改进的有效方法。使用控制技术可以使系统的性能控制在允许的偏差范围内，使系统性能稳定；能改进系统的动态性能，使系统的运行精度更高。

系统中常常存在各式各样的控制，使系统完成某种有目的的行为，实现一定的目标。一个控制系统的基本构成是执行控制的控制器（C）与受控制的被控对象（S）两大部分。控制是控制系统的运作模式，随着控制系统的目标、功能、结构类型的不同而不同。

1. 经典控制理论

经典控制理论研究的控制系统类型主要有开环控制系统和闭环控制系统。开环控制系统可以用图 16-1 来表示。

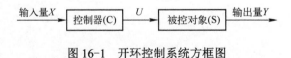

图 16-1 开环控制系统方框图

开环控制的控制器只按照给定的输入量对被控对象（S）进行单向控制，不具有对被控量进行测量及影响控制的作用，因而没有能力修正由于扰动而引起的被控输出量与预期值之间的偏差。

值得指出的是，控制论作为人机环境系统工程的一个主要技术方法，它主要用于处理或回答不同系统层次上的各种控制问题。当用控制论方法来分析和研究人机环境系统时，必须注意到人不仅是一个有意识活动的、极为复杂的开放巨系统，而且人的行为具有时变性、非线性、随机性等特点。此外，人机环境系统除了应解决人、机之间的控制问题，还必须解决环境因素对控制问题的影响。因此，人机环境系统所面临的问题，远比目前处理大系统问题要复杂和困难得多。

2. 模型论

模型论可以为人机环境系统工程研究提供一套完整的数学分析工具。对于人机环境系统工程问题来讲，不仅要求定性，而且要求定量地刻画全系统的运动规律。为此，就必须针对不同客观对象，通过建模、参数辨识、数值模拟和检验等步骤，用数值计算以及实验测量的方法得到系统变化的规律。

一个模型系统应该具有三大特点：①相似性。模型与原型之间具有行为或结构的相似性，即模型是原型系统的抽象或模仿；②代替性。模型能够反映系统的本质特征，可以通过研究模型来了解实际系统；③有用性。模型比现实系统容易操作，容易推演系统的变化过程，而且经济。

从系统论的观点来看，原型是一个系统，模型也是一个系统。这两个系统间有紧密联系，但又有区别。一个模型可能比原型来得简单，但一个完整的模型应该能够正确反映客观现实系统中所要研究问题的主要特征。通过对模型系统行为的研究应能揭示被研究原型的行为特征和部分结构特征。

从模型性质划分，模型可以分两大类：物理（实物）模型和数学模型。物理模型是根据系统物理性质或其他属性而建立起来的相似模型，这里的相似应该包括几何尺寸形状、逻辑、过程特性等。数学模型就是通过抽象的方法，用各种数学工具来描述实际系统及其过程特性。

从模型结构划分，模型可以分三大类：①实体比例模型，如地球仪、设计与实验用的人体二维或三维型模、建筑布局与外观模型、风洞实验用的飞机或飞行器型模等；②模拟（或类比）模型，如系统方框图、电子电路图、电子模拟系统、平面布置图等；③数字与符号模型，它用数字与符号来表示被研究的对象及其相互关系，如布尔代数、代数方程、微分方程、概率模型等。

另外，根据模型系统与原型系统的相似度，可以把数学模型分为两类：同构模型与同态模型。从系统的观点，模型与原型都是系统，在原型系统与模型系统之间，如果在行为一级等价，两者称为同态系统；如果在结构一级等价，就称为同构系统。如果两者是同构系统，即两系统对外部激励具有同样的反应，只要给予同样的输入，就会得到同样的输出。如果两系统是同态系统，那么两者间只有少数的具有代表性的输入输出相对应，即原型系统与模型系统的输入输出之间存在多对一的关系。虽然，同态模型系统的输入输出与其原型系统的输入输出不存在一对一关系,但同态模型系统依靠某种信息流应能完全反映原型系统实际运行的总效果。因此,人们还常将同态模型称为功能模型。

在系统工程中,按所建立的模型用途来划分,数学模型可以分五大类:总体过程模型、性能模型、时间模型、可靠度模型和费用模型。另外,在本书的第 19 章中研究了一个通用建模模型,它具有"多视图、多方位、多层次立体的体系结构",并使用 UML 统一建模语言工具,构建了"复杂系统通用的建模分析与设计方法"。

16.2 优化论以及 Nash-Pareto 优化策略

优化论是寻求人机环境系统最优化组合的一类普遍理论与方法,是人机环境系统工程的精髓。优化方法在 20 世纪初便开始出现,它是一门新的数学分支学科。"优化"从系统工程的观点看有两重含义:①广义的优化是使一个系统尽可能有效、完善,使系统功能得以充分发挥;②狭义的优化是指一种特殊的方法、技术或过程,用它来从众多的方案、途径或结构中选择出一种满足一定评判标准的解答。优化论是系统工程方法论中的一种重要工具。在许多情况下,最优化在数学上被简化为在满足一定的约束条件下,求函数的极大值或极小值问题。

由于研究对象本身的复杂性,系统目标、评判标准的数量与选取的复杂性,这就导致了在人机环境系统中优化模型本身的复杂性。因为人机环境系统工程工作本身的目标就是要追求系统总体上的"安全、环保、高效、经济",同时包括技术上的先进。因此,从工程的观点来看,人机环境系统工程的优化包含以下三个层面的含意:①努力使所确定或设计的系统尽可能的有效、完善,使其资源得到充分的利用,使构成系统各要素的功能得到充分的发挥;②在系统设计可能选择的方案中去优选一种具体的解决方法、技术与过程,使所得到的设计结果满足一组评估标准;③在数学上它是指在一定约束条件下使所确定的系统目标函数取得极大值或极小值。

运筹学是处理系统工程问题的重要数学基础内容,因此它也是人机环境系统工程的重要工具或方法。运筹学的内容包括了线性规划、排队论、决策理论、动态规划、博弈论、优选法、梯度探索法、质量控制等,其核心是系统优化模型的建立与求解。

最优化数学模型的一般形式为

$$\begin{cases} \min f(\boldsymbol{x}) \\ \text{s.t.} \quad \boldsymbol{x} \in \boldsymbol{S} \end{cases} \tag{16-1}$$

式中 $\boldsymbol{x} = (x_1 x_2 \cdots x_n)^T \in \mathbf{R}^n$,即 $\boldsymbol{x}$ 是 n 维实向量,在实际问题中也称其为决策变量;$f(\boldsymbol{x})$ 是向量 $\boldsymbol{x}$ 的函数,称之为目标函数。s.t. 是英文 subject to 的缩写。令 $\boldsymbol{S}$ 是 $\mathbf{R}^n$ 的子集;当 $\boldsymbol{S} = \mathbf{R}^n$ 时,$\boldsymbol{x}$ 的取值无任何限制,式(16-1)可写为

$$\begin{cases} \min g(\boldsymbol{x}) \\ \text{s.t.} \quad \boldsymbol{x} \in \boldsymbol{S} \end{cases} \tag{16-2}$$

其意义是在 R^n 中求使 $f(x)$ 取极小值的 x。这样的最优化问题称之为无约束最优化问题。

当 $S \neq \mathbf{R}^n$ 时，S 是 $\mathbf{R}^n$ 的真子集，x 的取值受到限制，x 必须属于 S，S 称为约束条件。这时式（16-1）的意义是在集合 S 中寻求使 $f(x)$ 取极小值的向量 x。这样的最优化问题称为约束最优化问题。

当 $x \in S$ 时，则称 x 为最优化数学模型（16-1）的可行解。这时 S 中使 $f(x)$ 取极小值的 x 称为最优化数学模型（16-1）的解。如果 S 为空集，则称该问题无可行解。

有的最优化问题是求使目标函数取极大值的解，其数学模型为

$$\begin{cases} \min f(x) \\ \text{s.t.} \ x \in S \end{cases} \tag{16-3}$$

它可化为等价的极小值问题

$$\begin{cases} \min g(x) \\ \text{s.t.} \ x \in S \end{cases} \tag{16-4}$$

来求解，其中 $g(x) = -f(x)$。

所以，按照 $S = \mathbf{R}^n$，还是 S 是 $\mathbf{R}^n$ 的真子集，最优化问题可分为无约束最优化与约束最优化两大类。最优化问题有三个基本要素：变量、约束条件、目标函数。在求解最优化问题时，需根据优化问题的性质来决定采取何种优化方法。从数学上讲，这些方法可以归为三大类：微积分、规划（线性规划、二次规划、动态规划等）以及实验方法。

1. 一般无约束最优化

一般无约束最优化模型为式（16-2），即

$$\min f(x)$$

此时 $S = \mathbf{R}^n$，x 的取值无任何限制，其意义是在 R^n 中求使 $f(x)$ 取极小值的 x。其中 $f(x)$ 为目标函数，实际上是函数的极值问题。当 x 是标量时 $f(x)$ 是一元函数；当 x 是向量时，$f(x)$ 是多元函数，此时最优化变为求使函数 $f(x)$ 取极小值 x 的问题。

2. 约束最优化

一般的约束最优化问题的数学模型为

$$\begin{cases} \min f(x) \\ \text{s.t.} \ g_i(x) = 0 \quad (i = 1, 2, \cdots, m_e) \\ g_i(x) \leqslant 0, \quad (i = m_e + 1, \cdots, m) \end{cases} \tag{16-5}$$

式中，$f(x)$ 为目标函数；$g_i(x) = 0$ 称为等式约束 $(i = 1, 2, \cdots, m_e)$，$g_i(x) \leqslant 0$ 称为不等式约束 $(i = m_e + 1, \cdots, m)$。对最大值问题与大于等于零的约束条件，如上所述，可以通过变换转化为式（16-5）的形式。

一般约束最优化问题，根据目标函数和约束条件的不同形式，可分为若干种类型的典型优化问题，其中最典型的就是线性规划问题。通常，线性规划模型需用单纯形法进行求解。

当目标函数含有变量的二次项,而约束条件仍为变量 x 的线性关系时,式(16-5)约束优化问题为二次规划问题。此时的目标函数形式为

$$f(\boldsymbol{x}) = c_1\boldsymbol{x}_1 + c_2\boldsymbol{x}_2 + \cdots + c_n\boldsymbol{x}_n + c_{11}\boldsymbol{x}_1^2 + c_{12}\boldsymbol{x}_1\boldsymbol{x}_2 + \cdots + c_{nn}\boldsymbol{x}_n^2 \tag{16-6}$$

一般的非线性规划(NP)问题其约束条件为非线性的,目标函数也多为非线性的。因此二次规划问题是非线性规划问题的一个特例。一般非线性规划的常用求解方法是顺序非约束最小化技术,即 SUMT(sequential unconstrained minimization technique)法。

3. 最小二乘优化方法

在系统辨识中的参数估计、BP神经网络中的权值训练、大量实验数据的曲线拟合等,经常会遇到最小二乘求极值的方法。非负线性最小二乘问题的数学模型为

$$\begin{aligned}&\min \|\boldsymbol{A} \cdot \boldsymbol{x} - \boldsymbol{b}\|_2^2 \\ &\text{s.t.} \quad \boldsymbol{x} \geqslant 0\end{aligned} \tag{16-7}$$

式中,$\boldsymbol{A}$ 是 $m \times n$ 阶矩阵;$\boldsymbol{b}$ 是 m 维列向量;变量 $\boldsymbol{x}$ 是 n 维列向量。符号 $\|\boldsymbol{A} \cdot \boldsymbol{x} - \boldsymbol{b}\|_2^2$ 表示 2 范数平方,即令 $\boldsymbol{Y} = (y_1, y_2, \cdots, y_m)^{\mathrm{T}}$,则

$$\boldsymbol{Y}^2 = \boldsymbol{Y}^{\mathrm{T}} \cdot \boldsymbol{Y} = (y_1, y_2, \cdots, y_m) \cdot (y_1, y_2, \cdots, y_m)^{\mathrm{T}} \tag{16-8}$$

约束线性最小二乘问题的数学模型为

$$\begin{aligned}&\min \|\boldsymbol{A} \cdot \boldsymbol{x} - \boldsymbol{b}\|_2^2 \\ &\text{s.t.} \boldsymbol{C}_1 \cdot \boldsymbol{x} \leqslant \boldsymbol{b}_1 \\ &\quad \boldsymbol{C}_2 \cdot \boldsymbol{x} = \boldsymbol{b}_2\end{aligned} \tag{16-9}$$

对于多目标、多设计变量、大型复杂非线性系统,文献[24]提出了一种 Nash-Pareto 优化策略,大量的数值实践表明这种方法实用、可行。

16.3 总体性能的 4 项评价指标

在人机环境系统中,人本身是个复杂的子系统,机(例如计算机或其他机器)也是个复杂的子系统,再加上各种不同的环境影响,便构成了人机环境这个复杂系统。面对如此庞大的系统,如何判断它是否实现了最优组合呢?这里给出"安全、环保、高效、经济"4 项评价指标,对于任何一个人机环境系统都是必须满足的综合效能准则。所谓"安全",是指在系统中不出现人体的生理危害或伤害。所谓"环保",是指爱护人类赖以生存的地球家园,不要破坏大自然的生态环境,不要污染地球大气层以及外层宇宙空间。另外,还要使产品和所研制的系统满足绿色设计、"清洁生产"、有利于人类环境生态系统的健康发展;要执行 1996 年 ISO 颁布的 ISO 14000 系列标准,这个标准涉及大气、水质、土壤、天然资源、生态等环境保护方针在内的计划、运营、组织、资源等整个管理体系标准,它集成了世界各国在环境管理实践方面的精华,它有利于规范各国的行动,

使其符合自然生态的发展规律,有利于地球环境的保护与改善,保障全球环境资源的合理利用,促进整个人类社会的持续正常发展。所谓"高效"是指使系统的工作效率最高,使用价值最大。所谓"经济"是在满足系统技术要求的前提下,尽可能投资最省,即要保证系统整体的经济性。

16.4 总体性能各指标的评价

人机环境系统工程的最大特色是,它在认真研究人、机、环境三大要素本身性能的基础上,不单纯着眼于单个要素的优劣,而是充分考虑人、机、环境三大要素之间的有机联系,从全系统的整体上提高系统的性能。图 16-2 给出了总体性能分析与研究的示意图,借助于该图,下面分别从安全、环保、高效、经济 4 个方面对总体性能进行评价。

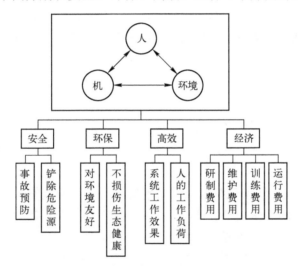

图 16-2 总体性能分析与研究的示意图

1. 安全性的评价

在人机环境系统中,安全性能评价的基本方法有两种,一种是事件树分析法(ETA),又称决策树分析法(DTA),另一种是故障树分析法(FTA),这里仅讨论后一种方法。故障树分析法(又称事故树分析法)是 H.A.Watson 提出的,后来由美国国家航空航天局(NASA)作进一步发展并广泛地用于工程硬件(机器)的安全可靠性分析。故障树分析法是一种图形演绎方法,它把故障、事故发生的系统加以模型化,围绕系统发生的事故或失效事件,作层层深入的分析,直至追踪到引起事故或失效事件发生的全部最原始的原因为止。对故障树可作定性评价与定量评价。因此故障树分析法主要由三部分组成:建树、定性分析与定量分析。其中建树是 FTA 的基础与关键。故障树的定性评价包括以下内容。

(1)利用布尔代数化简事故树。
(2)求取事故树的最小割集或最小径集。

（3）完成基本事件的重要度分析。

（4）给出定性评价结论。

故障树的定量评价包括以下内容。

（1）确定各基本事件的故障率或失误率，并计算其发生的概率。

（2）计算出顶事件发生的概率，并将计算出的结果与通过统计分析得出的事故发生概率作比较。如果两者不相符，那么必须重新考虑故障树是否正确（也就是说要检查事件发生的原因是否找全，上下层事件间的逻辑关系是否正确）以及基本事件的故障率、失误率是否估计得过高或者过低等。

（3）完成各基本事件的概率重要度分析和临界重要度（又称危险重要度）分析。

应该强调的是，在进行故障树分析时，有些因素（或事件）的故障概率是可以定量计算的，有些因素是无法定量计算的，这将给系统的总体安全性能的定量计算带来困难，这也正是人机环境系统安全性能评价比一般工程系统更困难、更复杂的原因。尽管如此，通过故障树分析法，我们仍然能够找出复杂事故的各种潜在因素，所以，故障树分析法是人们进行人机环境系统可靠性分析和研究的一种重要手段。而且随着模糊数学的发展，以往那些不能定量计算的因素，也将能借助于模糊数学进行量化处理，这就使得故障树分析法在人机环境系统安全性能的评价中发挥更有效的作用。

2．环保指标的评价

应使所研制的产品满足绿色设计、"清洁生产"的规定指标，使所研制的人机系统不对环境生态系统造成干扰，不危及生态系统的健康。

3．高效性能的评价

所谓"高效"，就是要使系统的工作效率最高。这里所指的系统工作效率最高有两个含义：一是指系统的工作效果最佳；二是指人的工作负荷要适宜。所谓工作效果，是指系统运行时实际达到的工作要求（如速度快、精度高、运行可靠等）。所谓工作负荷，是指人完成任务所承受的工作负担或工作压力，以及人所付出的努力或者注意力的大小。因此，系统的高效性能（也即系统的工作效率）定义为系统工作效果和人的工作负荷的函数，即

$$系统高效性能 = f(系统工作效果，人的工作负荷) \qquad (16-10)$$

在具体的评价实施中，工作效果的评价一般都有较成熟的理论计算方法与工程方法。因此，为了对人机环境系统的高效性能进行评价，重点是要解决人的工作负荷的评价问题。人的工作负荷可分为体力负荷、智力负荷和心理负荷三类。文献[5]较详细地讨论了测定与量化过程。

4．经济性的评价

一般说来，系统的经济性能包括 4 个方面：一是研制费用；二是维护费用；三是训练费用；四是使用费用。对经济性能的评价通常采用 3 种方法：一是参数分析法；二是类推法；三是工程估算法。在国外（如美国 NASA 等机构），广泛采用 RCA、PRICE 模型，进行费用的估算。

5. 总体性能的综合评价指标

对总体性能的评价必须要考虑安全、环保、高效、经济 4 项评价指标。对于多目标非线性优化问题,一个常用的办法是引入加权因子,将多个指标综合为一个指标,这里定义综合评价指标 Q,其表达式为

$$Q = \alpha_1 \times (安全) + \alpha_2 \times (环保) + \alpha_3 \times (高效) + \alpha_4 \times (经济) \quad (16\text{-}11)$$

式中,α_1、α_2、α_3 与 α_4 分别为针对各个相应评价指标的加权系数,并且有

$$\alpha_1 + \alpha_2 + \alpha_3 + \alpha_4 = 1 \quad (16\text{-}12)$$

这里 α_1、α_2、α_3、α_4 的取值视具体情况而定。

第 17 章 人机建模与系统评价的常用算法

17.1 系统建模与辨识方法

17.1.1 系统建模的要求与原则

从系统科学[25-26]的角度来看，人机环境系统虽然多种多样，但它们都有一些共同的本质与特性，遵循着一定的运动和演化规律，因此抽取其中的机理、性质和过程特性，建立系统的数学模型是可行的、必要的。建立一个简明实用的系统模型，便可以为系统的分析、评价和决策提供可靠的依据。构建系统模型，尤其是构建抽象程度很高的系统数学模型，这是一项创造性劳动。所谓模型，简单地说，是对于真实系统的一种抽象、描述和模仿。它能简洁而又概括地反映系统的本质和基本特征，描述出系统的主要行为或功能，完成某些特定用途（例如研究系统的功能，进行预测、评价或优化等），从而可以方便、经济地提供出信息，供决策者参考。一个系统从不同角度可以建立不同形式的模型；同样，一种模型可以代表多个系统。模型可以是实物模型（又称物理模型），也可以是抽象（概念、数字、图表）模型。构造模型的过程称为建模；利用模型进行试验，以了解系统情况称为模拟，例如电模拟、计算机模拟和仿真试验等。对模型一般有如下要求。

（1）真实性。即模型应是客观系统的本质抽象，在一定程度上能够较好地反映系统的客观实际，应把系统的本质特征和关系反映出来，而把非本质的东西在不影响反映本质真实程度的情况下去掉。也就是说，系统模型应有足够的精度。

（2）简明性。即模型应简单明了，通常只考虑那些与分析问题有关的主要因素，要方便分析与求解。这就是说，如果一个简单模型已能使实际问题得到了满意答案，就没有必要去构建一个复杂的模型。

（3）通用性。即建模应具有多种功能，要有通用性。在建立某些系统的模型时，如果已有某种标准化模型可供借鉴，那么应尽量采用标准化模型，或者对标准化模型加以修改，使之适用于所研究的系统。

以上要求有时往往是相互抵触的，例如建模时真实性和简明性就常常存在矛盾，如模型复杂一些，虽满足了真实性的要求，但建模后对模型方程的求解则往往会造成困难，同时可能影响模型的通用性与标准化要求。一个好的模型应在其间恰当权衡与折中，所以一般的处理原则是：力求达到真实性，在真实性的基础上达到简明性，然后尽可能使模型具有多功能性、通用性、满足标准化。

根据系统模型的 3 条基本要求，可以导出系统建模时应该遵循的 4 项原则。

（1）切题。即模型只应包括与研究目的相关的方面，而不是去包罗系统的所有方面。

（2）清晰。即模型结构要清晰。对于一个大型复杂系统，它是由许多联系密切的子系统组成的，因此对应的系统模型也是由许多子模块组成的。在这些子模型（或子模块）之间除了保留研究目的所必需的信息联系，其他的耦合关系要尽可能减少，以保证模型结构的尽可能清晰。

（3）精度要求适当。也就是说建立系统模型应该依据研究的目的与使用环境的不同，选择适当的精度等级，以保证模型的切题、实用、经济，而又不至于花费时间和钱财太多。

（4）尽量使用标准模型。也就是所建的模型应尽可能向标准模型靠拢。

17.1.2 描述系统模型的几类数学方法

人机环境系统的建模是一项十分复杂的工作，它包含 3 个子系统（人子系统、机子系统以及环境子系统），而且每个子系统模型的研究都不是件容易的事。在系统建模中有许多手段和方法，文献[5]详细讨论了确定性系统的数学模型、随机性系统的数学模型、灰色系统的数学模型、模糊系统的数学模型 4 类方法。另外，该文献还详细讨论了线性系统辨识的最小二乘法以及非线性系统辨识方法。随着现代科学技术与现代数学的发展，以智能算法和支持向量机（support vector machine，SVM）技术为代表的数学建模方法正在各领域中迅速发展，显然将这些算法引入到人机环境系统的建模中是非常必要的。另外，在本书第 19 章中研究了另一类通用的建模方法，而且它具有许多重要特色。

17.2 故障树分析法

尽管在系统设计和使用阶段对可能引起的故障已给予了足够的重视并在有限知识的范围内也作了尽可能完善的设计，但还是会不时的发生一些令人痛心的灾难，例如苏联的切尔诺贝利核泄漏事故、美国的挑战者号升空后爆炸和印度的博帕尔化学物质泄漏事故等。这些灾难更加进一步促使了人们去研究与寻找一些在工程上能够保障和改进系统可靠性、安全性的设计与分析方法。1961 年由 H.A.Watson 提出的故障树分析法（FTA），便是非常有效的方法之一。

17.2.1 故障树分析的内容与作用

故障树分析评价是由事件符号和逻辑符号组成的一种图形模式，用来分析人机系统中导致灾害事故的各种因素之间的因果关系和逻辑关系，从而判明系统运行当中各种事故发生的途径和重点环节，为有效地控制事故提供了一个简洁而形象的途径。在作业过程中，由于人的失误、机器故障、环境影响，随时都有可能发生不同程度的事故。为了不使这些事故导致灾难性后果，就要对系统中可能发生事故的各种不安全因素进行分析和预测，以便采取相应的措施和手段来防止和消除危险。因此一个系统的事故分析应包括以下几方面。

（1）系统可能发生的灾害事故，也称为顶上事件。

（2）系统内固有的或潜在的事故因素，包括人、机器、环境因素。

（3）各个子系统及各因素之间的相互联系与制约关系，即输入与输出的因果逻辑关系，并用专门的符号表示。

（4）计算系统顶上事件的发生概率，进行定量分析与评价。

故障树分析方法具有以下几个作用。

（1）可以发现和查明系统内固有的或潜在的危险因素，明确系统的缺陷，为改进人机系统的安全设计与制定安全技术措施提供依据。

（2）判明人机系统中事故发生的重点环节以及关键部位，为操作人员指出作业控制的要点。

（3）对已发生的事故，通过故障树全面分析事故的原因，充分吸取教训，以便合理拟定管理及防范的措施。

17.2.2　故障树的建造与规范化

1. 故障树的建造

故障树的特点是以一定的图形符号表示事故的事件以及它们之间的逻辑关系。常用的图形符号可分为事件符号与逻辑符号。

故障树中常用的事件符号如图 17-1、图 17-2 所示。

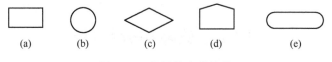

图 17-1　常用的事件符号

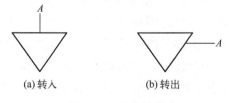

图 17-2　转移符号

（1）矩形符号[图 17-1（a）]表示顶事件（top event）或中间事件，即需要往下进一步分析的事件。这里顶事件是故障树分析中所关心的结果事件，位于故障树的顶端，它总是所讨论故障树中逻辑门的输出事件而不是输入事件，即系统可发生的或实际已经发生的事故结果；中间事件是位于故障树顶事件和底事件之间的结果事件，它既是某个逻辑门的输出事件,又是其他逻辑门的输入事件;这里底事件是导致其他事件的原因事件,位于故障树的底部,它总是某个逻辑门的输入事件而不是输出事件。底事件又分为基本原因事件和省略事件。这里基本原因事件是表示导致顶事件发生的最基本的或不能再向下分析的原因或缺陷事件。另外,结果事件是由其他事件或事件组合所导致的事件,它总是位于某个逻辑门的输出端。结果事件分为顶事件和中间事件。

(2) 圆形符号[图 17-1(b)]表示基本事件,即表示基本原因事件。

(3) 菱形符号[图 17-1(c)]用于两种情形:一是没有必要详细分析或原因尚不明确的情形;二是表示二次故障事件,即表示来自系统之外的故障事件。显然,圆形符号和菱形符号都是不需要进一步往下分析的事件,故称为底事件。

(4) 房形符号[图 17-1(d)]表示正常事件,又称开关事件。它是正常工作条件下必然发生或必然不发生的事件。

(5) 椭圆形符号[图 17-1(e)]表示条件事件,它是限制逻辑门开启的事件。值得一提的是,开关事件和条件事件都属于特殊事件。这里特殊事件在故障树分析中是表明其特殊性或引起注意的事件。

(6) 转入符号[图 17-2(a)]用于故障树的底部,表示树 A 部分分支在另外的地方。转出符号[图 17-2(b)]用于故障树顶部,表示树 A 是另外一棵故障树的子树。转入符号和转出符号经常用于绘制大型故障树时,把大型故障树用多页纸绘制表示的情况。

故障树中常见的逻辑门符号如图 17-3、图 17-4 所示。

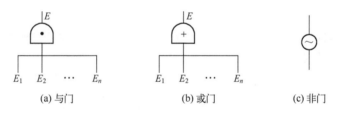

图 17-3 逻辑门符号

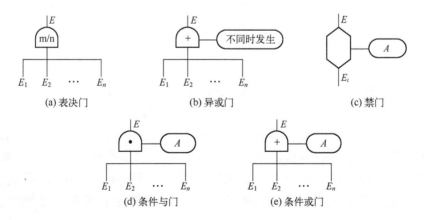

图 17-4 特殊门符号

(1) 与门（AND 门）[图 17-3（a）]可以连接数个输入事件 E_1，E_2，…，E_n 和一个输出事件 E，表示仅当所有输入事件都发生时，输出事件 E 才发生的逻辑关系。

(2) 或门（OR 门）[图 17-3（b）]可以连接数个输入事件 E_1，E_2，…，E_n 和一个输出事件 E，表示至少一个输入事件发生时，输出事件 E 便可发生。

(3) 非门[图 17-3（c）]表示输出事件是输入事件的对立事件。

(4) 表决门[图 17-4（a）]表示仅当输入事件有 m 个或 m 个以上事件同时发生时，输出事件才发生，这里 $m \leq n$。显然，或门以及与门都是表决门的特例。或门是 $m=1$ 时的表决门，而与门是 $m=n$ 时的表决门。

(5) 异或门[图 17-4（b）]表示仅当单个输入事件发生时，输出事件才发生。

(6) 禁门[图 17-4（c）]表示仅当条件事件发生时，输入事件的发生方导致输出事件的发生。

(7) 条件与门[图 17-4（d）]表示输入事件不仅同时发生，而且必须满足条件 A 才会有输出事件发生。

(8) 条件或门[图 17-4（e）]表示输入事件中至少有一个发生，还必须满足条件 A 的情况下，输出事件才发生。

故障树的建造过程就是寻找所研究的系统故障以及导致系统故障的诸因素之间逻辑关系的过程。通常，建故障树的方法有两种：一种是人工建树方法；另一种是计算机辅助建树方法。这里仅介绍第一种建树方法。

建造故障树的基本方法是由顶事件开始一步一步地向下演绎分析的方法，其步骤如下。

(1) 要正确确定顶事件。针对分析对象的特点，抓住主要的危险事故，作为输出事件，也即事故分析的起点。

(2) 详细分析系统中的各种事件原因（如人因失误、机器故障等），对每一事件的形成都要给予确切定义。另外，注意确定各事件的性质（如中间事件、基本事件、发生概率微小事件等），并用相应符号将其分别标出。

(3) 准确判明各种事故的因果逻辑关系。在充分占有资料的基础上，从顶事件向下逐级进行分析展开，直到找出最基本的事故原因为止。

(4) 要对初步编成的事故树进行整理和简化，主要是除掉多余的事件和逻辑门。

值得注意的是，建树时不允许逻辑门与逻辑门直接相连。

【例 17-1】 有一自动充气的人机系统，如图 17-5 所示。其工作过程为：当泵启动后 10min 便使容器注满所需的气体，而后预先设定好的时间继电器便打开触点使泵停止工作。这时工人将开关断开，卸下注满的容器；然后时间继电器复位，触点闭合，工人换上新的容器，再合上开关，泵又重新启动工作，如此循环下去。如果给罐充气过程中时间继电器不能把触点打开，那么铃在 10min 后发出警报，工人便立即过来将开关断开，使泵停止工作，从而避免了因充注过量而引起容器破裂。

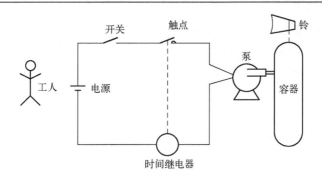

图 17-5 自动充气的人机系统

解：这里我们选取容器破裂作为顶事件。经分析它是单元性的故障事件，造成该故障的事件可能是容器本身由于设计制造等缺陷造成破裂；也可能是由于充注过量引起过压的破裂；另外，若选用了外形相同但耐压较低的别种容器也会造成破裂；本例无指令性故障事件。顶事件用或门与它们相连。而过压这个事件是由于泵工作时间过长，也即线路闭合时间太长造成的。线路闭合时间过长，是一个系统性的故障事件，它由如下两个事件同时发生引起：一是开关闭合时间过长；二是触点闭合时间过长。它们与线路闭合时间过长事件用与门相连。如此分析下去便能得出该问题的故障树，如图 17-6 所示。

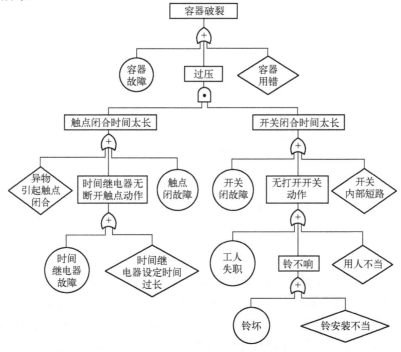

图 17-6 容器破裂的故障树

2．故障树的规范化

由于现实的系统错综复杂，建造出来的故障树也千差万别。但是为了能用标准程序对各种不同的故障树进行分析，必须将建好的故障树变为规范化的故障树。因为规范化故障树仅含有底事件、结果事件以及"与""或""非"三种逻辑门，所以要将建好的故障树变为规范化的故障树，必须确定对特殊事件的处理规则和对特殊门进行逻辑等效的变换规则。对于未探明事件可根据其重要性（如发生概率的大小）和数据的完备性或者当作基本数据对待或者删去。重要且数据完备的未探明事件应当作基本事件对待；不重要且数据不完备的未探明事件应该删去；其他情况可由分析者自行决定。对于开关事件可通过"非"门和开关事件的对立事件进行等效变换，这条规则如图 17-7 所示。

对于顺序与门的变换如图 17-8 所示，在输出不变的情况下，顺序与门可以变换为与门，其余输入不变，而顺序条件事件作为一个新的输入事件。

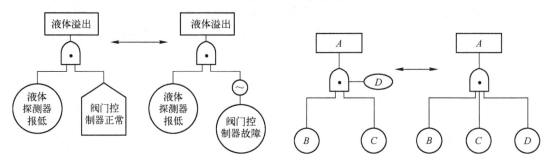

图 17-7　开关事件的变换　　　　　图 17-8　顺序与门变换为与门

对于表决门的等效变换可由图 17-9 与图 17-10 予以说明。而异或门的等效变换以及禁门的变换可分别如图 17-11、图 17-12 所示。

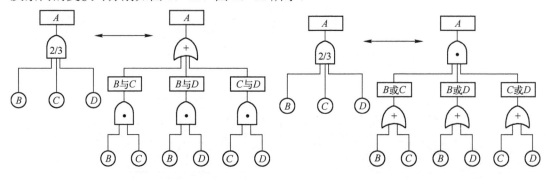

图 17-9　2/3 表决门的等效变换　　　图 17-10　2/3 表决门的变换

【例 17-2】　试将容器破裂的故障树（图 17-6）进行规范化。

解：图 17-6 所示的故障树中有 6 个未探明事件，为了简化分析将这 6 个未探明事件都删去，于是这时有两个逻辑门都只有一个输入事件，在这种情况下门的输出事件便完全取决于输入事件，故可将门和输出事件删去，让输入事件直接连通上去。得到的容器破裂规范化故障树如图 17-13 所示。图中 T 为容器破裂；E_1 为过压；E_2、E_3 与 E_4 分别为触点闭合时间太长、开关闭合时间太长与无法打开开关的动作；1、2、3 与 4 分别为容器故障、触点闭故障、开关闭故障与时间继电器故障；5 与 6 分别为人工失职与铃坏。

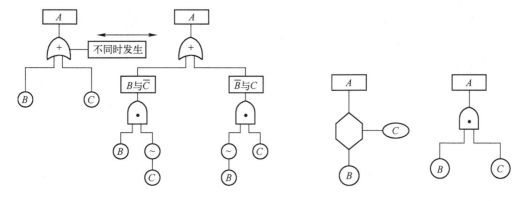

图 17-11 异或门的等效变换　　　　图 17-12 2/3 禁门变换为与门

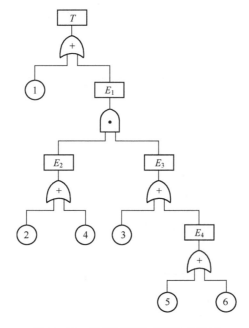

图 17-13 容器破裂的规范化故障树

17.2.3 故障树的定性分析

故障树定性分析的目的在于寻找导致顶事件发生的原因事件以及原因事件的组合，即识别导致顶事件发生的所有的故障模式集合；帮助分析人员发现潜在的故障，发现设计的薄弱环节，以便改进设计。换句话说，对故障树进行定性分析的主要目的是找出它的所有最小割集和最小路集。因此在进行故障树的分析之前，我们先明确一下最小割集与最小路集的基本概念。

1. 基本概念

（1）割集是故障树中一些底事件的集合。当这些底事件同时发生时，顶事件必然发生。最小割集是表示这样的一种割集，若将该割集中所含的底事件中的任意一个去掉时，剩下的集合就不再为割集。

（2）路集（又称径集）是故障树中一些底事件的集合。当这些事件不发生时，顶事件必然不发生。最小路集（又称最小径集）是表示这样的一种路集，若将该路集中所含的底事件任意去掉一个时，剩下的集合就不再为路集。

2. 最小割集的 Fussel-Vesely 算法

最小割集的计算方法有很多，但常用的有布尔代数化简法（又称逻辑化简方法）和 Fussel-Vesely 算法（又称行列法），这里仅讨论 Fussel-Vesely 算法。

Fussel-Vesely 算法常简称为福赛尔（Fussel）法，其理论依据是：与门使割集的大小（割集内所包含的基本事件的数量）增加，而不增加割集的总数量；或门使割集的总数量增加，而不增加割集的大小（不增加割集内所包含的基本事件的数量）。求取最小割集时，首先从顶事件开始，由上到下顺次把上一级事件置换为下一级事件。遇到"与"门将输入事件横向并列写出；遇到"或"门将输入事件竖向串联写出，直到把全部逻辑门都置换成底事件为止。此时最后一列代表所有割集，再将割集简化、吸收得到全部最小割集。

【例 17-3】 如图 17-14 所示的故障树，试用福赛尔法求出最小割集。

解：该故障树割集有 6 个，分别为

$$\{x_4, x_1\}, \{x_4, x_1, x_5\}, \{x_3, x_2, x_1\}, \{x_3, x_5, x_1\}, \{x_2, x_3, x_5\}, \{x_3, x_5\}$$

简化：$x_3 x_2 x_3 x_5 = x_2 x_3 x_5$，$x_3 x_5 x_3 x_5 = x_3 x_5$

吸收：$x_3 x_5 + x_4 x_3 x_5 + x_3 x_5 x_1 + x_2 x_3 x_5 = x_3 x_5$

简化、吸收后最小割集为：$\{x_4, x_1\}, \{x_3 x_2 x_1\}, \{x_3 x_5\}$

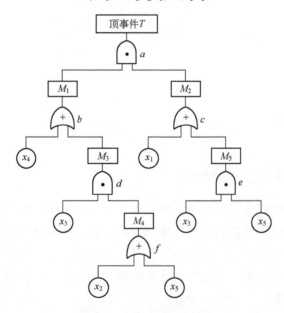

图 17-14 故障树示意图

分析步骤见表 17-1。

表 17-1 分析步骤

分析步骤								最小割集
1	2	3	4	5	6	7	8	
T	M_1M_2	x_4M_2	x_4x_1	x_4x_1	x_4x_1	x_4x_1	x_4x_1	x_4x_1
		M_3M_2	x_4M_5	$x_4x_3x_5$	$x_4x_3x_5$	$x_4x_3x_5$	$x_4x_3x_5$	$x_3x_2x_1$
			M_3x_1	$x_3M_4x_1$	$x_3x_2x_1$	$x_3x_2x_1$	$x_3x_2x_1$	x_5x_5
			M_3M_5	$x_3M_4M_5$	$x_3x_5x_1$	$x_3x_5x_1$	$x_3x_5x_1$	
					$x_3x_2M_5$	$x_3x_2x_3x_5$	$x_2x_3x_5$	
					$x_3x_5M_5$	$x_3x_5x_3x_5$	x_3x_5	

17.2.4 故障树的定量分析

故障树的定量分析主要包括故障树的结构函数、顶事件发生概率的计算、底事件的概率重要度计算以及各基本事件的关键重要度计算等，有关详细的计算过程可参阅文献[5]。

17.3 人机系统的可靠性分析与计算方法

在人机环境系统工程中，通常将人、机、环境作为系统整体来研究，它首先强调了机（包括工具、机器和计算机）的设计要符合人的要求（也即"机宜人"），然后再强调通过训练与选拔使人去适应机器（也即"人宜机"），并且还特别注意将环境因素作为一种积极的主动因素纳入系统之中并成为系统的一个重要环节。也就是说，人、机、环境三大要素是有机结合的，它们三者都是影响系统整体性能变化的主要因素。在本节系统可靠性问题的分析中，为使问题简化便于叙述，引进环境子系统可靠度为 1 的假定，因此将人、机、环境组成的整体系统笼统地称为人机系统。

17.3.1 人机系统可靠性分析的简易模型

在人机环境系统中，系统的可靠性 R_S 是由人子系统的可靠性 R_H、机子系统的可靠性 R_M 以及环境子系统的可靠性 R_e 所决定的，即

$$R_S = f(R_H, R_M, R_e) \tag{17-1}$$

在许多情况下，可以把人、机、环境看成串联的 3 个子系统，这时 R_S 可表示为

$$R_S = R_H R_M R_e \tag{17-2}$$

在 $R_e = 1$ 的假定下，式（17-2）简化为

$$R_S = R_H R_M \tag{17-3}$$

图 17-15 给出了人、机的可靠性与系统可靠性间的关系曲线。显然，为提高人机系统的可靠性必须同时提高机器的可靠性和人的操作可靠性。

下面分两大问题进行讨论。

1. 人机系统的几种结合形式及相应的可靠度计算

设子系统由 n 个部件构成，各部件的可靠度分别为 $R_1, R_2, \cdots, R_n$，则串联系统和并

联系统的可靠度如下。

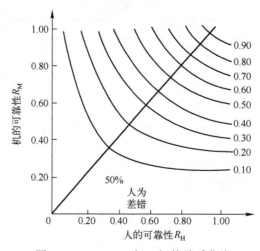

图 17-15　R_H、R_M 与 R_S 间的关系曲线

对串联系统：

$$R_S = R_1 \cdot R_2 \cdot \cdots \cdot R_n = \prod_{i=1}^{n} R_i \qquad (17\text{-}4)$$

对并联系统：

$$R_S = 1 - [(1-R_1)(1-R_2)\cdots(1-R_n)] = 1 - \prod_{i=1}^{n}(1-R_i) \qquad (17\text{-}5)$$

由上面两式可见，串联系统中部件越多，则可靠性越差。同样的部件，若并联起来则可靠性变好。通常将这种允许有一个或若干个部件失效而系统仍能够维持正常工作的复杂系统称为冗余系统，如常见的表决系统、储备系统等。在人机系统中，人作为部件之一介入系统，为提高其可靠性，也需采用冗余系统。例如，大型客机的飞机驾驶员往往配备两名，同时在驾驶室左、右位置上配备了相同的仪表和操纵设备，以减少人的失误对飞机造成的威胁。表 17-2 给出了人机系统结合的几种形式以及相应的系统可靠度计算。

表 17-2　人机系统的几种结合形式及相应的可靠度计算

名称	框图	人机系统可靠性计算公式及说明
串联系统	人 R_H — 机器 R_M	$R_{S1} = R_H R_M$ 例：$0.9 \times 0.9 = 0.81$
并联冗长式	人A R_{HA} / 人B R_{HB} — 机器 R_M	$R_{S2} = [1-(1-R_{HA})(1-R_{HB})]R_M$ 例：$0.99 \times 0.9 = 0.891$ 两人操作可提高异常状态下的可靠性，但由于相互依赖也可能降低可靠性
待机冗长式	机器自动化 R_{MA} / 人监督 R_H	$R_{S3} = 1-(1-R_{MA}R_H)(1-R_{MA})$ 例：$1-0.019 = 0.981$ 人在自动化系统发生误差时进行修正

续表

名称	框图	人机系统可靠性计算公式及说明
监督校核式	人 R_H / 机器 R_M / 监督者 R_{MB}	$R_{S4}=[1-(1-R_{MB}R_H)(1-R_H)]R_M$ 例：$0.981\times0.9=0.8829$ 将并联冗长式中的一个人换成监督者的位置，人与监督者关系如同待机冗长式
备注	1. R_H、R_{HA}、R_{HB} 为人的可靠性；R_M、R_{MA}、R_{MB} 为机械的可靠性；R_{s1}、R_{s2}、R_{s3}、R_{s4} 为系统的可靠性。 2. 图中的虚线表示信息流动方向。 3. 例中人、机可靠性数值以 0.9 计算	

2．作业时人操作可靠度的计算

在人机系统可靠性分析中，人可靠性模型的建立是件非常关键但又十分困难的事。这是因为，人不仅是一个有意识活动的、极为复杂的开放巨系统，而且人的行为具有时变性、非线性与随机性等特征，所以对人自身可靠性方面的研究远不如对"机"的研究深入。下面仅对人操作可靠度的计算方面作如下 6 个方面的归纳与研究。

（1）基于 S–O–R 模式的人操作可靠度的计算方法。人的行动过程包括信息接收过程、信息判断加工过程、信息处理过程。人的可靠性也包括人的信息接收的可靠性、信息判断的可靠性、信息处理的可靠性。这三个过程的可靠性表达了人的操作可靠性。本书介绍了日本井口雅一教授从 S–O–R 模式出发，按人的行动过程去确定人的操作可靠度的思想，其表达式为

$$R_H = 1 - b\times c\times d\times e\times f\times(1-\gamma) \tag{17-6}$$

式中，符号 b、c、d、e、f 与 γ 的含义与式（8-32）同。

（2）借助于 THERP 去确定作业工序的可靠度。人体差错率预测法（technique for human error rate prediction，THERP）将作业工序分解为基本作业因素，求出各作业因素的可靠度便可得到人体操作的可靠度。THERP 法的主要步骤如下。

① 弄清操作者的作业工序，将作业工序分解为基本作业过程。
② 把基本作业分解为作业因素。
③ 计算各作业因素的可靠度 γ_i。
④ 各作业因素的可靠度之积，便为基本作业的可靠度 R_j。
⑤ 基本作业的可靠度之积，便为作业工序的可靠度 R_H。
⑥ 若用 1 减去可靠度，便得到该工序的不可靠度（差错率）。

【例 17-4】 某工人加工某个零件，需要通过车床和刨床两道基本作业工序。

将此作业工序分解成单一基本作业，如图 17-16 所示，试求该工人加工零件的可靠度 R_H。

解：该工人作业工序可分为两个基本作业过程：一个是车床加工基本作业过程，另一个是刨床加工基本作业过程。在车床加工基本作业中又分成 5 个作业因素，即上刀具、上工件、调整、启动与停车，它们的可靠度分别为 γ_{11}、γ_{12}、γ_{13}、γ_{14}、γ_{15}；对于刨床加工

基本作业也有 5 个作业因素（表 17-3），它们的可靠度分别为 γ_{21}、γ_{22}、γ_{23}、γ_{24} 与 γ_{25}；令 R_1 与 R_2 分别表示车床加工基本作业与刨床加工基本作业的可靠度，于是有

$$R_1 = \prod_{i=1}^{5} \gamma_{1i} = 0.9998 \times 0.9988 \times 0.9992 \times 0.9993 \times 0.9993 = 0.9964$$

$$R_2 = \prod_{i=1}^{5} \gamma_{2i} = 0.9964$$

按照 THERP 方法，该工人加工零件的可靠度应为

$$R_H = R_1 \times R_2 = 0.9964 \times 0.9964 = 0.9928$$

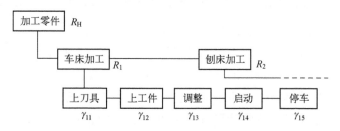

图 17-16　加工零件作业单元分解图

表 17-3　基本作业时人的可靠度

可靠度 作业因素	基本作业	
	车床加工 R_1	刨床加工 R_2
上刀具（γ_1）	0.9998（γ_{11}）	0.9998（γ_{21}）
上工件（γ_2）	0.9988（γ_{12}）	0.9988（γ_{22}）
调整（γ_3）	0.9992（γ_{13}）	0.9992（γ_{23}）
启动（γ_4）	0.9993（γ_{14}）	0.9993（γ_{24}）
停车（γ_5）	0.9993（γ_{15}）	0.9993（γ_{25}）

（3）借助于两种操作方式直接计算操作可靠度的方法。人在作业活动过程中，操作方式通常可有两种：一种是间歇性操作方式，另一种是连续方式。两种操作方式的可靠度计算方式不同。

① 间歇性操作可靠度计算。间歇性操作是指在作业活动中，作业者不连续的工作。例如汽车换挡、制动等均属间歇性的操作。这种操作可能是有规律的，有时也可能是随机的。因此对于这种操作不宜用时间来表述其可靠度，一般用次数、距离、周期等来描述其可靠度。例如某人执行某项操作 N 次，其中操作失败 n 次，则当 N 足够大时，此人的操作不可靠度便为

$$F_H = \frac{n}{N} \tag{17-7}$$

因此人在执行此项操作中的可靠度为

$$R_H = 1 - F_H = 1 - \frac{n}{N} \tag{17-8}$$

② 连续性操作可靠度计算。连续性操作是指在作业过程中，作业者在作业时间进行连续的操作活动。例如，汽车司机开车活动中方向盘的操作以及对道路情况的监视等。连续性操作可直接用时间进行描述，人的操作可靠性表达

$$R_\mathrm{H} = \exp\left[-\int_0^t \lambda(t)\mathrm{d}t\right] \tag{17-9}$$

式中，$\lambda(t)$ 的定义同式（8-28），为 t 时间内人的差错率。例如，汽车司机操纵方向盘的恒定差错率 $\lambda(t)=0.0001$，某司机驾车 500h 其可靠度便为

$$R_\mathrm{H}(500) = \exp\left[-\int_0^t \lambda 0.0001\mathrm{d}t\right]_{t=500} = 0.9512$$

需要说明的是，对于同一个司机来讲，在不同的时间内其差错率 $\lambda(t)$ 是不同的，因此 $R_\mathrm{H}(t)$ 是关于 $\lambda(t)$ 的函数，它是个随时间变化的量。

（4）按人的意识水平确定人的可靠度。日本桥本教授根据脑电波的测定，把人体意识水平分成了 5 个等级，提出了相应的 5 个等级的人体可靠度，如表 17-4 所列。大量的实验研究表明，根据人体意识水平的可靠度，可以适当地安排工作，进行合理的调整，因而提高了人的操纵可靠度。

表 17-4 人体各意识状态下的可靠度

阶段	意识状态	注意力的作用	生理状态	可靠度
0	无意识、走神	0	睡眠、发呆	0
I	意识水平低下、注意迟钝	不注意	疲劳、单调、瞌睡	0.9 以下
II	常态、松懈	消极的心理	安静起居、休息，正常作业时	0.99～0.99999
III	正常、清楚	积极地向前看，注意视野广	积极活动时	0.99999 以下
IV	超常态、过度紧张	注意于一点，判断停止	紧急防护反应，恐慌→惊慌失措	0.9 以下

（5）用 HERALD 法确定操纵人员的有效作业概率。HERALD 法（human error and reliability analysis logic development，有的书上称作海洛德法）是基于人的失误与可靠性分析的逻辑推演法。它是通过计算系统的可靠性，分析评价仪表、控制器的配置与安装位置是否适宜人的操纵。通常是先计算出人执行任务时的成败概率，然后再对整个系统进行评价。

大量的实验表明，在视中心线上下各 15° 的正常视线区域内是人的眼睛最不容易发生差错的区域。因此，在这个范围内设置仪表或者控制器时，误读率或误操作率极小，离开该区域越远，则误读率或误操作率会逐渐增大。表 17-5 给出了以视中心线为基准向外每 15° 划分一个区域，在不同的扇形区域内给出了相应的误读概率，即劣化值 D_i；如果显示控制板上的仪表安排在 15° 以内的最佳位置上，由表 17-5 可知其劣化值在 0.0001～0.0005 的范围内；如果将仪表安排在 80° 的位置上，则相应的劣化值 D_i 增加到 0.0030，因此在进行仪表配置时要尽量使其的劣化值较小为宜。令有 n 个仪表，它们相应的劣化值为 D_i，于是操作人员的有效作业概率 R_He 为

$$R_\mathrm{He} = \prod_{i=1}^{n} 1 - D_i \tag{17-10}$$

表 17-5　各视区内的劣化值

扇形区域	劣化值	扇形区域	劣化值
0°～15°	0.0001～0.0005	45°～60°	0.0020
15°～30°	0.0010	60°～75°	0.0025
30°～45°	0.0015	75°～90°	0.0030

【例 17-5】某仪表显示板安装有 6 个仪表，其中 5 个仪表安装在中心视线 15° 以内，有 1 个仪表安装在中心视线 50° 的位置上，试计算操作人员的有效作业概率。

解：由表 17-5 查得视线 15° 以内仪表的劣化值 $D = 0.0001$，视线 50° 的仪表劣化值为 0.0020，于是由式（17-10）得

$$R_{He} = \prod_{i=1}^{6}(1-D_i) = (1-0.0001)^5(1-0.0020) = 0.9975$$

如果监视该显示板的人员除了操作者还配备有其他辅助人员，那么这时该系统中操作人员的有效作业概率 R_{He} 应为

$$R_{He} = \frac{[1-(1-R_{He}^*)^m][T_1 + T_2 R_{He}^*]}{T_1 + T_2} \quad (17\text{-}11)$$

式中，m 为操作人员数；T_1 为辅助人员修正主操作人员潜在差错而进行行动的宽裕时间（以百分比表示）；T_2 为剩余时间的百分比，即 $T_2 = 100\% - T_1$；R_{He}^* 操作人员有效地进行操作的概率，其值通常可按式（17-10）进行计算。

（6）人操作电子装置的可靠度确定。美国测量学会提出了人操作电子装置时的可靠度计算公式为

$$R_H = R_1 R_2 \quad (17\text{-}12)$$

式中，R_H 为人的可靠度；R_1 为读取可靠度；R_2 为操作可靠度。当然，读取可靠度与操作可靠度随着装置的结构、作业方法、作业时间的不同而有所不同。例如，操作电子计算机时的读取可靠度 $R_1 = 0.9921$，而操作可靠度 $R_2 = 0.9900$，因此人操作计算机的操作可靠度 $R_H = R_1 \cdot R_2 = 0.9822$。

17.3.2　事件树分析法

事件树分析法（ETA）是一种逻辑演绎法，它是在给定的一个初因事件的前提下，分析该初因事件可能导致的各种事件序列的结果，从而可以评价系统的可靠性与安全性。由于事件序列是用图形表示的，并且呈树状，因此称作事件树。这种方法对具有冗余设计、故障检测与防护设计的复杂系统来讲分析它的安全性和可靠性更为有效。

1．事件树中各类事件的定义

（1）初因事件是指可能引发系统安全性后果的系统内部故障或者外部的事件。

（2）后续事件是指在初因事件发生后，可能相继发生的其他事件，这些事件可能是系统功能设计中所决定的某些备用设施或安全保证设施的启用，也可能是系统外部正常或非正常事件的发生。后续事件一般是按一定顺序发生的。

（3）后果事件是指由于初因事件和后续事件的发生或不发生所构成的不同结果。

事件树的初因事件可能来自系统的内部失效或外部的非正常事件。在初因事件发生后相继发生的后续事件（如安全保护系统的投入）一般是由系统的设计或者事件的发展进程所决定的。如果对于某特定的初因事件有 n 个后续事件，且每一个后续事件只具有发生或不发生两种状态，那么这时可能的后果事件将为 2^n 个，这样的事件树又称作完全事件树。如图 17-17 所示的事件树，其初因事件的后续事件有 2 个，即系统 1 与系统 2，于是其后果事件数为 $2^n=4$，图中的后果事件中 S 表示系统成功，F 表示系统失败。

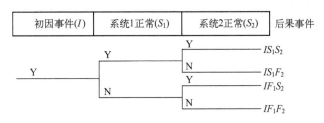

图 17-17　事件树示意图

2．事件树的分析步骤

（1）确定初因事件。

（2）建造事件树。借助于所确定的初因事件，找出可能的后续事件，得到相应的后果事件。

（3）对事件树进行定量分析。

【例 17-6】　图 17-18（a）给出了一个典型的桥网络系统。由于系统中的各部件是连续运行的，后果事件与初因事件及后续事件的次序无关。因此在建立该系统的事件树时，可以选择任意一个部件作为初因事件。试选择部件 A 作为初因事件，请完成该桥网络系统的事件树。

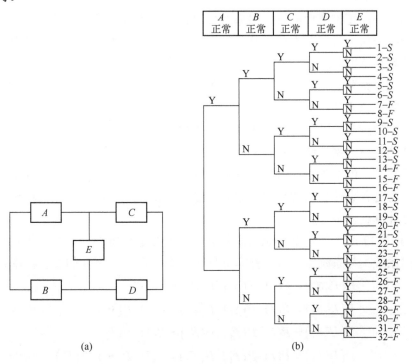

图 17-18　桥网络系统及其事件树

解：选择部件 A 为初因事件，于是可得到图 17-18（b）所示的事件树。由于每个部件都有正常与故障两种状态，因此 5 个部件便有 $2^5=32$ 个后果事件。图中标有 S 的后果事件表示"系统成功"，标有 F 的后果事件表示"系统失败"。显然图 17-18（b）中系统成功与系统失败的事件链各有 16 条。值得注意的是，上述事件树可做些简化。如果以系统正常的条件作为判断，在部件 A、B 都处于正常时，只要部件 C 正常则系统便正常了，因而对 D 与 E 这时就没必要作进一步分析；再如，部件 A 失效，同时部件 B 也失效，则系统一定失败，因此也就不必进一步分析了。图 17-19 给出了桥网络系统的简化事件树，这时的后果事件仅有 13 个。

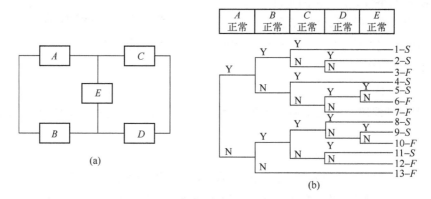

图 17-19　桥网络系统的简化事件树

对于事件树的简化遵循如下两条原则。
（1）当某一非正常事件的发生概率极低时，可以不列入后续事件中。
（2）当某一后续事件发生后，其后的其他事件无论发生与否均不能减缓该事件链的后果时，该事件链即已结束。

事件树的定量分析主要包括以下 3 个方面。
（1）确定初因事件的概率。
（2）确定后续事件以及各后果事件的发生概率。
（3）评估各后果事件的风险。

计算后果事件的发生概率可分为两种情况：其一，不考虑事件链中各事件的相依关系；其二，考虑各事件之间的相依关系。前者称为简化计算，后者称为精确计算。这里只介绍简化计算。

考虑图 17-17 所示的两个系统的事件树。如果假定系统 1 与系统 2 相互独立，那么在分别求出系统 1 与系统 2 的故障概率后便可计算出各后果事件的发生概率：

$$P(IS_1S_2) = P(I) \cdot P(S_1) \cdot P(S_2) \approx P(I)$$

$$P(IS_1F_2) = P(I) \cdot P(S_1) \cdot P(F_2) \approx P(I) \cdot P(F_2)$$

$$P(IF_1S_2) = P(I) \cdot P(F_1) \cdot P(S_2) \approx P(I) \cdot P(F_1)$$

$$P(IF_1F_2) = P(I) \cdot P(F_1) \cdot P(F_2) \approx P(I) \cdot P(F_1) \cdot P(F_2)$$

例如，对图 17-18 所示的桥网络系统，若假定系统中的各部件的故障是独立的，则可计算出桥网络系统的可靠度为

$$R_S = \sum_i P_i \qquad (17\text{-}13)$$

式中，P_i 为后果事件，是系统成功的事件链的发生概率，这里 $i=1\sim6,9\sim13,17\sim19,21,22$；各事件链的发生概率可由各部件的可靠度 R_j 和不可靠度 F_j（这里 $j=A,B,C,D,E$）求出，即

$$P_1 = R_A \cdot R_B \cdot R_C \cdot R_D \cdot R_E$$
$$P_2 = R_A \cdot R_B \cdot R_C \cdot R_D \cdot F_E$$

其他类似。如果各部件的可靠度 $R_A = R_B = R_C = R_D = R_E = 0.99$，那么系统的可靠度 $R_S = 0.999798$。

对于图 17-19 中的桥网络系统的简化事件树，计算它的可靠度只需计算 7 条系统成功的事件链，即

$$R_S = P_1 + P_2 + P_4 + P_5 + P_8 + P_9 + P_{11}$$

式中，R_S 为系统的可靠度；P_i 为第 i 条事件链的发生概率（图 17-19）。如果用 R_i 表示各部件的可靠度，F_i 表示各部件的不可靠度，那么系统的可靠度 R_S 为

$$R_S = R_A R_B R_C + R_A R_B F_C R_D + R_A F_B R_C + R_A F_B F_C R_D R_E + F_A R_B R_C R_D +$$
$$F_A R_B R_C F_D R_E + F_A R_B F_C R_D$$

若 $R_A = R_B = R_C = R_D = R_E = 0.99$，则由上式算出 $R_S = 0.999798$，也就是说，这里所得到的 R_S 值与采用完全事件树计算的结果一样。

事件的风险定义为事件的发生概率 P 与其损失值 C 的乘积，即

$$\tilde{R} = P \times C \qquad (17\text{-}14)$$

式中，$\tilde{R}$ 为后果事件的风险值；P 为单位时间内后果事件的发生概率；C 为后果事件的损失值。

17.3.3 事件树分析法与故障树分析法的综合应用

事件树分析法是从某一初因事件开始，按时序分析各后续事件的状态组合所造成的所有可能的后果事件，而故障树分析法是从某一不希望发生的后果事件开始，按照一定的逻辑关系分析引起该后果事件的原因事件或原因事件组合。由于这两种方法的侧重点不同，因此在对复杂系统进行安全性、可靠性分析时可以将它们进行综合应用，以便充分发挥这两种分析方法的各自优势。下面扼要叙述一下这种综合应用的过程。

（1）如果事件树中的初因事件与后续事件是系统中的非正常事件（如某个部件有故障），便可以视这些事件为顶事件建立故障树。

（2）以事件树中的后果事件为顶事件，按照一定的逻辑关系（一般情况下为逻辑"与"的关系）将同该后果事件相关的初因事件和后续事件连接成故障树。

（3）从事件树分析中找出后果事件相同的分支，再以该事件为顶事件按照一定的逻

辑关系（一般情况下为逻辑"或"的关系）建造一棵更大的故障树。

（4）通过故障树的定性定量分析以便得到系统中各类事件的发生概率。

【例 17-7】 假定在某发电厂，发电机在运行过程中各种原因可能会产生过热现象，发电机热到一定程度便会引起火灾。而该发电厂远离市区，一旦有火灾将难以靠城市消防队赶来灭火，为此需建造工厂内部的消防系统。假定该厂消防系统设计分为三个层次，即发电机操作人员可利用存放在运行现场的手动灭火器进行手动灭火；若手动灭火失败，则启用工厂内部的消防队灭火；若火势仍不能控制，则拉响警报器，疏散全厂人员。请利用 FTA 法与 ETA 法，评估该发电厂所设计的消防系统的安全性水平（评价出各后果事件的风险）。

解： 由于发电厂中有多台发电机同时运行，因此在假定不考虑两台以上发电机同时出现过热可能性的情况下，可以仅以一台发电机过热为初因事件。

（1）明确初因事件后去找后续事件。发电机过热后，若能得到及时的发现和处理，则将不会起火。反之，发电机过热后若不能及时发现，则将引起火灾。因此发电机过热要在一定的条件下才能起火，我们将这一个后续事件定义为"发电机过热足以起火"。发电机过热起火后，当然要进行灭火，因此其后续事件要围绕"成功灭火"进行分析。这样，在发电机过热起火后，若能成功灭火，则不会产生危害性严重的后果；若不能成功灭火，则将产生严重后果。根据该发电厂防火系统的设计，要成功灭火应分为几个步骤：首先在发电机运行现场，备有手动灭火器，发电机的操作人员发现火情后会用手动灭火器灭火；另外，在发电厂还有一个厂内消防队，当发电机操作人员灭火失败后，火势将进一步延及厂房，于是此时将启用发电厂内部的消防队进行灭火。如果该厂内部的消防队仍不能成功灭火，那么要及时通过警报器发出火灾警报，通知全厂人员及时疏散。因此将上面所涉及的后续事件依次定义为："操作人员未能灭火""厂消防队未能灭火""火灾警报器未响"。至此便可根据上述分析建立事件树。

（2）所建事件树如图 17-20 所示。其后果事件分别为 C_4, C_3, C_2, C_1, C_0，其具体定义为：C_0 表示停产 2h，并损坏价值 1000 元的设备；C_1 表示停产 24h，并损坏 15000 元的设备；C_2 表示停产 1 个月，并损失价值 10^6 元的财产；C_3 表示无限期停产，并损失 10^7 元的财产；C_4 表示无限期停产，损失价值 10^7 元的财产并支付人员伤亡的抚恤金 4×10^7 元。

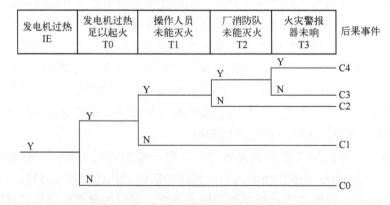

图 17-20 发电机过热起火的事件树

（3）建立故障树。对图 17-20 所示的事件树进一步作分析，找出其初因事件以及各后续事件的发生原因，从而为计算各事件的发生概率提供依据。图 17-21 给出了各事件的故障树。

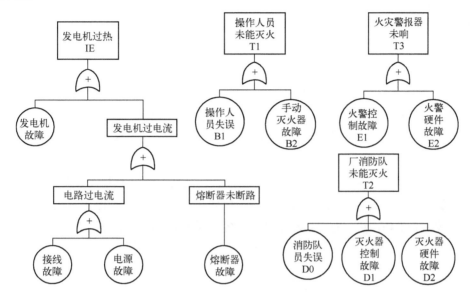

图 17-21 各事件的故障树

（4）确定各事件的发生概率。根据相关的统计数据以及图 17-21 中的故障树，可以计算出故障树中各事件的故障概率并列于表 17-6 中。根据表 17-6 又可以确定事件树中各事件的概率如表 17-7 所列。

表 17-6 故障树中各事件的统计与计算结果数据

事件	发生概率
发电机过热（IE）	$P_{IE}=0.088/6$ 个月（根据每 6 个月的统计数据得出）
发电机过热足以起火（T0）	在过热的条件下，发电机的起火概率 $P_0=0.02$
操作人员失误（B1）	$P_{B1}=0.1$
手动灭火器故障（B2）	$P_{B2}=3.65\times10^{-2}$
消防队员失误（D0）	$P_{D0}=0.1$
灭火器控制故障（D1）	$P_{D1}=2.19\times10^{-2}$
灭火器硬件故障（D2）	$P_{D2}=2.19\times10^{-2}$
火警控制故障（E1）	$P_{E1}=5.475\times10^{-2}$
火警硬件故障（E2）	$P_{E2}=1.095\times10^{-2}$

表 17-7 事件树中各事件的计算结果数据

事件	发生概率
发电机过热（IE）	$P_{IE}=0.088/6$ 个月
发电机过热足以起火（T0）	$P_0=0.02$
操作人员未能灭火（T1）	$P_{T1}=0.1392$
厂消防队未能灭火（T2）	$P_{T2}=0.0433$（未考虑消防队员失误）

续表

事件	发生概率
火灾警报器未响（T3）	$P_{T3} = 0.0651$
后果事件（C0）	$P_{C0} = 0.0862 / 6个月$
后果事件（C1）	$P_{C1} = 1.53 \times 10^{-3} / 6个月$
后果事件（C2）	$P_{C2} = 2.24 \times 10^{-4} / 6个月$
后果事件（C3）	$P_{C3} = 9.471 \times 10^{-6} / 6个月$
后果事件（C4）	$P_{C4} = 6.595 \times 10^{-7} / 6个月$

（5）评估后果事件的风险。为了评估各后果事件的风险，首先要分析后果事件的损失。在图 17-20 中各后果事件的损失其实包含了两个部分，即直接损失与间接损失。直接损失是指由于设备损坏而造成的财产损失，也包括了由于人员伤亡而需支付的抚恤金。间接损失是指由于停工所造成的损失。在进行事件后果的严重程度分析时，应将这两部分的损失加在一起。若假设每小时的停工损失为 1000 元，无限期停工损失 10^7 元，发电机每天连续工作 24h，每月按 31 天计算，则各后果事件的损失如表 17-8 所列。

表 17-8 各后果事件的损失

后果事件	直接损失/元	间接损失/元	总损失/元
C0	1000	2000	3000
C1	15000	24000	39000
C2	10^6	744000	1.744×10^6
C3	10^7	10^7	2×10^7
C4	4×10^7	10^7	5×10^7

利用式（17-14）以及表 17-7 与表 17-8 的数据，便可得到各后果事件的风险值分别为 $\tilde{R}_0 = \dfrac{258元}{6个月}$，$\tilde{R}_1 = \dfrac{60元}{6个月}$，$\tilde{R}_2 = \dfrac{391元}{6个月}$，$\tilde{R}_3 = \dfrac{189元}{6个月}$，$\tilde{R}_4 = \dfrac{33元}{6个月}$

通过上述结果可知，该发电厂所设计的消防系统每 6 个月的风险值最低为 33 元，最高为 391 元。如果工厂要求风险不能超过 300 元/6 个月，那么显然后果事件 C2 不能满足要求，因此就必须针对该事件的各环节进行相应的设计改进，以便降低该事件链的风险，保证安全生产。

17.4 层次分析法

20 世纪 70 年代初美国运筹学家 Saaty 提出了一种层次分析法（analytic hierarchy process，AHP）。所谓层次分析法，就是把系统的复杂问题中的各种因素，根据问题的性质和总目的并按照它们之间的相互联系以及隶属关系划分成不同层次的组合，构成一个多层次的系统分析结构模型；接着对每一层次各元素（或因素）的相对重要性作出判断；然后通过各层次因素的单排序与逐层的总排序，最终计算出最低层的诸元素相对最高层的重要性权值，从而确定优劣排序，为决策提供依据。

17.4.1 建立层次结构模型

将问题所包含的因素分层，用层次框图描述层次的递阶结构和因素的从属关系。通常可分为最高层、中间层和最低层。最高层表示要解决的问题，即目标。中间层为实现总目标而采取的策略、准则等，一般可分为策略层、约束层和准则层等。最低层表示用于解决问题的措施、方案、政策等。当上一层次的元素与下一层次的所有元素都有联系时称为完全的层次关系；如果上一层的元素仅与下一层次的部分元素有联系，此时称为不完全的层次关系。图17-22给出了某城市财政支出的结构图，它属于不完全的层次关系。图17-23给出了某企业购买机器的分析结构图。

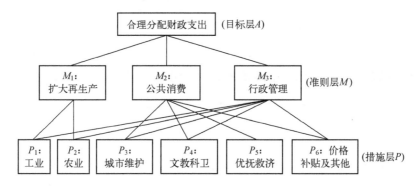

图17-22 某城市财政支出结构图

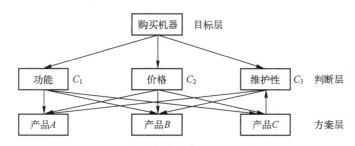

图17-23 某企业购买机器的分析结构图

17.4.2 构造判断矩阵

层次分析法要求逐层计算出有关相互联系的元素间影响的相对重要性并予以量化，组成判断矩阵作为分析的基础。当一个上层元素与下层多个元素有联系时，一般难以定出其间的相对重要程度，但如果每次取两个元素来比较，就较易于定出哪个重要哪个次要。令$\tilde{\boldsymbol{B}}$定义为

$$\tilde{\boldsymbol{B}} = \{B_1, B_2, B_3, \cdots, B_n\} \tag{17-15}$$

今设上一层次中的一个元素A_k与下层n个元素$\boldsymbol{B} = \{B_1, B_2, B_3, \cdots, B_n\}$有关，用$b_{ij}$表示（对于因素$A_k$而言）元素$B_i$对元素$B_j$的相对重要性，于是全部比较结果便构成了对于因

素 A_k 的判断矩阵 B，这里 $B=(b_{ij})_{n\times n}$，即

$$B=\begin{bmatrix} b_{11} & b_{12} & \cdots & b_{1j} & \cdots & b_{1n} \\ b_{21} & b_{22} & \cdots & b_{2j} & \cdots & b_{2n} \\ \cdots & \cdots & \cdots & \cdots & \cdots & \cdots \\ b_{i1} & b_{i2} & \cdots & b_{ij} & \cdots & b_{in} \\ \cdots & \cdots & \cdots & \cdots & \cdots & \cdots \\ b_{n1} & b_{n2} & \cdots & b_{nj} & \cdots & b_{nn} \end{bmatrix} \tag{17-16}$$

对于相对重要性程度的计算，Saaty 教授提出了标度的方法，他认为在估计成对事物的差别时，可用 5 种判断级进行描述，如表 17-9 所列。

表 17-9 对 b_{ij} 项的赋值

b_i/b_j	相等	稍微重要	明显重要	强烈重要	极端重要
b	1	3	5	7	9

如果判断成对事物的差别介于两者之间时，那么 b_{ij} 值可取为 2，4，6，8；而倒数则是两对比项颠倒比较的结果。显然，对于判断矩阵有

$$b_{ii}=1, \quad b_{ij}=\frac{1}{b_{ji}}>0 \quad (i,j=1,2,\cdots,n) \tag{17-17}$$

判断矩阵 B 为 $n\times n$ 阶矩阵，它仅需给 $n(n-1)/2$ 个元素的数值。判断矩阵中的数值可以根据数据资料、专家评价和决策者对该问题的认知状况加以综合平衡后给出。衡量判断矩阵是否适当的标准是判断它是否具有一致性，当判断矩阵满足时，则称它具有完全一致性。

$$b_{ij}=\frac{b_{jk}}{b_{ji}} \quad (i,j,\ k=1,2,\cdots,n) \tag{17-18}$$

17.4.3 层次单排序及其一致性检验

所谓层次单排序，是指根据上一层元素 A_i 的判断矩阵，计算本层次与之有联系的各元素 $\{B_1 B_2 B_3,\cdots,B_n\}$ 间相对重要性排序的权值。这可归结为计算判断矩阵的特征值和特征向量的问题，即计算满足下式。

$$B\cdot W=\lambda_{\max} W \tag{17-19a}$$

这里 $\lambda_{\max}$ 为判断矩阵 B 的最大特征根，W 为对应于 $\lambda_{\max}$ 的正规化特征向量。由于判断矩阵具有式（17-17）的性质，因此它是一种正互反矩阵。数学上可以证明：$n\times n$ 阶的互反矩阵 B 是完全一致的充要条件[满足式（17-18）时]，即为该矩阵 B 的 $\lambda_{\max}$ 满足 $\lambda_{\max}=n$；此时对应于 $\lambda_{\max}$ 的正规化特征向量 W，其所相应的分量（如 w_i）即为对应于元素（如 B_i）的单排序的权值。

由于事物的复杂性以及人认知的片面性，所构造的判断矩阵不一定具有完全一致性。如果判断矩阵不具有一致性，令这时的判断矩阵为 B'，则由特征方程 $B'\cdot W=\lambda W$ 求

出的最大特征根 $\lambda'_{\max}$ 就会大于 n，而且 $\lambda'_{\max}$ 比 n 大得越多，$\boldsymbol{B}'$ 的不一致程度就越严重。
用式（17-19b）来衡量判断矩阵的不一致程度。

$$CI = \frac{\lambda_{\max} - n}{n-1} \tag{17-19b}$$

显然，当判断矩阵具有完全一致性时，则 $CI = 0$。为了给出具体的度量指标，Saaty 提出用平均随机一致性指标 RI 来检验判断矩阵是否具有满意的一致性。这里 RI 的表达式为

$$RI = \frac{\lambda'_{\max} - n}{n-1} \tag{17-20}$$

表 17-10 给出了 1～9 阶判断矩阵的 RI 值。

表 17-10　判断矩阵的 RI 值

n	1	2	3	4	5	6	7	8	9
RI	0	0	0.58	0.90	1.12	1.24	1.32	1.41	1.45

对于 $n=1,2$ 时 RI 只是形式上的取值，因为 1，2 阶判断矩阵总是能完全一致的。当阶数大于 2 时，则 CI 与 RI 之比记为 CR，即

$$CR \equiv \frac{CI}{RI} \tag{17-21}$$

称 CR 为随机一致性比。当 $CR < 0.10$ 时，则认为判断矩阵具有满意的一致性，否则就必须重新调整判断矩阵，直至具有满意的一致性，这时计算出的最大特征值所对应的特征向量经规格化后才可以作为层次单排序的权值。

17.4.4　层次总排序及其一致性检验

同一层次所有元素对于最高层（总目标层）相对重要性的排序权值，称为层次总排序。为了得到这个排序需要从上到下，逐层顺序进行。事实上，对于紧接最高层下的那一层（第 2 层），其层次单排序即为总排序。现假设进行到 A 层，它包含有 m 个元素（A_1、A_2、…、A_m），得到的层次总排序权值分别为 a_1、a_2、…、a_m；其下一层次 B 包括 n 个元素 B_1、B_2、…、B_n，它们对于 A 的层次单排序权值已知，其结果为 b_1^j、b_2^j、…、b_n^j，这里，若 B_i 与 A_j 无关，则 $b_i^j = 0$，这样，B 层元素的层次总排序权值便可由表 17-11 得到。

表 17-11　层次总排序

层次 A 层次 B	A_1 a_1	A_2 a_2	…	A_m a_m	B 层次总排序权值
B_1	b_1^1	b_1^2	…	b_1^m	$\sum_{j=1}^{m}(a_j b_1^j)$
B_2	b_2^1	b_2^2	…	b_2^m	$\sum_{j=1}^{m}(a_j b_2^j)$
…	…	…	…	…	…
B_n	b_n^1	b_n^2	…	b_n^m	$\sum_{j=1}^{m}(a_j b_n^j)$

显然

$$\sum_{i=1}^{n}\sum_{j=1}^{m}(a_j b_i^j) = 1 \qquad (17\text{-}22)$$

层次总排序也要进行一致性检验。检验是从高层到低层逐层进行的。设与 A 层中任一元素 A_j 对应的 B 层中判断矩阵的一致性指标为 CI_j，而平均随机一致性指标为 CI_j，于是 B 层次总排序随机一致性比率 CR 为

$$CR = \frac{CI}{RI} = \frac{\sum_{j=1}^{m}(a_j CI_j)}{\sum_{j=1}^{m}(a_j RI_j)} \qquad (17\text{-}23)$$

当 $CR \leqslant 0.1$ 时，认为该层次总排序的结果具有满意的一致性，否则需对本层次（指 B 层）的判断矩阵重新调整，直至满足一致性。在式（17-23）中 CI_j 为与 a_j 对应的 B 层次中判断矩阵的一致性指标；RI_j 为与 a_j 对应的 B 层次中判断矩阵的平均随机一致性指标。

17.4.5 层次分析法的计算过程

完成 AHP 计算的关键问题是如何计算出判断矩阵的最大特征根 $\lambda_{\max}$ 及其对应的特征向量 W。由于在通常情况下判断矩阵中元素 b_{ij} 的给定是比较粗糙的，因此实际计算时多采用比较简单的近似算法。下面扼要讨论常用的 3 种计算方法。

1. 幂法

幂法是一种借助于计算机的数值计算获取最大特征根 $\lambda_{\max}$ 及其对应的特征向量 W 的方法，其主要计算步骤如下。

第 1 步：任取一个与判断矩阵 B 同阶的规格化的初始向量，设为

$$\begin{cases} W^{(0)} = \left[w_1^{(0)}, w_2^{(0)}, \cdots, w_n^{(0)}\right]^T \\ \sum_{i=1}^{n} w_i^{(0)} = 1 \end{cases} \qquad (17\text{-}24)$$

第 2 步：计算 $\tilde{W}^{(k+1)}$，其计算式为 $\tilde{W}^{(k+1)} = B \cdot W^{(k)} \ (k=0,1,\cdots)$。

第 3 步：进行规格化，令 $\beta = \sum_{i=1}^{n} \tilde{w}_i^{(k+1)}$，并计算 $W^{(k+1)}$，即 $W^{(k+1)} = \frac{1}{\beta}\tilde{W}^{(k+1)}$。

第 4 步：对于预先给定的精度 ε，当 $\left|w_i^{(k+1)} - w_i^{(k)}\right| < \varepsilon$，$0 \ll 1$，对所有 $i=1,2,\cdots,n$ 成立时，则 $W^{(k+1)}$ 即为所求的特征向量 W，然后进行第 5 步计算；否则令 $k=k+1$，然后转到第 2 步。

第 5 步：计算最大特征值 $\lambda_{\max}$，即

$$\lambda_{\max} = \sum_{i=1}^{n}\left[\frac{(B \cdot W^{(k+1)})_i}{n w_i^{(k+1)}}\right] \qquad (17\text{-}25)$$

式中，$(\boldsymbol{B}\cdot\boldsymbol{W}^{(k+1)})_i$ 为判断矩阵 $\boldsymbol{B}$ 与特征向量 $\boldsymbol{W}^{(k+1)}$ 乘积的第 i 项分量。

2. 方根法

方根法属于一次性计算方法，其主要步骤如下。

第 1 步：计算判断矩阵 $\boldsymbol{B}$ 每行元素的连乘积，即 $M_i = \prod\limits_{j=1}^{n} b_{ij}\ (i=1,2,\cdots,n)$。

第 2 步：求 M_i 的 n 次方根

$$\tilde{w}_i = \sqrt[n]{M_i}\,(i=1,2,\cdots,n) \tag{17-26}$$

第 3 步：对向量 $\tilde{\boldsymbol{W}} = [\tilde{w}_1, \tilde{w}_2, \cdots, \tilde{w}_n]^\mathrm{T}$ 规格化，即

$$w_i = \frac{\tilde{w}_i}{\sum\limits_{i=1}^{n} \tilde{w}_i}(i=1,2,\cdots,n) \tag{17-27}$$

所得向量 $\boldsymbol{W} = [w_1, w_2, \cdots, w_n]^\mathrm{T}$ 便为所求的特征向量。

第 4 步：计算最大特征值 $\lambda_{\max}$，即

$$\lambda_{\max} = \sum_{i=1}^{n}\left[\frac{(\boldsymbol{B}\cdot\boldsymbol{W})_i}{nw_i}\right] \tag{17-28}$$

式中，$(\boldsymbol{B}\cdot\boldsymbol{W})_i$ 为判断矩阵 $\boldsymbol{B}$ 与特征向量 $\boldsymbol{W}$ 乘积的第 i 项分量。

3. 和积法

和积法也是一次性的计算方法，其主要步骤如下。

第 1 步：将判断矩阵 $\boldsymbol{B}$ 按列作规格化，即

$$\tilde{b}_{ij} = \frac{b_{ij}}{\sum\limits_{k=1}^{n} b_{ki}}(i,j = 1 \sim n) \tag{17-29}$$

将规格化矩阵记作 $\tilde{\boldsymbol{B}} = [\tilde{b}_{ij}]_{n\times n}$。

第 2 步：对矩阵 $\tilde{\boldsymbol{B}}$ 按行相加，得

$$\tilde{w}_i = \sum_{j=1}^{m} \tilde{b}_{ij}(i=1\sim n) \tag{17-30}$$

记向量 $\tilde{\boldsymbol{W}} = [\tilde{w}_1, \tilde{w}_2, \cdots, \tilde{w}_n]^\mathrm{T}$

第 3 步：将向量 $\tilde{\boldsymbol{W}}$ 规格化，即

$$w_i = \frac{\tilde{w}_i}{\sum\limits_{i=1}^{n} \tilde{w}_k}(i=1,2,\cdots,n) \tag{17-31}$$

于是向量 $\boldsymbol{W} = [w_1, w_2, \cdots, w_n]^\mathrm{T}$ 即为矩阵 $\boldsymbol{B}$ 的特征向量。

第 4 步：计算最大特征值 $\lambda_{\max}$，即

$$\lambda_{\max} = \sum_{i=1}^{n}\left[\frac{(\boldsymbol{B}\cdot\boldsymbol{W})_i}{nw_i}\right] \tag{17-32}$$

式中,$(B \cdot W)_i$ 为判断矩阵 B 与特征向量 W 乘积的第 i 项分量。这里 W 由第 3 步决定。

【例 17-8】 某企业有一笔企业留成利润,可由厂方自行决定如何使用。可供选择的方案有:作为奖金发放给职工;扩建职工食堂、托儿所等福利设施;开办职工业余学校和短训班;建立图书馆、职工俱乐部和业余文工队;引进新技术设备,进行企业技术改造等。从调动职工劳动生产积极性、提高生产技术水平、改善职工物质文化生活状况等方面来看,这些方案各有其合理之处。于是如何对这 5 个方案(图 17-24)进行优劣评价或者按照优劣次序排序,以便从中选择一种方案将企业留成利润合理使用,达到企业发展的目的呢?

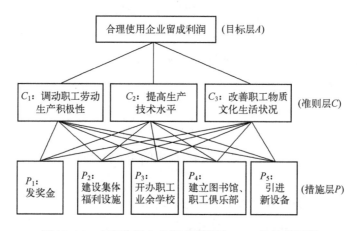

图 17-24 合理使用企业留成利润的 AHP 结构模型图

解:

(1) 首先要确定目标层、策略层以及措施层,即把"合理使用企业留成利润"作为目标层 A,以"调动职工劳动生产积极性""提高生产技术水平""改善职工物质文化生活状况"作为策略层(又称准则层 C)。另外,图 17-24 中给出了 5 项可供实施的项目,称之为措施层 P。

(2) 然后构造 $A-C$ 的判断矩阵。先构造目标层对应于准则层间的判断矩阵,即相对于合理使用企业利润促进企业发展的总目标,比较各准则之间的相对重要性,构造 $A-C$ 的判断矩阵 A 如下。

$A-C$	C_1	C_2	C_3
C_1	1	1/5	1/3
C_2	5	1	3
C_3	3	1/3	1

(3) 构造准则层对于方案层 $C-P$ 的判断矩阵。

相对于"调动职工劳动生产积极性"准则,根据各种使用留成利润方案措施之间的相对重要性比较,作出 C_1-P 的判断矩阵 C_1 如下。

C_1-P	P_1	P_2	P_3	P_4	P_5
P_1	1	2	3	4	7
P_2	1/3	1	3	2	5
P_3	1/5	1/3	1	1/2	1
P_4	1/4	1/2	2	1	3
P_5	1/7	1/5	1	1/3	1

相对于"提高生产技术水平"准则，构造各种使用留成利润措施方案之间相对重要性比较，作出 C_2-P 的判断矩阵 C_2 如下。

C_2-P	P_2	P_3	P_4	P_5
P_2	1	1/7	1/3	1/5
P_3	7	1	5	3
P_4	3	1/5	1	1/3
P_5	5	1/3	3	1

相对于"改善职工物质文化生活状况"准则，构造出各种使用企业留成利润措施方案相对重要性比较，作出 C_3-P 的判断矩阵 C_3 如下。

C_3-P	P_1	P_2	P_3	P_4
P_1	1	1	3	3
P_2	1	1	3	3
P_3	1/3	1/3	1	1
P_5	1/3	1/3	1	1

（4）计算各判断矩阵最大特征根和所对应的特征向量或权重向量，并进行一致性检验。

① 对于判断矩阵 A，经计算 $\lambda_{\max}=3.038$，而 W_A 为

$$W_A=\begin{bmatrix}0.105\\0.637\\0.258\end{bmatrix},\begin{matrix}CI=0.019\\RI=0.580\\CR=0.033\end{matrix}$$

② 对于判断矩阵 C_1，经计算 $\lambda_{\max}=5.126$，而 W_{C_1} 为

$$W_{C_1}=\begin{bmatrix}0.491\\0.232\\0.092\\0.138\\0.046\end{bmatrix},\begin{matrix}(CI)_1=0.032\\(RI)_1=1.120\\CR=0.028\end{matrix}$$

③ 对于判断矩阵 C_2，经计算 $\lambda_{\max}=4.117$，而 W_{C_2} 为

$$W_{C_2}=\begin{bmatrix}0.055\\0.564\\0.118\\0.263\end{bmatrix},\begin{matrix}(CI)_2=0.039\\(RI)_2=0.900\\CR=0.43\end{matrix}$$

④ 对于判断矩阵 C_3，经计算 $\lambda_{max}=4.000$，而 W_{C_3} 为

$$W_{C_3} = \begin{bmatrix} 0.406 \\ 0.406 \\ 0.094 \\ 0.094 \end{bmatrix}, \begin{matrix} (CI)_3=0 \\ (RI)_3=0 \\ CR=0 \end{matrix}$$

(5) 进行层次总排序及其一致性检验的计算。

根据上述各判断矩阵所计算出的各因素权重结果，将各使用企业利润方案相对于"合理使用企业留成利润"总目标的层次总排序计算如表 17-12 所列。

表 17-12 层次总排序表

层次 P \ 层次 C	C_1	C_2	C_3	层次 P 总排序 W
	0.105	0.637	0.258	
P_1	0.491	0.000	0.406	0.157
P_2	0.232	0.055	0.406	0.164
P_3	0.092	0.564	0.094	0.393
P_4	0.138	0.118	0.094	0.113
P_5	0.046	0.263	0.000	0.172

层次总排序一致性检验如下。

$$CI = \sum_{i=1}^{3}[C_i(CI)_i] = 0.105\times0.032 + 0.637\times0.039 + 0.258\times0.0 = 0.028$$

$$RI = \sum_{i=1}^{3}[C_i(RI)_i] = 0.105\times1.12 + 0.637\times0.9 + 0.258\times0.0 = 0.690$$

$$CR = \frac{CI}{RI} = \frac{0.028}{0.690} = 0.041$$

(6) 结论：综上分析，为实现"合理使用企业留成利润"这个目标，所考虑的 5 种方案的相对优先排序为："开办职工业余学校 P_3"为 0.393；"引进新技术设备，进行企业技术改造 P_5"为 0.172；"扩建职工宿舍、食堂、托儿所等福利 P_2"为 0.164；"作为奖金发放给职工 P_1"为 0.157；"建立图书馆、职工俱乐部和业余文工队 P_4"为 0.113；显然，上述分析为企业的决策提供了理论依据。

在结束本节讨论之前还需要说明的是，现行的层次分析法在判断矩阵的建立、一致性检验的方法以及一致性标准（这里规定 $CR \leqslant 0.1$）等方面仍有许多待完善之处，例如可以将模糊理论与层次分析方法结合起来，发展所谓的模糊层次分析法去建立模糊一致判断矩阵来替代原来通过两两比较构造的判断矩阵，在这方面我们已做过尝试，发现效果很好。

17.5 系统的模糊分析评价法

自 L.A.Zadeh（扎德）教授 1965 年提出模糊集理论的概念以来，模糊数学得到迅速

的发展与广泛的应用。这里首先讨论模糊关系及其运算方面的内容，然后介绍模糊评判的相关计算。

17.5.1 模糊关系及其运算

论域 $U = \{x\}$ 上的模糊集合 A 由隶属函数 $\mu_A(x)$ 来表征，其中 $\mu_A(x)$ 在闭区间[0,1]中取值，$\mu_A(x)$ 的大小反映了 x 对于模糊集合 A 的隶属程度。令论域 U 上模糊集的全体用 $F(U)$ 来表示，并且设两个模糊集合 $A, B \in F(U)$，则 A 与 B 的并集 $A \cup B$ 的隶属函数定义为

$$\mu_{A \cup B}(x) = \max[\mu_A(x), \mu_B(x)] = \mu_A(x) \vee \mu_B(x)(\forall x \in U) \tag{17-33}$$

A 与 B 的交集 $A \cap B$ 的隶属函数定义为

$$\mu_{A \cap B}(x) = \min[\mu_A(x), \mu_B(x)] = \mu_A(x) \wedge \mu_B(x)(\forall x \in U) \tag{17-34}$$

A 的补集 A^c 的隶属函数定义为

$$\mu_{A^c}(x) = 1 - \mu_A(x)(\forall x \in U) \tag{17-35}$$

上述定义的图形表示如图 17-25 所示。在式（17-33）与式（17-34）中，Zadeh 算子"$\vee$"表示"取最大值"运算；"$\wedge$"表示"取最小值"运算。

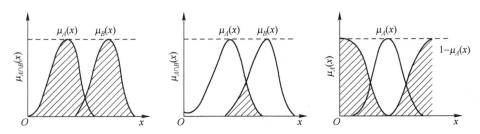

图 17-25 各种运算隶属函数的示意图

对于 n 个模糊子集 $A_i(i = 1, 2, \cdots, n)$ 的"交"与"并"可以表示为

$$S = A_1 \cap A_2 \cap \cdots \cap A_n = \bigcap_{i=1}^{n} A_i \tag{17-36}$$

$$T = A_1 \cup A_2 \cup \cdots \cup A_n = \bigcup_{i=1}^{n} A_i \tag{17-37}$$

于是 S 的隶属函数为

$$\mu_S(x) = \bigwedge_{i \in Z} \mu_{A_i}(x) \tag{17-38}$$

这里 Z 为指标集，并且 $\forall i \in Z$；对于 T 的隶属函数为

$$\mu_T(x) = \bigvee_{i \in Z} \mu_{A_i}(x) \tag{17-39}$$

令模糊子集 A、B，则 A 与 B 的代数积为 $A \cdot B$，于是它的隶属函数为

$$\mu_{A \cdot B}(x) = \mu_A(x) \cdot \mu_B(x) \tag{17-40}$$

A 与 B 的代数和为 $A + B$，于是它的隶属函数为

$$\mu_{A+B}(x)=\begin{cases}\mu_A(x)+\mu_B(x) & \mu_A(x)+\mu_B(x)\leqslant 1\\ 1 & \mu_A(x)+\mu_B(x)>1\end{cases} \quad (17\text{-}41)$$

下面介绍模糊矩阵的合成运算。设两个模糊矩阵 $\boldsymbol{P}=(p_{ij})_{m\times n}$，$\boldsymbol{Q}=(q_{jk})_{n\times l}$，它们的合成运算 $\boldsymbol{P}\circ\boldsymbol{Q}$ 的结果是一个模糊矩阵 $\boldsymbol{R}$，这里 $\boldsymbol{R}=(r_{ik})_{m\times l}$，而 "$\circ$" 为合成算子。模糊关系合成类似于普通关系矩阵的合成运算，只是将矩阵中相应二元素的"相乘""相加"运算用广义模糊"与""或"运算所替代。虽然广义模糊运算有很多种，但常用的有如下两种。

（1）$M(\wedge,\vee)$，即广义模糊"与"运算为"取小"运算，广义模糊"或"运算为"取大"运算，于是有

$$r_{ik}=\bigvee_{j=1}^{n}(p_{ij}\wedge q_{jk}),(i=1,2,\cdots,m;k=1,2,\cdots,l) \quad (17\text{-}42)$$

$$\mu_{r_{ik}}=\bigvee_{j=1}^{n}(\mu_{p_{ij}}\wedge\mu_{q_{jk}}) \quad (17\text{-}43)$$

（2）$M(\cdot,+)$，即广义模糊"与"运算为"代数积"，广义模糊"或"运算为有上界1的代数和，于是有

$$r_{ik}=\min\left\{1,\sum_{j=1}^{n}(p_{ij}\cdot q_{jk})\right\} \quad (17\text{-}44)$$

$$\mu_{r_{ik}}=\min\left\{1,\sum_{j=1}^{n}(\mu_{p_{ij}}\cdot\mu_{q_{jk}})\right\} \quad (17\text{-}45)$$

式中，$i=1,2,\cdots,m$；$k=1,2,\cdots,l$。

【例 17-9】 假设 $\boldsymbol{A}$ 和 $\boldsymbol{B}$ 均为 $X=\{x_1,x_2\}$ 到 $Y=\{y_1,y_2\}$ 的模糊关系，并且 $\boldsymbol{A}=\begin{bmatrix}0.5 & 0.3\\ 0.4 & 0.8\end{bmatrix}$，$\boldsymbol{B}=\begin{bmatrix}0.8 & 0.5\\ 0.3 & 0.7\end{bmatrix}$，试分别在 $M(\wedge,\vee)$ 模式与 $M(\cdot,+)$ 模式下完成 $\boldsymbol{A}\circ\boldsymbol{B}$ 的计算。

解：在 $M(\wedge,\vee)$ 模式下，$\boldsymbol{A}$ 与 $\boldsymbol{B}$ 的模糊关系合成为

$$\boldsymbol{A}\circ\boldsymbol{B}=\begin{bmatrix}(0.5\wedge 0.8)\vee(0.3\wedge 0.3) & (0.5\wedge 0.5)\vee(0.3\wedge 0.7)\\ (0.4\wedge 0.8)\vee(0.8\wedge 0.3) & (0.4\wedge 0.5)\vee(0.8\wedge 0.7)\end{bmatrix}=\begin{bmatrix}0.5 & 0.5\\ 0.4 & 0.7\end{bmatrix}$$

在 $M(\cdot,+)$ 模式下，$\boldsymbol{A}$ 与 $\boldsymbol{B}$ 的模糊关系合成为

$$\boldsymbol{A}\circ\boldsymbol{B}=\begin{bmatrix}\min(1,0.5\times 0.8+0.3\times 0.3) & \min(1,0.5\times 0.5+0.3\times 0.7)\\ \min(1,0.4\times 0.8+0.8\times 0.3) & \min(1,0.4\times 0.5+0.8\times 0.7)\end{bmatrix}$$
$$=\begin{bmatrix}0.4+0.09 & 0.25+0.21\\ 0.32+0.24 & 0.20+0.56\end{bmatrix}=\begin{bmatrix}0.49 & 0.46\\ 0.56 & 0.76\end{bmatrix}$$

17.5.2 模糊综合评判

在综合评判中，存在两个论域：一个是评价等级论域（又称评价集），如优秀、良好、合格、不合格等，记为

$$V = \{v_1, v_2, \cdots, v_n\} \tag{17-46}$$

另一个是对问题评价有重要关系的影响因素论域（又称因素集），记为

$$U = \{u_1, u_2, \cdots, u_m\} \tag{17-47}$$

在综合评判时，一般先按各个影响因素分别单独评价（单因素评判），再根据各因素在问题评价中所处地位与所起的作用，对各个单因素评价结果进行修正与综合，从而获得最后评定结果。

1. 单因素评判

对因素 u_i 来说，假设被评价事物对第 j 个评价等级 v_j 的隶属度记为

$$\mu_{v_j}(u_i) = r_{ij} \tag{17-48}$$

于是该事物在评价集上的模糊向量（它是个行向量）为

$$\boldsymbol{r}_i = [r_{i1}, r_{i2}, \cdots, r_{in}]$$

这里 $i = 1, 2, \cdots, m$。于是 m 个因素所对应的 m 个模糊向量便构成了一个评价矩阵 $\boldsymbol{R}$ 为

$$\boldsymbol{R} = \begin{bmatrix} \boldsymbol{r}_1 \\ \boldsymbol{r}_2 \\ \cdots \\ \boldsymbol{r}_m \end{bmatrix} = \begin{bmatrix} r_{11} & r_{12} & \cdots & r_{1n} \\ r_{21} & r_{22} & \cdots & r_{2n} \\ \cdots & \cdots & \cdots & \cdots \\ r_{m1} & r_{m2} & \cdots & r_{mn} \end{bmatrix} \tag{17-49}$$

2. 多因素综合评判

对于因素集，如果令 a_i 代表 u_i 对评定作用的隶属度，于是 m 个因素的相应隶属度便构成了一个模糊子集 $\boldsymbol{a}$，它又可以用下式表述。

$$\boldsymbol{a} = [a_1, a_2, \cdots, a_m] \tag{17-50}$$

显然由式（17-50）得到的 $\boldsymbol{a}$ 以及由各单因素评价所组成的矩阵 $\boldsymbol{R}$，便能得到被评价事物的综合评判结果为

$$\boldsymbol{b} = \boldsymbol{a} \circ \boldsymbol{R} = [a_1, a_2, \cdots, a_m] \circ \begin{bmatrix} r_{11} & r_{12} & \cdots & r_{1n} \\ r_{21} & r_{22} & \cdots & r_{2n} \\ \cdots & \cdots & \cdots & \cdots \\ r_{m1} & r_{m2} & \cdots & r_{mn} \end{bmatrix} = [b_1, b_2, \cdots, b_n] \tag{17-51}$$

式中，$\boldsymbol{b}$ 为该被评事物对评价等级的隶属度向量；b_j 为该事物对评价等级 j 的隶属度。注意式（17-51）中的模糊关系合成 $\boldsymbol{a} \circ \boldsymbol{R}$ 可以采用 $M(\wedge, \vee)$ 模型，也可以采用 $M(\cdot, +)$ 模型。当采用 $M(\wedge, \vee)$ 模型时，$\boldsymbol{b}$ 的分量便为

$$b_j = \bigvee_{i=1}^{n}(a_i \wedge r_{ij}) = \max[\min(a_1, r_{1j}), \min(a_2, r_{2j}), \cdots, \min(a_m, r_{mj})] \tag{17-52}$$

式中，$j = 1, 2, \cdots, n$。显然，考虑多因素时因素 u_i 的评价对任何评价等级 $v_j (j = 1, 2, \cdots, n)$ 的隶属度 $(a_i \wedge r_{i1}, a_i \wedge r_{i2}, \cdots, a_i \wedge r_{in})$ 都不能大于 a_i，这说明当采用 $M(\wedge, \vee)$ 时 $\boldsymbol{a}$ 并没有权向

量的含义。由于 b_j 只选 $(a_i \wedge r_{ij})$ 中的最大值，而不考虑其他因素的影响，因此这是一种"主因素突出型"的综合评判。如果采用 $M(\cdot,+)$ 模型，那么

$$b_j = \min\left\{1, \sum_{i=1}^{m}(a_i r_{ij})\right\} \tag{17-53}$$

显然，评价等级 v_j 的隶属度 b_j 中包括了所有因素 $(u_1, u_2, \cdots, u_m)$ 的影响，而不是像式（17-52）那样仅考虑对 b_j 影响最大的因素。正是由于这里同时考虑了所有因素，所以各 a_i 具有代表各因素重要性的权系数的含义，因而应满足要求。因此这一模型是"加权平均型"的综合评判，在此模型中 $\boldsymbol{a} = [a_1, a_2, \cdots, a_m]$ 具有权向量的性质。

$$\sum_{i=1}^{m} a_i = 1 \tag{17-54}$$

【例 17-10】 今对某型汽车进行评判，评价因素论域为 $U=\{$工作质量，易操作性，价格便宜$\}=\{u_1, u_2, u_3\}$，评语论域为 $V=\{$很好，较好，可以，不好$\}=\{v_1, v_2, v_3, v_4\}$，单就"工作质量"评判，经专家试验考查，有 50%的人认为"很好"，40%的人认为"较好"，10%的人认为"可以"，没有人认为"不好"，即 $r_1 = [0.5, 0.4, 0.1, 0]$。其他单因素评判所得的模糊向量为 $r_2 = [0.4, 0.3, 0.2, 0.1]$，$r_3 = [0.1, 0.1, 0.3, 0.5]$，试求隶属度向量 $\boldsymbol{b}$。

解：依题意，单因素评价矩阵为

$$\boldsymbol{R} = \begin{bmatrix} 0.5 & 0.4 & 0.1 & 0.0 \\ 0.4 & 0.3 & 0.2 & 0.1 \\ 0.1 & 0.1 & 0.3 & 0.5 \end{bmatrix}$$

假设客户购买时主要考虑的是车的工作质量，而后要求价格较低，对于易操作的要求放到最后，因此选取权系数向量为

$$\boldsymbol{a} = [0.5, 0.2, 0.3]$$

如果综合评判按 $M(\cdot,+)$ 模型进行，那么有

$$\boldsymbol{b} = \boldsymbol{a} \circ \boldsymbol{R} = [0.5, 0.2, 0.3] \circ \begin{bmatrix} 0.5 & 0.4 & 0.1 & 0.0 \\ 0.4 & 0.3 & 0.2 & 0.1 \\ 0.1 & 0.1 & 0.3 & 0.5 \end{bmatrix} = [0.36, 0.29, 0.18, 0.17]$$

3. 多级综合评判

对于复杂问题的评判，往往需要考虑的因素十分多，而且这些因素还可能分属于不同的层次，为此可以先把所有因素按某些属性分成几类，在每一类范围内开展第一级综合评判，之后再根据各类评判的结果进行第二级的综合评判。对于更复杂的问题还可分成更多层次进行多级综合评判。下面以二级评判为例，其主要步骤如下。

（1）令评价集为 $V = \{v_1, v_2, v_3, v_4\}$；对于因素论域 U 则首先把 U 按照各因素的属性划分为 S 个互不相交的子集：$U = \{U_1, U_2, \cdots, U_s\}$；设每个子集：$U_k = \{u_{k1}, u_{k2}, \cdots, u_{km}\}$，这里 $k = 1, 2, \cdots, S$。值得注意的是，对于不同的子集其 m 可以不同。

（2）分别在每个因素子集 U_k 范围内进行综合评判，即先根据子集 U_k 中的各因素所

起作用的大小给出各因素的权重分配为

$$a_k = [a_{k1}, a_{k2}, \cdots, a_{km}] \quad (k=1,2,\cdots,S) \tag{17-55}$$

将 U_k 的各单因素进行评定，所得的模糊向量 r_{ki}（这里 $i=1,2,\cdots,m$）组成评价矩阵 R_k，即

$$R_k = \begin{bmatrix} r_{k1} \\ r_{k2} \\ \cdots \\ r_{km} \end{bmatrix} = \begin{bmatrix} r_{k11} & r_{k12} & \cdots & r_{k1n} \\ r_{k21} & r_{k22} & \cdots & r_{k2n} \\ \cdots & \cdots & \cdots & \cdots \\ r_{km1} & r_{km2} & \cdots & r_{kmn} \end{bmatrix} \tag{17-56}$$

这里 $k=1,2,\cdots,S$。然后按式（17-57）求出相应的评价等级隶属向量 b_k，即

$$b_k = a_k \circ R_k = [b_{k1}, b_{k2}, \cdots, b_{kn}] \tag{17-57}$$

同样，式中的 $k=1,2,\cdots,S$。

（3）将 $b_1, b_2, \cdots, b_s$ 组成评价矩阵 R，即

$$R = \begin{bmatrix} b_1 \\ b_2 \\ \cdots \\ b_s \end{bmatrix} = \begin{bmatrix} b_{11} & b_{12} & \cdots & b_{1n} \\ b_{21} & b_{22} & \cdots & b_{2n} \\ \cdots & \cdots & \cdots & \cdots \\ b_{s1} & b_{s2} & \cdots & b_{sn} \end{bmatrix} = \begin{bmatrix} a_1 \circ R_1 \\ a_2 \circ R_2 \\ \cdots \\ a_s \circ R_S \end{bmatrix} \tag{17-58}$$

（4）令 a 为 S 个因素子集的因素作用模糊向量，其表达式为

$$a = [a_1, a_2, \cdots, a_s] \tag{17-59}$$

这里 a 应该事先给出，它代表了各子集重要性的权重分配。至此便可得到二级模糊综合评判的数学式，即

$$b = [b_1, b_2, \cdots, b_n] = a \circ R \tag{17-60}$$

式中，R 与 a 分别由式（17-58）与式（17-59）所定义。

【例 17-11】 今对某工程质量问题进行多级模糊综合评判，其评价集（论域）为 $V=\{$优，良，中，低，差$\}=\{v_1, v_2, v_3, v_4, v_5\}$，因素论域为 $U=\{U_1, U_2, \cdots, U_7\}$，其中：$U_1 = \{u_{11}, u_{12}, \cdots, u_{15}\}$，$U_2 = \{u_{21}, u_{22}, u_{23}\}$，$U_3 = \{u_{31}, u_{32}, \cdots, u_{35}\}$，$U_4 = \{u_{41}, \cdots, u_{46}\}$，$U_5 = \{u_{51}, u_{52}, u_{53}\}$，$U_6 = \{u_{61}, u_{62}, u_{63}\}$，$U_7 = \{u_{71}, u_{72}, \cdots, u_{74}\}$

相应的模糊评价矩阵为

$$R_1 = \begin{bmatrix} \frac{2}{9} & \frac{3}{9} & \frac{4}{9} & 0 & 0 \\ \frac{1}{9} & \frac{4}{9} & \frac{3}{9} & \frac{1}{9} & 0 \\ \frac{2}{9} & \frac{4}{9} & \frac{2}{9} & \frac{1}{9} & 0 \\ 0 & \frac{3}{9} & \frac{4}{9} & \frac{2}{9} & 0 \\ \frac{1}{9} & \frac{3}{9} & \frac{4}{9} & \frac{1}{9} & 0 \end{bmatrix} \quad R_2 = \begin{bmatrix} \frac{1}{9} & \frac{3}{9} & \frac{4}{9} & \frac{1}{9} & 0 \\ \frac{3}{9} & \frac{4}{9} & \frac{2}{9} & 0 & 0 \\ \frac{3}{9} & \frac{5}{9} & \frac{1}{9} & 0 & 0 \end{bmatrix}$$

$$R_3 = \begin{bmatrix} \frac{1}{9} & \frac{2}{9} & \frac{4}{9} & \frac{2}{9} & 0 \\ \frac{2}{9} & \frac{5}{9} & \frac{2}{9} & 0 & 0 \\ \frac{1}{9} & \frac{2}{9} & \frac{5}{9} & \frac{1}{9} & 0 \\ \frac{4}{9} & \frac{3}{9} & \frac{2}{9} & 0 & 0 \\ 0 & \frac{3}{9} & \frac{5}{9} & \frac{1}{9} & 0 \end{bmatrix} \quad R_4 = \begin{bmatrix} \frac{4}{9} & \frac{3}{9} & \frac{2}{9} & 0 & 0 \\ \frac{2}{9} & \frac{5}{9} & \frac{2}{9} & 0 & 0 \\ \frac{3}{9} & \frac{5}{9} & \frac{1}{9} & 0 & 0 \\ 0 & \frac{2}{9} & \frac{6}{9} & \frac{1}{9} & 0 \\ 0 & \frac{3}{9} & \frac{5}{9} & \frac{1}{9} & 0 \\ \frac{5}{9} & \frac{2}{9} & \frac{2}{9} & 0 & 0 \end{bmatrix}$$

$$R_5 = \begin{bmatrix} \frac{3}{9} & \frac{4}{9} & \frac{1}{9} & \frac{1}{9} & 0 \\ \frac{1}{9} & \frac{2}{9} & \frac{4}{9} & \frac{2}{9} & 0 \\ \frac{3}{9} & \frac{2}{9} & \frac{3}{9} & \frac{1}{9} & 0 \end{bmatrix} \quad R_6 = \begin{bmatrix} \frac{1}{9} & \frac{4}{9} & \frac{4}{9} & 0 & 0 \\ 0 & \frac{2}{9} & \frac{5}{9} & \frac{2}{9} & 0 \\ 0 & 0 & \frac{7}{9} & \frac{2}{9} & 0 \end{bmatrix}$$

$$R_7 = \begin{bmatrix} \frac{3}{9} & \frac{4}{9} & \frac{2}{9} & 0 & 0 \\ \frac{3}{9} & \frac{3}{9} & \frac{3}{9} & 0 & 0 \\ \frac{4}{9} & \frac{3}{9} & \frac{2}{9} & 0 & 0 \\ \frac{1}{9} & \frac{3}{9} & \frac{5}{9} & 0 & 0 \end{bmatrix}$$

而 $a_1, a_2, a_3, \cdots a_7$ 以及 a 分别为

$$a_1 = [0.295, 0.295, 0.082, 0.164, 0.164]$$
$$a_2 = [0.634, 0.260, 0.106]$$
$$a_3 = [0.524, 0.109, 0.109, 0.198, 0.062]$$
$$a_4 = [0.059, 0.344, 0.032, 0.150, 0.106, 0.308]$$
$$a_5 = [0.25, 0.25, 0.50]$$
$$a_6 = [0.634, 0.260, 0.106]$$
$$a_7 = [0.327, 0.27, 0.27, 0.133]$$
$$a = [0.431, 0.047, 0.072, 0.094, 0.186, 0.053, 0.118]$$

试计算出 b_1，b_2，$\cdots$，b_7 以及 b，并且将它们做归一化处理。

解：借助于式（17-60）并注意将式中的 "。" 运算符变为 "·"，即作普通矩阵乘法，则得

$$b_1 = [0.135, 0.375, 0.393, 0.097, 0.000]$$
$$b_2 = [0.192, 0.386, 0.351, 0.070, 0.000]$$
$$b_3 = [0.183, 0.288, 0.396, 0.135, 0.000]$$
$$b_4 = [0.284, 0.366, 0.320, 0.280, 0.000]$$
$$b_5 = [0.278, 0.278, 0.306, 0.139, 0.000]$$

$$b_6 = [0.070, 0.340, 0.509, 0.081, 0.000]$$
$$b_7 = [0.334, 0.370, 0.297, 0.000, 0.000]$$

借助于式（17-60）便得到

$$b = [0.202, 0.348, 0.363, 0.111, 0.000]$$

注意，上面计算出来的 b_1，b_2，b_3，b_4，b_5，b_6，b_7 以及 b 未做归一化处理。显然，根据最大隶属度原则，便可对上述结果作出进一步分析。

综上所述，在多级模糊评价中，如何合理地给出与权重分配相当的 a_1，a_2，…，a_7 以及 a，是件非常关键的事。

17.6 环境生态安全评价模型以及生态预报

正如本书第 13 章所提到的，过去人机环境系统工程中的"环境"多指舱内微气候微环境或者"机"的绕流流场，很少考虑大尺度的生态环境。近十几年来，由于人类采用了不科学的生产活动，干扰和损伤了生态系统，因此在讲述人机环境系统评价这章时，适当关注与了解一下生态安全评价模型以及清洁生产的评价等相关内容是十分必要的，因此本书在 17.6 节与 17.7 节中扼要讨论这方面的内容。

17.6.1 PSR 模型

生态安全概念最早由 L.R.Brown 在 1977 年提出。从广义上讲，它包括自然生态安全、经济生态安全和社会生态安全；从狭义上讲，它包括自然和半自然生态系统的安全，即生态系统完整性和健康的整体水平反映，其研究范围包括全球、国家、区域尺度等。通常，生态安全评价的核心内容是要最大可能达到自然资源乃至整个生态系统的可持续利用，为实现可持续发展提供生态安全保障。生态安全是指生物与环境的相互作用不导致个体或系统受到侵害和破坏，从而保障生态系统可持续发展的一种动态过程。生态安全评价对寻找关键影响因子及有针对性地制定整治和预防措施具有重要的现实意义。目前，国外关于生态安全评价研究的文章较多，这里仅介绍世界经济合作和发展组织（OECD）与联合国环境规划署（UNEP）共同提出的压力-状态-响应模型，即 PSR（pressure-state-response）模型。这个模型已得到学术界的高度认可，而且应用面十分广泛。

17.6.2 指标体系的建立和评价指标函数的构建

在 PSR 模型框架的基础上，建立了社会经济、环境压力、环境质量和环境响应四要素的生态安全评价模型（图 17-26）。指标体系的建立应该充分体现出该区域生态安全的现状和主要特点，通过指标的具体状态和相互关系，归纳出影响区域生态安全的主要问题及原因。本文指标体系的建立遵循以下原则：①生态系统的完整性与敏感性；②易操作性；③数据可得性。根据评价模型和指标建立原则，借鉴国内外的相关方法，构建了

3个层次17个评价因子的指标体系。图17-27给出了某地区生态安全评价体系的框图，该体系的第一级指标为该地区生态安全综合指数，该体系由社会经济、环境压力、环境质量及环境响应等4个二级子系统组成，每个子系统由若干个三级指标构成。

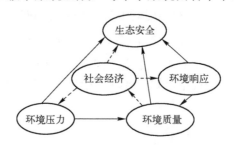

图17-26 生态安全评价模型

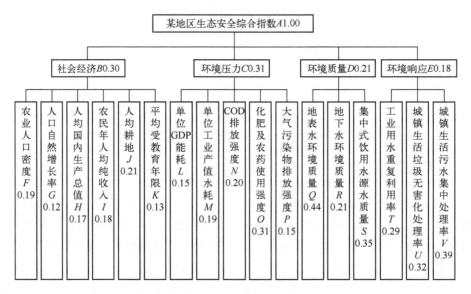

图17-27 某地区生态安全评价体系框图

这些指标为可以直接度量的指标。由于该地区最主要的环境问题是水资源及水污染问题，在环境质量子系统重点考虑水环境指标；该区域大气污染物主要为 SO_2，大气污染物重点考虑 SO_2 排放强度。指标体系中各项指标权重的确定采用德尔菲法和层次分析法（AHP），即首先确定该地区生态安全综合指数权重为1.0，再对二级指标权重进行分解，确定各二级指标的权重 $X_i(i=1,2,3,4)$，且

$$\sum_{i=1}^{n} X_i = 1 \tag{17-61}$$

最后确定三级指标在各子系统中的权重为

$$\tilde{X}_{ij}(i=1,2,3,4; j=1,2,3,\cdots,m) \tag{17-62}$$

各指标在总指标体系中的权重可根据

$$Y_i = X_j * \tilde{X}_{ij}(i=1,2,3,4; j=1,2,3,\cdots,m) \tag{17-63}$$

来确定。二级、三级指标初始权重确定后,再由相关领域专家经过几次修正之后去确定最终各级指标的权重。评价上述地区的各指标生态安全指数(这里用 S 表示)时,计算判定函数主要是根据指标特性借助于 3 种方式有针对性地构建而成。第一类函数关系式可用式(17-64)表示,即首先建立分段函数,将函数在 3 个连续区间内进行划分,对中间区间采用内插法计算指标的生态安全指数。采取这种方式建立函数关系式的指标为:人口自然增长率、人均 GDP、农民年人均纯收入、人均耕地、平均受教育年限等。就目前中国国情来说,这些指标中除了人口自然增长率为限制型指标,余下 4 项均为发展型指标,这些指标的共同特性在于当指标实际值($P_{实际值}$)向理想值方向达到或超过理想值($P_{理想值}$)时,基本上可满足区域生态环境安全发展的需要,这时指标生态安全指数达到最大值 1。另外,对每一指标可选定一个最低标准值,当指标实际值向最低标准值方向达到或超出最低标准值时,指标生态安全指数达到最小值 0。具体函数式如下。

$$S = \begin{cases} 1 & P_{实际值} \geqslant P_{理想值} \\ \dfrac{P_{实际值} - P_{最低标准值}}{P_{理想值} - P_{实际值}} & P_{最低标准值} < P_{实际值} < P_{理想值} \\ 0 & P_{实际值} < P_{最低标准值} \end{cases} \quad (17\text{-}64)$$

第二类函数关系式采用指数增长法建立,可用式(17-65)表示。采用这种方式建立函数关系式的指标为:农业人口密度、单位 GDP 能耗、单位工业产值水耗、化肥及农药使用强度、SO_2 排放强度、工业用水重复利用率、城镇生活垃圾无害化处理率、城镇生活污水集中处理率等 9 项。指标建立过程中,首先建立分段函数。当指标值优于目标理想值时,其指标生态安全指数达到最大值 1;当指标值劣于目标理想值时,指标的生态安全指数并非呈线性关系递减,而是以指数增长的方式递减。这类指标值离目标理想值越远,其生态安全指数递减速率越快,直至递减为 0。

$$S = \begin{cases} 1 & P_{实际值} \leqslant P_{理想值} \\ \left(\left| \dfrac{P_{理想值}}{P_{实际值}} \right| \right)^{\beta} & P_{实际值} > P_{理想值} \end{cases} \quad (17\text{-}65)$$

式中 β 定义为

$$\beta = \dfrac{P_{实际值}}{P_{理想值}} \quad (17\text{-}66)$$

第三类函数关系式可以由达标率的函数关系式来表达生态安全指数。

17.6.3 生态安全指数判断标准以模型评价结果分析

根据国内外相关研究,确定了 5 个区间来界定计算得出的生态安全指数所表达的生态安全状况如表 17-13 所列。

表 17-13 生态安全指数评价标准表

生态安全指数区间	≤0.3	0.3～0.5	0.5～0.7	0.7～0.9	≥0.9
等级	V	IV	III	II	I
状态表征	很不安全	较不安全	一般	良好	理想

依照国家或地区的 2020 年目标，确定 17 项评价指标的判定标准，在此基础上计算各指标的生态安全指数如表 17-14 所列。另外，在上述研究中将选取 2002 年作为基准年根据三级指标生态安全指数，采用加权求和方法，可计算得出二级指标生态安全指数，公式为

$$S_{子系统} = [W_{n+1} + W_{n+2} + \cdots + W_{n+m}] \cdot [S_{n+1} + S_{n+2} + \cdots + S_{n+m}]^T \quad (17-67)$$

式中，W_{n+1} 为各评价指标的权重；S_{n+1} 为各评价指标的生态安全度，$n=0$，$m=6$；$n=6$，$m=5$；$n=11$，$m=3$；$n=14$，$m=3$。该地区的综合生态安全指数是各子系统的权重乘以其生态安全指数，如表 17-15 所列。以上是增加社会经济部分的评价结果，若按照压力-状态-响应评价模型，则去除社会经济部分，等比例调整环境压力、环境质量和环境响应子系统权重（子系统内指标权重不发生变化），加权计算后得出评价结果为 0.41。两种评价结果同属较不安全等级，但相差 20.6%。根据评价结果，该地区综合生态安全指数仅为 0.34，生态安全状况总体较差，各子系统生态安全指数由高到低依次为环境质量、环境压力、环境响应和社会经济，其中社会经济处于很不安全状态。该区域经济以农业为基础，其生态安全的关键是农业问题。上述评价结果反映了该区域农业人口密度过高，人均耕地、人均产值和收入过低等问题，导致社会经济发展缓慢而不协调，进一步造成环境压力大，环境响应不够，虽然目前环境质量处于一般状态，但已处于临界状态，如果不能及时调整社会经济发展模式，可能导致区域生态系统恶性循环。

表 17-14 某地区生态安全评价指标的实际值

序号	评价指标	实际值	最低标准	理想值	安全指数
1	农业人口密度 $F/(人 \cdot km^{-2})$	412		250	0.44
2	人口自然增长率 $G/(\times 10^{-3})$	6	7	3.53	0.29
3	人均国内生产总值 $H/(元/人)$	4990	2468	2.5×10^4	0.11
4	农民年人均纯收入 $I/(元/人)$	1539	865	1.2×10^4	0.06
5	人均耕地 $J/(m^2/人)$	783	534	2301	0.14
6	平均受教育年限 K/a	5.7	9	12	0
7	单位 GDP 能耗 $L/(t\ stand\ coal \cdot 10^{-4}\ yuan)$	1.62		1.4	0.84
8	单位工业产值水耗 $M/(t \cdot 10^{-4}\ yuan)$	80.6		51.9	0.50
9	COD 排放强度 $N/(kg \cdot 10^{-4}\ yuan)$	6.59		5	0.69
10	化肥及农药使用强度 $O/(kg \cdot hm^{-2})$	1042		250	0
11	大气污染物排放强度 $P/(kg \cdot 10^{-4}\ yuan)$	12.6		5.5	0.15
12	地表水环境质量 Q	70 个监测断面综合水质		达标	0.34
13	地下水环境质量 R	18 眼深层地下水综合水质		达标	0.61
14	集中式饮用水源水质量 S	23 个水源地综合水质		达标	0.64
15	工业用水重复利用率 $T/\%$	68.3		80	0.83
16	城镇生活垃圾处理率 $U/\%$	50.9		100	0.27
17	城镇生活污水集中处理率 $V/\%$	12.9		70	0

表 17-15 某地区生态安全综合指数

项目	社会经济子系统	环境压力子系统	环境质量子系统	环境响应子系统	综合生态安全度
安全指数	0.17	0.39	0.50	0.33	0.34
权重	0.30	0.31	0.21	0.18	1

环境压力子系统中主要问题是化肥及农药使用强度，其生态安全指数为 0，情况堪忧。其主要原因在于，该地区经济以农业为主，2002 年农业总产值占全区 GDP 的 42.5%；农业生产仍以传统农业为主，耕作粗放，模式单一。高强度的农业生产和传统的生产方式决定了化肥及农药使用的高强度，成为水体污染和土地质量下降的主要原因之一。环境质量子系统中的主要问题是地表水，生态安全指数为 0.34，这与该地区河流的水质污染严重基本一致，反映了地表水环境污染是该地区生态安全的主要威胁之一。2002 年水质监测结果表明，该地区河流 40%的干流断面和 60%的支流水质均为 V 类或劣 V 类，主要是氨氮超标严重，污染源来自农业面源污染、城市生活污水和工业污染。地表水是工业、农业和生活用水的主要来源，其安全指数将直接影响社会经济的发展，值得人们高度关注。

17.6.4　生态预报的内涵

2001 年 D.Tilman 和 J.S.Clark 分别在 *Science* 上撰文，预报了由农业驱动的全球环境变化，探索了对未来几十年预报的一些成果，提出了开展生态预报研究的重要性和紧迫性。另外，美国科学促进会（the American association for the advancement of science，AAAS）也举办了 150 多次会议讨论全球环境的变化 以及生态预报（ecological forecasting）问题。正是由于当前生态问题严重，因此生态问题的预报也就引起更多人的关注。国际著名生态学家、联合国教科文组织"人与生物圈计划"（MAB）的创立者和领导者 F.di Castri 在 20 世纪 80 年代连续发表了 3 篇题为"增强生态学的可靠性"的文章，认为生态学研究 20 世纪 80 年代处于困境中，并指出了生态学研究存在的一些主要弱点。进入 21 世纪，计算能力和统计方法的进步以及新数据的获取增加了我们预报生态系统变化的能力。J.S.Clark 将生态预报定义为：预测生态系统状态、生态系统服务和自然资本的一种过程；生态预报充分考虑了各种不确定性，并且依赖于气候、土地利用、人口、技术及经济活动等各种因素。美国环境与自然资源委员会生态系统分会（committee on environment and natural resources, subcommittee on ecological systems）共同主席 Clutter 和 Scavia 领导的小组将生态预报定义为：预测生物的、化学的、物理的以及人类活动引起的变化对生态系统及其组成的影响；并强调这样的预测并不保证什么将发生，而是从科学上估计什么可能发生。上述两个定义没有本质的区别。从上述生态预报的定义看，生态预报是一门综合的学科。生态预报的空间范围可以是小地区范围的，也可以是大区域乃至整个地球；预测时间范围可延伸到未来 50 年。预报的信息容量与预报的不确定性成反比，置信区间宽意味着信息容量少。一个预报方案可以设定为"在可能的未来的边界条件范围内的变化（如温室气体排放方案）。对决策者而言，方案仅仅提供了一种可能性的方向，而并非是确定性的"。生态预报回答"什么将会发生，如果……"（what if）。这些问题是以设定各种变化为前提的。短期预报，如预测有害海藻暴发，类似于天气预报和飓风预报。很多短期事件具有瞬间即逝或长期的生态影响。例如，灾难性的害虫或野火发生能使生态系统迅速地被改变；由洪水引发的养分流入淡水或海岸生态系统能使这些生态系统的生产力发生长期的变化或转变成新的生态系统状态。大尺度、长期的生态系统变化的预测特别重要，因为对生态系统一些严重的、持久的影响来自慢性的原因，在短时间内它们是微小的、不易察觉的。毫无疑问，预报大尺度、长期的生态系统变化是一件很复杂、很细致但又十分重要的事。

17.6.5　近期生态预报研究的重要领域

F.B.Golley 认为，生态学的发展经历了三次理论上的重大突破：①1935 年 Tansley 提出生态系统的概念，20 世纪 40 年代末至 70 年代初，生态学研究主要集中在生态系统；②1980 年国际景观生态学大会的召开，标志着现代生态学的出现，等级理论将时间和空间尺度联系起来；③人类生态学分支的诞生。它是在生态系统和景观的概念基础上发展起来的。更多的研究者愿意将人看作是生态系统或景观的组成部分，使生态学成为连接自然科学和社会科学的桥梁。E.P.Odum 在 1997 年出版的《生态学：科学与社会的桥梁》一书中对生态学定义为：研究生物、自然环境和人类社会的综合学科，并认为这门学科已经成熟，可以看作环境领域的一门基础学科。当人类社会步入 21 世纪后，环境与持续发展问题仍然没有解决，仍然存在着许多问题，例如气候和化学循环的急速变化，支撑地区经济的自然资源的枯竭，外来物种的激增，疾病的传播，空气、水和土壤的恶化，因此对人类文明构成了史无前例的威胁。经典生态学主要研究种群、生态系统、景观等不同水平的生态格局与生态过程，而生态学的应用研究主要体现在恢复生态、生态工程、生态系统管理等方面。生态预报将是今后生态学研究的一个重要努力方向，并且能在资源和环境的决策和管理中发挥越来越大的作用。计算机科学中的技术创新以及数量分析、信息和遥感技术、基因学、系统生物学和生态学理论的发展，使以前不可能发生的生态预报成为可能，科学家和决策者们将依靠着生态预报去处理环境的变化。生态学家更加关心生态格局的预报。当生态学家解释过去并预测未来人类对生态系统过程的长期影响时，努力为人类与决策者提出相应的建议。美国环境与自然资源委员会生态系统分会根据生态系统变化的几个关键原因，建立了近期生态预报重要研究领域的基本框架：

（1）极端自然事件，例如火、洪水、干旱、飓风、暴风、有害海藻暴发。尽管极端自然事件远非是自然资源管理者所能控制的，但预测其发生对生态系统的影响以及与生态系统变化的其他原因的相互作用，对管理和制定对策规划都非常重要。

（2）气候变化。对资源管理者和决策者而言，弄清气候变化对物种、生态系统的影响是十分重要的研究工作。

（3）土地和资源利用。土地和资源利用的变化导致了生态系统的改变。

（4）污染。重点是关注环境中潜在有害的化学物质和过量的营养元素。注意研究农业生产和森林采伐等活动对陆地、淡水和海洋生态系统的影响。

（5）入侵生物。生物入侵能给当地生态系统带来灾难性影响，导致生态灾害频繁暴发，对农林业造成严重损害，还直接威胁到人类的健康。

总之，生态预报是一门跨学科的综合性研究。它能帮助科学管理者制定研究、监测、模拟和评价的优先领域，是资源与环境管理、决策中的重要依据。因此，生态预报不仅仅是生态学研究者关注的方向，它也应该是我们大家关注的工作。

17.7　清洁生产的评价等级及其评价方法

清洁生产评价可分为定性评价和定量评价两大类。原料指标和产品指标一般是难以定量的，应属于定性评价，因此可以粗分为3个等级；资源和污染物的产生易于量化，可以定量评价。

清洁生产指标的评价方法多采用百分制，首先对原材料指标、产品指标、资源消费指标和污染物产生指标按等级评分标准分别进行打分，然后分别乘以各自的权重值，最后累加起来得到总分。这里应当指出的是权重的确定是一项值得深入研究的问题。有关清洁生产的评价方法，因国际上已有大量资料与文献发表，这里因篇幅所限就不再赘述。

第 18 章 人机环境系统性能预测的智能算法

18.1 人机环境系统性能预测的小波神经网络智能算法

在人机环境系统工程中,性能预测是极为重要的研究内容之一。为了有效地评价一个复杂的系统,往往需要建立这个系统的数学模型,然而由于通常人机环境系统都是高度非线性的、十分复杂的,很难用一个准确的函数表达式或者微分方程式来表达。正是由于数学建模如此困难,因此使得许多性能预测的量化工作做起来十分困难。面对这种情况,人工神经网络有时会显示出惊人的力量。1988 年世界上 3 位著名神经网络学家,即美国波士顿大学的 S.Grossberg 教授、芬兰赫尔辛基技术大学的 T.Kohonen 教授和日本东京大学的 S.Amari 教授共同创办了世界上第一部神经网络杂志 *Neural Networks*,这就使得人工神经网络有了更大的发展。人工神经网络,尤其是小波神经网络具有很强的自学习功能,一个合理的人工神经网络的设计可以有效地完成非线性函数的高精度逼近与映射。正因如此,小波神经网络在多属性决策、气候预报以及动态系统辨识等方面都得到了成功应用,本节也试图将小波神经网络用于人机环境系统的建模与预测过程。

在人机环境系统工程的性能预测时,模糊集、模糊系统、模糊算法以及模糊逻辑函数的合成等是常会遇到的概念与定义。在我国,模糊神经网络多用于单片机模糊控制、温度控制以及粮食干燥问题的模糊控制等,本节也试图将模糊数学与人工神经网络相融合去产生模糊神经网络,并用于人机环境系统中性能预测。

小波神经网络(WNN)和模糊神经网络(FNN)是目前国际上极为关注的两类新型神经网络,本节详细地给出了它们的构造以及训练学习过程,并针对性能预测问题分别完成了几个典型算例。大量的算例表明,小波神经网络具有很好的逼近与映射能力,并且有很强的泛化能力;模糊神经网络将模糊数学与人工神经网络相互融合,有效地提升了系统的智能功能。两类新型神经网络使得人机环境系统工程中的许多性能预测问题有了更有效的量化工具,它们使得性能预测的量化更准确、更高效。

18.1.1 小波神经网络的训练学习过程

人工神经网络通常由三部分组成,即输入层、隐含层和输出层,图 18-1 给出了它的基本结构。

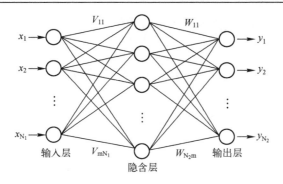

图 18-1 人工神经网络的基本结构

在隐含层，如果用小波母函数取代 BP 神经网络中常用的 Sigmoid 激励函数，于是便产生了小波神经网络（WNN），其表达式为

$$y_k^{(s)} = \sum_{j=1}^m \left[\frac{W_{kj}}{\sqrt{a_j}} \psi(\tilde{Z}_j^{(s)}) \right] = \sum_{j=1}^m \left[W_{kj} \frac{1}{\sqrt{a_j}} \psi\left(\frac{\sum_{i=1}^{N_1}(V_{ji}x_i^{(s)}) - b_j}{a_j} \right) \right] \quad (18\text{-}1)$$

式中，上标（s）表示对第 s 个样本而言；W_{kj} 与 V_{ji} 分别为连接权重；a_j 与 b_j 分别为小波函数的伸缩因子与平移因子；$Z_j^{(s)}$ 与 $\tilde{Z}_j^{(s)}$ 的定义分别为

$$Z_j^{(s)} = \sum_{i=1}^{N_1}(V_{ji}x_i^{(s)}) \quad (18\text{-}2)$$

$$\tilde{Z}_j^{(s)} = \frac{Z_j^{(s)} - b_j}{a_j} \quad (18\text{-}3)$$

式（18-1）中 $\psi(\cdot)$ 为小波母函数。

令第 s 个样本的网络目标输出（期望）值为 $\tilde{y}_k^{(s)}$ 引进小波神经网络总的能量函数（又称能量函数）E，其表达式为

$$E = \frac{1}{2} \sum_{s=1}^S \sum_{k=1}^{N_2} (y_k^{(s)} - \tilde{y}_k^{(s)})^2 \quad (18\text{-}4)$$

这里引入误差反向传播训练的思想去完成小波神经网络中小波函数的参数 a_j 与 b_j 以及网络的连接权重 W_{kj} 与 V_{ji} 值的调节，其表达式为

$$V_{ji}^{(n+1)} = V_{ji}^{(n)} - \eta \frac{\partial E}{\partial V_{ji}^{(n)}} + \beta \Delta V_{ji}^{(n)} \quad (18\text{-}5)$$

$$W_{kj}^{(n+1)} = W_{kj}^{(n)} - \eta \frac{\partial E}{\partial W_{kj}^{(n)}} + \beta \Delta W_{kj}^{(n)} \quad (18\text{-}6)$$

$$a_j^{(n+1)} = a_j^{(n)} - \eta \frac{\partial E}{\partial a_j^{(n)}} + \beta \Delta a_j^{(n)} \tag{18-7}$$

$$b_j^{(n+1)} = b_j^{(n)} - \eta \frac{\partial E}{\partial b_j^{(n)}} + \beta \Delta b_j^{(n)} \tag{18-8}$$

式中，n 为网络训练学习过程的迭代次数；η 与 β 分别为学习速率因子与惯性系数；符号 ΔV_{ji}，ΔW_{kj}，$\Delta a_j^{(n)}$ 与 $\Delta b_j^{(n)}$ 的定义分别为

$$\Delta V_{ji}^{(n)} = V_{ji}^{(n)} - V_{ji}^{(n-1)} \tag{18-9}$$

$$\Delta W_{kj}^{(n)} = W_{kj}^{(n)} - W_{kj}^{(n-1)} \tag{18-10}$$

$$\Delta a_j^{(n)} = a_j^{(n)} - a_j^{(n-1)} \tag{18-11}$$

$$\Delta b_j^{(n)} = b_j^{(n)} - b_j^{(n-1)} \tag{18-12}$$

因篇幅所限，式（18-5）～式（18-8）中 $\frac{\partial E}{\partial W_{kj}^{(n)}}$，$\frac{\partial E}{\partial V_{ji}^{(n)}}$，$\frac{\partial E}{\partial a_j^{(n)}}$ 与 $\frac{\partial E}{\partial b_j^{(n)}}$ 的表达式只给出两个，即

$$\frac{\partial E}{\partial W_{kj}^{(n)}} = \sum_s \sum_k \left\{ q_k^{(s)} \sum_j \left[\frac{1}{\sqrt{|a_j|}} \Psi(\tilde{Z}) \right] \right\} \tag{18-13}$$

$$\frac{\partial E}{\partial a_j^{(n)}} = -\sum_s \sum_k \left\{ q_k^{(s)} \sum_j \left[\frac{W_{kj}}{\sqrt{|a_j|^3}} \left(\frac{1}{2} \Psi(\tilde{Z}) + \tilde{Z} \frac{\mathrm{d}\Psi(\bar{Z})}{\mathrm{d}\tilde{Z}} \right) \right] \right\} \tag{18-14}$$

式中

$$q_k^{(s)} = y_k^{(s)} - \tilde{y}_k^{(s)} \tag{18-15}$$

这里，为简化符号的表达，在式（18-13）与式（18-14）中采用了 W_{kj} 与 a_j 分别代表 $W_{kj}^{(n)}$ 与 $a_j^{(n)}$ 的做法。

18.1.2　模糊神经网络的训练学习过程

模糊神经网络建立在 L.A.Zadeh 提出的模糊集与隶属函数概念的基础上，将模糊数学与人工神经网络相融合便产生了模糊神经网络，这又是一大类新型的人工神经网络。这里仅讨论模糊联想记忆（fuzzy associative memory，FAM）网络，设 $\{X^{(s)}, \tilde{Y}^{(s)}\}_{s=1}^{s}$ 是一组给定的模糊样本集，又设作用于联想存储器 W，即

$$W = [w_{ki}]_{q \times m} \qquad w_{ki} \in [0,1] \tag{18-16}$$

上的 n 维模糊输入向量为 $X^{(s)}$，即

$$X^{(s)} = [x_1^{(s)}, x_2^{(s)}, \cdots, x_m^{(s)}]^{\mathrm{T}} \tag{18-17}$$

则联想存储器的输出响应可以由下式给出，即

$$Y^{(s)} = W \circ X^{(s)} = [y_1^{(s)}, y_2^{(s)}, \cdots, y_q^{(s)}]^T \quad (18\text{-}18)$$

注意式（18-17）与式（18-18）中，每个分量 $x_i^{(s)}$ 或 $y_k^{(s)}$ 是 [0,1] 上的实数，表示隶属度。另外，在式（18-18）中符号"$\circ$"表示模糊变量的极小极大合成运算，于是对 $k=1,2,\cdots,q$ 时由式（18-18）有

$$y_k^{(s)} = \max_{1 \leqslant i \leqslant m} \min(w_{ki}, x_i^{(s)}) = \bigvee_{i=1}^{m}(w_{ki} \wedge x_i^{(s)}) \quad (18\text{-}19)$$

引进第 s 个模糊样本的联想误差函数 E_s：

$$E_s = \frac{1}{2} \sum_{k=1}^{q} (y_k^{(s)} - \tilde{y}_k^{(s)})^2 \quad (18\text{-}20)$$

全部模糊样本集（又称模糊模式对）的总误差函数便为

$$E = \sum_{s=1}^{s} E_s = \frac{1}{2} \sum_{s=1}^{s} \sum_{k=1}^{q} (y_k^{(s)} - \tilde{y}_k^{(s)})^2 \quad (18\text{-}21)$$

于是调整 FAM 网络的连接权重矩阵 W 使 E 为最小，这可借助于下面的式子实现，即

$$W_{ki}^{(n+1)} = W_{ki}^{(n)} - \eta^{(n)} \frac{\partial E}{\partial W_{ki}^{(n)}} \quad (18\text{-}22)$$

式中，$\eta^{(n)}$ 为学习速率因子，它可取为随着迭代次数 n 递减的函数，并且 $0 < \eta^{(n)} \leqslant 1$；$\frac{\partial E}{\partial W_{ki}^{(n)}}$ 项可由下式计算，即

$$\frac{\partial E}{\partial W_{ki}^{(n)}} = \sum_{s=1}^{s} \sum_{k=1}^{q} \{[\bigvee_{i=1}^{m}(w_{ki} \wedge x_i^{(s)}) - \tilde{y}_k^{(s)}]\delta_{ki}\} \quad (18\text{-}23)$$

式中，δ_{ki} 定义为

$$\delta_{ki} = \frac{\partial}{\partial W_{ki}^{(n)}} \left[\bigvee_{i=1}^{m}(w_{ki} \wedge x_i^{(s)}) - \tilde{y}_k^{(s)} \right] \quad (18\text{-}24)$$

注意式（18-24）等号右端需要使用对模糊变量最大-最小合成运算中的求导规则。显然，式（18-24）中的 δ_{ki} 要么取 1，要么取 0。

18.1.3 两个典型算例

【例 18-1】 采用小波神经网络对矿井做安全评价与预测。

为了使用小波神经网络对矿井做安全评价与预测，这里选用了某矿井所提供的数据。影响该矿井安全管理系统的因素共有 23 个，它们分别是矿井质量标准达标率（x_1），

安全质量管理达标率（x_2），安全合格班组建成率（x_3），粉尘作业点合格率（x_4），安全措施资金使用率（x_5），安全措施项目完成率（x_6），干部持证率（x_7），新工人持证率（x_8），特殊工种持证率（x_9），身体素质状况（x_{10}），心理素质状况（x_{11}），瓦斯管理状况（x_{12}），火灾管理状况（x_{13}），水灾管理状况（x_{14}），冒顶管理状况（x_{15}），机械设备运行状况（x_{16}），通风管理状况（x_{17}），百万吨死亡率（x_{18}），千人重（轻）伤率（x_{19}），尘肺患病率（x_{20}），重大事故次数（x_{21}），影响时间（x_{22}），经济损失（x_{23}）。小波神经网络的结构设计为23×5×1，即输入层23个神经元，隐含层5个神经元，输出层1个神经元。训练学习用的样本集选用了具有同一类性质的7个矿井，其样本集如表18-1所列。

表18-1 矿井评价样本集

矿井 因素	1	2	3	4	5	6	7
x_1	0.89	0.82	0.88	0.86	0.95	0.63	0.68
x_2	0.93	0.87	0.86	0.72	0.86	0.56	0.83
x_3	0.87	0.78	0.76	0.63	0.84	0.65	0.70
x_4	0.95	0.90	0.81	0.86	0.95	0.53	0.71
x_5	0.94	0.84	0.76	0.64	0.90	0.64	0.68
x_6	0.98	0.83	0.71	0.67	0.93	0.60	0.72
x_7	0.96	0.84	0.84	0.70	0.87	0.63	0.75
x_8	0.82	0.82	0.73	0.67	0.82	0.52	0.71
x_9	0.84	0.85	0.81	0.68	0.83	0.80	0.64
x_{10}	0.96	0.89	0.82	0.61	0.80	0.61	0.65
x_{11}	0.78	0.77	0.72	0.81	0.94	0.57	0.67
x_{12}	0.91	0.76	0.75	0.82	0.99	0.68	0.75
x_{13}	0.92	0.89	0.76	0.67	0.92	0.51	0.73
x_{14}	0.95	0.82	0.79	0.83	0.83	0.63	0.68
x_{15}	0.89	0.86	0.81	0.64	0.89	0.50	0.72
x_{16}	0.99	0.84	0.84	0.68	0.82	0.73	0.69
x_{17}	0.87	0.77	0.78	0.62	0.76	0.59	0.63
x_{18}	0.94	0.79	0.67	0.64	0.90	0.70	0.81
x_{19}	0.89	0.86	0.78	0.83	0.81	0.61	0.66
x_{20}	0.97	0.86	0.80	0.72	0.92	0.63	0.69
x_{21}	1.00	0.82	0.91	0.70	0.89	0.59	0.78
x_{22}	0.98	0.83	0.94	0.68	0.82	0.54	0.73
x_{23}	0.93	0.84	0.87	0.63	0.85	0.60	0.91
$\tilde{y}$	0.92	0.82	0.75	0.66	0.87	0.58	0.71

训练小波神经网络时，学习速率因子 η 取 0.35，惯性系数（又称动量因子）β 取 0.3，目标误差取 0.001。实际网络训练表明：当训练步数为 3600 时达到了目标要求的允差。这里必须指出的是，网络一旦训练好后，网络的参数 V_{ji}，W_{kj}，a_j 与 b_j 便固定下来了，在以后进行网络预测工作的过程中它们是固定不变的。

预测时，对网络的输入值即 $x_1 \sim x_{23}$ 的取值分别为 0.87，0.93，0.86，0.90，0.96，0.78，0.88，0.76，0.75，0.89，0.85，0.80，0.85，0.91，0.88，0.87，0.95，0.87，1.00，0.75，0.84，0.75，0.84。网络输出的预测值是 0.847；该矿的评价值是 0.85。显然，预测结果是令人满意的。应当指出的是，由于本节所使用误差函数的表达式不同，因此相应的用梯度下降法所确定的求误差函数的导数的表达式也有所不同。另外，本节所选取的小波神经网络结构以及网络训练学习中所取的学习速率因子 η、惯性系数 β、目标误差的值都与其他文献有所不同。计算表明，隐含层中神经元的个数以及训练学习中 η、β 值的选取都会影响训练过程的迭代步数。图 18-2 给出了本节所编制的小波神经网络计算框图，图中已明显地给出了该网络系统在学习训练与预测工作两大过程中的计算流程。整个程序是用 MATLAB 语言在 MATLAB 平台上进行的。

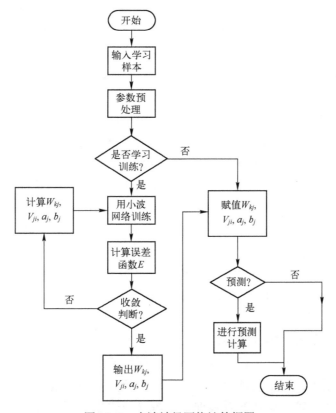

图 18-2　小波神经网络计算框图

【例 18-2】采用模糊神经网络对某系统进行安全综合评价。

评价因素论域为 $X = \{x_1 x_2 \cdots x_6\}$，评语论域（或安全等级论域）为 $Y = \{y_1, y_2\}$；选取具有同一类性质的 6 个样本组成样本集，如表 18-2 所列。采用模糊联想记忆（FAM）

网络，经过 45 次迭代训练之后，误差函数 E 近似为 0。此时，所获得的 FAM 网络的连接权重矩阵为

$$W = \begin{bmatrix} 0.2 & 0.8 & 0.5 & 0.7 & 0.6 & 0.6 \\ 0.6 & 0.5 & 0.5 & 0.4 & 0.5 & 0.5 \end{bmatrix} \quad (18\text{-}25)$$

利用这个权重，我们可以对如下一组输入做预测。输入数据 $x_1 \sim x_6$ 分别为 0.5，0.2，0.0，0.3，0.2，0.6。网络预测值 y_1，y_2 分别为 0.39，0.51，而网络的期望值分别是 0.40，0.50，可见，所得预测结果是令人满意的。

表 18-2 对某系统进行安全评价的样本集

神经元 样本	x_1	x_2	x_3	x_4	x_5	x_6	$\tilde{y}_1$	$\tilde{y}_2$
1	0.1	0.9	0.5	0.4	0.5	0.6	0.8	0.5
2	0.3	0.2	0.4	0.3	0.6	0.4	0.6	0.4
3	0.9	0.2	0.2	0.1	0.3	0.0	0.3	0.6
4	0.4	0.0	0.4	0.7	0.4	0.1	0.7	0.4
5	0.8	0.2	0.2	0.1	0.0	0.2	0.2	0.6
6	0.4	0.1	0.5	0.3	0.2	0.9	0.5	0.5

数值计算的整个步骤如下。

第 1 步：输入模糊样本集，并进行规格化。

第 2 步：输入模糊神经网络的连接权重 W_{ki} 的初值。

第 3 步：利用式（18-19）完成模糊变量的极小极大合成运算。

第 4 步：利用式（18-18）完成模糊神经网络输出 Y_s 的计算。

第 5 步：利用式（18-20）计算总的误差函数 E。

第 6 步：利用式（18-23）、式（18-24）及式（18-22）完成模糊神经网络参数的更新与调节。

第 7 步：当误差函数 E 值小于预先设定的值时，则停止模糊神经网络的学习训练，否则返回第 3 步进行重新计算。

图 18-3 给出了模糊神经网络的计算框图。显然，图 18-3 与图 18-2 有些类似，所不同的是，模糊神经网络在学习训练的计算中计算连接权重，而小波神经网络不仅要计算连接权重，还计算小波的伸缩因子与平移因子，应该指出，小波神经网络与模糊神经网络是两种完全不同的神经网络，前者在用于安全评价时适用于评价因素和评价指标的量化值是实数的情况，它们可以在实变空间完成所有的数值计算；而后者在用于安全评价时仅适用于评价中所涉及的量属于模糊集合，属于模糊数学的范畴，也就是说评价因素论域（或输入论域）以及评语论域（或输出论域）可以进行模糊划分。在模糊神经网络的计算中主要完成模糊函数的合成运算，因此 Fuzzy 集（模糊集）以及在模糊集上完成的相应计算是模糊神经网络中的两个最为关键的概念，关于这方面的内容可参阅文献[5]。

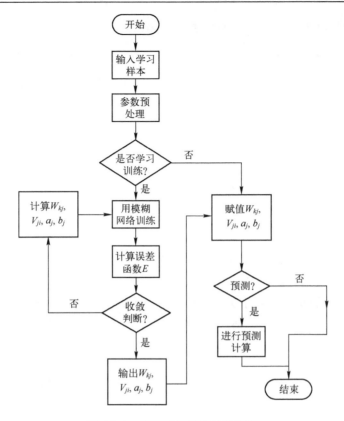

图 18-3　模糊神经网络计算框图

18.2　灰色系统性能的预测

18.2.1　灰色系统建模与预测

在控制论中，常借助颜色来表示研究者对系统内部信息和对系统本身的了解及认识程度，例如"白色"表示信息完全充分；"黑色"表示信息完全缺乏；而"灰色"表示信息不完全，部分信息已知，部分信息未知。灰色系统理论将任何随机过程看作在一定时空区域内变化的灰色过程，将随机量看作是灰色量，认为无规则的离散时空数列是潜在的有规序列的一种表现，因此通过生成变换可以弱化原始数据列的随机性，将无规序列变成有规序列，故与一般建模方法采用原始数列直接建模不同，灰色模型是在生成数列的基础上建立的。灰色系统理论通过关联分析等措施提取建模所需的变量，并在研究离散函数性质的基础上，对离散数据建立微分方程的动态模型。

18.2.2　$GM(1,N)$ 模型

考虑有 N 个变量的一阶微分方程模型，简记为 $GM(1, N)$。设有 N 个 n 维时间序列

数据，每个序列代表系统的一个因素变量的动态行为

$$\boldsymbol{X}_i^{(0)} = \{x_i^{(0)}\} = \{x_i^{(0)}(1), x_i^{(0)}(2), \cdots, x_i^{(0)}(n)\} (i=1,2,\cdots,N) \tag{18-26}$$

引进 AGO（accumulated generating operation，累加生成）的概念，于是有

$$\boldsymbol{X}_i^{(1)} = \mathrm{AGO} \boldsymbol{X}_i^{(0)} = \{x_i^{(1)}(1), x_i^{(1)}(2), \cdots, x_i^{(1)}(n)\} \tag{18-27}$$

$$x_i^{(1)}(k) \equiv x_i^{(0)}(k) + x_i^{(1)}(k-1) = \sum_{j=1}^k x_i^{(0)}(j) \tag{18-28}$$

类似地，$\boldsymbol{X}_i^{(0)}$ 的 r 次 AGO 为 $\boldsymbol{X}_i^{(r)}$ 即

$$x_i^{(r)}(k) \equiv x_i^{(r-1)}(k) + x_i^{(r)}(k-1) = \sum_{j=1}^k x_i^{(r-1)}(j) \tag{18-29}$$

应当指出，对于一串原始数据，借助于 AGO 后可以生成新的数列，即累加生成数列，这种处理方式称为累加生成。如果原始数据都是非负的，那么将其做一次 AGO 后将出现明显的几何规律，从而可以用近似的生成函数去描述。一次 AGO 的明显特点是递增的近似指数规律呈上升的趋势，这就为以后灰色模型的建立奠定了理论基础。另外，引进 IAGO（inverse AGO，累减生成）的概念，并用 $\alpha^{(m)}$ 表示 i 次 IAGO 符号，于是有

$$\boldsymbol{X}_i^{(r-1)}(k) = \boldsymbol{X}_i^{(r)}(k) - \boldsymbol{X}_i^{(r)}(k-1) = \sum_{j=1}^k \boldsymbol{X}_i^{(r-1)}(j) - \sum_{j=1}^{k-1} \boldsymbol{X}_i^{(r-1)}(j) \tag{18-30}$$

注意到

$$\alpha^{(m)}(\boldsymbol{X}_i^{(r)}(k)) = \alpha^{(m-1)}(\boldsymbol{X}^{(r)}(k)) - \alpha^{(m-1)}(\boldsymbol{X}^{(r)}(k-1)) = \boldsymbol{X}_i^{(r-m)}(k) \tag{18-31}$$

这里 $\alpha^{(m)}(\cdot)$ 表示 m 次累减。应该指出，累减生成（IAGO）是累加生成（AGO）的还原（逆运算）。显然有

$$\alpha^{(r)}(\boldsymbol{X}^{(r)}(k)) = \boldsymbol{X}^{(0)}(k) \tag{18-32}$$

考虑一阶 N 个变量白化形式的 GM(1, N) 模型：

$$\frac{\mathrm{d} \boldsymbol{X}_1^{(1)}}{\mathrm{d} t} + a \boldsymbol{X}_1^{(1)} = \sum_{i=2}^N b_{i-1} \boldsymbol{X}_i^{(1)}(k) \tag{18-33}$$

式中，a 为 GM(1, N) 的发展系数；b_i 为 $\boldsymbol{X}_i$ 的协调系数。式（18-33）表明该模型是以生成数 $\boldsymbol{X}_i^{(1)}$ 为基础的。现按灰色系统方法来求其中参数 a 和 b_i，假设采用等时距，即 $\Delta t = t_k - t_{k-1}$ 为常数，并取 $\Delta t = 1$，将上式中的微商用差商表示，即

$$\frac{\mathrm{d} \boldsymbol{X}_1^{(1)}}{\mathrm{d} t} = \frac{\Delta \boldsymbol{X}_1^{(1)}}{\Delta t} = \Delta \boldsymbol{X}_1^{(1)} \tag{18-34}$$

注意到

$$\Delta \boldsymbol{X}_1^{(1)} = \{x_1^{(1)}(k) - x_1^{(1)}(k-1) \mid k=2,3,\cdots,n\} = \alpha^{(1)}(\boldsymbol{X}_1^{(1)}) \tag{18-35}$$

式中，$\alpha^{(1)}(\cdot)$ 为一次累减生成。故式（18-33）可变为

$$\alpha^{(1)}(\boldsymbol{X}_1^{(1)}) + a \cdot \alpha^{(0)}(\boldsymbol{X}_1^{(1)}) = b_1 \boldsymbol{X}_2^{(1)} + \cdots + b_{N-1} \boldsymbol{X}_N^{(1)} \tag{18-36}$$

并注意到取

$$\alpha^{(0)}(X_1^{(1)}) = \left\{\frac{1}{2}(X_1^{(1)}(k) + X_1^{(1)}(k-1))\mid k = 2,\cdots,n\right\} \quad (18\text{-}37)$$

令 $k = 2,3,\cdots,n$，将式（18-36）展开，则有

$$\begin{bmatrix} x_1^{(0)}(2) \\ x_1^{(0)}(3) \\ \cdots \\ x_1^{(0)}(n) \end{bmatrix} = a \begin{bmatrix} -\frac{1}{2}(x_1^{(1)}(2) + x_1^{(1)}(1)) \\ -\frac{1}{2}(x_1^{(1)}(3) + x_1^{(1)}(2)) \\ \cdots \\ -\frac{1}{2}(x_1^{(1)}(n) + x_1^{(1)}(n-1)) \end{bmatrix} + b_1 \begin{bmatrix} x_2^{(1)}(2) \\ x_2^{(1)}(3) \\ \cdots \\ x_2^{(1)}(n) \end{bmatrix} + b_2 \begin{bmatrix} x_3^{(1)}(2) \\ x_3^{(1)}(3) \\ \cdots \\ x_3^{(1)}(n) \end{bmatrix} + \cdots + b_{N-1} \begin{bmatrix} x_N^{(1)}(2) \\ x_N^{(1)}(3) \\ \cdots \\ x_N^{(1)}(n) \end{bmatrix} \quad (18\text{-}38)$$

将上式写为矩阵形式变为

$$Y_N = B \cdot \beta \quad (18\text{-}39)$$

式中

$$Y_N = [x_1^{(0)}(2), x_1^{(0)}(3), \cdots, x_1^{(0)}(n)]^T \quad (18\text{-}40)$$

$$\beta = [a, b_1, b_2, \cdots, b_{N-1}] \quad (18\text{-}41)$$

$$B = \begin{bmatrix} -\frac{1}{2}(x_1^{(1)}(2) + x_1^{(1)}(1)) & x_2^{(1)}(2) & \cdots & x_N^{(1)}(2) \\ -\frac{1}{2}(x_1^{(1)}(3) + x_1^{(1)}(2)) & x_2^{(1)}(3) & \cdots & x_N^{(1)}(3) \\ \cdots & \cdots & \cdots & \cdots \\ -\frac{1}{2}(x_1^{(1)}(n) + x_1^{(1)}(n-1)) & x_2^{(1)}(n) & \cdots & x_N^{(1)}(n) \end{bmatrix} \quad (18\text{-}42)$$

可以采用最小二乘法求出式（18-41）β 的估计值 $\hat{\beta}$ 为

$$\hat{\beta} = (B^T \cdot B)^{-1} B^T \cdot Y_N \quad (18\text{-}43)$$

在求出 $\hat{\beta}$ 后，就获得了具体的微分方程式（18-33），于是便可求其解。由高等数学中一阶常微分方程的知识可知，方程

$$\frac{dx}{dt} = -ax + bu$$

的解为 $x(t) = ce^{-at} + \frac{b}{a}u = \left[x(0) - \frac{b}{a}u\right]e^{-at} + \frac{b}{a}u$

于是方程式（18-33）的解（时间响应函数）的离散形式为

$$\hat{x}_1^{(1)}(k) = \left[x_1^{(1)}(0) - \frac{1}{a}\sum_{i=2}^{N} b_{i-1} x_i^{(1)}(k)\right] e^{-a(k-1)} + \frac{1}{a}\sum_{i=2}^{N} b_{i-1} x_i^{(1)}(k) \quad (18\text{-}44)$$

并且取

$$x_1^{(1)}(0) = x_1^{(1)}(1) \tag{18-45}$$

然后再做累减生成运算，将 $\hat{X}_1^{(1)}$ 还原成原始数列 $\hat{X}_1^{(0)}$。

按上述方法所建的 GM 模型是否成功，需要进行下面三个方面的检验：①残差大小的检验；②关联度的检验；③后验差检验。关于这些检验与修正的内容将在下面的例题中做介绍。图 18-4 给出了灰色建模的过程。显然，灰色理论所建立的系统模型是多因素的、关联的、整体的，因为决定系统发展态势的不是某个因素而是相关因素协调发展的结果。应该指出的是，上述灰色建模是一个处于逐步发展与进一步完善的新理论与新方法。对于"部分信息已知，部分信息未知"的"小样本""贫信息"不确定性系统，使用该理论已取得了一些可喜的成果。

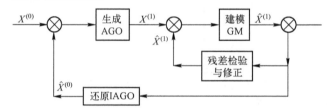

图 18-4 灰色建模的过程

18.2.3 典型算例——模型建立及关联度计算

【例 18-3】 设有二数据序列 $X_1^{(0)} = \{2.874, 3.278, 3.307, 3.390, 3.679\}$ 和 $X_2^{(0)} = \{7.040, 7.645, 8.075, 8.53, 8.774\}$，试建立 GM(1,2) 模型。

解：（1）做一次累加生成，数据如表 18-3 所列。

表 18-3 一次累加生成数据

k	1	2	3	4	5
$x_1^{(1)}(k)$	2.874	6.152	9.459	12.849	16.528
$x_2^{(1)}(k)$	7.040	14.685	22.750	31.290	40.064

（2）计算数据矩阵。

$$Y_N = \left[x_1^{(0)}(2), x_1^{(0)}(3), \cdots, x_1^{(0)}(5)\right]^T = [3.278, 3.307, 3.390, 3.679]^T$$

$$B = \begin{bmatrix} -\frac{1}{2}\left(x_1^{(1)}(2) + x_1^{(1)}(1)\right) & x_2^{(1)}(2) \\ -\frac{1}{2}\left(x_1^{(1)}(3) + x_1^{(1)}(2)\right) & x_2^{(1)}(3) \\ -\frac{1}{2}\left(x_1^{(1)}(4) + x_1^{(1)}(3)\right) & x_2^{(1)}(4) \\ -\frac{1}{2}\left(x_1^{(1)}(5) + x_1^{(1)}(4)\right) & x_2^{(1)}(5) \end{bmatrix} = \begin{bmatrix} -4.513 & 14.685 \\ -7.806 & 22.750 \\ -11.154 & 31.290 \\ -14.689 & 40.064 \end{bmatrix}$$

（3）计算参数列 $\hat{\boldsymbol{\beta}}$。

因为

$$\boldsymbol{B}^{\mathrm{T}} \cdot \boldsymbol{B} = \begin{bmatrix} 421.79 & -1181.447 \\ -1181.447 & 3317.855 \end{bmatrix}$$

$$(\boldsymbol{B}^{\mathrm{T}} \cdot \boldsymbol{B})^{-1} = \begin{bmatrix} 1.281 & 0.456 \\ 0.456 & 0.163 \end{bmatrix}$$

所以

$$\boldsymbol{\beta} = \begin{bmatrix} a \\ b \end{bmatrix} = (\boldsymbol{B}^{\mathrm{T}} \cdot \boldsymbol{B})^{-1} \cdot (\boldsymbol{B}^{\mathrm{T}} \cdot \boldsymbol{Y}_N) = \begin{bmatrix} 2.227 \\ 0.907 \end{bmatrix}$$

（4）列出微分方程。

$$\frac{\mathrm{d}\boldsymbol{X}_1^{(1)}}{\mathrm{d}t} + 2.227 \boldsymbol{X}_1^{(1)} = 0.907 \boldsymbol{X}_2^{(1)}$$

（5）求时间响应函数。

$$\hat{x}_1^{(1)}(k) = \left[x_1^{(1)}(0) - \frac{b}{a} x_2^{(1)}(k) \right] \mathrm{e}^{-a(k-1)} + \frac{b}{a} x_2^{(1)}(k)$$

取

$$x_1^{(1)}(0) = x_1^{(0)}(1) = 2.874, \quad \frac{b}{a} = \frac{0.907}{2.227} = 0.41$$

$$\hat{x}_1^{(1)}(k) = [2.874 - 0.41 x_2^{(1)}(k)]\mathrm{e}^{-2.227(k-1)} + 0.41 x_2^{(1)}(k)$$

（6）检验 $\hat{x}_1^{(1)}$ 模型

取 $k=1$ 时，
$$\begin{aligned}\hat{x}_1^{(1)}(1) &= [2.874 - 0.41 \times x_2^{(1)}(1)]\mathrm{e}^{2.227 \times 0} + 0.41 x_2^{(1)}(1) \\ &= (2.874 - 0.41 \times 7.04) \times 1 + 0.41 \times 7.04 = 2.874\end{aligned}$$

按此类似地计算，结果如表 18-4 所列。

表 18-4 模型计算值

模型计算值 $\hat{X}_1^{(1)}$	实际值 $X_1^{(1)}$	误差%
$\hat{x}_1^{(1)}(1) = 2.874$	2.874	0
$\hat{x}_1^{(1)}(2) = 5.682$	6.152	7.6
$\hat{x}_1^{(1)}(3) = 9.256$	9.459	2.1
$\hat{x}_1^{(1)}(4) = 12.737$	12.849	0.9
$\hat{x}_1^{(1)}(5) = 16.389$	16.528	0.8

（7）检验还原值 $\hat{\boldsymbol{X}}_1^{(0)}$。将 $\hat{\boldsymbol{X}}_1^{(1)}$ 做累减生成：

$$\hat{x}_1^{(0)}(1) = \hat{x}_1^{(1)}(1) = 2.874$$
$$\hat{x}_1^{(0)}(2) = \hat{x}_1^{(1)}(2) - \hat{x}_1^{(1)}(1) = 5.682 - 2.874 = 2.808$$
$$\hat{x}_1^{(0)}(3) = \hat{x}_1^{(1)}(3) - \hat{x}_1^{(1)}(2) = 9.256 - 5.682 = 3.574$$

仿此计算，结果如表 18-5 所列。

表 18-5 还原后模型计算值

还原后模型计算值	实际值	误差%
$\hat{x}_1^{(0)}(1) = 2.874$	$x_1^{(0)}(1) = 2.874$	0
$\hat{x}_1^{(0)}(2) = 2.808$	$x_1^{(0)}(2) = 3.278$	14.3

续表

还原后模型计算值	实际值	误差%
$\hat{x}_1^{(0)}(3) = 3.574$	$x_1^{(0)}(3) = 3.307$	-8.1
$\hat{x}_1^{(0)}(4) = 3.481$	$x_1^{(0)}(4) = 3.390$	-2.7
$\hat{x}_1^{(0)}(5) = 3.652$	$x_1^{(0)}(5) = 3.679$	0.7

【例 18-4】 设数列 $X^{(0)} = \{2.874, 3.278, 3.337, 3.390, 3.679\}$，试建立 GM(1,1) 模型。

解： GM(1,1) 为 GM(1, N) 的特例（$N=1$），其白化微分方程为

$$\frac{dx^{(1)}}{dt} + ax^{(1)} = b \tag{18-46}$$

（1）作 AGO 生成。

$$x^{(1)}(k) = \sum_{k}^{j=1} x^{(0)}(j)$$

按上式，便可生成数列为

$$X^{(1)}(k) = \{2.874, 6.152, 9.489, 12.879, 16.558\}$$

（2）确定数列矩阵 B, Y_N。

$$B = \begin{bmatrix} -\frac{1}{2}(x^{(1)}(1) + x^{(1)}(2)) & 1 \\ -\frac{1}{2}(x^{(1)}(2) + x^{(1)}(3)) & 1 \\ -\frac{1}{2}(x^{(1)}(3) + x^{(1)}(4)) & 1 \\ -\frac{1}{2}(x^{(1)}(4) + x^{(1)}(5)) & 1 \end{bmatrix} = \begin{bmatrix} -4.513 & 1 \\ -7.82 & 1 \\ -11.184 & 1 \\ -14.718 & 1 \end{bmatrix}$$

$$Y_N = [x^{(0)}(2), x^{(0)}(3), x^{(0)}(4), x^{(0)}(5)]^T = [3.278, 3.337, 3.39, 3.679]^T$$

（3）计算 $(B^T \cdot B)^{-1}$。

$$(B^T \cdot B)^{-1} = \begin{bmatrix} 0.0134 & 0.1655 \\ 0.1655 & 1.8329 \end{bmatrix}$$

（4）求参数列。

$$\hat{\beta} = \begin{bmatrix} a \\ b \end{bmatrix} = (B^T \cdot B)^{-1} \cdot (B^T \cdot Y_N) = \begin{bmatrix} -0.0372 \\ 3.0653 \end{bmatrix}$$

（5）确定模型。

$$\frac{dx^{(1)}}{dt} - 0.0372 x^{(1)} = 3.0653$$

$$\hat{x}^{(1)}(k) = \left[x^{(1)}(0) - \frac{b}{a} \right] e^{-a(k-1)} + \frac{b}{a} \tag{18-47}$$

$$x^{(1)}(0) = 2.874; \frac{b}{a} = \frac{3.0653}{-0.0372} = -82.3925$$

$$\hat{x}^{(1)}(k) = 85.2665 e^{-0.0372(k-1)} - 82.3925$$

（6）精度检验之一——残差检验。计算方法参见例 18-3，结果如表 18-6、表 18-7 所列。

表 18-6　残差检验结果 1

模型计算值	实际值
$\hat{x}^{(1)}(2) = 6.11$	$x^{(1)}(2) = 6.152$
$\hat{x}^{(1)}(3) = 9.46$	$x^{(1)}(3) = 9.489$
$\hat{x}^{(1)}(4) = 12.942$	$x^{(1)}(4) = 12.879$
$\hat{x}^{(1)}(5) = 16.555$	$x^{(1)}(5) = 16.558$

表 18-7　残差检验结果 2

还原后模型计算值	实际数据	误差	误差%
$\hat{x}^{(0)}(2) = 3.236$	$\hat{x}^{(0)}(2) = 3.278$	$q(2) = 0.042$	1.402%
$\hat{x}^{(0)}(3) = 3.354$	$\hat{x}^{(0)}(3) = 3.337$	$q(3) = -0.0175$	-0.525%
$\hat{x}^{(0)}(4) = 3.481$	$\hat{x}^{(0)}(4) = 3.39$	$q(4) = -0.0917$	-2.705%
$\hat{x}^{(0)}(5) = 3.613$	$\hat{x}^{(0)}(5) = 3.679$	$q(5) = 0.066$	1.775%

（7）精度检验之二——关联度检验。以 $\hat{x}^{(1)}(t)$ 的导数作为参考数列与 $x^{(0)}$ 做关联分析。将式（18-47）求导数，代入这里的相应数据，然后离散便有

$$\hat{x}^{(0)}(k) = -3.1719 e^{-0.0372(k-1)}$$

$$k = 2, \hat{x}^{(0)}(2) = 3.056$$
$$k = 3, \hat{x}^{(0)}(3) = 2.944$$
$$k = 4, \hat{x}^{(0)}(4) = 2.836$$
$$k = 5, \hat{x}^{(0)}(5) = 2.733$$

按上述数据求出绝对差 Δ，即

$$\Delta(k) = \left| \hat{x}^{(0)}(k) - x^{(0)}(k) \right|$$
$$\Delta(2) = \left| \hat{x}^{(0)}(2) - x^{(0)}(2) \right| = |3.056 - 3.278| = 0.222$$
$$\Delta(3) = \left| \hat{x}^{(0)}(3) - x^{(0)}(3) \right| = |2.945 - 3.337| = 0.392$$
$$\Delta(4) = \left| \hat{x}^{(0)}(4) - x^{(0)}(4) \right| = |2.836 - 3.39| = 0.554$$
$$\Delta(5) = \left| \hat{x}^{(0)}(5) - x^{(0)}(5) \right| = |2.733 - 3.679| = 0.946$$

在未计算本例题中的关联度之前，先介绍一下普通意义下关联度的计算。设系统行为序列为

$$\begin{cases} \boldsymbol{X}_0 = \{x_0(1), x_0(2), \cdots, x_0(n)\} \\ \boldsymbol{X}_1 = \{x_1(1), x_1(2), \cdots, x_1(n)\} \\ \cdots \\ \boldsymbol{X}_i = \{x_i(1), x_i(2), \cdots, x_i(n)\} \\ \cdots \\ \boldsymbol{X}_N = \{x_N(1), x_N(2), \cdots, x_N(n)\} \end{cases} \quad (18\text{-}48)$$

则 X_0 与 X_i 的灰色关联度为 $r(X_0, X_i)$，其表达式为

$$r(X_0, X_i) = \frac{1}{n}\sum_{j=1}^{n}\left[r(x_0(j), x_i(j))\right] \tag{18-49}$$

式中，$r(x_0(j), x_i(j))$ 定义为

$$r(x_0(j), x_i(j)) = \frac{\min_i \min_j |x_0(j) - x_i(j)| + \xi \max_i \max_j |x_0(j) - x_i(j)|}{|x_0(j) - x_i(j)| + \xi \max_i \max_j |x_0(j) - x_i(j)|} \tag{18-50}$$

这里 ξ 为分辨系数。另外，$i = 1, 2, \cdots, N; j = 1, 2, \cdots, N$。

对于本例题，ξ 取 0.5，则利用上面的公式容易计算出这时关联度为 0.653。

（8）精度检验之三——后验差检验。借助于原始数据 $X^{(0)} = \{2.874, 3.278, 3.337, 3.390, 3.679\}$ 以及残差数据 $q = \{0, 0.042, -0.0175, -0.0917, 0.066\}$，先计算出残差均值为

$$\bar{q} = \frac{1}{4}\sum_{j=2}^{5} q(j) = \frac{1}{4}(0.042 - 0.0175 - 0.0917 + 0.066) = -0.00045$$

求残差的离差

$$S_2^2 = \frac{1}{4}\sum_{5}^{j=2}(q(j) - \bar{q})^2 = 0.00368$$

求 $X^{(0)}$ 的均值

$$\bar{x} = \frac{1}{5}\sum_{j=1}^{5} x^{(0)}(j) = \frac{1}{5}(2.874 + 3.278 + 3.337 + 3.39 + 3.679) = 3.3116$$

求 $X^{(0)}$ 的离差（数据方差）

$$S_1^2 = \frac{1}{5}\sum_{j=1}^{5}(x^0(j) - \bar{x})^2 = 0.06574$$

于是后验差比为

$$C = \frac{S_2}{S_1} = \frac{\sqrt{0.00368}}{\sqrt{0.06574}} = 0.23657$$

由灰色理论可知，当概论 P 满足

$$P = P\{|q(j) - \bar{q}| < 0.6745 S_1\} \tag{18-51}$$

时为小误差概率。对于给定 $P_0 > 0$，当 $P < P_0$ 时称模型为小误差概率合格模型。预测等级示于表 18-8。由表可以看出，C 值越小越好；P 越大越好。P 值越大，表明残差与残差平均值之差小于给定值 $0.6745 S_1$ 的点数越多。

表 18-8 预测等级

等级	P	C	等级	P	C
1级（好）	>0.95	<0.35	3级（勉强）	>0.70	<0.45
2级（合格）	>0.80	<0.50	4级（不合格）	≤0.70	≥0.65

18.2.4 灰色系统的预测

灰色系统预测是根据系统过去和现在的数据（信息）推测未来的状况。灰色系统预测从本质上讲也是一种建模，它多采用 GM(1,1) 进行定量预测。灰色预测按其功用和特征可分为如下几种。

（1）数列预测，即对系统行为特征值大小发展变化以及对某个事物发展变化的大小和时间所做的预测。数列预测是外推预测法的一种开拓。

（2）灾变预测，是指预测系统行为特征量超出某个阈值的时刻，换句话说，就是预测异常值何时再出现。灾变预测的任务并不是确定异常值的大小，而是确定异常值出现的时间。

（3）拓扑预测（又称波形预测或整体预测），是对一段时间内行为特征数据波形的预测。拓扑预测不同于数列预测，数列预测是预测数列所对应的曲线在未来某时刻的值，拓扑预测是预测曲线（波形）本身。因此从本质上讲，拓扑预测是对一个变化不规则的行为数据列的整体发展所进行的预测。

（4）系统综合预测，是预测系统所包含的多个变量（或因素）之间发展变化及其相互协调关系，其预测模型多采用 GM(1,1) 与 GM(1,N) 相结合的方式或者采用所谓多变量灰色模型 MGM(1,N) 等。下面仅以讨论算例的方式，对相关的预测问题进行扼要的分析。

【**例 18-5**】 某企业的销售额数据如表 18-9 所列，销售单位为万元。

表 18-9 某企业的销售额

年份	2000	2001	2002	2003	2004	2005
销售额	434.5	470.5	527.5	571.4	626.4	685.2

现建立 GM(1,1) 预测模型并由 2000—2005 年数据去预测 2006 年与 2007 年的销售额。

解：依题意，初始序列为

$$X^{(0)} = \{434.5, 470.5, 527.5, 571.4, 626.4, 685.2\}$$

（1）求累加生成数列为

$$X^{(1)} = \{434.5, 905, 1432.6, 2004, 2630.4, 3315.6\}$$

（2）借助于模型方程式（18-46），用最小二乘法求参数 $\hat{\boldsymbol{\beta}} = [a, b]^\mathrm{T}$。

$$\boldsymbol{B} = \begin{bmatrix} -\frac{1}{2}\left(x^{(1)}(1) + x^{(1)}(2)\right) & 1 \\ -\frac{1}{2}\left(x^{(1)}(2) + x^{(1)}(3)\right) & 1 \\ -\frac{1}{2}\left(x^{(1)}(3) + x^{(1)}(4)\right) & 1 \\ -\frac{1}{2}\left(x^{(1)}(4) + x^{(1)}(5)\right) & 1 \end{bmatrix} = \begin{bmatrix} -2973.0 & 1 \\ -669.75 & 1 \\ -1168.8 & 1 \\ -1718.3 & 1 \\ -2317.2 & 1 \end{bmatrix}$$

$$\boldsymbol{Y}_N = [470.5, 527.6, 571.4, 626.4, 685.2]^\mathrm{T}$$

利用 B 与 Y_N 值，可计算出

$$\hat{\beta} = (B^T \cdot B)^{-1} \cdot (B^T \cdot Y_N) = [-0.0916, 414.0736]^T$$

借助于式（18-47）得模型方程为

$$\hat{x}^{(1)}(k) = \left[x^{(1)}(0) - \frac{b}{a} \right] e^{-a(k-1)} + \frac{b}{a}$$

$$= 4953.04815 e^{0.0916(k-1)} - 4518.54815$$

（3）模型检验。检验结果如表 18-10 所列，可知计算出的精度较高，该模型可用。

表 18-10 检验数据

年份	$\hat{x}^{(1)}$	还原数据 $\hat{x}^{(0)}$	原始数据 $X^{(0)}$	绝对误差	相对误差/%
2000	434.5	434.5	434.5	0	0
2001	909.8	475.3	470.5	-4.8	1.0
2002	1430.8	521.0	527.6	6.6	1.25
2003	2001.7	570.9	571.4	0.5	0.08
2004	2627.5	625.8	626.4	0.6	0.095
2005	3313.3	685.8	685.2	-0.6	0.087

（4）进行区间预测。为了确定预测值的上、下界，先介绍如下概念。

设 $X^{(0)} = [x^{(0)}(1), x^{(0)}(2), \cdots, x^{(0)}(n)]$ 为原始序列，其一次 AGO 序列 $X^{(1)} = \left[x^{(1)}(1), x^{(1)}(2), \cdots, x^{(1)}(n) \right]$。令

$$\sigma_{\max} = \max_{1 \leqslant j \leqslant n} \{ x^{(0)}(j) \}$$
$$\sigma_{\min} = \min_{1 \leqslant j \leqslant n} \{ x^{(0)}(j) \} \quad (18-52)$$

于是 $X^{(1)}$ 的下界函数 $f_u(n+j)$ 和上界函数 $f_s(n+j)$ 分别为

$$f_u(n+j) = x^{(1)}(n) + j\sigma_{\min} \quad (18-53)$$

$$f_s(n+j) = x^{(1)}(n) + j\sigma_{\max} \quad (18-54)$$

而基本预测值 $\hat{x}^{(0)}(n+j)$ 为

$$\hat{x}^{(0)}(n+j) = \frac{1}{2}[f_u(n+j) + f_s(n+j)] \quad (18-55)$$

在本算例中，$n=6$，而 $j=1$ 与 2 时分别对应于 2006 年与 2007 年。因此，借助于上面的几个式子可以完成区间预测。

（5）预测 2006 年与 2007 年的销售额。

2006 年：$\hat{x}^{(1)}(7) = 4953.04815 \exp(0.0916 \times 6) - 4518.54815 = 4062.9$

$\hat{x}^{(0)}(7) = 4062.9 - 3313.3 = 749.6$

2007 年：$\hat{x}^{(1)}(8) = 4953.04815 \exp(0.0916 \times 7) - 4518.54815 = 4886.1$

$\hat{x}^{(0)}(8) = 4886.1 - (3313.3 + 749.6) = 823.2$

因此 2006 年与 2007 年的预测销售额分别为 749.6 万元与 823.2 万元。

第19章 考虑系统集成和信息集成的复杂系统通用建模分析与设计方法

复杂系统建模一直是系统工程领域中一个非常重要但又十分艰难的前沿课题。将一系列分离的单元系统进行有机集成并借助于信息化技术提高集成后系统的整体效率和质量、降低消耗,提高整个系统的创新能力,正是当前许多现代企业和工程技术领域努力发展的方向,因此讨论这类复杂系统的建模分析与设计方法便显得格外有意义。但由于这个问题涉及面很广,许多内容都超出了本书研究的范围,因此本章适当缩小复杂系统的研究范围,这里选定制造业系统的集成与信息化问题作为研究对象,讨论该复杂系统信息化的建模问题,即使这样现代集成制造业的信息化建模问题仍属于复杂巨系统的建模问题,讨论这类系统的通用建模分析与设计方法仍是系统工程领域中正在大力研究与发展的前沿问题,本书仅用一章是很难全面讲清楚的,为此这里只能采取扼要概述核心内容并且给出相关的重要参考文献的方式讲述,以便学有余力的读者通过进一步阅读和学习相关文献与资料去获取这方面较完整的知识。

这里还要特别说明的是,本章讨论的通用建模分析与设计方法,其最大特点是通过化繁为简、分而治之的办法对系统进行描述。由于采用多视图以及相关的表格与文字、多方位地描述同一对象的不同侧面,因此多视图之间必然存在着固有的相互联系并且保持着多方位体系结构上的一致性。它抛弃了用一个简单的数学表达式去描述复杂事物时所遇到的数学上的复杂性问题,有利于复杂系统建模的实现。另外,在上述建模中,始终以IDEF方法族和UML统一建模语言作为两大工具,这种采用图形语言来表示的IDEF模型,使得:①建模过程中,可以有控制地逐步展开设计的细节;②语法和语义严格且规范,并且语义明确、准确、无歧义,可以完整地描述所研究的系统;③充分注意了模型的接口,便于相互之间的搭配组合;④该方法提供了一套便捷、通用的分析和设计词汇;⑤整个建模分析和设计过程做到了步步有规则和每步都有程序可遵循,这就使整个设计过程非常结构化、规范化。

19.1 制造业的范围及其竞争要素的变化

制造业(manufacturing)是现代经济生活的基础和主体,只要是对原材料做加工处理,生产出为用户所需的最终产品的行业,都可归属于制造业。从行业来讲,大至宇宙飞船、飞机、船舶、汽车制造,小到日用五金与小商品都属于制造业涉及的范围[27]。因此"制造"这个词所涉及的活动范围与内容包括了原材料采购、订单处理、产品设计、工艺设计、整个生产活动的计划、调度以及产品加工、装配活动以及销售、发货和售后服务。另外，还包括仓库管理、财务管理、人事管理和质量保障等，也就是说，它覆盖了一个制造企业的全部活动。

从历史上讲，制造业曾经历了长期的手工作坊方式的运作。工业大革命后，生产规模逐渐扩大，实现了流水生产线后，生产率大幅度提高。随着生产力的增长，人们对商品多样性的需求日益突出，于是大批量的生产模式变得不能适应市场的竞争，图 19-1 所示为市场中产品多样性、批量大小、重复订单的数量以及对生命周期要求的变化趋势。

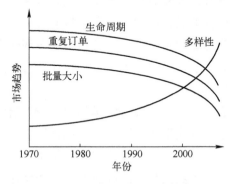

图 19-1　制造业市场的发展趋势

由图中的曲线可以看出：随着时间的增长，市场对产品种类的要求越来越多，而对一种型号产品的生命周期的要求越来越短，同时要求企业应具备处理批量大小和产品订单的能力，即推行大规模定制生产（mass-customization production）的生产服务方式。另外，随着市场趋势的变化，制造业的竞争要素也发生了变化，如图 19-2 所示。

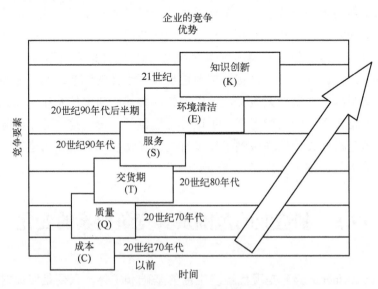

图 19-2　制造业竞争要素的变化

20 世纪 70 年代以前，产品成本（C）是企业竞争的决定性因素，之后到 70 年代、

80 年代、90 年代逐渐被产品的质量（Q）、交货期（T）、更好的服务（S）、良好的清洁、无污染的环境（E）所代替。进入 21 世纪后，知识创新（K）便成为取得制造业竞争优势的新的着眼点。随着市场要素的变化企业都探讨了相应的应对策略与措施。

19.2 集成的概念以及制造业中两种集成的比较

19.2.1 集成的概念

对于集成，不同的专家会有不同的理解和定义。国际标准化组织 ISO TC184 在其会议文件中写道："集成是指两个以上具有各自结构、行为和边界的实体组成一个复合实体，显示出其独特的结构、行为和边界。各个成分之间通过交换、合作和协调，共同完成赋予复合实体的任务。各个成分实体之间的可操作性是实现集成的基本前提。"集成理念在技术实现上具有 4 个层次：①互联；②互操作；③语义一致；④会聚集成。前面的定义仅涵盖了前两个层次，后两个层次在下文的讨论中将通过扩展概念的内涵来说明。系统集成是为提高企业的竞争力而采取的一种全局性举措。由于每个企业的具体情况不同，因此所采用的措施也有差别。在企业信息化的实施过程中，人们常讲的"集成"通常会包括 3 个层次，即"信息集成""过程集成""企业集成"，这三个层次在实施的过程中互相作用。法国 Vernadat 教授给出了如下企业集成的定义："企业集成涉及把所有必需的功能和异构的功能实体连接在一起，促成跨组织边界的信息流、控制流和物流能够更为顺畅，从而改善了企业内的通信、合作与协调，使企业的运转更像一个整体。因此便提高了整体的生产率、柔性和应变管理能力。另外，这里所集成的企业中不同成分的功能实体包括信息系统、设备装置、应用软件以及人。"这里企业的集成具有两层意思：一层是"企业内集成"，是指在企业内全面实现"人、经营、技术"三者的集成，在企业内各部门之间、上下级兄弟单位之间的集成与紧密配合以及相互支持；另一层是"不同类型企业之间的集成"，包括供应链的集成，力求较深入的合作。

19.2.2 关于"计算机集成制造"与"现代集成制造"的主要差别

这里讨论两个重要概念：计算机集成制造（computer integrated manufacturing，CIM）和现代集成制造（contemporary integrated manufacturing，CIM），虽然它们的英文均缩写为 CIM，但细究其内涵，所涵盖的内容并不相同。"计算机集成制造"是 1973 年面对 20 世纪 60—70 年代美国制造业的空前危机，Dr. Joseph Harrington 提出的一个重要概念[28]。该概念涵盖了两个重要观点：①企业生产的各个环节，包括市场分析、产品设计、加工制造、经营管理及售后服务的全部经营活动，是一个不可分割的整体、紧密相联；②从实质上讲整个经营过程就是一个数据的采集、传递和加工处理的过程，其最终形成的产品可以看作是数据物质的表现，其中在整个制造过程中计算机扮演了重要角色。而"现代集成制造"是将信息技术、现代管理技术和制造技术相结合，应用于制造企业产品生命周期的各个阶段。通过信息集成、过程优化以及资源优化，实现物流、信息流、价值流的集成和优化运作，达到人、经营（组织、管理）和技术三要素的集成，以提高企业新产品开发的时间（T）、质量（Q）、成本（C）、服务（S）、环境（E）、知识（K）等指标，从而提高企业的市场应变能力和竞争能力。如果比较"现代集成制造"与"计算机集成制造"，两个概念主要在以下几个方面上进行了拓展。

（1）细化了现代市场竞争的内容（T、Q、C、S、E、K）。

（2）提出了 CIMS 的现代特征：数字化、信息化、智能化、集成优化、绿色化。

（3）强化了系统观点，拓展了系统集成优化的内容：信息集成、过程集成和企业集成；企业活动中的三要素和三流（物流、信息流、价值流）的集成优化，CIMS 相关技术和各类人员的集成优化。

（4）突出了管理与技术的结合，以及人在系统中的重要作用。

（5）明确指出了 CIMS 技术是基于传统制造技术、信息技术、管理技术、自动化技术、系统工程技术的一门发展中的综合技术，其中特别强调了信息技术的主导作用。

（6）拓展了 CIMS 的应用范围，包括离散型制造业、流程和混合型制造业。

19.3　多视图、多方位体系结构

对于像计算机集成制造这样复杂的系统，用数学形式（如常微分方程、偏微分方程、差分方程或动力学方程之类的数学方程）表达它往往与实际存在着很大的距离，CIM 系统所提出的模型，主要形式是图形、表格和文字的叙述，是通过全局的"视图"去反映系统某方面特性（如功能视图、信息视图、决策视图等），因为企业涉及的方面太多，所以在建立起视图的基础上，促进系统集成的建模分析，搭建多视图、多方位体系结构，目前在一些特定的方面在国际上已有一些公认的比较成熟的建模方法。例如，IDEF0 建立功能模型[29]、IDEF1X 建立信息模型[30]、IDEF3 建立过程描述的模型[31]、GRAI 方法建立决策模型等[32]，而集成建模方法正是要研究这些方法及模型之间的关系，以便在其间建立有效的链接和相互的映射。

对于一个复杂的对象和系统，要研究的问题是多方面的，想用某一种表达形式去表示所有的方面是不可能的，因此只能针对某一个研究方面而建立模型，通常把这种模型称为全局的一个"视图"，如功能视图、信息视图、资源视图、组织视图等。因为这些视图研究同一个"对象"，所以这些视图之间必然是相互关联的。

系统的体系结构，就是一组代表整个系统各个方面的多视图多层次的模型集合。例如图 19-3 给出的 CIM-OSA 体系结构（CIM open system architecture，CIM 开放系统体系结构），其 3 个坐标轴分别为"逐步推导""逐步具体化""逐步生成"。这里"逐步推导"是指系统开发的整个生命周期中的几个阶段：从"需求定义"→"设计说明"→"实施描述"，每个阶段都有一些需要并具有一些特点。"逐步生成"指的是系统的建模需要在哪些方面开展研究去寻找各方面的相互关系。图 19-3 中给出了功能视图、信息视图、资源视图和组织视图这4个方面来分析全系统,去分别建立相应的模型。"逐步具体化"是一个由"一般"到"特殊"的发展过程。图中左边是最一般的通用建模层,中间是部分通用建模层,即按各行业的生产经营活动,给通用建模层赋予具体的内容,以构成适合各行各业的通用模型。对这些各行业通用模型,再按具体企业的情况赋予具体的值,并对模型结构进一步细化,成为具体企业的专用模型,这就是图上最右边的一列。这里将左边的通用建模层和中间的部分通用建模层合起来称其为参考体系结构。

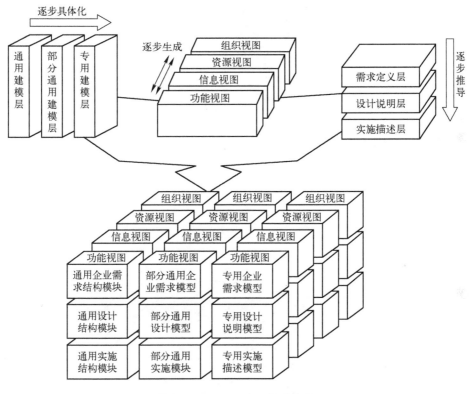

图 19-3 CIM-OSA 体系结构

其实,国际上具有影响力的体系结构有多个,除了欧共体的 CIM-OSA,例如:①美国普渡大学的 PERA(Purdue enterprise reference architecture,普渡企业参考体系结构);②法国 GRAI 实验室提出的 GIM(GRAI integrated methodology),这里 GRAI(graphics with activity integrated)是 20 世纪 70 年代法国提出的一种系统分析方法;③德国 Scheer 教授提出的 ARIS(architecture of integrated information system,集成的信息系统体系结构);④1987 年 IBM 公司 Zachman 提出的 Zhachman 体系框架;⑤GERAM 框架(它是国际标准 ISO 15704:generalized enterprise reference architecture and methodlogies,通用企业参考体系结构和方法论)的主体部分,其框架结构如图 19-4 所示;⑥阶梯形 CIM 系统体系结构,是 1994 年陈禹六教授针对我国企业实施 CIMS 所提出的体系结构,如图 19-5 所示[33]。这种结构在一些文献中常简称为 SLA(stair like architecture)。

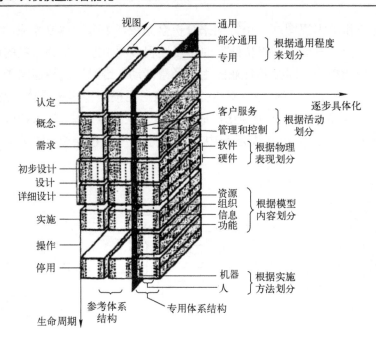

图 19-4　GERAM 框架结构

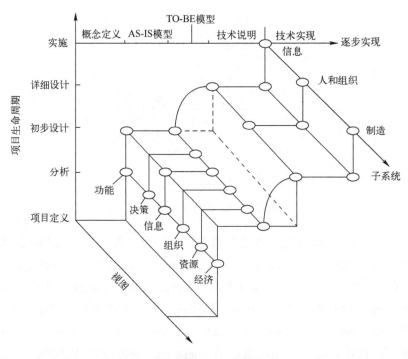

图 19-5　阶梯形 CIM 体系结构

这个体系结构包括 3 个维度，即视图维、进程维和实现维。①视图维：是该体系结构中最重要的一个坐标，它包括 7 个视图，即功能、决策、信息、组织、资源、经济，通过不同的侧面对系统进行描述，通过视图信息的综合，获得对系统特征的总体理解。

通过采用视图的描述信息，可以提高采用不同建模方法对同一系统分析的一致性。②进程维：给出了实施系统集成的生命周期，该周期起始于项目定义，终止于"实施"，经过分析、初步设计、详细设计到实施。另外该生命周期中还包含了系统的定期维护以及系统的互解。③实现维：反映了所包含的主要方法论，也就是如何以建模分析为手段，完成对系统的分析、设计与运行维护。正如文献[33]所指出的，系统认识过程和构建过程是阶梯上升的，在概念定义阶段需要明确企业的战略目标，并据此形成集成系统的目标，然后围绕该目标，从组织、资源、信息、产品、功能、经济和经营过程的角度去描述企业的现状，形成对企业基本框架和运行机制的完整描述。在这些描述的约束下，采用合适的模型分析手段进行分析，找出现有系统中的问题进行改进，而后构建目标系统，形成多视图的目标系统的描述，这是一个细化和优化设计的过程。在形成目标系统描述时，除了使用各个视图的描述方法，还可以使用其他建模方法，以便形成对系统更完整的描述。在完成基于模型的设计后，可在构建工具集的帮助下，将设计转化为实际系统构建的技术说明，并构建实际系统。

19.4 概述几种典型的建模方法

以下用极简略的方式分别对功能建模方法（如IDEF0）、信息建模方法（如IDEF1X）、资源集成的重要工具（如ERP企业资源计划）、经营过程（如IDEF3过程描述获取方法）、企业组织运行模式（如精良生产模式、敏捷制造模式以及虚拟工厂等）、决策建模（如GRAI方法）以及经济分析与评价方法[如层次分析法（AHP）和网络分析法（ANP）]等进行概述。

19.4.1 功能建模方法

IDEF0功能建模方法是IDEF系列建模方法的一种，其基本内容是在SADT（system analysis and design technology）的活动模型方法上发展与完善的。IDEF0方法已在1998年成为美国IEEE标准。在系统的顶层结构设计领域具有广泛的影响，该方法具有严格的语法语义，并且提供了十分完整的建模指南和工作指南[34]。

对于集成制造系统通常分为4个应用分系统和2个支撑分系统。4个应用分系统分别是管理信息系统（management information system，MIS）、工程设计系统（CAD/CAPP/CAM）、质量保证系统（QAS）和制造自动化系统（MAS）。2个支撑系统分别是数据库（DB）和通信网络（NET）。

19.4.2 信息建模方法

20世纪70年代中期ICAM（integrated computer aided manufacturing）计划首次意识到语义数据模型的必要性。因此ICAM计划开发了大家熟知的一系列IDEF（ICAM DEFinition）方法。IDEF1X是IDEF1的扩展版本[30]。IDEF1X和E-R（实体联系，entities-relationships）法主要是针对关系数据库的信息建模方法，随着面向对象技术的发展，面向对象的信息建模技术也得到了发展，尤其是面向对象的建模语言在 20 世纪 70 年代中期得到了很大发展，其中 UML（unified modeling language）已获得广泛的认可与应用[35]。对于 IDEF1X 建模方法，文献[4]给出了较详细的讨论，可供感兴趣者参考。

19.4.3　资源建模中界面的作用以及资源集成的重要工具——ERP

企业资源决定了企业的产品类型、企业的核心能力，以及企业的市场潜力，因此资源的建模和分析方法对于企业系统的集成便显得格外重要。资源模型的建模过程包括两个方面，一方面是建立资源结构，将企业现有的资源管理的相关图表直接映射到资源结构中。在这个过程中，使用资源的描述语言全面地描述每一个资源的性质，是这一映射过程的主要工作。另一方面就是建立资源模型和其他模型之间的界面，对资源模型的主要分析集中在对其界面的分析上，如图 19-6 所示，其主要界面有 5 种，即资源-组织界面；资源-功能界面；资源-信息界面；资源-产品界面；资源-过程界面。这些界面在企业资源建模、分析和优化过程中扮演了不同的角色，具有同等重要的作用。

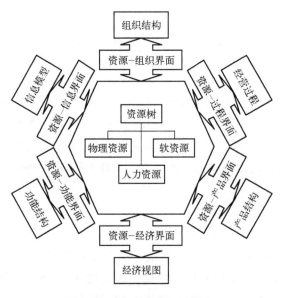

图 19-6　资源模型的基础结构

计划是企业经营管理的基础和绩效考核的基准，以企业计划体系为主线实现系统集成，是许多管理信息系统的发展方向，其中最具代表性的是企业资源计划（enterprise resource planning，ERP）。ERP 系统可以认为是一个以财务会计导向的信息系统，其主要功能是将满足客户订单的所需资源（包括采购、生产与配销运筹作业所需的资源）进行有效的整合与规划，以扩大整体经营绩效，降低成本。经验与实践都表明：ERP 是实现企业资源集成的一个重要工具。关于 ERP 的核心工作基础可参阅文献[36]。

19.4.4　经营过程的建模方法——IDEF3 和 ARIS 过程建模

"过程"是完成企业某一目标而进行的一系列逻辑相关的活动集合。"经营过程"不是狭义的销售、买卖过程，而是指企业运行所需的所有过程。常用的过程建模有 3 种：第一种是 IDEF3 过程描述获取方法[37]；第二种是 ARIS 经营过程建模。使用 ARIS 建立企业的经营过程首先从企业经营过程的顶层出发，使用增值链图宏观地描述顶层的经营活动，如图 19-7 所示。增值链图能够描述过程的时序关系，同时能与功能树发生自然的联系。对于 ARIS 的详细建模过程可参阅文献[38]，这里不再赘述。甘特图和 PERT 图是过程建模的第 3 种方法。甘特图是 Henry L.Gantt 于 1917 年发明的，它用水平的长条图来表示所有任务间的相互关系，其中横轴表示时间，纵轴表示任务名称，它使用非常直观的条形图，指示项目任务的时间和进度信息。甘特图是项目管理技术中的核心技术。PERT 图是项目评审时所用的技术，是 1950 年美国海军在项目管理中首先使用的项目管理方法[39-40]。

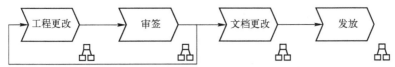

图 19-7 增值链示意图

19.4.5 精良的管理与敏捷制造的重要理念

精良生产（lean production，LP）和敏捷制造（agile manufacturing，AM）是 20 世纪 80 年代后期出现的高效率组织生产的两种新模式，对此文献[41]做过详细讨论与介绍。精良生产降低了生产成本，提高了生产效率，从组织管理、设计、制造、协作与销售形成了一套完整的高效经营方式，企业高度注重用户的需求，并且普遍采用"主动销售"的策略。另外，敏捷制造的基本思想还要求制造业不仅要灵活、多变地满足用户对产品多样性的要求，而且新产品必须能快速上市。此外在敏捷性设计中提出了著名的 RRS 的要求，即"可重组"（reconfigurable）、"可重用"（reusable）和"可扩充"（scalable）。Goldman 等[42]还对推行企业敏捷性制造给出了详细的企业自我评价的标准。总之，精良的管理和推行敏捷制造的重要管理理念是企业组织运行的优良模式，它有利于最大限度地赢得市场份额，有利于企业在竞争中生存与发展。

19.4.6 决策建模方法

在企业运行过程的管理决策中，法国的 GRAI 方法比较成熟，其中 GRAI 格与 GRAI 网是成功应用 GRAI 方法的两种必要工具。GRAI 格是由行与列纵横组成的表格，其中行代表决策制定的时间范围和调整周期；列代表决策系统的职能划分。在 GRAI 格中每个决策中心都对应一个 GRAI 网并清晰地表示出其工作的过程。对于 GRAI 方法文献[32]有详细描述，这里不再赘述。

对于决策支持系统（decision supporting system，DSS）是 20 世纪 70—80 年代提出并发展的，它以管理科学、运筹学、控制论和行为科学为基础，以计算机技术、仿真技术和信息技术为手段，针对半结构化的决策问题提供解决问题的办法与策略。1985 年

Belew 提出了智能决策支持系统（intelligence decision supporting system，IDSS）使人工智能 AI 和 DSS 相结合，应用专家系统（expert system，ES）技术，使 DSS 能够更充分地应用人类的知识，如决策问题的描述性知识、决策过程中的过程性知识、求解问题的推理知识等，通过逻辑推理去解决复杂的决策问题。另外，对于多人决策问题，国际上也发展了群体决策支持系统（group decision supporting system，GDSS），图 19-8 给出了 GDSS 的一般结构。此外，随着 IT 技术和人工智能技术的发展，使得各种技术交叉融合，也会产生新的 DSS 功能，这里因篇幅所限不多叙述。

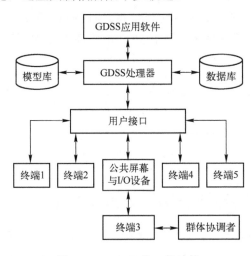

图 19-8　GDSS 的一般结构

19.4.7　经济分析与评价方法

在经济分析中，层次分析法（analytic hierarchy process，AHP）是美国 Saaty 教授提出的一种辅助性决策方法，并已经得到广泛应用，由于该方法在许多书中都有介绍，这里就不再介绍了，感兴趣者可参阅相关资料。传统的评价指标过多地着眼于短期的经济指标，而忽略了企业的实际经营状况是与社会和行业大环境以及企业的战略决策等紧密相联系的。在尽量排除外部环境和企业决策等因素的基础上，对信息化项目的实施效果进行客观、全面的评价应该是企业信息化后所关注的经济评价问题。

图 19-9 给出了企业信息化综合评价指标的体系。国际上多数专家认为：时间（T）、质量（Q）、成本（C）、服务（S）、环境（E）是企业成功的关键因素。面对复杂多变的市场，企业的生产柔性（F）以及企业人员的素质和企业核心潜在竞争力（A）也应该列入企业的关键因素。按照这一评价指标体系，信息化项目的效益可分为时间节约、质量提高、成本降低、柔性增加和能力增强 5 个方面，这 5 个方面反映出信息化项目的主要效益。因篇幅所限，对企业信息化项目综合效益的评价问题就不展开讨论了，感兴趣者可参考北京第一机床厂或上海鼓风机厂的系统集成项目实施效果经济评价的相关公开发表资料。

第 19 章 考虑系统集成和信息集成的复杂系统通用建模分析与设计方法

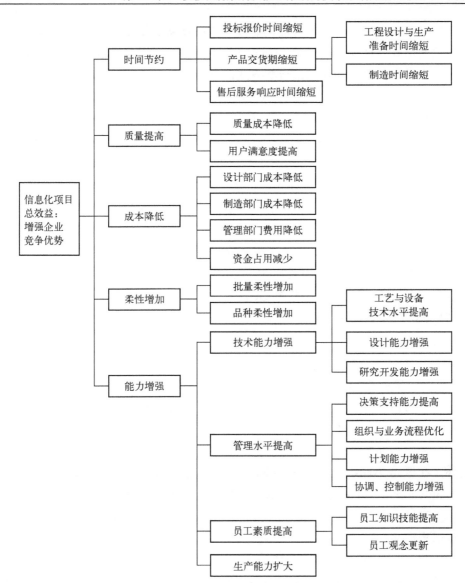

图 19-9　企业信息化综合评价指标体系

19.4.8　以 ChatGPT 为工具的人机系统建模方法

2022 年 11 月 30 日，OpenAI（中文常称作美国开放人工智能研究公司/中心）推出全新的对话式通用人工智能工具——ChatGPT，其中 GPT 是英文 Generative Pretrained Transformer 的缩写。据报道，ChatGPT 上线后，5 天里活跃用户数已高达 100 万，2 个月活跃用户数已达 1 亿，成为历史上增长最快的应用程序。ChatGPT 是继数据库和搜索引擎之后全新一代的"知识表示和调用方式"。知识在计算机内的表示是人工智能的核心问题。早期时，知识以结构化的方式存储在数据库中，人类需要掌握机器语言（如 SQL）才能调用这些知识；后来，随着互联网的诞生，更多文本、图片、视频等非结构化知识

· 273 ·

存储在互联网中,人类可以通过关键词的方式调用搜索引擎获取知识;从2018年开始,知识以参数的形式存储在大模型中,ChatGPT主要解决了用自然语言直接调用这些知识的问题,这也是人类获取知识的最自然方式。

大规模预训练语言模型(下文简称大模型),又称大规模语言模型(large language model,LLM)。ChatGPT除了聊天,它还能够根据用户提出的要求,进行机器翻译、文案撰写、代码撰写等工作。GPT通过学习大量网络已有的文本数据(如Wikipedia、Reddit对话),获得了像人类一样流畅对话的能力。虽然GPT可以生成流畅的回复,但有时生成的回复并不符合人类的预期,OpenAI认为:符合人类预期的回复应具有真实性、无害性和有用性。为了使大模型符合"三性",OpenAI首先引入了人工反馈机制,并且使用近端策略梯度算法(PPO)对大模型进行训练。这种基于人工反馈的训练模式可以在很大程度上减小了大模型生成回复与人类回复之间的偏差,它使得ChatGPT具有良好的表现,因此RLHF(Reinforcement Learning with Human Feedback,基于人工反馈的强化学习)技术在GPT系列模型(其中包括GPT-3和GPT-4等)发挥了重要作用。

1. ChatGPT的4点核心算法

1) ChatGPT采用Transformer架构

Transformer是一种基于自注意力机制的深度神经网络模型,可以高效并行地处理序列数据。原始的Transformer模型包含编码器和解码器两个关键组件。编码器和解码器都由多层的注意力模块和前馈神经网络模块组成,其中自注意力模块可以学习序列中不同位置之间的依赖关系,即在处理每个位置的信息时,模型会考虑序列中其他所有位置上的信息,这种机制使Transformer模型可以有效地处理长距离依赖关系。

另外,在原始Transformer模型基础上,衍生出3类预训练语言模型:一种是EPM(encoder-only Pretrained models,编码预训练模型);另一种是DPM(decoder-only pretrained models,解码预训练模型);第三种是EDPM(encoder-decoder pretrained models,编解码架构的预训练模型)。

2) 采用指示学习与指令精调策略

指示学习(prompt learning)和指令精调(instruction tuning)的本质目标都是希望通过编辑输入来深挖模型自身所蕴含的潜在知识,进而更好地完成下游任务。而与指示学习不同的是,指令学习不再满足于模仿预训练数据的分布,而是通过构造"指令(instruction)"并微调的方式,学习人类交互模式的分布,使模型更好地理解人类意图。因此,指令学习可以帮助语言模型训练更深层次的语言理解能力,以及处理各种不同任务的零样本学习能力。OpenAI提出的Instruct GPT模型使用的就是指令学习的思想,并且ChatGPT沿用了Instruct GPT的方法。

另外,Instruct GPT通过在构造的"指令"数据集上进行有监督微调(supervised fine-tuning,SFT)和基于人类反馈的强化学习(RLHF)以使模型与人类需求对齐。

3) 具有COT(chain of thought,思维链)能力

在处理复杂问题时首先完成问题的分解,而后逐步进行求解。这里应指出的是,思维链推理应用广泛,不仅可用于数学应用题的求解、常识推理和符号操作等任务,而且

还可以用于任何需要通过语言解决的问题。

4）采用基于人类反馈的强化学习（RLHF）策略

RLHF 是 ChatGPT/Instruct GPT 实现与人类意图对齐，即按照人类指令尽可能生成无负面影响结果的重要技术与策略。该算法在强化学习的框架下实现，大体上可分为如下两个阶段：①奖励模型训练；②生成策略优化。这里略去对这两个阶段细节的描述，感兴趣者可参阅 OpenAI 发布的相关资料与文件。

2. 大模型训练时的并行计算框架与资源配置策略

GPU 并行计算是大模型训练时最重要的技术支撑之一，它既决定了大模型的计算效率，也决定了计算平台可否为大模型提供有效支撑。通常，GPU 并行计算采用两种策略：一种是模型并行，即将计算任务拆分成若干个更小的不同的任务并装载到多张 GPU 卡中；另一种是数据并行，即将数据分解为多个部分，使得每个单元分别去计算一个或多个小块的数据，最后再进行汇总。从标准的数据并行（data parallel，DP），发展到分布式数据并行（distributed data parallel，DDP），再到目前的完全分片数据并行（fully shared data parallel，FSDP），在并行通信效率上获得了大幅提升。另外，机器学习中的随机梯度下降法（stochastic gradient descent，SGD）极大促进了这类并行策略在深度学习训练过程中的应用。

下面给出 5 种并行计算框架：①PyTorch、②Tensor Flow、③Megatron-LM、④DeepSpeed、⑤Horovod，它们都表现了出色的线性加速性能，都可以完成百亿参数规模的模型训练。但应说明的是，由于大模型的参数量大，对软、硬件资源的要求很高，因此如何部署大规模预训练模型仍会面临着许多瓶颈和挑战，为缩小所讨论的范围，在下文中仅讨论部署技术和优化方法方面的问题，下面简要讨论以下 5 点。

（1）代码优化。它是通过优化神经网络中的算子去实现高效部署的一种技术。在预训练模型中，算子通常包括全连接、卷积、池化、归一化等操作，这些算子的优化对于提高模型的效率和性能极为重要。通常，算子代码优化可有两种方式实现：一种是采用高效算法；另一种是使用更高效的语言实现算子，例如使用 C++和 C 语言等替代 Python 语言实现算子，可以更好利用计算资源和硬件加速器，提高神经网络的性能。

（2）硬件加速。例如应用 TPU（tensor processing unit），它是由 Google 设计的专门为深度学习计算的特殊需要所设计和优化的 ASIC（application-specific integrated circuit，定制化的集成电路）芯片。再如 ASIC 加速、FPGA（field-programmable gate array）加速等。FPGA 是一种可编程逻辑芯片，它可以通过编程方式实现各种逻辑电路。

（3）云服务。例如 Google Cloud 等，它们可提供各种深度学习的服务和工具，例如模型训练、模型部署服务、自动缩放服务等。

（4）隐私保护。保护用户隐私已成了一个重要问题，为此可以建立只有拥有正确密码钥匙的人才能够解密相关的数据并访问原始信息的相应规定。

（5）大型语言模型（large languge model，LLM）的模型压缩策略。由于 LLM 通常具有数十亿乃至上百亿参数，导致存储和计算成本极高并且对硬件的要求也极高，大多数下游用户难以进行微调。因此，大型语言模型的模型压缩便成为一种可行的替代方案，它利于进一步完成大模型的训练部署。通常，可以通过采取剪枝、知识蒸馏和参数共享等多种技术手段，在不损失模型性能的情况下便能够将模型参数压缩数百倍甚至数千倍。

3．Open AI 成立以来的主要研究进展

2015 年 12 月山姆·阿尔特曼（Sam Altman）、彼得·泰尔（Peter Thiel）、里德·霍尔曼（Reid Hoffman）和埃隆·马斯克（Elon Musk）创办了 OpenAI，其总部设在美国旧金山。该中心所属的行业为人工智能研究，截至 2023 年 11 月 12 日，其主要发展历程归纳为如下 18 项：

（1）2015 年 12 月 11 日 OpenAI 成立；

（2）2016 年 12 月 5 日推出 Universe；

（3）2018 年 4 月 9 日发布 OpenAI 宪章；

（4）2018 年 7 月 30 日推出强化学习技巧；

（5）2019 年 2 月 14 日发布提升语言模型 GPT-2 模型；

（6）2019 年 4 月 15 日 OpenAI 五人击败 Dota 世界冠军；

（7）2019 年 4 月 25 日发布深度神经网络；

（8）2019 年 8 月 20 日跟进 GPT-2 模型；

（9）2019 年 11 月 5 日发布 GPT-2:1.5B 版本；

（10）2020 年 6 月 11 日，OpenAI 推出 GPT-3 语言模型；

（11）2020 年 6 月 11 日推出开放人工智能应用程序接口；

（12）2021 年 1 月 5 日推出连接文本和图像神经网络 DALL·E（又称 Dalle）；

（13）2021 年 3 月 4 日推出人工神经网络中多模式神经元；

（14）2022 年 11 月 30 日推出 ChatGPT：优化对话的语言模型；

（15）2023 年 3 月 OpenAI 推出 GPT-4 模型；

（16）2023 年 7 月 24 日，OpenAI 在维特宣布 ChatGPT 安卓 APP 可在谷歌商店预约下载；

（17）当地时间 2023 年 11 月 6 日，OpenAI 在官网上宣布推出自定义版本 Chat GPT（即 GPTs）；

（18）当地时间 2023 年 11 月 6 日，首届 OpenAI 开发者大会开幕，会期一天。

4．OpenAI 首届开发者大会的主要亮点与 GPTs 问题

（1）推出 GPT-4 Turbo 新模型，更新的知识库（截至 2023 年 4 月），使聊天更加自然流畅。

（2）多模态（包括 Dalle3（最先进的图像模型）、GPT-4V 和新的文本到语音（TTS）等）的 API（application programming interface）接口，支持多语言的 Voice Recognition 模型以及微调功能等。

（3）Assistant API。进一步方便了应用与开发程序，支持函数调用、上传文档、代码解码器等，并配合手机端实现语音输入。用户可轻松地定制 GPT*，不需要写代码，只需要通过自然语言和 ChatGPT 对话便自动构建。这里 GPT*是为特定目标量身定制的 GPT 版本。

（4）截至 2023 年 11 月 7 日，全球大约有 200 万开发者使用 OpenAI 提供的 API 接口构建各种应用系统。在全球 500 强企业中，有超过 92%的企业在使用 OpenAI，全球每周 ChatGPT 的活跃用户可达 1 亿。

5. 多模态 API 访问接口以及创建 GPT*版本

ChatGPT 的出现标志着智能技术步入大模型时代。虽然它主要是针对自然语言处理构建的，但是"基础大模型加上行业数据库"的框架同样适用于科学研究领域，尤其是随着多模态工具的 API 接入服务，可以方便地以 ChatGPT 为工具创造一个属于某类人机工程问题的 GPT*版本。在创建 GPT*版本时，不需要写代码，只需要用 ChatGPT 进行自然语言对话，但要上传有关人机工程问题的资料或行业知识库。对这类建模的详细过程感兴趣的读者可参考网上其他行业用户制作各自行业 GPT 的范例。显然，采用"基础大模型加上行业数据库"的框架所创建的 GPT*为基础的人机系统建模方法与 IDEF 建模相比，它不需要写代码与编程，因此更便捷。

6. 对 AGI 的一点展望

图 19-10 所示为信息来源的 5 个范围及 AGI 的展望。这里 WS1~WS5 表示大致划分的 5 个范围，WS 是英文 world scope 的缩写；AGI 是 artificial general intelligence 的缩写，它常译作通用人工智能；图中 WS1、WS2 和 WS3 分别代表小规模语料库、网络文本数据和包括听觉与视觉的多模态；WS4 以及 WS5 分别代表人自身能力与物理世界间的互动以及人与人类社会的互动。ChatGPT 通过对话的方式与人类用户交互，一下子迈入了 WS5 的范围。但是，要实现真正的通用人工智能，还需要融合多模态信息（WS3），并实现与物理世界的交互（WS4）。可以相信，通过踏踏实实地努力，伴随着一个较丰富的多模态版本的"ChatGPT"的问世，再结合人的自身智能的发展，一个能够同时处理文字、语音、图像等各种模态指令，能够和物理世界交互，而且还可以与人类社会共存的通用人工智能体将会在不久的将来诞生。

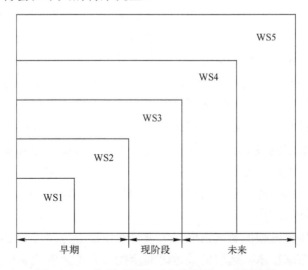

图 19-10 信息来源的五个范围及 AGI 的展望

7. 行业数据库的构建

构建行业数据库是创建 GPT*的关键环节，下面以流体力学与空气动力学为例扼要说明行业数据库建立时可能遇到的关键问题，主要讨论如下 4 个方面。

1）多源数据的融合策略

在流体力学与空气动力学的研究中，为获取气动数据常用 3 种手段，即数值计算、风洞试验和飞行试验。它们各有优缺点，如采用单一研究手段通常难以获得飞行器的准确气动特性。因此，在工程上需要融合多种手段多来源的数据以获取对气动特性较为准确和较完善的描述。多源数据都源于同一对象，但由于不同研究手段所研究的物理对象是不同的，例如风洞试验采用的是缩比模型，CFD 数值计算对象通常是刚体模型，飞行试验的对象是真实飞行器，这 3 种情况下的气动力真值理论上是不同的，因此这时数据融合还需考虑不同来源数据之间的数据关联与同化问题。另外，按照融合对象数据抽象层次的不同，又可分为数据级、特征级和决策级的数据融合。在气动研究中，直接针对不同来源气动数据的融合属于数据级融合，而对数据进行本征正交分解（proper orthogonal decomposition，POD）、动力学模态分解（dynamic mode decomposition，DMD）等特征提取后，在模态特征层次进行融合时，属于特征级融合。例如某研究所针对 2.4m 暂冲型跨声速风洞的高精度流场控制问题，提出了一种基于已有工况模型与新工况模型融合的方法，使马赫数精度达到 0.001 的水平，这属于决策级的融合。数据融合的核心是融合准则。目前，常用的融合准则包括基于数据方差的加权融合准则、贝叶斯融合准则、基于模型相关度的融合准则、基于 D-S 证据理论的融合准则、基于高斯过程的融合准则、基于卡尔曼滤波的融合准则等。近年来，基于神经网络的数据融合方法发展较快，其核心是将数据融合视为一种复杂的非线性映射机制，通过神经网络的方法对这种机制和内蕴融合原则进行学习和模拟。

2）流场特征信息的提取

（1）涡特征的提取技术。涡特征被认为是流场中比较重要的空间结构，是流体运动的肌腱，在工程中发挥重要作用，因此涡特征的准确提取对研究流场的规律和机理具有重要意义。目前，常用的旋涡提取方法大致有 3 类，即局部方法、全局方法和基于机器学习的方法。局部旋涡特征提取算法是逐网络点或单元进行识别，通常仅与流体的局部旋转特性相关；全局方法则需要对多网络点或单元进行检查以识别是否属于旋涡结构。旋涡结构本质上是具有全局性的，所以采用全局方法来识别是合理的，但计算代价比局部方法高。另外，基于机器学习的方法分为有监督学习方法和无监督聚类方法。

随着人工智能技术的兴起和海量流场数据的支撑，机器学习方法在旋涡提取问题中的应用越来越重视，尤其是随着卷积神经网络（CNN）技术的突破，CNN 网络模型已广泛用于检测流场的旋涡结构。

（2）非定常流场关键帧的智能选取。关键时间步选取方法是非定常模拟数据在时间维度上的一种数据缩减技术，选取的关键时间步能够完整反映流场的流动模式及演化规律。目前，对非定常流场关键时间步选取方法大致分为局部最优和全局最优方法。局部最优方法主要是基于贪婪法则将相似的时间步聚类分组，然后从每组中选取一个时间步作为关键时间步。全局最优方法是从整体最优角度考虑，主要采用基于聚类或动态规划等方法，实现关键时间步序列与原始整个时间步序列间流场信息差最小化，这种处理办法计算成本较高。这里要强调的是，关键时间步的选取问题，是非定常流场可视化的研究热点之一，现在所采用的方法大多依赖于手工选定的数据特征。显然，所采用的方法并没有有效地考虑潜在的物理特性，所选取的结果无法准确表达流场中的流动模式，因此关键时间步的选取方法仍有待于深入探究。另外，作为一种 AI 类视频生成工具——Runway 的应用，它可以通过几张静态照片用 Runway 生成动态视频，这无疑为我们确定关键帧的关键时间步长的选取问题提供了一个参考。2023 年 6 月 1 日，谷歌和 Runway 公司签订一个重要新合同，为这家生成式 AI 初创公司提供了数百万美元的云服务，帮助用户通过文本描述去生成相应的动态视频。2023 年 11 月 9 日 Ai Pin 产品发布，这是一款完全可以取代 VR 和 AR 头戴式显示的新型智能设备，它总质量 54g，体积为 $4.5cm^3$ 左右（相当于一枚鸡蛋的重量）的智能盒，具备电话、通信、翻译与搜索等功能，它采用激光光束扫描投影系统，把必要资讯投射到充当屏幕的用户手掌上，该产品还可以别在衬衫或夹克上，十分方便。显然，使用 Ai Pin 便可以与有关的实验照像相结合，去探究非定常流场关键时间步的选取问题。

3）大数据、大样本的数据库建立

目前，空气动力学领域的数据数量和质量都很有限，仍缺少大家都认可的公开数据集用于科学研究。究其原因主要有两个：一是数据产生困难，而且空气动力学领域产生的数据具有多种模态。不同模态的数据存在着工况上的不足，覆盖面不够、数据污染、存在着确定性与完整性差等问题。二是难以进行数据标注。深度学习系统需要大量有标注的数据，而流场等数据对某些问题的研究尚不存在客观方法，只能通过主观判断打标签，因此产生的数据存在着一定的主观性，从而导致公信力不足等问题。总之，形成准确性高、客观性强、覆盖面广的流体力学与空气动力学数据库的目标还需不断努力、持续地开展深入的研究与积累工作，它不可能一蹴而就、不可能弯道超车、也不可能一朝一夕就能完成。

4）加强自主算法与开源码的开发、注意与硬件的深度融合

虽然目前已有 Keras、TensorFlow、PyTorch 等开源算法平台，但是能针对大模型训练的开源技术和方法还相对较少。国内更是缺乏这类智能算法，亟需数学与计算机等领域提出新的算法，以实现软、硬平台的开发，形成流体力学与空气动力学的新型计算架构，为大模型的开发与构建提供技术支撑和坚实地理论基础保障。因此，结合 GPU（图形处理器）、TPU（张量处理器）、NPU（神经网络处理器）等专用芯片，发展求解流体力学微分方程组的新求解框架，进一步提高计算效率，应该是当代计算机流体力学领域的迫切任务。

19.5　企业与信息系统建模的 IDEF 方法族及重要特征

在建模方法上，目前最具影响力的两个建模方法族是 IDEF 系列建模方法和统一建

模语言（UML）。前面章节已讲过 IDEF 是 ICAM DEFinition Method 的缩写，图 19-11 和表 19-1 分别给出了 IDEF 建模方法族以及 IDEF0～IDEF14 的建模名称。在 19.4 节的概述中，已介绍了 IDEF 下建模方法族中许多重要的模型，这里就不再展开讨论了。

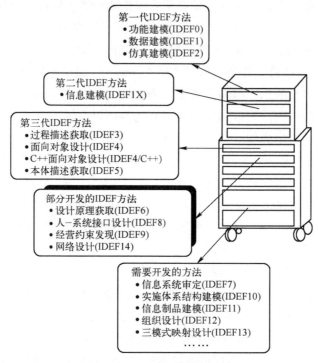

图 19-11　IDEF 建模方法族

表 19-1　IDEF 建模方法家族

序号	英文代码	模型中文与英文名称
1	IDEF0	功能模型（function modeling）
2	IDEF1	数据模型（data modeling）
3	IDEF2	仿真模型设计（simulation model design）
4	IDEF3	过程描述获取（process description capture）
5	IDEF4	面向对象设计（object-oriented design）
6	IDEF5	本体描述获取（ontology description capture）
7	IDEF6	设计原理获取（design rationale capture）
8	IDEF7	信息系统审定（information system auditing）
9	IDEF8	人-系统接口设计（human-system interface design）——用户接口建模（user interface modeling）
10	IDEF9	经营约束发现（business constraint discovery）——场景驱动信息系统设计（scenario-driven IS design）
11	IDEF10	实施体系结构建模（implementation architecture modeling）
12	IDEF11	信息制品建模（information artifact modeling）
13	IDEF12	组织设计（organization design），组织建模（organization modeling）
14	IDEF13	三模式映射设计（three schema mapping design）
15	IDEF14	网络设计（network design）

IDEF 系列为复杂系统设计和分析提供了一套较通用的设计分析方法，IDEF 方法族中许多模型自 20 世纪 70 年代逐渐发展与完善至今已广泛用到了制造业的建模分析与设计中，许多模型已十分成熟[43]。自 1990 年我国开始在工厂重点推广应用 CIM 技术以来，国家 863 计划 CIMS 专家组就规定了所有 CIMS 工厂都必须应用 IDEF0 方法建立功能模型，进行需求分析。清华大学吴澄院士、中国航天科工集团第二研究院李伯虎院士、清华大学陈禹六教授和李清教授，以及上海理工大学徐福缘教授都在 CIMS 的应用方面做了大量细致的研究与开拓发展工作。另外，随着数据挖掘、知识发现、人工智能、IT（internet technology，互联网技术）、大数据分析技术的发展，Chat GPT（chat generative pre-trained transformer，对话生成预训练变换）模型以及 Sam Altman 将计划研制的拥有学习元能力 AGI（artificial general intelligence，通用人工智能）模型的使用，许多新的建模方法还会不断出现，但作为一套通用的设计与分析方法，毫无疑问 IDEF 方法族为复杂制造业的系统集成和信息集成的建模问题发挥了巨大作用，该方法使得几乎步步有规则与程序可循，它使得整个设计过程非常结构化、通用化、智能化。

本 篇 习 题

1. 人机环境系统中，总体性能的 4 项评价指标是什么？能否结合一个典型的人机环境系统的例子，说明这 4 项评价指标的具体含义呢？

2. 描述系统的数学模型有哪 4 类呢？请对每一类模型举例说明。

3. 试给出人机系统的几种结合形式，并给出这几种形式下系统可靠性的计算表达式。

4. 在 S-O-R 模式下人的操作可靠性主要与哪些因素有关？请给出该模式下人操作可靠性的数学表达式。

5. 请说明故障分析中 ETA 方法与 FTA 方法之间有什么区别，请扼要叙述 ETA 方法的要点。

6. 在进行系统的模糊综合评价分析计算时常会遇到模糊矩阵的合成运算，要遇到 $M(\wedge,\vee)$ 与 $M(\cdot,+)$ 形式的广义模糊运算，请说明这两种运算的具体含义。

7. 某领导岗位需要增配一名领导者，现有甲、乙、丙三位候选人。选择的原则是合理兼顾以下 6 个方面：思想品德、工作成绩、组织能力、文化程度、年龄大小、身体状况。请用层次分析法对甲、乙、丙三人进行排序，给出最佳人选。将上述过程用 FORTRAN 语言或 C 语言或 MATLAB 提供的工具箱为平台编制成源程序，并用这个程序完成一个算例。

8. 为什么说人机环境系统的分析与评价要比通常的机械系统或者电子系统难得多呢？

9. 钱学森先生认为人体是个开放的复杂巨系统，并建议要开展对人体科学的深入研究。你认为在人机环境系统中应该如何开展人体的研究？到底应该研究些什么内容呢？

10. 在人机环境系统的总体 4 项评价指标（安全、环保、高效、经济）中，图 19-12 给出了绿色设计的一些准则，但它仅满足了"环保"指标的部分要求，你认为环保指标该如何量化？还应该补充些什么内容？并说出量化的理由。

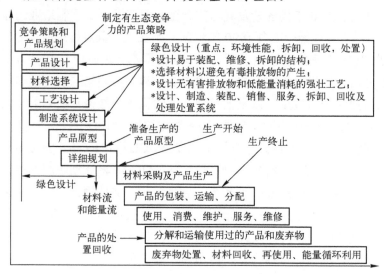

图 19-12　绿色设计的一些准则

11. 通过本篇几章的学习，你认为人机环境系统到底应该如何进行分析与评价呢？除了本章所介绍的方法，还应该补充些什么方法？

12. 1994 年"第一届国际生态系统健康与医学研讨会"在加拿大首都渥太华召开，同年成立了"国际生态系统健康学会"（international society for ecosys- tem health，ISEH）。ISEH 主席一直由 D.J.Rapport 博士担任，他是加拿大两所大学的教授。Rapport 早在 1989 年就论述了生态系统健康的内涵，他是推动人类环境生态系统健康学发展的世界领军人物，同时他是 Ecosystem Health 杂志的主编。你可否扼要介绍一下生态系统健康与人类生存安全之间的关系？

13. 钱学森先生提出的人机环境系统工程概念中的"环境"要素与 17.6 节中在 PSR 模型中所包含的"环境"要素是同一个概念吗？为什么？由此，你是否体会到对生态系统进行安全评价要比通常人机环境系统的评价难得多？你是否体会到生态系统的预报要比通常人机环境系统性能的预测难得多？从这个角度上你是否体会到 Rapport 教授为推动人类环境生态系统健康学的创建所做出的重大贡献？

14. 在机械设计中，常用的有 6 个投影基本上可以表达一个三维零件的结构信息，在企业建模领域是否可以找到这样的维度构建统一的企业模型空间？

15. IDEF0 建模方法的主要出发点和思路是什么？

16. 比较 IDEF3 和 IDEF0，说明两种建模方法在目的、语法、语义上的异同点，分析功能建模与过程建模的差异。

17. 使用甘特图和 PERT 技术建立学生班级联欢活动的计划。

18. 使用 IDEF4 设计图书馆中图书流通的管理系统。

19. IDEF0 中规定一张图中的盒子不超过 6 个，不少于 3 个，请阅读一些认知心理学的书籍，以认知心理学的角度说明这一语法规则的现实意义。

20. 试应用 AHP 方法对一个决策问题进行分析。

21. Sam Altman 团队研制的 ChatGPT 生成预训练模型和将要研制的拥有学习元能力的 AGI 通用人工智能模型有何本质上的不同？

22. 19.4 节给出了 8 种典型的人机建模方法，书中还特别讨论了以 ChatGPT 为工具，采用"基础大模型加行业数据库"的人机系统建模框架，借助于多模态 API（application programming interface）技术以及"数据驱动（data driven，DD）加卷积神经网络再加图像处理等"综合技术，充分利用 GPT4 的知识库以及国家推荐标准等技术资源进行人机建模方法的研究与探讨。这种方法与 19.5 节给出的 IDEF 建模方法相比较方便、便捷，你如何认识与理解这两大类建模方法？为什么说在机器制造中，采用 IDEF 方法更有利于机械制造行业的数据库搭建？

23. 学术界常称 Michael Grieves 教授为数字孪生（digital twin）之父。其实，早在 1992 年耶鲁大学计算机系 David Gelernter 教授出版的 *Mirror Worlds* 一书，使用高度浓缩的"镜像世界"作了概括，他认为：构造世界的软件模型就是镜像世界，通过软件把世界放入计算机屏幕内，然后观察、记录、协调、交互、管理和控制世界。因此，*Mirror Worlds* 进一步巩固了维纳在《控制论》中所表达的理念，并通过 3C（computing，communication，control）技术的有机融合发挥作用。Gelernter 教授还把医院未来的运营与管理作为镜像世界技术的第一个应用示例，采取了虚实互动、平行驱动、通力合作的方式去服务于人类的生活和健康。尽管当时学界在 2003—2005 年期间流行"镜像的空间模型（mirrored spaced model）、在 2006—2010 年期间流行信息镜像模型（information mirroring model），但是当时 Gelernter 给出的镜像概念模型却具备数字孪生体的所有组成要素，即物理空间、虚拟空间以及两者之间的关联或接口。所以，镜像模型可认为是数字孪生体的雏形。再有 2003 年 Michael Grieves 教授在密歇根大学的产品生命周期管理（product lifecycle management，PLM）课程中提出了"与物理产品等价的虚拟数字化表达"的概念。2011 年，Michael Grieves 教授在《几乎完美：通过 PLM 驱动创新和精益产品》一书中引用了其合作者 John Vickers 描述该概念模型时所用的数字孪生体一词，并且一直沿用于今。2011 年之后，数字孪生体迎来新的发展契机。2011 年美国空军研究实验室（AFRL）和 NASA 合作提出了构建未来飞行器的数字孪生体项目；2015 年，美国通用电气公司（GE）计划基于数字孪生体并通过自身搭建的云服务台 Predix，采用大数据、物联网等先进技术，实现对发动机进行实时监控、及时检查与预测性维护；美国洛克希德·马丁公司将数字孪生引入 F-35 战斗机生产过程中，使其改进工艺流程，提高生产效率与质量；2018 年英国罗尔斯·罗伊斯（Rolls-Royce）公司提出"智能发动机"（intelligence engine）计划，2019 年成功测试了"超扇"（Ultral Fan）发动机设计方案；这里还要说明的是，在智能航空发动机的核心技术研究方面主要体现在数字工程建模、基于极速策略的人工智能算法以及硬件载体智能芯片三大方面：①数字工程模型的创建，注重数据驱动、模型驱动以及架构驱动建模方法的研究；②在人工智能极速策略的研究方面着重人工智能算法的研究；③硬件载体，尤其注意智能芯片（例如专用集成电路 ASIC（application specific integrated circuit）、可编程门阵列 FPGA（field programmable gate array）等）的研究；特别是在智能算法方面，注意以下五方面的研究：①长短时记忆（long short-term memory，LSTM）循环神经网络；②循环神经网络（recurrent neural networks，RNN）；③卷积神经网络（convolutional neural networks，CNN）；④深度神经网络（deep neural networks，DNN）；⑤CMPT-LSTM 神经网络，这里 CMPT 是 compatibility 的缩写，中文译为兼容性。

除上述数字孪生方面的相关研究外，2006 年美国国家科学基金会（National Science Foundation，NSF）还提出了 CPS（cyber-physical systems，信息物理系统）的概念；2013 年，德国提出了"工业 4.0"，其核心技术就是 CPS。因为 CPS 将人、机、物互联，将实体与虚拟对象双向连接，并且采取以虚控实、虚实融合的策略。因此可以认为：数字孪生体的出现为实现 CPS 提供了一些思路、方法和实施途径，但是数字孪生体与信息物理系统并不是同一个概念。部分学者认为：CPS 更偏向科学原理的验证，而数字孪生更适用于工程应用的优化，请结合本章节内容分析思考两者分歧所在。

24. 以某型航空发动机为例，采用数字孪生技术后所产生的数据库为该型号数据库。利用型号数据库再加上新的人工智能算法，原则上可以搭建一个平台开展数字化优化试验。为了确保数字试验的置信度和可行性，要求数字化试验的数字工程模型建立过程中，新的 AI 技术必须遵循物理规则运行、性能紧密跟踪、动态极速响应（例如数字化试验响应时间控制在 1~5ms，小于物理测试响应时间，满足测试频率要求；另外，数字化试验与物理试验非稳态结果的平均偏差控制在 1%以内，满足测试精度要求）的技术要求，基于此搭建的平台为数字孪生小模型数字化平台，例如可分别搭建针对遄达 900、遄达 1000、RB211、CFM56-5A、CFM56-7 等型号的航空发动机数字化平台。目前，许多数字化平台采取了架构驱动数字孪生模型与机理模型融合策略，以部件级架构驱动为例，部件和部件之间的匹配关系（如风扇与压气机、压气机与燃烧室的匹配关系），虽然不能用数学公式和模型表达，但可以通过网络的形式训练出来、表达出来。结合查阅的相关资料，请谈一下你对航空发动机数字孪生小模型的认识。

25. 在建立多个不同类型和不同型号航空发动机小模型数字平台以及相应数据库之后，原则上借助于 ChatGPT 的架构，即利用 AI 大模型的泛化性、通用性、迁移性，通过预训练模型等一系列 AI 技术以及数字孪生技术可以获得航空发动机数字孪生大模型。但这里要指出的是，Transformer 算法需要根据发动机数据时效性特点设计，而且语义理解大模型的 Transformer 算法并不适用于航空发动机的知识迁移大模型设计，也就是说必须研究与设计专用的 Transformer 算法。另外，虽然美国 GE 公司 2015 年便搭建了 Predix 云平台，并且具备 C/C++、Java、Python 等多语言编程能力，目前正在该平台上开展先进涡桨发动机的设计研究，但是该平台从严格意义上讲，它并不属于数字孪生大模型平台。请查阅相关资料阐述你对航空发动机数字孪生大模型构建问题的认识。

26. 在航空发动机数字孪生技术的新 AI 算法中，除继续关注 DNN（深度神经网络）和 CNN（卷积神经网络）之外，还十分关注 RNN（循环神经网络）、CMPT-LSTM 神经网络、LSTM（长短期记忆神经网络）以及 ASIC（专用集成电路）与 FPGA（现场可编程门阵列）智能芯片的研究。对于航空发动机数字孪生技术中新的 AI 算法，除了上面列举的，你还能再给出几种重要 AI 算法吗？

第 19 章　考虑系统集成和信息集成的复杂系统通用建模分析与设计方法

27. Open AI 于 2022 年 11 月 30 日推出 ChatGPT（即 GPT-3.5），它属于大规模语言模型（large language model，LLM）；2023 年 3 月 14 日又推出 GPT-4。美国 Meta 公司于 2023 年 4 月 17 日发布开源视觉模型 DINOv2（distillation with no labels，无标签知识蒸馏，这里记作 DINO），它属于视觉大模型（large vision model，LVM）。从公布的大量资料显示：Meta 公司推出的 DINOv2 视觉大模型，通过 Transformer 架构，采用全新的双阶段训练方法，有效地将图像分类与对象检测任务结合起来，能在语义分割、图像检测、深度估计等方面实现自监督训练，无需微调便可用于完成多种下游任务，也可用于改善医学成像、地图绘制、智能交通和遥感技术等。请查阅资料比较 LLM 模型与 LVM 模型，区别主要特征。

28. Meta 公司早在 10 年前就重视深度学习、大模型的研究。在自然语言模型方面，Meta 开发了 Transformer 模型和 BERT（Bidirectional Encoder Representations from Transformers）模型，其中 Transformer 模型是一种基于自注意力机制的深度学习模型，BERT 模型是一种预训练语言模型；在视觉模型方面，Meta 开发了残差神经网络（residual neural network，ResNet）模型系列和视觉转换器（vision transformer，ViT）模型，其中 ResNet 模型是一种深度卷积神经网络模型，用于图像分类和对象检测；ViT 模型是一种基于自注意力机制的图像编辑器，能在图像修复与图像增强中具有很好地表现。另外，DINOv2 可以为大语言模型提供丰富的图像特征，有助于完善多模态 GPT 的应用；其蒸馏成小模型后效果依然优秀，利于应用在各种边缘场景及本地化。DINOv2 模型由于采用蒸馏方式，将大型模型的知识压缩为较小的模型，从而降低了推理时对硬件的要求。2023 年 5 月 9 日横跨 6 种模态（视觉、文本、音频、深度信息、运动读数、红外辐射热量）的 Meta 开源 AI 模型 ImageBind 发布，这为虚拟世界打开了大门，也为 metaverse 相关技术的实现奠定了基础。因此，众多学者认为：多模态问题的研究应该是人工智能的重要方向之一。对此，你如何理解？

29. 随着新一代信息技术和实体经济的加速融合，工业数字化、网络化和智能化演进趋势日益明显。信息物理系统（cyber-physical systems，CPS）和数字孪生（digital twin，DT）两个新兴术语在工业互联网和物联网领域广为引用。CPS 是一个包含计算、网络和物理实体的复杂系统，通过 3C（computing、communication、control）技术的有机融合与深度协作，通过人机交互接口实现与物理进程的交互，使信息空间以远程、可靠、实时、安全、协作和智能化的方式操控一个物理实体。CPS 主要用于非结构化的流程自动化，把物理知识与模型整合到一起，通过实现系统的自我适应与自动配置，缩短循环时间，提升产品与服务质量。而 DT 与 CPS 不同，它主要用于物理实体的状态监控及控制。DT 以流程为核心，而 CPS 以资产为核心。在构成上，CPS 和 DT 都涉及物理世界的精准管理和操作；然而对于信息世界，CPS 和 DT 各有侧重点。DT 更侧重于虚拟模型，在 DT 中实现一对一映射；而 CPS 强调 3C 功能，从而导致一对多映射关系。在功能实现上，传感器和执行器支持物理世界和信息之间的交互以实现数据和控制交换。相比之下，模型在 DT 中起着重要的作用，更有助于根据数据解释和预测物理世界的行为。在层次结构上，两者均分为单元级、系统级和复杂系统级。总的来讲，CPS 研究的更基础一些，更侧重科学研究；而 DT 则偏重于工程范畴。以下仅以 DT 为例，讨论它的基本模型问题：

2014 年 Michael Grieves 教授发表了关于数字孪生的白皮书，给出了物理产品、虚拟产品以及虚拟产品和物理产品联系在一起的数据和信息的连接。近年来，随着相关理论技术的不断拓展与应用的持续升级，在 Grieves 教授三维度模型的结构上，又增加了孪生数据和服务两个新维度，图 19-13 所示为含五要素的数字孪生通用架构模型。

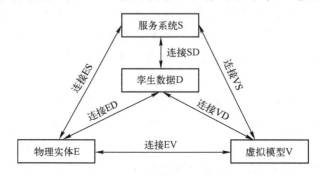

图 19-13　数字孪生通用架构模型

图中，E、V 和 C 分别代表物体实体、虚拟模型和交互连接；D 和 S 分别代表孪生数据和功能性、业务性服务系统。数字孪生通用参考架构模型（architecture model）M_{DT}：

$$M_{DT} = f(E,V,S,D,C) \tag{1}$$

式中

$$V = f_1(V_1,V_2,V_3,V_4) \tag{2}$$

$$D = f_2(D_1,D_2,D_3,D_4,D_5) \tag{3}$$

$$C = f_3(C_1,C_2,C_3,C_4,C_5,C_6) \tag{4}$$

关于式（1）中 5 个要素的具体含义，可参考 *CIRP Annals-Manufacturing Technology*，2018,67(1):169—172，作者 Tao F，等。数字孪生应用所遵循的准则可归结为如下 6 点。

① 信息物理的融合是应用的基础：物理要素的智能感知与互联、虚拟模型的构建、孪生数据的融合、交互连接的实现、应用服务的生成等，都离不开信息物理的融合。同时，信息物理的融合贯穿于产品全生命周期的各个阶段，它是应用实现的根本。

② 多维虚拟模型是应用的核心：多维虚拟模型是实现产品设计、生产制造、故障预测、健康管理等各种功能的最核心组件。在数据驱动下，多维虚拟模型将应用功能从理论变为现实，它是数字孪生应用的"心脏"。

③ 孪生数据是应用的驱动：孪生数据是数字孪生最核心的要素，它源于物理实体、虚拟模型、服务系统。同时在融合处理后又融入到各部分中去，推动了各部分的运行，它是数字孪生应用的"血液"。

④ 各组成部分之间的交互连接是应用的纽带：动态实时交互的连接将物理实体、虚拟模型、服务系统连接为一个有机整体，使得信息与数据获得在各部分间的交换传递，它是数字孪生的"血管"。

⑤ 服务系统是应用的目的：服务系统将数字孪生所生成的智能应用、精准管理、可靠运维等功能以最为便捷的形式提供给用户。同时给予用户最为直观的交互，它是数字孪生应用的"五感"。

⑥ 在多维度数据上，多源异构的物理实体是载体：无论是全要素物理资源的交互融合，还是多维度虚拟模型的仿真计算，或是数据处理分析，都是建立在全要素物理实体之上。同时物理实体又带动各个部分的运行，使得数字孪生得以实现，它是数字孪生应用的"骨骼"。

由上面对于数字孪生技术的较详细介绍可知，数字孪生技术和方法框架是驱动制造业数字化和智能化的巨大推动力，它给智能制造、工业互联网和信息物理系统CPS提供了理论和技术上的支持；同时，也是实施PLM（product lifecycle management，产品全寿命周期管理）的最有效办法。如果按联合国工业分类包括39个大类、151个中类、525个小类，那么我国便是唯一拥有全部联合国工业分类的国家，这是我们的优势。但是我们的工业距离数字化、智能化的要求，那还有大量的工作要做。我国虽然从1990年开始在部分企业（如成都飞机工业公司、北京第一机械厂等）开展过CIMS（计算机集成制造系统）试点工作并取得较好效果，但在全国范围内实现数字化工程，却是不可能一蹴而就的（可参考：周济、李培根.智能制造导论[M].高等教育出版社，2021）。请选择某个行业配套生产加工单位，对于工厂数字化转型时应该予以重视的关键工艺、核心环节，谈谈看法。

30. 20世纪80年代，在我国863高技术研究发展计划的支持下，结合我国国情，以CIMS理念与技术为基础，总结提出了现代集成制造系统（contemporary integrated manufacturing system，CIMS），其主要特征为：首先提出了CIMS数字化、虚拟化、网络化、智能化、绿色化的现代特征；其次，拓展了系统集成优化的内容，包括异构系统信息集成、串行到并行的制造过程集成、企业集成优化及CIMS相关资源的集成优化；最后，建成了CIMS的技术体系，强调了人在系统中的重要作用，扩展了CIMS的应用范围，其详细内容可参阅吴澄先生《现代集成制造系统导论》一书（清华大学出版社，2002）。2010年以来，随着全球发达国家制造业发展战略的相继出台，如德国"工业4.0战略计划"、英国"工业2050战略"、法国"新工业法国计划"、日本"超智能社会5.0战略"、美国"未来工业发展规划"，制造业正式进入平台竞争时代，制造业产业链、价值链升级已成为建设制造强国的关键。新一代人工智能技术推动集成制造系统进入数字化、网络化、全面智能化的新阶段，智能集成制造系统未来的发展将会更加突出"系统、集成、建模、优化、智能"的特征，并且以"技术、应用、产业"协调发展的模式全面推进。该系统集成的目标是实现制造全系统、全生命周期活动中的人、机、物、环境、信息进行自主智慧地感知、互联、协同、学习、分析、认知、决策、控制与执行，进而促使全系统及全生命周期中的"六要素"（人/组织、技术/设备、管理、数据、材料、资金）与"六流"（人流、技术流、管理流、数据流、物流、资金流）的集成优化。智能集成制造系统的系统集成的类型可概括为纵向集成、端到端集成和横向集成这3种类型。在智能集成制造系统中，建模、仿真与优化贯穿于产品全生命周期的不同阶段以及整体系统。在纵向、端到端和横向集成的基础上，通过机理分析、功能集成、信息互联、多学科融合、大数据分析、人工智能等技术进行建模与仿真，采用数字孪生手段进行现场数据实时映射和闭环迭代，支持大系统运行的优化决策以及自主智能决策。总之，智能集成制造系统的建模、仿真与优化，其目的是改善企业的资源配置、降低成本与能耗，使"六要素"与"六流"优化，实现智能集成制造系统 t（时间）、q（质量）、c（成本）、s（服务）、e（环境）、k（知识）达到最优运行，形成企业市场竞争的优势。

在智能集成制造系统的发展过程中，按照集成制造系统建模方法论提出的多视图、多方位体系结构的观念，在特定方面已有一些公认比较成熟的建模方法，例如 IDEF0 建立功能模型、IDEF1X 建立数据模型、IDEF3 建立过程模型（关于这些模型可参阅第 19 章的相关内容）等。智能集成制造系统的建模方法正是研究这些方法与模型之间的关系，以便在其间建立有效的链接和相互的映射。从全局角度来看，智能集成制造系统模型的建立是对整体系统理解的一种表达方式，它可以由几个子模型组成，包括但不限于上面提到的功能模型、过程模型、数据模型等。另外，在"设计—生产—服务"的时间维度上，各个阶段都有适应其需要和特点的模型，阶段之间进行链接和反馈，使得各个过程能够互相通信息，交互作用，实现各个过程之间的互相支持，围绕企业经营的战略目标优化运行。此外，在系统建模对象及其相互关系的空间维度上，各类模型通过任务和功能构建关联和映射接口，形成复杂网络，通过优化消除过程中各种冗余和非增值的子过程，以及由人为因素和资源问题等造成的影响效率的障碍，使得企业过程总体达到最优。

随着移动终端、新互联网、传感网络、感知设备等的迅速发展，针对智能集成制造系统中人、机、物、环境存在的连续、离散、定性/定量决策、优化等复杂机理、复杂组成、复杂交互关系与复杂行为，智能集成制造系统在进行系统建模时也提出了一些新的方法，特别是基于大数据、深度学习等方法所发展的建模理论与方法，例如：①定性定量混合系统建模方法；②基于元模型框架的建模方法；③变结构系统建模方法；④基于大数据智能的建模方法；⑤基于大数据和知识混合驱动的建模方法等。对此感兴趣，可进一步阅读李伯虎先生的研究内容（如《系统仿真学报》2018，30（2）：349—362）和他的专著《智慧制造云》（化学工业出版社，2020）。

目前，智能集成制造系统通过工业互联网络对设备广泛互联，汇集了海量的工业数据，初步实现了集成制造系统中设备、产品、人员和业务间的连接，并在此基础上，采用数字化的方式创建了物理实体在虚拟空间的映射。以多层次、多学科、动态演进方式构建的数字孪生模型是实现智能集成制造系统建模、仿真和优化的载体。数字孪生模型在设计和制造过程中建立，并在产品生命周期中持续演进与成长，它涵盖了物理产品从设计—制造—交付—使用—报废回收等产品全生命周期的模型与数据信息，形成了与实体产品和生产过程对应的实时数据映射、分析预测和优化的过程。

设计方案的构思是指确定与产品设计目标相关的主要组成和结构。设计方案的构思是一个创造性过程，它不仅需要丰富的相关知识作为基础，而且需要具备很强的推理能力和想象力。通常所谓建立设计模型是指将设计方案用某种形式的模型描述出来，既是设计方案的具体化，也是对设计方案进行评价和优化的基础。所谓建模是一个内容非常丰富的概念，同一个设计方案也可以建立各种各样不同用途的模型。对于智能产品设计，常见的建模问题大致可划分为：①几何建模（三维几何模型）。②物理建模（对产品的各方面特性和行为进行计算机仿真分析与优化的数字模型。根据用途的不同，同一个产品可建立各种各样的数学模型，如静力学模型、运动学模型、动力学模型（刚体动力学模型、柔体动力学模型、流体动力学模型、热动力学模型）、可靠性模型）。③算法建模（在智能产品的信息系统中往往包含各种不同用途的算法。另外，还要根据实际的需要提出合适的优化目标，并设计出相应的虚拟实验和评价函数；在此基础上，再基于建模过程得到系统的简化模型，运用凸优化、局部优化或者全局优化等方法或数学工具，获得该算法的最优参数。④系统仿真与迭代优化（利用计算机和数学模型对产品的特性与行为进行模拟、评估、预测与优化。例如采用有限元方法进行计算机仿真可以对应力、应变、强度、寿命、可靠性、电磁场分布、流场、噪声和振动问题进行分析与优化计算。

系统集成是智能集成制造系统发展过程中的核心技术，也是智能制造最基本的特征和优势。智能集成制造系统的集成是指智能制造系统中的智能产品、智能生产和智能服务各功能系统与工业互联网络、智能制造云平台等支撑系统的综合集成交互（metasynthetic interaction），将企业异构信息化系统及各类学科技术连接成信息互通、形成跨界融合的大规模智能系统（massive intelligent systems，MIS）。

与现代集成制造系统相比，智能集成制造系统所涉及的集成已经从信息集成—过程集成—企业集成的方式，逐步发展为基于智能制造要素链之间的纵向、端到端、横向的3类集成。纵向集成实现了企业内部不同层级各系统之间的集成，贯穿了企业内部从原材料到产品销售的产品制造全生命周期的业务流程集成，形成了企业内部的"纵向"集成体系。端到端集成是围绕特定产品的主干企业和相关协同合作企业之间的动态系统集成，是完成特定产品制造全生命周期所有任务的所有终端和用户端集成。横向集成是企业各种外部资源的信息集成，以产品制造价值网络为主线，构建产品制造面向企业、用户企业和社会等的社会网络，形成企业外部的"横向"集成体系。基于工业互联网络和智能制造云平台，实现制造资源、能力、产品的动态集成、优化配置和智能协同。

复杂制造系统的建模与仿真技术是智能集成制造系统的关键支撑技术。智能集成制造系统的建模与仿真贯穿产品全生命周期不同阶段及智能制造的全流程，它强调在产品全生命周期各环节的全系统建模与仿真。强调综合运用制造方面的专业技术、基于知识图谱、深度学习等人工建模理论和方法，并注意利用数字孪生等方等面向物理/逻辑实体的非机理建模与仿真技术以及系统机理建模与仿真技术，去构建和运行面向各行业的智能制造系统的功能模型、数据模型、资源模型、组织模型、信息互联模型、业务流程模型、决策模型等，在解决产品加工质量、设备运维、业务流程、制造能力平衡等局部问题的同时，支撑复杂制造系统的全局优化能力的提升。

智能集成制造系统的目标是全局优化。首先，智能集成制造系统通过新一代人工智能技术、大数据分析建模技术、物联网技术，将专家知识不断融入制造全系统与全过程中，并且在制造实践中不断完善和优化系统模型，以便形成制造全生命周期活动中的自主判断和适应能力。其次，智能集成制造系统中的各种组成单元可依据不同制造任务的需要，自行构建运行方式和结构组织形式上的双柔性制造结构，通过搜集、理解、分析判断环境信息和自身信息，结合智能系统模型进行自主学习，实现分析判断和规划系统行为的能力。最后，智能集成制造系统注重智能制造大系统、业务全流程有机统一的智能集成，并按照最优方式执行，提升制造系统的容错能力，以便实现覆盖智能制造全过程的全局优化。

  智能集成制造系统伴随信息技术与制造技术的融合不断发展与完善。制造业企业始终围绕集成和优化的需求不断地向前发展。在数字化技术驱动下，企业实现了基于信息的集成和生产制造系统局部的优化；在数字化、网络化技术驱动下，企业在跨地域、跨企业的制造中实现了制造资源、能力的集成协同与供应链优化；在数字化、网络化、智能化技术的驱动下，企业逐步开始向制造全系统、全流程、全价值链的集成和全局优化的方向发展。另外，智能集成制造系统的优化过程是一个闭环且不断迭代的过程，通过新一代人工智能技术进行自主学习和演化，最终实现优化决策能力的跨越式提升，并推动了新知识的持续产生，进而提高了制造业全产业链的优化决策水平和价值的创造能力。随着技术的不断更新，尤其是人工智能技术的发展与应用，智能集成制造系统的优化方向将会更加关注如何充分集成大数据智能、群体智能、人机混合智能、跨媒体推理等到智能集成制造大系统中，去实现企业制造优化过程的自主演化和智能决策；另外，将会更加关注在产品设计、产品研发、生产过程、制造服务等产品全生命周期中，通过互联技术使产品和生命和生产系统的数字空间模型和物理空间模型中的数据处于实时交互、反馈和闭环优化中，让制造的各个局部环节都随时参与整体优化，实现动态、实时、智能的系统优化目标。

  通过以上对现代集成制造系统以及智能集成制造系统的建模、仿真与系统优化问题的讨论与分析，使我们对前面29题中图19-13从系统层面增加了更多理解。请结合自身认知详细描述本篇习题29中式（1）~式（4）的物理含义？

第6篇 安全人机工程系统的未来展望

1989年美国国家航空航天局发布了NASA STD-3000标准,这标志着现阶段在人机交互技术的研究(其中包括确定人机功能分配、人机界面、航天服适体性、舱外活动机动装置的可操作性等)方面取得了十分可喜的进展。近年来,欧美以及俄罗斯的航天科学家正在研究语言控制和人工智能技术的应用,并希望计算机能理解人所发出的口头命令、手势、体位、眼的运动等行为,并去操作被控对象以便减轻人的肢体所承受的负荷,缩短作业的反应时间。另外,眼动仪近10年来在人机界面设计上受到高度重视,相关的研究表明,视觉追踪技术可以把人眼作为计算机的一种输入工具,可以形成视觉输入的人机界面。此外在建造国际空间站时,美国NASA的科技人员利用计算机辅助设备软件Unigraphics对航天员的EVA(extra vehicular activity,常译为舱外活动)工作点进行研究,从而能够对一个给定的工作点获得航天员接近与到达工作点的方式、确定最佳的工作域、最佳工作点,并去进行工效学的评价等。美国约翰逊航天中心开发的GRAF(graph research and analysis facility)分析设备在建造国际空间站的过程中也得到了广泛应用。由16国参与的国际空间站(ISS)项目分为三个基本阶段:第一阶段正式开始于1995年,7名美国宇航员在俄罗斯"和平号"空间站上连续停留两年,并于1998年6月成功地完成了"发现号"航天飞机与"和平号"空间站的对接;第二与第三阶段需要在轨道上组装空间站的部件。到2006年12月31日国际空间站的可居住空间已达$425m^3$,从"命运号"实验舱到"星辰号"服务舱的长度为44.5m。事实上在ISS建造过程中各个工作点的确定,人机工程人员都通过数值模拟进行了大量的计算与相应的实验。因此,可以毫不夸张地说,载人航天工程的设计与实践离不开人机工程人员的参与,离不开相关的数值计算与实验研究。对于其他领域,人机工程学科也显示出强大的生命力。

例如,1998年美国国家研究委员会(NRC)把机器与人的接口、员工的教育培训以及基于人机工程学的设计方法列为未来22年美国制造业的十大关键技术中的重要内容,这表明人机工程学将在未来22年中会有更大的新发展,从这里我们更加体会到钱学森早在1981年就提出的创建人机环境系统工程学科的深远意义,更加体会到钱学森特别强调多学科融合的哲学思想的重要性[44],以及钱学森与他的团队提倡创建系统性[3]和极力推荐综合集成方法[45-46]的重要性。另外,尽管复杂系统的复杂性问题,文献[47-48]很早就有研究,但一旦涉及人的可靠性问题便感到十分艰难[49]。随着脑科学和神经工程学的大力发展,我们坚信:现代科学技术的进步,会更好地造福于人类社会,促使诊断与康复。

在展望人机环境系统工程美好未来之时,我们绝对不能忘记人类环境生态系统的健康发展问题。在人机环境系统工程的总体性能评价指标中,安全与环保要比高效与经济更重要。

第 20 章　人机环境系统工程的进展

人机环境系统工程的信息化、数字化和智能化，这是一个总的发展变化大趋势。前景美好、发展鼓舞人心，更需要脚踏实地做好人机环境系统工程的建设与发展工作。

20.1　数字化人机环境安全工程

随着计算机技术与网络技术的飞速发展，人机工程也逐渐步入了数字化的时代，无论是对于人机工程本身，还是对于人机界面设计，都拓展了一系列新的研究课题。

20.1.1　数字化人的体态模型

计算机技术的飞速发展使人机工程学进入了数字化的新时代。其中"数字人"的构建令人关注。因此，当代的建模技术、"数字人"的建模与发展值得关注。

人体的内部骨骼结构和表面拓扑直接影响到体态的定量与定性利用。作为一个工程工具，内部结构的精确性会影响人体态的测定。为了实现体态及其他人体测量学特征的仿真，需要建立人体测量学的数据库，如 1988 年美国陆军广泛应用的数据库 ANSUR88，包含了近 9000 名军人的 132 种标准测量结果。因此，可以利用它们建立人的体态模型，并开发人的建模软件。另一个可以利用的人体测量学数据库是美国国家健康与营养测试协会 1994 年开发的数据库 NHANESⅢ。它包括 33994 个 2 个月的婴儿到 99 岁的老年人和 17752 个 18 岁的年轻人到老年人的测量数据。其他的有：包括 40000 个 7~90 岁日本人测量数据的 HQL-Japan 数据库（1992—1994 年），包含 8886 个 6~50 岁的韩国人测量数据的 KBISS-Korea 数据库等。目前，人的模型共有 30~148 个自由度。肩与脊椎的详细模型可以考虑人的行为学。

20.1.2　人机环境系统的建模与分析

传统的协调作用仅考虑了匹配分析，而考虑产品使用或运作功能方面的协调问题。数字化人机工程学分析法填补了这方面的缺憾。利用数字化人机学模型可以分析和协调各功能的交互作用与界面，也可以利用它去分析作业场所与作业空间的设计。更为重要的是，人机工程仿真系统通过构筑虚拟环境和任务，通过人体模型，进行动态的人机工程动作、任务仿真，可以满足不同人机工程应用问题的分析，实现与 CAD、CAE 等软件的有效集成。例如，用于工作地环境的布局。在人机仿真环境中，图形几何的生成和数字化信息可被用来模拟仿真工作地布局的关键部分。又如，进行人体测量学的辨识，并利用人体姿态图像尺寸帮助辨识人体测量学的试验。再如，工作地的精确姿态图，大量的研究证明，数字姿态图可以成为重要的伤害事故表达方式。工作地的图像记录能够成为工作地设计师可靠的指南，并可以利用数字化工作地图进行设计过程中的评估。还如，利用人机学模型进行维护与服务作业的分析，并为员工培训提供仿真环境或虚拟现实环境。

20.1.3 人机环境系统工程的评价系统

基于运动学、生理学等模拟人的工作过程，实现工作任务仿真中人体性能的实时分析与评价，其中包括可视度评价、可及度评价、舒适度评价、静态施力评价、脊柱受力分析、举力评价、力和扭矩评价、疲劳分析与恢复评价、决策时间标准、姿势预测等。例如，Transom 公司开发的 Transom Jack 人机工程软件可以评价安全姿势、举升与能量消耗、疲劳与体能恢复、静态受力、人体关节移动范围等人机工程性能指标，并且已经用于航空、车辆、船舶、工厂规划、维修、产品设计等领域。

20.2 信息化人机环境安全工程

随着经济的全球化和社会的信息化，使得人们面临着更为广泛的活动范围和更多的合作机会，更多地采用动态协作的方式，群策群力、高效和高质量地完成共同的任务。因此计算机支持的协同工作（computer supported cooperative work，CSCW）的概念已在20 世纪 80 年代便提出了。协同工作的出现标志着计算机应用水平上了一个新的台阶，实现了计算机从单纯支持个体工作到能够同时支持群体协同工作的转化。协同工作系统很好地适应了社会信息化、经济全球化和知识经济时代的要求以及交互性、分布性和协同性等特点，因而，它的应用领域相当广泛，如协同编辑、电子会议、工业应用、科学协作、远程教学、工作流管理、远程医疗等。协同工作是一个多学科的新兴领域，也是研究的热点之一。

协同工作系统与传统应用系统之间既有差异，又有继承与发展。二者的不同点主要表现在：传统的分布式应用软件系统采用人-机的交互模式，即人和机器（应用软件）交互，而协同工作系统的主要交互模式为人-人交互，协作者通过协同工作系统和其他协作者交互。

除了上述交互模式，不同点还表现在以下几方面。

（1）分布式系统可支持多个用户，同时屏蔽了用户之间的感知和交互，用户感觉上认为他正在独占使用系统，系统的多个用户并非为了共同的任务或目标而形成有效的群体；而协同工作系统支持协作者感知群体的存在和活动，它们共同使用协同工作系统以便完成共同的目标或任务。

（2）协同工作系统和分布式系统具有相似的节点网络分布结构，但在具体技术如协调控制、一致性和并发控制等方面有区别。分布式系统中，"协调"是指对许多进程或线程的调度和控制，而该类系统的"协调"是指协调群体或群体活动之间的冲突。

（3）协同工作系统有着群体活动的动态性、人-人交互和工作模式等特性，而分布式系统则不考虑这些因素。

20.2.1　协同工作中的人与人间的交互

在协同的工作方式中，用户通过计算机彼此交互，其界面问题已经不是简单的人-计算机界面问题，而是复杂的人-计算机-人的界面。

（1）人-人交互界面：人-人交互主要通过协同工作系统界面体现。将这种界面称为人-人交互界面。人-人交互界面更直观地体现协同工作系统的人-人交互方式，并易与传统应用系统的人机交互方式相对应。

（2）群体的组织设计协同工作的出现不仅产生了一种全新的人-机界面形式，而且伴随着出现了一种全新的社会组织结构。在该类系统中，网络的协同是借助于计算机达成的。因此在该类系统中，相关的组织设计就显得非常重要。

20.2.2　基于信息交互的界面设计

从人机界面的角度，可以将互联网理解为一个用户和其他用户的知识之间的抽象界面。因而网络界面设计是人机界面设计的一个延伸，是人与计算机交互方式的演变，是随计算机技术发展而发展的。随着技术的进步，人机交互方式日益朝着更友好、更便捷的方式发展。因此，人性化的设计是网络界面设计的核心，如何根据人的心理、生理特点，运用技术手段，创造简单、友好的界面，是网络界面设计的重点。

网站是存储信息的产品，信息是联系供给者与用户间的媒介。信息的提供者利用自身的认知结构将知识转化为可以交流的信息储存在网络环境中，用户在特定的认知环境下为自己的目的获取信息，从而转化为自己的知识。而网页的目的是使最终用户更容易获取信息。

人是一切设计面所面对的主体，由于互联网具有无限的延伸性，数以万计的信息在网络上传递，互联网的用户也遍及各个国家、民族，社会各阶层。不同的人群对信息的需求各不相同，他们的社会、文化背景、生活习惯等都不尽相同；而各种各样的网站发布者，对于他们的网站也都有各自发布的初衷。所以，如何利用人们在现实生活中熟悉的图形符号，表达界面信息，寻求那种使人亲近的元素，易于使用户产生共鸣的友好界面应是人们努力的目标。

按照人机工程学的观点，行为方式是与人们的年龄、性别、地区、种族、职业、生活习俗、受教育程度等有关的，行为方式直接影响着人们对产品的操作使用，是设计者需要加以考虑或者利用的因素。同样，用户上网的浏览习惯、上网特点也是网络界面设计需要注意的。用户上网主要有两种方式：搜索和浏览。搜索过程包含了用户下意识的活动，而浏览则更多的是一个无意识的过程。他们通常不是针对某一项专门的任务，更多的是由于好奇心和求知欲，而不是获取信息。另外，浏览本身或多或少地被局限于个人兴趣。因此，设计网络时要将注意力集中于内容选择和内容描述上，这里因篇幅所限对此不再讨论，感兴趣的读者可参阅人机界面设计的相关书籍。

20.3 虚拟场景下人机环境安全工程

"虚拟现实"（virtual reality）是人的想象力和电子技术等相结合而产生的一项综合技术，利用多媒体计算机仿真技术可以构成一种特殊环境，用户可以通过各种传感系统与这种环境进行自然交互，从而体验比现实世界更加丰富的感受。如今虚拟现实技术在军事领域、建筑工程、汽车工业、计算机网络、服装设计、医学、化工以及体育健身场所等都得到了广泛的应用。

虚拟现实系统能和环境进行自然交互，它具有以下特征。

（1）自主性：在虚拟环境中，对象的行为是自主的，是由程序自动完成的，要让操作者感到虚拟环境中的各种生物是有"生命的"和"自主的"，而且各种非生物是"可操作的"，并且其行为符合各种物理规律。

（2）交互性：在虚拟环境中，操作者能够对虚拟环境中的生物及非生物进行操作，并且操作的结果能反过来被操作者准确地、真实地感觉到。

（3）沉浸感：在虚拟环境中，操作者应该能很好地感觉到各种不同的刺激。

虚拟设计系统按照配置的档次可分为两大类：一是基于 PC 的廉价设计系统；二是基于工作站的高档产品开发设计系统。两类系统的构成原理大同小异，系统的基本结构包括两大部分：一是虚拟环境生成部分，这是虚拟设计系统的主体；二是外围设备，其中包括各种人机交互工具以及数据转换与信号控制装置。

虚拟设计可以在设计的初期阶段来帮助设计人员进行设计工作。它能够使设计人员从键盘和鼠标上解脱下来，使其可以通过多种传感器与多维的信息环境进行自然的交互，实现从定性和定量综合集成到环境之中得到感性与理性的认识，从而帮助深化概念，帮助设计人员进行创新设计。另外，它还可以大大地减少实物模型和样机的制造，从而减少产品的研发成本、缩短研发周期。

20.3.1 虚拟场景下人机工程的设计以及工效学的评价

以设计制造一种新型汽车为例，人们自然会对这辆车的设计提出许许多多的要求。例如对汽车外形会提出美观条件的要求，还会提出驾驶安全、满足人机工程学的要求以及维护与装配等方面的要求。另外，设计还要受到生产、时间以及费用等互相制约条件的限制。在这种复杂的设计过程中，虚拟设计技术要比传统的 CAD 技术能更好地适应这些要求。上述的各种条件可以集成在虚拟设计的过程中，并且可以减少用于验证概念设计所需的模型个数。在设计过程的各个阶段，可以不断地利用仿真系统来验证假设，既可以减少费用以及制造模型所占用的时间，又可以满足产品多样化的要求。

英国航空实验室进行了一项用于概念验证的项目。研究人员研制开发了一个虚拟人机工程学评价系统，该系统由一个 VPL 生产的高分辨率 HRX Eyephone 头盔式显示器、一个 DataGlove 数据手套、一个 Convolvotron 三维音响系统和一台 SCI 工作站组成，另外，系统还为用户提供一个真实的轿车坐舱。设计人员采用 CAD 系统创建了一辆 Rover400 型轿车的驾驶室模型,经过一定的转换后将这个驾驶室模型引入到一个虚拟人机工程学评价系统之中。借助这个系统,设计人员便可以精确研究轿车内部的人机工程学参数,并且必要时可以修改虚拟部件的位置,重新设计整个轿车的内部构造。另外,通过计算机建模和模拟标准的"虚拟"人体模型,还可以对处于虚拟环境中的人对物体的反应进行特定的分析。例如,它能够精确地预测人的行为,给出人的各关节角度是否在舒适范围内,是否超出舒适范围,以及是否超出人的承受范围,从而使设计最大限度地满足人机工程学对舒适性、功能性和安全性的要求。例如,应德国汽车工业联合会的要求所研制的名为"Ramsis"的人机工程学模型系统就能够用来客观地评价汽车驾驶室的人机工程学性能。

20.3.2 人机工程学模型系统的研制与应用

21 世纪是产品竞争的时代,竞争的焦点是它的创新性,因此对于产品生命周期来说,虚拟产品设计、虚拟人体模型和评价标准越来越显得重要,并且成为虚拟产品开发(VPD)中的重要环节。随着计算机技术的发展,虚拟设计与评价正朝着全方位的数字化制造、能够提供仿真集成的整体解决方案发展,并且人能够参与到虚拟制造环境中去。例如在虚拟的汽车模型系统中,用户可以感觉到车厢空间的大小、颜色、材料等,也可以查看各种仪器的位置并摸索操作方法。另外,这个系统还装有转向盘和其他一些必要的设备,并配有力量反馈系统以便考察汽车在不同路况下的行驶情况。此外,文献[11]曾描述一辆受检测的新型汽车,它是个完整的虚拟汽车模型。为了增强真实感,对模型的外表进行了光泽处理,对车内的零部件(如车座、仪表和地板等)也添加了不同的纹理。汽车模型呈现在投影壁上,可利用三维鼠标来操纵。利用这个系统设计人员也可以考查车门开关情况,实验人员还可以试坐司机的座椅。利用这个系统可以对汽车的尺寸关系进行检验校核。

该系统还有一个优点,它在一开始研制时就考虑到最终用户的愿望,进而能够与用户较多地沟通以便得到用户满意的设计方案。

20.4 智能化人机环境安全工程

随着人机(计算机)系统研究工作的开展,人机结合的内涵在不断发展。研究人机智能结合的目的是既要发挥各自智能的优势又要互相弥补对方智能的不足,故人机智能结合系统是指人的创造性、预见性等高层智能与计算机低层智能相结合的系统。这种结合表明,人的创造性劳动可以交给计算机,使计算机按照人的意图创造性地进行工作。

20.4.1 人的智能模型

人的决策过程实质上是一个思维过程。图 20-1 给出了一种人机交互作用的决策结构。这是一个二维决策过程结构模型，这种模型把人在决策时的智能因素按智能高低划分为 4 个层次，按思维的先后次序分成了 4 个阶段。

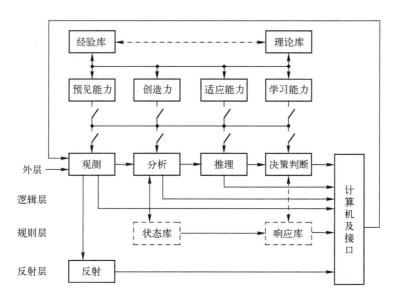

图 20-1　人机智能结构

这种模型不但能概括各种行为模型，而且包括了人的心理活动，它有利于描述人机在线交互作用算法，使得人机智能密切结合起来。

20.4.2　人机智能结合的必要条件

人的智能有三种局限性：

（1）人的可靠性差，特别是在疲劳时出错率大为增加。统计数据说明人在不怎么疲劳时，30min 内出现 0.1 次错误；疲劳时 1min 时则可出现 1 次差错。

（2）人担负的工作量过重时，会影响人的健康，而且在人高度紧张时，还会引起判断与操作的错误或者漏掉了主要信息。

（3）人的效率比计算机低得多，主要表现在接收信息的效率低、反应迟钝（迟后 0.25～0.5s），而且计算速度慢。

综上所述，人承担的工作量应当尽量小，而且越少越好；计算机承担的工作量则是越大越好。为了弥补人的智能的局限性，使人能发挥高层智慧优势，人机智能结合系统必须具备下述必要条件。

（1）人机工作任务按最大最小原则分配。所谓最大最小原则是指

$$\min_{\beta_i^h}\sum_{i=1}^{n}\beta_i^h \bm{E}_i^h = \bm{A} - \max_{\beta_i^c}\sum_{i=1}^{n}\beta_i^c \bm{E}_i^c \tag{20-1}$$

式中，$\bm{A}$、$\bm{E}_i^h$ 和 $\bm{E}_i^c$ 分别为任务的总工作量、人担负的工作量和计算机担负的工作量，$i=1,2,\cdots,n$ 是决策序号；β_i^c 和 β_i^h 分别定义为

$$\beta_i^c = \begin{cases} 1 & \text{计算机执行任务时} \\ 0 & \text{其他} \end{cases} \quad (20\text{-}2a)$$

$$\beta_i^h = \begin{cases} 1 & \text{人执行任务时} \\ 0 & \text{其他} \end{cases} \quad (20\text{-}2b)$$

这是一个人机排队系统中动态任务分配原则。为实现这一原则，可以将任务分为三类：可编程任务、部分可编程任务和不可编程任务。经计算机分配器鉴别后把任务分给计算机和人去完成。

（2）计算机要有一定的智能处理能力。计算机不但要具有数据和信息预处理、查询能力，而且要具有过程分析、事故分析、事后统计和知识处理能力，使它能够弥补人记忆能力的不足，充分发挥计算机运算速度快、存储量大的优越性。

（3）计算机的知识库要具有很大的灵活性。对于人的新经验、新知识和想法可以随时送入计算机的有关库中，以便删除、更新和修改知识。

（4）要采用智能接口，使得人机对话次数最少而且交换信息量最大。

20.4.3 人机交互作用以及计算机的智能结构

人机智能结合是通过人机交互作用来实现的，人机交互方式应该具有如下功能。

（1）计算机对人的友好支持，例如能够提供灵活的直观信息，能用"自然语言"和图形进行对话。

（2）人不断地传输给计算机新知识，在满足智能结合的必要条件下，人的预见性与创造性可通过逻辑决策层，把分析、推理和判断的结果，即人的经验和知识传输给计算机，以提高和丰富计算机的智能处理能力。

（3）人、机共同决策，包括在有些算法与模型已知时，靠人、机对话确定某些参数，选择某些多目标决策的满意解等。

为了实现人、机智能结合系统，软件设计也应满足如下要求。

（1）计算机应具有高档智能和知识层，例如知识库和推理机构。

（2）计算机中存储的数据与知识应具有独立性和灵活性，便于用户删除、增补和修改。

（3）库存内容是动态的、时变的，可随机存取任何知识与数据。

（4）软件结构应具有灵活性，可任意更改知识结构，以适应新的情况。

（5）知识和数据的存储应保证安全可靠，不易受干扰和破坏。

根据上述人机智能结合的必要条件以及对软件设计的要求，计算机的智能结构及其与人的联系如图20-2所示。

这里还应指出的是，在软件设计应满足的要求中，知识层包括知识库和推理机构。知识库又划分为数据库、规则库和进程方法库。

另外，还设有专用程序库，库中除了存有公用子程序，还要有应用程序，如线性规则、非线性规则、多目标决策以及参数估计和状态识别等算法程序。因此，这种结构能具备多功能的特征。

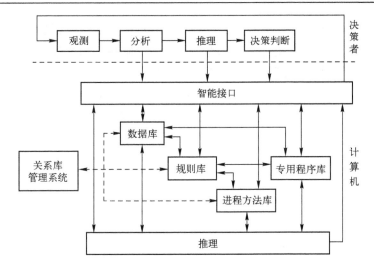

图 20-2　计算机的智能结构及其与人的联系

为了使得人机交互能自然地进行，其关键是提高计算机的智能，使其能实现对人的交互意图的理解，完成人要求它完成的工作，其主要工作可包括三个方面：①对输入的理解和整合；②任务处理的智能化；③输出形式的自动化和优化。

20.5　新形势下人机界面技术的新发展

自 20 世纪 80 年代以来，人机界面（HMI）研究的重点已瞄准了对人的认知科学的研究。人机界面是指人与机（包括装备、设备、系统）间信息交互、作业交互的连接部分。界面形式有硬件和软件两种，例如作业域的开关、按钮、驾驶操纵杆、脚蹬等为硬件人机界面，通过计算机软件和显示器实现的视觉信息交互为软件人机界面。信息交互界面包括视觉、听觉、语音等人机交互接合的部分。交互界面也包括手脚体能作业的操纵器和控制器等。

认知科学研究信息科学如何与人的特性和行为相结合、人如何感知数据、如何将其转化成综合信息、如何将综合信息作为决策依据。进行上述这些研究的目的旨在提高人机工效，揭示人因失误的原因、失误本质以及减少失误的措施。由此可见，人机界面研究已从传统的人机关系研究深入到对人机交互的研究，从传统的人适应机器到机器的设计与使用要符合人的特性，从传统的采用劳动与安全科学对人体的研究到采用心理学、生理学与精神物理学来对人的认知特性开展研究。换句话说，人机界面的研究为人机环境系统工程的研究添加了新的内容。

近年来，人机交互技术越来越多地应用于计算机和信息技术中。人们正在把 3C（computer 计算机、communication 通信、consumer 消费类电子）融合与人机交互技术二者联系起来。人机交互是计算机系统的重要组成部分，是当前计算机行业竞争的焦点，它的好坏直接影响计算机的可用性和效率。

传统的人机交互基本上都离不开用户的视觉和触觉（键盘、鼠标），而进入 21 世纪后能用眼睛即"眼标"及直接用大脑思维来控制的"脑标"来操控图形界面。

美国国防关键技术计划还专门将"人机交互技术"与"软件技术"两项并列为国防关键技术的重要内容之一。另外，日本 FPIEND21（future personalized information environment development）计划提出，该项计划的目标是开发 21 世纪个性化的人机交互信息环境。目前，剑桥大学、麻省理工学院等高校与研究机构从 20 世纪 80 年代便着手"情感计算机系统"的研究，他们通过"环境智能""环境识别""智能家庭"等科研项目开辟这一新领域。对于这一领域，欧洲委员会有一份关于环境智能方面的报告，该报告中描述了一幅动人的情景：女商人玛利亚抵达了机场，她手上佩戴的微型芯片中存储着她个人的身份证与签证信息，由机场的监视系统读取后，得以顺利入境。当玛利亚走近她租来的汽车时，车门自动打开。然后汽车载着她到达旅馆专用的停车场。当玛利亚走进旅馆房间时，房间已经根据她的偏好为她调好了室温、灯光以及电视节目娱乐频道。随后，她便可通过视频设备与女儿通话聊天。

如今，虚拟现实（virtual reality）已经是视频游戏的主要成分。在将来，随着计算机能力的扩展，通过你的眼镜或墙纸，你也可以访问虚幻的世界。例如你想访问一个具有异国风味的地方，你可以首先通过虚拟现实来完成它，操纵计算机屏幕，就好像你真的到了那儿。用这种方式，你也可以在月球上行走，在火星上休闲，在异国购物。另外，借助于"触觉技术"（haptic technology），可以使你感觉到计算机产生的物体的存在；为了产生纹理的感觉，另一个设备可以使你的手指经过含有几千个小点的表面。在将来，你戴上特殊的手套就能得到与各种物体和表面接触的真实感觉。更有趣的是，在日本 Keio 大学，Susumu Tachi 先生设计了一种特殊的护目镜，它能将虚拟现实与真实现实混合，在这个"增强现实"（augmented reality）的世界里，它可以使物体变得不可见，或者使不可见的变成可见的。

第 21 章 清洁生产、循环经济及健康环境生态大环境的构建

第 20 章展望了人机环境安全系统工程的一些新进展，的确前景美好、振奋人心！然而，我们还必须清醒地看到，环境生态的健康问题并不太乐观，而且最近 20 多年来有关科学家的研究已经表明，环境生态的恶化直接来自人类不科学的生产活动。40 多年后的今天，我们再次重读 1972 年麻省理工学院 D.LMeadows 团队发表的《增长的极限》一文倍感亲切，报告中所表现出的对人类前途的"严肃的忧虑"以及唤起人类自身觉醒、增强保护环境的责任感是十分令人敬佩的。这篇报告中所阐述的"合理、持久均衡发展"的思想，为后人提出可持续发展的理念孕育了肥沃的土壤，奠定了坚实的基础。因此，本章扼要讨论一下清洁生产、循环经济、可持续发展以及健康生态系统的构建问题，这对增强人们保护环境的责任感和义务感[50]，关爱人类共同的地球家园，建设生态文明，使人机环境安全系统工程得到更大的发展具有十分重要的意义。

21.1 清洁生产与循环经济

自从 18 世纪工业革命以来，机器大工业的迅速发展使人类拥有的物质财富得到极大的丰富，但是传统的经济发展模式在为人类创造大量物质财富的同时，也大量地消耗了地球上有限的自然资源，并日益破坏着地球的生态环境。到了 20 世纪中期，人类的活动对环境的破坏已经达到了相当严重的程度，一批环保的前辈呼吁人们要更多地关注环境问题。然而，当时世界各国关心的问题主要是污染物产生后如何减少其危害，即工业污染的末端治理方式。后来人们逐步经历了从"排放废物"到"净化废物"再到"利用废物"的认识过程。到 20 世纪 90 年代，当可持续发展战略成为世界潮流，工业污染的源头预防和全过程控制治理才开始替代末端治理成为环境与发展的真正主流，人们在不断探索和总结的基础上，提出了以资源利用最大化和污染物排放最少化为主线，将清洁生产、资源综合利用、生态设计和可持续消费等融为一体的循环经济战略。

德国 1996 年出台的《循环经济和废物管理法》中，把循环经济定义为物质闭环流动型经济，明确企业生产者和产品交易者担负着维持循环经济发展的最主要责任。

《中华人民共和国循环经济促进法》中将循环经济定义为：循环经济是指将资源节约和环境保护结合到生产、消费和废物管理等过程中所进行的减量化、再利用和资源化活动的总称。减量化是指减少资源、能源使用和废物产生、排放、处理处置的数量及毒性、种类等活动，还包括资源综合开发，不可再生资源、能源和有毒有害物质的替代使

用等活动。再利用是在符合标准要求的前提下延长废旧物资或者物品生命周期的活动。资源化是指通过收集处理、加工制造、回收和综合利用等方式，将废弃物质或者物品作为再生资源使用的活动。在一般情况下，应当在综合考虑技术可行、经济合理和环境友好的条件下，按照减量化、再利用和资源化的先后次序，来发展循环经济。

从这个定义中可以看出，循环经济在经济运行形态上强调了"资源→产品→再生资源"的物质流动格局；在过程手段上，强调了减量化、再利用和资源化的活动。同时，定义强调了循环经济在经济学意义上的范畴，即循环经济依然是指社会物质资料的生产和再生产过程，只不过这些物质生产过程以及由它决定的交换、分配和消费过程要更多地、自觉地纳入资源节约和环境保护的因素。事实上，只有从经济角度而非单纯的环境管理角度，循环经济才能担负得起调整产业结构、增长方式和消费模式的重任。

循环经济本质上是一种生态经济，它要求运用生态学规律来指导人类社会的经济活动。它与传统经济相比，其不同之处在于：传统经济是一种由"资源→产品→废物"单向流动的线性经济，其特征是高开采、低利用、高排放。在这种经济中，人们高强度地把地球上的物质和能源提取出来，然后又把污染物和废物毫无节制地排放到环境中去，对资源的利用是粗放的和一次性的，线性经济正是通过这种把部分资源持续不断地变成垃圾，以牺牲环境来换取经济的数量型增长的。与此不同，循环经济倡导的是一种与环境和谐的经济发展模式。它要求把经济活动组织成一个"资源→产品→再生资源→再生产品"的反馈式流程，其特征是低开采、高利用、低排放。所有物质和能源要能在这个不断进行的经济循环中得到合理和持久的利用，以把经济活动对自然环境的影响降低到尽可能小的程度。表 21-1 给出了循环经济与传统经济的比较。

表 21-1　循环经济与传统经济的比较

比较项目	传统经济	循环经济
运动方式	物质单向流动的开放性线性经济（资源→产品→废物）	循环型物质能量循环的环状经济（资源→产品→再生资源→再生产品）
对资源的利用状况	粗放型经营，一次性利用；高开采、低利用	资源循环利用，科学经营管理；低开采，高利用
废物排放及对环境的影响	废物高排放；成本外部化，对环境不友好	废物零排放或低排放；对环境友好
追求目标	经济利益（产品利润最大化）	经济利益、环境利益与社会持续发展利益
经济增长方式	数量型增长	内涵型发展
环境治理方式	末端治理	预防为主，全过程控制
支持理论	政治经济学、福利经济学等传统经济理论	生态系统理论、工业生态学理论等
评价指标	第一经济指标（GDP、GNP、人均消费等）	绿色核算体系（绿色 GDP 等）

循环经济的发展模式表现为"两低两高"，即低消耗、低污染、高利用率和高循环率，使物质资源得到充分、合理的利用，把经济活动对自然环境的影响降低到尽可能小的程度，是符合可持续发展原则的经济发展模式，要努力做到以下几点。

（1）要符合生态效率，要把经济效益、社会效益和环境效益统一起来，使物质充分循环利用，做到物尽其用，这是循环经济发展的战略目标之一。循环经济的前提和本质是清洁生产,这一论点的理论基础是生态效率。生态效率追求物质和能源利用效率的最大化和废物产量的最小化,正是体现了循环经济对经济社会生活的本质要求。

(2)提高环境资源的配置效率。循环经济的根本之源就是保护日益稀缺的环境资源,提高环境资源的配置效率。根据自然生态的有机循环原理,一方面通过将不同的工业企业、不同类别的产业之间形成类似于自然生态链的产业生态链,从而达到充分利用资源、减少废物产生、物质循环利用、消除环境破坏、提高经济发展规模和质量的目的;另一方面通过两个或两个以上的生产体系或环节之间的系统耦合,使物质和能量多级利用、高效产出并持续利用。

(3)要求产业发展的集群化和生态化。大量企业的集群可以使集群内的经济要素和资源的配置效率得以提高,达到效益的极大化。由于产业的集群,容易在集群区域内形成有特殊的资源优势与产业优势和多类别的产业结构,这样有可能形成核心的资源与核心的产业,成为生态工业产业链中的主导链,以此为基础,将其他类别的产业与之连接,组成生态工业的网络系统。

特别值得注意的是,从内涵上讲,不能简单地把循环经济等同于再生利用。"再生利用"并不能做到完全循环利用的程度。循环本质上是一种"递减式循环",通常需要消耗能源,而且许多产品和材料是无法进行再生利用的。因此,真正的"循环经济"应该力求减少进入生产和消费过程的物质量,从源头节约资源和减少污染物的排放,提高产品和服务的利用效率。

清洁生产和循环经济二者之间是一种点和面的关系,实施的层次不同,可以说,一个是微观的,一个是宏观的。一个产品、一个企业都可以推行清洁生产,但循环经济覆盖面大得多,是高层次的。清洁生产的目标是预防污染,以更少的资源消耗产生更多的产品,循环经济的根本目标是要求在经济过程中系统地避免和减少废物,再利用和再循环都应建立在对经济过程进行充分资源削减的基础之上。所以要发展循环经济就必须要做好前期的基础工作,要从基层的清洁生产做起。

从实现途径来看,循环经济和清洁生产也有很多相通之处。清洁生产的实现途径可以归纳为两大类,即源削减和再循环,包括减少资源和能源的消耗,重复使用原料、中间产品和产品,对物料和产品进行再循环,尽可能利用可再生资源,采用对环境无害的替代技术等,也就是说坚持循环经济的"3R"(reduce、recycle 和 reuse)原则。就实际运作而言,在推行循环经济过程中,需要解决一系列技术问题,清洁生产为此提供了必要的技术基础。特别应该指出,推行循环经济技术上的前提是产品的生态设计,没有产品的生态设计,循环经济只能是一个形式与口号,而无法变成现实。

21.2 循环经济的七大基础原则以及"3R"原则的优先顺序

1. 循环经济的七大基础原则

(1)大系统分析的原则。循环经济是比较全面地分析投入与产出的经济,它是在人口、资源、环境、经济、社会与科学技术的大系统中，研究符合客观规律、均衡经济、社会和生态效益的经济。人类的经济生产从自然界取得原料，并向自然界排出废物，而自然资源是有限的，生态系统的承载能力也是一定的，只有把人口、经济、社会、资源与环境作为一个大系统来考虑，才有可能得到符合客观实际的结论与规律。

（2）生态成本总量控制的原则。如果把自然生态系统作为经济生产大系统的一部分来考虑，就应该考虑生产中生态系统的成本。所谓生态成本，是指当经济生产给生态系统带来破坏后再人为修复所需要的代价。在向自然界索取资源时，必须考虑生态系统有多大的承载能力，人为修复被破坏的生态系统需要多大的代价，因此要有一个生态成本总量控制的概念。

（3）尽可能利用可再生资源的原则。循环经济要求尽可能利用太阳能、水、风能等可再生资源替代不可再生资源，使生产循环与生态循环耦合，合理地依托自然生态循环，例如利用太阳能替代石油，利用地表水代替深层地下水，用生态复合肥代替化肥等。

（4）尽可能利用高科技的原则。国外目前提倡生产的"非物质化"，即尽可能以知识投入来替代物质投入，就我国目前的发展水平来看，即以"信息化带动工业化"。目前称为高技术的信息技术、生物技术、新材料技术、新能源和可再生能源技术及管理科学技术等都具有大量减少自然资源投入的基本特征。

（5）把生态系统建设作为基础设施建设的原则。传统经济只重视电力、热力、公路、铁路等基础设施建设，循环经济认为生态系统建设也是基础设施建设，例如"退田还湖""退耕还林""退牧还草"等生态系统的建设。通过这些基础设施建设来提高生态系统对经济发展的承载能力。

（6）建立绿色 GDP 统计与核算体系的原则。建立企业污染的负国民生产总值统计指标体系，即从工业增加值中减去测定的与污染总量相当的负工业增加值，并以循环经济的观点来核算。这样可以从根本上杜绝新的大污染源的产生，并有效制止污染的反弹。

（7）建立绿色消费制度的原则。以税收和行政等手段，限制以不可再生资源为原料的一次性产品的生产与消费，促进一次性产品和包装容器的再利用，或者使用可降解的一次性用具。

2. 循环经济的三大操作原则

循环经济以"减量化（reduce）、再利用（reuse）、再循环（recycle）"作为其操作准则，简称为"3R"原则。"3R"原则的优先顺序是，减量化→再利用→再循环（资源化）。减量化原则优于再利用原则，再利用原则优于再循环原则。本质上讲，再利用原则和再循环原则都是为减量化原则服务的。

21.3　可持续发展评价的指标体系概述

世界环境与发展委员会（WCED）在 1987 年公布的《我们共同的未来》这个报告中对"可持续发展"给出了如下定义："可持续发展是既满足当代人的需要，又不对后代人满足其需要的能力构成危害的发展。"显然，这个定义明确地表达了两个基本观点：一是要考虑当代人，尤其是世界上贫穷人的基本要求；二是要在生态环境可以支持的前提下，满足子孙后代将来的需要。因此按照上述的定义，对于一个国家的发展，如果单纯用 GNP（gross national product）衡量是不全面的，还要看公民的生活质量、文化道德素质、社会的公平性、安定和谐程度、科技水平以及综合国力等。国际上已研究了一种新的评价一个国家发展潜力的指标，即"绿色 GNP"，它包含了三类因素：一是科技、生产力水平；二是人力资源水平；三是自然资源的可持续水平。国际上应用这一新指标对世界各国进行排序，2002 年时我国排在世界第 162 位，属于较落后的国家。更令人担忧的是，我国的资源指标远远低于世界自然资源的平均水平（世界自然资源的平均水平是 20%，而我国仅为 3%）。如果一个国家自然资源储备很低，在发展过程中便容易导致资源枯竭，这时经济便不可能持续发展。对于可持续发展的评价指标体系，国际上已有一些公认的指标体系，例如耶鲁大学环境法律政策研究中心和国际地球科学情报网络中心，于 2001 年推出的环境可持续发展的评价指标体系，该指标体系由五大体系（环境系统、减轻环境压力的能力、减轻人类脆弱性的能力、社会团体承载能力、全球职责）22 个核心指标组成，每个指标包括 2~6 个变量，共有 67 个变量，表 21-2 给出了相关的内容。在"环境系统"这个大体系中，包括空气质量、水资源总量、水的质量、生物多样性、陆地生态系统稳定性等核心指标。用上述这个"环境系统"大体系的 5 个核心指标去评价世界各国可持续发展程度，在 122 个国家中，我国排名较后，可持续发展程度最高（第 1 位）的是加拿大，接下来依次是挪威、瑞典和芬兰。综上所述，我们在许多方面还有待提高。

表 21-2 可持续发展的评价指标体系

类别	评价指标
Ⅰ 环境系统	1. 空气质量 2. 水资源总量 3. 水的质量 4. 生物多样性 5. 陆地生态系统稳定性
Ⅱ 减轻环境压力的能力	1. 减轻空气污染 2. 减轻水的压力 3. 减缓生态压力 4. 缓解浪费和消费力 5. 缓解人口压力
Ⅲ 减轻人类脆弱性的能力	1. 人的基本营养状况 2. 环境健康
Ⅳ 社会团体承载能力	1. 科学/技术 2. 答辩能力 3. 管理和法规 4. 私有部门责任感 5. 环境信息 6. 经济效益 7. 减少公众选择失误
Ⅴ 全球职责	1. 国际承诺 2. 全球拨款/分享 3. 保护国际公约

21.4 干扰与受损的生态系统以及生态恢复

第二次世界大战后，人们盲目地追求产业升级和经济的高速发展，并且有的发达国家还向那些发展中的国家转移污染型的产业。而发展中的国家却仍未摆脱传统工业文明的框架，将发展的希望寄托于经济高速增长的"赶超战略"上，忽略了"可持续发展"与生存环境生态问题。以我国为例，黄河一年断流长达226天，七大江河水系遭到严重污染，沿海海域赤潮不断发生，这一切使人们惊醒痛心疾首气候的非正常变化和人为对环境的污染；大江大河的洪涝灾害，向公众展现了我国严重的森林破坏和水土流失、沙尘暴的肆虐，将大家的视线带向了我国大西北的草地退化和土地荒漠化；2003年春夏SARS和2005年禽流感的爆发流行，引起我们对生物环境和环境生态破坏的恐惧以及对公共卫生的忧虑。这一切，促使人们去正视我们的地球家园的确存在着严峻的环境安全问题。过度利用资源，损害了地球资源库；过度排放废弃物，增加了地球废物库。生态危机实质上是生态系统的失衡，由于人们过度利用资源、过度排放废气物、掠夺式破坏性的活动，严重扰乱了生态系统的调节功能，导致了生态系统的失衡，形成了生物和人类的生存危机。其实，自然界中本无废物，一种物种的废弃物，就是另一物种的生存资源。生态系统出现失调，完全是人类自身所为。

随着人类生存环境生态的严重恶化，生态恢复（ecological restoration）的研究在国际上日趋受到重视。1975年3月，在美国召开了题为"受损生态系统的恢复"的国际会议，专家们第一次专门讨论了受损生态系统的恢复和重建等许多重要的生态学问题。会议的宗旨是：为了人类的生存安全，挽救和恢复地球生态系统。1980年，J.Carims主编的《受损生态系统的恢复过程》（The recovery process in damaged ecosystem）一书，从不同的角度探讨了受损生态系统恢复过程中的重要生态理论和应用问题，其目的也是激发生物学家和环境生态学家对受损生态系统恢复和重建的研究产生兴趣。从1980年至今，国际上对于生态系统的恢复和重建的研究已成为现代环境生态学领域的热点。

恢复生态学（restoration ecology）是应用生态学的原理与方法，对人为干扰引起群落或生态系统的结构和功能的改变进行恢复研究的科学，它是现代生态学的一门重要的分支学科，它引导着人们进行生态恢复的实践。

恢复生态学的研究表明，干扰是使生态系统发生变化的主要原因。按照干扰来源，可分为自然干扰和人为干扰两种类型。自然干扰是指火灾、旱灾、洪灾、冰雹、飓风、泥石流、地震等偶发的对生态系统具有破坏性的事件，或对生态系统的结构、功能和组成产生明显的影响，或对生态系统产生破坏性甚至毁灭性的影响；人为干扰是指森林砍伐、森林烧荒、草原开垦、过度放牧、过度捕捞、矿产开采等人类的生产和经济活动以及对资源的利用等过程中对生态系统造成的破坏，这种破坏可以涉及种群乃至整个生物圈。正常的生态系统是生物群落和自然环境取得平衡的自我维持系统，各种组分的发展变化按照一定规律并在某一平衡位置作一定范围的波动，从而达到一种动态平衡的状态。

但是，生态系统的结构和功能也可以在自然干扰和人为干扰的作用下发生位移（displacement），位移的结果打破了原有生态系统的平衡状态，使系统的结构和功能发生变化和障碍，形成破坏性波动或恶性循环，这样的生态系统被称为受损生态系统（damaged ecosystem）。受损生态系统将导致区域气候水文过程、生物地球化学过程、生物量、生物多样性及生态平衡等一系列变化，图 21-1 给出了这一变化的框图。

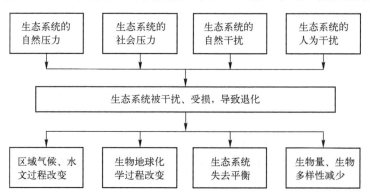

图 21-1　生态系统被干扰或受损而退化的过程

实践证明，自然干扰和人为活动干扰的结果是明显不同的。自然干扰作用是生态系统返回到生态演替的早期状态。生态演替过程中一系列变化所产生的正负反馈作用，使演替趋于一种稳定状态。同时，生物种群总是不断地使自然环境发生变化，从而使环境条件变得有利于其他物种，这样就导致了物种的不断更替和取代，直到在生物与非生物因素之间达到动态平衡为止。而生态演替在人为干预下可能加速、延缓、改变方向以及向相反的方向进行。对于一些自然条件恶劣的地区，人为干扰将引起环境不可逆变化，如水土流失、土地沙漠化和盐碱化等。在干旱和半干旱地区，情况更为严重，以至于不再可能恢复到原来的状态。

在恢复和重建受损生态系统的过程中，必须重视各种干扰对生态系统的作用以及生态演替规律的研究，在这些基础上进行合理的综合评估，从而对受损生态系统做出合乎自然规律并有益于人类治理的措施，使受损害的生态系统在自然以及人类的共同作用下真正得到恢复、改建与重建，使人类赖以生存的地球家园呈现出人与大自然和谐共存的美好景象，使我们的子孙后代幸福安康。

第 22 章 脑科学及神经工程对疾病诊断的促进与展望

在脑科学和神经工程技术飞速发展的今天，这些高新科学技术对人体疾病的致病机理分析、疾病的诊断治疗提供了理论上的支撑（尤其是神经类疾病），并对神经再生与康复技术提供了相关的康复方案。换句话说，脑科学与神经工程技术对人体疾病的诊断治疗起到了巨大的促进作用。在安全人机工程学的人、机、环境三大要素中，人是作业的主体，作业者身体的健康与精力充沛，直接会换来工作上的高效率和生产上的安全，因此简要介绍脑科学及神经工程对人体疾病诊断治疗的促进并展望其未来的发展，理所当然应是"安全人机工程系统的未来展望"一篇的重要内容之一，以下分 7 节略予概述，并且着重对未来远景的展望。

22.1 脑-机接口应用的现状与未来发展

22.1.1 脑-机接口与分类

脑-机接口（brain-computer interface，BCI）是基于神经科学与工程技术的新型人机交互方式，是大脑认知机制解密与人工智能等前沿科技发展的新窗口[52]，同时是大脑对外交流的新途径。BCI 技术形成于 20 世纪 70 年代，是一门融合生理学、心理学、工程学、计算机科学、康复医学等多个学科并且涉及信号检测、特征提取、模式识别等多领域的新兴交叉技术。由于基于脑电生理采集的 BCI 研究易于开发与展开，因此根据其输入信号性质、传感安置方式、思维信息提取方式以及 BCI 实验范式中受试者大脑活动主观响应模式等特征可将 BCI 分为下述不同类型。

（1）基于自发和诱发脑电信号的 BCI。根据输入脑电信号的性质可以把 BCI 分为两大类：一类是基于自发脑信号的 BCI 系统，另一类是基于诱发脑电信号的 BCI 系统。

（2）侵入式和非侵入式 BIC。根据检测传感器的安置方式，BCI 可分为侵入式 BCI 和非侵入式 BCI。

（3）依赖型和独立型 BCI。根据思维信息的载体不同，可将 BCI 分为依赖型 BCI 和独立型 BCI。

（4）主动式、反应式和被动式 BCI。根据脑-机交互过程中大脑的主观心理活动所起的作用，可将 BCI 分为 3 类，即主动式、反应式和被动式。

(5) 根据脑电生理信号类型的分类。文献[52]中将 BCI 分成 5 类：①基于视觉诱发电位；②基于慢皮层电位；③基于 P300 诱发电位；④基于感觉运动皮层 μ、β 波节律信号；⑤基于神经细胞活动的 BCI 系统。

22.1.2 规范 BCI 硬件系统及开发环境

为便于 BCI 技术的发展，必须要建立统一的 BCI 应用开发环境，规范 BCI 的硬件系统，使 BCI 硬件系统保证了大脑信号的采集、数字化、存储和分析，并为后续指令控制提供可用接口。BCI 硬件的一般结构设计包括检测大脑活动的传感器、带有模数转换功能的放大器、进行数据处理的计算机以及将这些设备依次连接起来的线缆及其软件开发系统平台等。表 22-1 给出了 BCI 应用的不同脑电特征信号类型。

表 22-1 不同脑电特征信号类型

信号名称	信号特征
α/μ 节律	α 波是 8~12Hz 的自发脑电，其在安静闭目时活跃，呈梭形；睁眼、思考或受其他刺激时消失，一般见于全部头皮导联，但以枕、顶区为著。μ 节律通常指 8~12Hz 自发脑电的中位频率（10Hz），与感觉运动皮层的神经电活动有关，这些脑电的幅度都可以通过生物反馈训练来调节
事件相关去同步/同步	ERD/ERS 是与运动相关的出现在特定频带的信号，其信号幅值随事件相关程度同步增加或同步减少，主要产生于感觉运动皮层，并且当大脑以想象运动代替真实动作，即预运动时也存在 ERD/ERS 现象，其幅度也可以通过生物反馈学习来调节
慢皮层电位	SCP 持续 300ms 到几分钟，具有较大正负电位差异的低频脑电信号。可通过生物反馈训练来产生或增强该信号
事件相关电位	ERP 是与认知功能有关的内源性诱发电位，主要位于中央皮层区域。P300 指事件相关刺激后潜伏期为 300ms 左右的正电位波，其大小与相关事件出现概率成反比，通常不需要训练
短时视觉诱发电位	对应于短时视觉刺激所产生的诱发电位，主要在枕部显著，属于内部响应，不需要训练
稳态视觉诱发电位	对应于特定频率调制的视觉刺激响应，其特征是脑电活动随刺激频率的稳态出现而增强，属外源性刺激诱发电位，一般不需要训练
单个神经元放电现象	通过植入电极获得来自局部区域神经元电活动响应。受试者经训练可使用神经元放电信息来实现对外部设备的控制

22.1.3 BCI 应用的现状

2013 年 6 月，第五届 BCI 国际会议在美国加州 Asilomar 会议中心召开，来自 29 个国家的 165 个研究团队的 301 位 BCI 专家参会。大会首次强调 BCI 发展和使用的伦理性问题，明确指出了 BCI 技术的终极目标是服务于人类，这是必须遵守的准则。

目前 BCI 技术主要的应用表现在下面 3 个方面。

1. BCI 技术在神经康复与辅助控制方面的应用

事实上，BCI 研究最初的想法是为残障患者提供一种与外界进行交流的通信方式，让他们通过这样的系统用自己的思维操控轮椅、假肢等。随着 BCI 技术的日益成熟以及技术上的一些重大突破，社会对智能机器人的需求逐渐增加。BCI 机器人采取人机交互方式，由人的思维控制机器人进行各种工作。它不仅在残障患者康复、老人护理等方面发挥作用，而且在航天工程、人工智能和交通运输等方面也有广阔的应用前景。例如，首次使用植入技术使得瘫痪的灵长类动物恢复行动能力的案例，将为脊髓损伤类患者的治愈带来了福音；另外，美国研究人员用植入式 BCI 技术成功地让猴子仅通过意念就可以操控机械轮椅，这项技术未来有望造福残障患者。

2．BCI 技术在航天员选拔和脑控无人机等领域的应用

针对航天员在轨多种作业任务与复杂环境条件，采用神经系统电信号多模式联合检测与筛选建模方法，分析包括脑力负荷、情绪、注意力等在内的神经信息指标，提升识别模型的鲁棒性和适用性，确保航天员在空间站操作的工作绩效。另外，脑控无人机技术也在国外高校首次获得验证。

3．BCI 技术在前沿科技中的应用

例如，美国加州大学伯克利分校利用双光子成像技术记录钙生理指标信号，能记录到 $150\mu m \times 150\mu m$ 区域内的每个细胞，用与峰值有关的钙信号训练小鼠操控声音光标，结果小鼠只用了几天就学会了此任务，而且表现越来越好，该成果发表在 *Nature Neuroscience* 杂志上；再如，Radoslaw 等采取 MEG 和 fMRI 融合了时-空特征，建立了多元模式分类器，实现了视觉刺激后数百毫秒内能够对复杂的 92 张图片信息进行有效识别。

22.1.4　BCI 技术未来的发展趋势

BCI 系统利用很多不同的大脑神经信号、记录方法和数据处理方式来控制各种各样的外接设备，从光标移动到计算机屏幕上的形象符号拼写输入，从电视机到轮椅，从简单机械到运动神经假体等。无论正常人还是残障患者都能够使用，而且一些 BCI 应用已经进入人的日常生活。随着信号采集硬件系统的便携化、临床的不断验证与改进，BCI 技术正在不断突破、不断完善。

另外，从近中期和长远发展来看，未来近中期 BCI 将主要从解决现有技术的瓶颈和提高解码信息维度两个方向发展；而从长远发展趋势来看，从目前脑-机单向接口进化为双向交互并且最终实现智能融合。即近中期需攻克刺激范式依赖性难题，摆脱现有强视听觉刺激调制弊端（被动式、易疲劳），改用感觉意念（主动式、自然放松）、多模态（肌电、心率、血氧等多生理信号组合）诱发范式以实现高准确性、大指令集、快速无创的 BCI 技术；提高解码信息维度，即从现有低维度离散信息（一维或二维视听）解码扩展至更复杂（多组分、高维度）、更自然交互所需的信息（视图、记忆、语言等高级思维）编解码的 BCI 技术。发展植入式 BCI（将检测电极埋入大脑皮层组织内）以获取皮层脑电信号，这是个重要发展方向。

从长远发展来看，现有的 BCI 技术主要是单向解读大脑信息，必须建立人脑智能与人工智能、生物智能与机器智能之间的有机交互融合，实现脑机双向交互（interaction）、脑机智能（intelligence）融合。将生物智能的模糊决策、纠错和快速学习能力与人工智能的快速、高精度计算及大规模、快速、准确的记忆与检索能力结合，从而发展更先进的人工智能技术，并组建人脑与人脑以及与智能机器之间交互连接构成的新型生物人工智能网络，创造前所未有的智能信息时代的新生活。

22.2 神经肌骨动力学与神经肌骨系统疾病诊断

神经肌骨模型（neuromusculoskeletal model）是描述人体肌骨系统中肌肉与骨骼的位置和运动以及肌肉收缩力及关节内部骨与骨之间接触力的数学模型，该模型用于研究神经系统如何控制肌骨系统完成运动，以及不同运动状态下肌骨系统内部力的相互作用。也就是说，神经肌骨模型可以分析肌肉的收缩和协调能力，辅助设计神经假体和肌电控制假肢，分析手术重建和康复治疗的生物力学结果。

神经肌骨动力学（neuromusculoskeletal dynamics）研究的基础是步态分析（gait analysis），它是测量人体行走姿态的运动、肢体力学和肌肉活动参数及评价其步行质量的一类研究。在临床上，步态分析多用于运动功能障碍患者异常步态的诊断和康复疗效的评价。另外，步态分析中的加速度、角加速度等参数是肌骨模型计算的中间参数，它们决定了肌骨模型的输出——肌肉收缩力和关节负载。在神经肌骨动力学研究中，主要的神经控制信号是肌电信号，它与肌肉收缩力紧密相关，常用于肌肉激活度估计或模型准确度评价。另外，肌电信号是联系神经系统和肌骨系统的纽带，而肌骨模型则是研究神经肌骨动力学研究的主要工具，它也是目前肌肉收缩力最准确的估算方法。

因为神经肌骨动力学的研究实现了肌肉收缩力和关节负载的无创测量，所以它可以帮助康复治疗师制订相应的个性化肌肉康复方案；在运动系统疾病的预防、诊断、治疗康复过程中，神经肌骨动力学发挥了重要作用。

22.3 电磁神经调控技术及其在疾病治疗中的应用

用电刺激和磁刺激是探索生物组织神经系统生理功能的重要方法，常用的电磁神经调控技术有三种：①经颅电刺激（transcranial electric stimulation，TES）；②经颅磁刺激（transcranial magnetic stimulation，TMS）；③深部脑刺激（deep brain stimulation，DBS）。

经颅电刺激是用持续微弱的电流直接对脑部特定区域进行电刺激的理疗技术，使用电流强度为1～2mA去进行电刺激对治疗脑部损伤患者[如脑卒中（stroke）患者]有疗效。经颅磁刺激是用时变脉冲磁场作用于中枢神经系统，改变皮质神经细胞膜电位，使之生产感应电流，去影响脑内代谢和神经元电活动，从而引起一系列生理生化反应的磁刺激理疗技术，它与PET（正电子发射型计算机断层显像）、fMRI（功能磁共振成像）以及MEG（脑磁图）并称为21世纪脑科学研究领域的四大技术。经颅磁刺激对大脑海马体的可塑性研究、对运动皮层的可塑性研究以及视觉皮层的可塑性研究均发挥了极重要的作用。TMS技术对治疗脑卒中、脑瘫、脊髓损伤等疾病疗效显著。另外，经颅磁刺激对PD（Parkinson's disease，帕金森病）、癫痫（epilepsy）疾病都有效。

DBS技术也是一项新兴技术，它是通过体外控制系统调控体内植入式脉冲电刺激器产生不同参数下对靶点进行电刺激，以达到激活或阻断的效果，因为它不毁坏脑部某个区域而且 DBS 刺激参数可事先调整，所以更安全、更具良好的可操作性。从 DBS 开始应用于临床治疗，全球已有数万名患者的症状得到了不同程度的改善，可以相信随着医学技术的发展，DBS 的应用前景将会更加广阔。

22.4　光遗传学技术及展望

光遗传学（optogenetics），又称光刺激基因工程（optical stimulation plus genetic engineering），是一项光学技术和遗传学技术实现控制细胞行为的方法。它能够精准地对特定活体细胞行为进行定向调控，因此又称作光遗传学技术。这种调控技术速度极快（可达到毫秒级）且空间精度高（可以做到对单一细胞的控制），因此人们可以借助于光遗传学技术来开启或关闭某类细胞的功能[53-54]。光遗传学技术克服了传统药理学低时间分辨率以及电生理学技术缺乏细胞选择性的弱点，为神经科学和细胞生物学信号通路的研究提供了一个新手段。它有助于推动生物学研究的进一步发展，有助于人们更深入地了解人体和疾病的本质[55]。

22.4.1　光遗传学技术与传统电极刺激的比较

人的大脑中有数百亿个神经元，每个神经元可以长出几千至数万个树突（dendritic）与其他神经细胞连接，从而构成复杂的神经网络。神经细胞的细胞膜上有各种神经递质受体和离子通道，二者各由不同的膜蛋白构成，它们像电路开关一样调控神经细胞的兴奋和抑制。光遗传学通过基因编码产生的光敏蛋白和光刺激来自由控制特定神经细胞的"开"或"关"，即将一个光敏感蛋白的基因输送到目标神经元，再通过一定技术使神经细胞在它的细胞膜上表达这种蛋白，然后用光刺激信号进行精准的时空操作，从而控制神经细胞的开启或闭合。整个过程可以在动物的正常活动状态下进行，实现实时、特异性的调控。因此，光遗传学技术是一项跨学科的全新技术，它包含的范围很广，例如，开发对光敏感并定向控制细胞的材料和工具，将光敏基因精确地传递到特定细胞的技术，将能够激活敏感蛋白活性的光信号导入组织的技术，检测细胞或组织行为改变的方法等。与传统的电极刺激相比，光遗传学技术有明显优势。①传统的电刺激只能激发神经元或神经纤维使其兴奋，而光遗传学技术不仅使神经元兴奋，而且可以通过某种视蛋白使细胞超极化来抑制动作电位的产生。②光遗传学技术可以通过将光敏蛋白基因导入特定的神经元实现对某一特定类型细胞的调控，而电刺激技术根本无法实现对细胞的特异性调控。③用电刺激方式调控神经元由于外加电流的存在而干扰正常的神经信号传导，但光遗传学技术无附加的干扰，更接近神经系统自然的传导方式。

22.4.2　光遗传学与磁遗传学的比较

光遗传学是神经科学史上一次具有里程碑式的创新，它以毫秒级的时间分辨率精准地对特定活体细胞行为进行定向调控。但它也存在着一些限制因素，例如光穿透深度的限制、对活体大脑植入光纤造成的损伤性以及携带不便。磁遗传学（magnetogenetics）虽与光遗传学有类似思路，即利用基因工程将磁感应受体表达到神经元中，通过磁场而不是光能来控制神经元活动，去实现对行为的干预。可以预见，未来基于磁场刺激的无损便携脑起搏器、心脏起搏器等医疗机械将成为可能，它的普及将大大地减轻患者的生理痛苦和经济压力，造福人类社会。

22.4.3　光遗传学控制细胞功能的基本步骤

（1）寻找合适的光敏蛋白。光敏蛋白分为两种：一种是天然的光敏感性蛋白，另一种是通过化学修饰得到的具有光敏感性的人工蛋白。

（2）往细胞内输送编码光敏蛋白的基因。编码光敏蛋白基因可通过病毒转导、投射或构建转基因动物等方式被输送到目标细胞。病毒是目前广泛用于光敏蛋白传输的载体，这项技术利用了病毒的感染特性将外源性 DNA 整合到宿主细胞基因中，随着宿主的生命周期过程一起表达。

（3）对光刺激信号进行精准操控。通过光学神经接口装置控制光信号，实现对细胞活动的精确控制。

（4）收集输出信号，读取结果。采用的信号可以是用电极采集的膜电位信号、生物传感器采集的荧光信号、功能性磁共振信号等，最终由定量的行为学分析得到结果。

22.4.4　光遗传学展望

光遗传学是近年迅速发展的一项整合了光学、软件控制、基因操作、电生理等多个学科的生物工程技术，它具有独特的时空高分辨率和细胞类型特异性两大特点，能够对神经元进行非侵入式精确定位，从而控制细胞的开启与闭合。光遗传学能够在基因水平上在线控制神经元，有助于人们了解与认知神经环路的复杂机制，为神经科学提供了革命性的研究手段，是 21 世纪引人注目的学科。光遗传学作为一门新兴学科，许多方面还有待进一步研究与发展和完善。例如，用光遗传技术开发新设备用以治疗创伤性脑损伤和神经修复等神经工程方面有很大潜力要挖掘；再如，光敏蛋白的优化和扩充、反向工程的研究、在时空维度上研究分子回路以及磁遗传学技术等领域都有待研究与完善。

22.5　神经仿生学与智能机器人技术

22.5.1　神经仿生学及其发展趋势

伴随着信息科学、生命科学和计算机技术的飞速发展，各国脑科学研究不断进步、脑计划相继出台，它有利地推动了神经仿生学与智能机器人技术的大发展。神经仿生学是神经科学与现代技术相结合的产物，它是一个大的科学框架，涉及理论科学（哲学、数学、神经信息学、计算神经科学）、基础生物科学（分子生物学、细胞生物学、生物网络神经科学、神经生理学）、工程技术（微电子、微观力学、机器人、微观系统学）以及临床神经科学（神经诊断、神经病学、神经外科、神经康复学）。

仿生学从开始到现在，在神经系统的模拟和研究上进行了大量的工作，积累了丰富的资料，神经仿生学越来越受到科学家和学者的重视，并且已经成为仿生学研究的重点。目前，神经仿生学正在朝着信息化、智能化的方向发展。另外，智能机器人除广泛用于机械制造业、化工与矿山开采业等企业之外，纳米智能机器人还用于人体血管中垃圾的清除以及人类某些疾病的治疗过程中。

22.5.2 从仿生学角度看神经机器人的发展

从仿生学的角度来看，神经机器人经历了从简单到复杂、从离散到集成的发展过程，而且神经机器人的发展也极大地推进了神经工程与智能科学的进步。这里应说明的是，在神经机器人发展的进程与所取得的关键成果中，涉及神经元模拟、神经网络与系统模拟以及脑模拟。换句话说，上述关键成果涉及三个层次方面的研究现状，这里因篇幅所限，仅对脑模拟问题中的类脑智能研究现状略加概述。

22.5.3 类脑计算与类脑智能机器人技术

类脑智能，其含义就是仿照高度进化的大脑运行机制，通过计算机建模的方法去实现对信息的处理。目前，类脑系统只可能在信息处理的机制上类似于人脑，但缺乏人类的自适应能力。大量的信息证实，大脑在面对大量不确定和未知信息时，会通过外部世界的表现来预测并操纵自己的感觉，积极适应外部环境。因此类脑智能若想取得突破性进展，就得发展可持续的类人学习机制，通过脑科学来建立适应这类学习机制的认知结构，最终真正设计并实现"机制类脑，行为类人"的具有多功能性、可塑性的类脑智能计算模型。换句话讲，想要让机器像人一样从周围环境中对知识、模型结构和参数进行学习并自适应进化，就需要在计算模型、神经接口、类脑交互等一系列类脑智能前沿技术上有所突破与创新。下面仅就模拟人脑的神经网络，实现人脑部分功能的类脑计算平台的 TPU（tensor processing unit）芯片做简要介绍。TPU 芯片是谷歌开发的一款用于深度学习的芯片，2016 年 AlphaGo 机器人战胜韩国棋手李世石时就使用过这款芯片。该芯片可以像 CPU 或 GPU 一样可编辑，而且它处理复杂计算机指令比 GPU 和 CPU 快 15～30 倍。新一代 TPU 的带宽存储速度可达 600GB/s，每秒的浮点计算次数可达 45 次，它由 4 个芯片组成，包含 180 个浮点计算模块，非常适合于机器学习的训练和推理。

22.6 人脑计划以及类脑智能展望

在过去的 10 年间，各国都在大力发展大脑计划[56-57]，例如，2013 年美国的脑计划、2013 年欧盟推出的欧盟脑计划、2014 年日本脑计划等，这些脑计划致力于脑科学研究、大脑模拟、高性能计算、神经信息学研究以及神经机器人研究,进而实现类脑智能[58]。所谓类脑智能,是指以计算建模为手段,受脑神经机制和认知行为机制的启发并通过软硬件协同实现机器的智能。类脑智能系统在信息处理的机制上类脑,认知行为和智能水平上类人,目标是使机器实现各种人类具有的多种认知能力及其协同机制,最终达到或超越人类的智能水平。

22.7 神经再生与修复技术展望

神经系统常见病损如脑卒中、颅脑外伤、脊髓损伤、周围神经损伤等,患者多伴有不同程度的功能障碍,如运动功能障碍、感觉功能障碍、言语功能障碍、吞咽障碍、认知功能障碍、心肺功能障碍等。近年来神经移植、细胞移植、分子治疗以及组织工程修复等神经再生与修复技术发展迅速,因此丰富了临床治疗的思路与手段。

22.7.1 周围神经再生与修复概述及举例

周围神经系统(peripheral nervous system,PNS)由脑神经和脊神经组成,它从脑中枢神经和脊髓发出,进而分布至躯体或内脏的相应部位并支配其运动和感觉。周围神经再生与修复是指在神经损伤后,采用合适手段与措施保护受损神经,促进神经再生,最大限度地恢复神经正常组织结构和生理功能过程。临床上往往是根据神经损伤严重程度的不同采取不同的修复方法,这里仅介绍一种使用神经干细胞构建组织工程神经的成功案例:修复大鼠10mm坐骨神经缺损。

首先介绍组织工程这个重要概念。

组织工程(tissue engineering,TE)的概念是20世纪80年代冯元桢(Yuan-Cheng Fung)教授提出的,是应用生命科学和工程学的原理与方法开发修复、增进或改善损伤后人体各种组织或器官生物替代物,达到恢复其正常形态和功能的一门新兴交叉学科。组织工程包含三个要素,即生物材料支架(scaffolds)、支持细胞(supporting cells,又称为种子细胞)和生长因子(growth factors)。

神经干细胞(neural stem cells,NSC)是神经系统内的未分化细胞,主要分布在脑室管膜、纹状体等区域,具有自我更新和多项分化潜能,在特定条件诱导下可以分化为神经元和神经胶质细胞表型的细胞。因 NSC 自身就是神经系统来源,神经干细胞或其分化细胞与神经组织拥有很好的生物相容性,可以分离出单个细胞克隆;可以稳定表达报告基因或治疗基因,利于体内追踪。在神经导管内加入脑源性神经干细胞修复10mm坐骨神经缺损的研究表明,神经干细胞结合神经导管移植可以修复坐骨神经或面神经损伤。神经干细胞作为种子细胞可以促进神经轴突再生,功能恢复较好。

22.7.2 中枢神经再生与修复技术概述

中枢神经系统(central nervous system,CNS)包括脑和脊髓,接收、处理全身的传入信息并发出指令,是支配机体全部行为的控制中心。中枢神经损伤是指中枢神经由于物理、化学、生物等因素造成其组织结构和生理功能的损害所引起的机体功能障碍。中枢神经损伤较之周围神经损伤的致死率要高,而且对生活质量的影响会更大。中枢神经再生与修复策略主要包括两个方面:一是保护神经元以避免或减少神经元功能障碍和死亡;另一个是去除再生抑制因素并促进神经再生。临床上根据中枢神经损伤的类型和程度将再生与修复手段分为保护治疗与手术干预。所谓保守治疗,即基于中枢神经损伤机制的研究使用神经保护剂或低温治疗等方法保护受损神经元和降低继发损害,这是目前的基础治疗手段。手术干预是通过手术去除外伤、出血、缺血等病因以利于中枢神经的功能恢复。因篇幅所限,对这方面的神经再生与修复技术不予赘述,对此感兴趣者可参阅相关国内外文献与著作,如顾晓松等编写的《再生医学》(人民出版社,2012)等。

22.7.3 神经损伤修复的基因治疗以及新型康复技术的探索

随着外科修复技术的进步、神经移植技术及组织工程技术的发展,周围神经损伤的修复技术有了长足的进步。近年来随着对细胞分子水平认识的深入,基因治疗正逐渐成为周围神经损伤的重要修复方法,应用前景广阔。基因治疗是应用细胞生物学技术和基因工程,将具有正常功能的目的基因导入患者体内并发挥作用,纠正患者体内缺乏的蛋白质或抑制体内某些基因过度表达,从而促使损伤神经再生与修复。基因治疗技术的研究方向主要集中在干细胞治疗和神经营养因子基因转移的最佳组合方面以及多基因联合治疗等方面。

随着康复治疗技术的进步,康复治疗成为中枢神经损伤康复的重要组成部分,其中远程康复技术、虚拟实现技术、康复机器人技术等均有所应用,但总的看来,康复治疗的道路还很漫长,一些适宜的康复训练加上新药物治疗方法相配合的康复方案,是要花费时间并需要多次临床试验才能完成的研究工作,它需要相关人员脚踏实地不断探索、反复试验才能完成。

本 篇 习 题

1. 协同工作系统与传统应用系统之间有什么差异?
2. 何谓数字化人机环境系统工程分析方法?试举例说明。
3. 人机智能结合的必要条件是什么?
4. 人机交互的智能化主要包括哪些方面?
5. CATIA 是法国 Dassault System 公司的 CAD/CAE/CAM 一体化软件,拥有很强的三维建模功能,可以有各种形式的输出并与多种功能软件合作,其中包括支持 Solidworks 实体建模软件等。CATIA 较好地解决了与其他工效评价软件的兼容使用问题,例如使用 CATIA 软件完成基本的飞机座舱布局后,便可以将数据转换到人机工效分析软件(如 JACK)进行人体受力与舒适性分析。JACK 是在 NASA 资助下由美国宾夕法尼亚大学开发的人机工效评价软件。目前，CATIA 和 JACK 的人体模型仅提供了美国人、加拿大人、法国人、日本人和韩国人人群文件。你能否将中国人体尺寸数据生成三维动态数值人体加入到上述两个软件的人群文件之中呢？另外，近些年来绿色设计（green design，GD）已成为当前产品设计领域中的热点，产品的"绿色程度"已作为设计目标，请谈一下你对产品"绿色程度"的认识。

6. 目前，飞机飞行员主要靠眼看、耳听、手和脚操作。面对飞机座舱内众多的仪表、手柄、开关和其他操纵装置与设备，尤其是遇到紧急情况与负载环境时需要做出迅速反应，这时难免会出现手忙脚乱、顾此失彼的现象。如果未来能采用声控、眼控、脑控等先进的执行机构实施操纵，飞行员便可以通过声音、脑电波、头部和眼部的转动操纵与控制飞机的飞行，从而可以大大减少人的操纵动作量，提高反应速度。近年来，3C（计算机、通信、消费电子）融合并且与人机交互技术密切联系起来，你能否在未来人机交互（human-computer interaction，HCI；或者 human-machine interaction）设计方面有新的设想？

7. "可持续发展"是以挪威前首相布伦特兰（G.H.Brundland）任主席的世界环境与发展委员会在 1987 年向联合国大会提交的《我们共同的未来》报告中提出的一个重要的概念。至此之后，可持续发展战略便一直成为联合国处理环境问题的指导思想。据不完全统计，仅 1990 年至今召开有关环境保护问题的国际会议就不下 500 次。保护地球环境是世界人民的共同利益，也是人类的共同责任，更是世界各国有责任心的政府应该承担的国际义务。1989 年联合国环境规划署便提出了"清洁生产"的概念，1992 年在联合国环境与发展大会制定的《21 世纪议程》中明确提出要实施"清洁生产"。你如何理解提倡"清洁生产"、提倡"绿色产品"的深远意义呢？

8. 何谓恢复生态学？生态工程与环境工程两者之间的最大区别是什么？

9. 2013 年 7 月 11 日《中国航空报》第 2 版刊登了美国明尼苏达大学首次研制出用意念控制四旋翼直升机的重要消息，这表明非侵入式脑波信号控制机械臂的想法已成为现实。2020 年 11 月 1 日《陕西日报》报道了西北工业大学用意念控制 3 架无人机缓缓升起的消息，再次表明用意念控物技术已经逐渐成熟。从技术侧面上讲，"意念控物"主要涉及三项技术：①采集脑电波并用计算机解读；②提取脑电特征并编码形成控制信号；③实现对相应物体的控制。对于贫信息、少数据的建模问题多采用 GM 模型（grey model），例如 GM（1，N）；对于动态建模常要求时-空高分辨率，因此将 MEG（脑磁图）与 fMRI（功能磁共振成像）融合最方便。试用灰色模型建模并融合 MEG 与 fMRI 技术，去实现意念控物的想法。

10. 由前面 7~8 题所反映出的内容中你是否已体会到"环保"指标的重要性？是否体会到人与机、人与环境、人与环境生态协调发展的重要性？请结合一个具体实例谈一下你对人机环境系统总体目标"安全、环保、高效、经济"的认识。

11. 在人机环境系统工程的总体性能指标中，为什么说"安全"与"环保"要比"高效"与"经济"更重要？另外，从 21.3 节中所给出的世界 122 个国家在可持续发展程度的排序上，你是否感到我国在循环经济与可持续发展等方面的确需要努力奋进？

12. 在第 20 章中分 5 节展望了人机环境系统工程学科的新发展，你认为人-机-环境系统工程这个学科在未来的数十年间还可能在哪些方面会有更新的进展？

13. 为什么说脑科学和神经工程技术的飞速发展，极大地推动了人类疾病诊断治疗以及神经再生与修复技术工作？

14. 为什么在神经工程前沿技术中，神经接口技术（尤其是非侵入式神经接口）技术急需大力研究与发展？

15. 经颅电刺激与经颅磁刺激是神经调控技术中重要的两种技术，两者有何区别？

16. 与传统的电刺激相比，光遗传学以及磁遗传学技术有何优势？

17. 构建与模拟人类大脑为什么需要发展类脑研究与类脑计算模型？

18. 为什么说 Sam Altman 团队研制的 chatGPT（chat generative pre-trained transformer，对话生成预训练变换）模型以及将要发展的 AGI（artificial general intelligence，通用人工智能）模型应该关注？

19. 在第 19 章讨论的"考虑系统集成和信息集成的复杂系统通用建模分析与设计方法"中，提到该方法采用"多视图、多方位、多层次的立体体系结构，并使用 UML 统一建模语言工具和 IDEF 方法族中许多十分成熟的模型，这就使得复杂系统的建模过程程序化、结构化和智能化"，对此你认为还需要哪些补充与完善？

后　记

　　本书以人、机、环境三个分系统分别作为模块，再加上"人的失误分析"与"人的可靠性分析"这个涉及安全科学的两个核心问题作为一个安全模块。对于每一个模块针对某一个特点侧面的特性进行建模构成了这个侧面特性的一个"视图"，从不同角度和不同侧面便可构建出"多个视图"，于是便构成了安全人机工程系统 4 个核心模块的"多视图、多方位、多层次、立体的体系结构"。19 章曾以制造业系统为例，利用 IDEF 方法家族以及 UML 统一建模语言工具构建了"复杂系统通用建模分析与设计方法"。

　　另外，在本书撰写过程中，也深深体会到：研究人离不开神经工程学基础和脑科学，离不开人的可靠性分析和人的失误分析；对于人的建模采取多视图、多方位体系结构，并注意建模中图形、表格和文字的叙述以及 UML 统一建模语言的使用；同样地，"机"与"环境"的建模也类同。此外，在安全人机环境系统的构建中，注意"集成"的概念，注意系统之间的"集成"以及"信息集成"，并注意整个系统的优化与智能化。总之，在上述系统的建模中，对各个分系统之间的集成，采用智能算法建模与使用统一语言工具以及在对整个系统按照系统总性能的"4 项指标"进行优化是最关键的核心技术。因此在本书的副标题中特地加上"人机模型及智能化"这 8 个字以示与过去安全人机工程学的区别。

　　随着数据挖掘、知识发现、人工智能、IT（internet technology，互联网技术）、大数据分析技术的发展、ChatGPT（chat generative pre-trained transformer，对话生成预训练变换）模型以及 Sam Altman 将计划研制的拥有学习元能力 AGI（artificial general intelligence，通用人工智能）模型的使用，许多新的建模方法还会不断出现，但作为一套通用的设计与分析方法，毫无疑问 IDEF 方法族为复杂制造业的系统集成和信息集成的建模问题发挥了巨大作用，该方法使得几乎步步有规则与程序可循，它使得整个设计过程非常结构化、通用化、智能化。

　　在即将结束本书讨论之际，简要介绍本书的 4 位作者。他们都是安全界和人机工程界从业多年的著名教授或学者。本书的第一作者王保国教授、博士生导师，2007 年荣获"北京市教学名师"荣誉称号。王教授 1998 年获英国剑桥"杰出成就奖"；2000 年获美国 Barons Who's Who 颁发的 New Century Global 500 Award；2016 年获《航空动力学报》创刊 30 周年颁发的学报编委会"突出贡献奖"（排名第一）；2019 年于中国人类工效学学会成立 30 周年之际，荣获学会颁发的"终身成就奖"（全国两名之一)。

王保国曾在中国科学院力学研究所和中国科学院工程热物理研究所学习与工作了16年,并两次与导师吴仲华院士一起荣获中国科学院重大科技成果奖。在中国科学院力学研究所工作时,1993年荣获国家劳动人事部"首届全国优秀博士后奖"。另外,曾在清华大学和北京理工大学任教授、博士生导师,分别执教10余年,两次获"清华大学教学优秀奖";先后担任北京理工大学3个学科(力学一级学科中"流体力学"、航空宇航科学与技术一级学科中"人机与环境工程"、动力工程及工程热物理一级学科中"动力机械及工程")的首席教授和学科带头人,荣获"北京理工大学师德十大标兵"称号;2013年起,全职担任中国航空工业集团有限公司气体动力学高级顾问,并直接参与和指导中国航空研究院的研究工作。

王教授在科学出版社、机械工业出版社、国防工业出版社、中国石化出版社、清华大学出版社、北京航空航天大学出版社、北京理工大学出版社7家国内著名出版机构,先后出版20本专著和国家规划教材:9本为著,属于学术著作;11本为编著,属于国家级规划教材;18本为第一作者。其中,《安全人机工程学》(第1版,2007年;第2版,2016年,机械工业出版社)、《人机环境安全工程原理》(中国石化出版社,2014年)等著作与人机工程、安全工程学科密切相关。

本书第二作者王伟,撰写了第2、12、13、15、19~21章和第22章。在她撰写的8章中,第2章涉及脑科学和神经工程学基础,第19章讨论了一种考虑系统集成和信息集成的复杂系统通用建模与设计方法,它具有多视图、多方位、多层次的立体体系结构特点,而且使用UML统一建模语言工具,使复杂系统的建模过程程序化、结构化、智能化。第22章主要讨论脑科学和神经工程技术对人体疾病诊断、治疗以及神经再生和修复所起的巨大推动作用,并展望了未来广阔应用前景。显然,这三章内容十分新颖,并且是过去安全人机工程学教材所缺乏的重要内容。在国外10余年的学习工作经历,她积累了扎实的理论基础与丰富的实务经验。自2012年开始一直担任中国人类工效学学会人机工程专业委员会委员,2018年起担任中国人类工效学学会理事。2015年在清华大学出版社出版《人机系统方法学》,被中国人类工效学学会授予"优秀专著奖"。

本书第三作者黄勇教授、博士生导师,自2005年6月至今在北京航空航天大学航空科学与工程学院任教,2010年晋升为教授,并于2011—2017年期间担任人机与环境工程系主任。主要研究领域为传热学以及人机与环境工程。在Optica、Astronomical Journal、Astrophysical Journal、Rhysical Review Reasearch、Rhysical Review Applied、Applied Physics Letters、Journal of Computational Physics、International J of Heat and Mass Transfer、Optics Letters等国内外学术期刊发表论文100余篇,出版专著1部,获得省部级科技进步奖3项,获批国家发明专利20余项。

本书第四作者王新泉先生是安全界资深教授,他早年求学于同济大学,毕业后先到陕西省澄合矿务局从事技术工作,后到中国矿业大学执教,1989年调往中原工学院执教。他一直是浙江工业大学、安徽工业大学、河南城建学院、吉林建筑大学等9所高校的客座、兼职教授,发表学术论文 200 余篇(其中 SCI、EI 收录多篇),出版《通风工程学》《安全人机工程学》《安全生产标准化教程》等国家规划教材 20 多部,担任安全科学与工程教材编审委员会副主任委员(2005 年至今)、曾担任教育部高等学校安全科学与工程学科教学指导委员会委员(1996—2004)多年;曾任河南省人民政府第 1 届至第 5 届安全生产专家组组长(1990—2013)多年;曾任河南省土木建筑学会理事长(2013—2019)多年;曾担任河南省政协常委(1993—2008)多年。

参 考 文 献

[1] 钱学森，许国志，王寿云．论系统工程(增订本)[M]．长沙：湖南科学技术出，1988．

[2] 许国志，顾基发，车宏安．系统科学[M]．上海：上海科技教育出版社，2000．

[3] 钱学森．创建系统学[M]．太原：山西科学技术出版社，2001．

[4] 隋鹏程，陈宝智，隋旭．安全原理[M]．北京：化学工业出版社，2005．

[5] 王保国，王新泉，刘淑艳，等．安全人机工程学[M]．北京：机械工业出版社，2007．

[6] 刘潜．从劳动保护工作到安全科学[M]．武汉：中国地质大学出版社，1991．

[7] 冯肇瑞，催国璋．安全系统工程[M]．北京：冶金工业出版社，1987．

[8] 龙升照，黄端生，陈道木，等．人-机-环境系统工程理论及应用基础[M]．北京：科学出版社，2004．

[9] 王保国，王新泉，刘淑艳，等．安全人机工程学[M]．2版．北京：机械工业出版社，2016．

[10] 曹琦，武振业，刘东明，等．人机工程设计[M]．成都：西南交通大学出版社，1988．

[11] 丁玉兰，郭钢，赵江洪．人机工程学[M]．北京：北京理工大学出版社，1991．

[12] HE B．Neural Engineering[M]．New York：Springer-Verlag，2005．

[13] PARASURAMAN R，RIZZO M．Neuroergonomics：The Brain at Work[M]．Oxford University Press，Inc．2008．

[14] 汪云九．神经信息学：神经系统的理论和模型[M]．北京：高等教育出版社，2006．

[15] NICHOLLS J G．神经生物学：从神经元到脑[M]．杨雄里，等译．北京：科学出版社，2003．

[16] 王保国，刘淑艳，王新泉，等．传热学[M]．北京：机械工业出版社，2009．

[17] 王保国，王伟，黄勇．人机系统智能优化方法：性能预测与决策分析[M]．北京：国防工业出版社，2023．

[18] 王保国．近20年AMME Lab在人-机-环境系统工程中的研究与进展[C]．第11届人-机-环境系统工程大会论文集．美国科学研究出版社(Scientific Re-search Publishing)，2011:P393-401．

[19] 王保国，刘淑艳，刘艳明，等．空气动力学基础[M]．北京：国防工业出版社，2009．

[20] 王保国，刘淑艳，黄伟光．气体动力学[M]．北京：北京理工大学出版社，2005．

[21] 王保国，黄伟光．高超声速气动热力学[M]．北京：科学出版社，2014．

[22] 张骥．管理学[M]．徐州：中国矿业大学出版社，2006．

[23] 陈信，袁修干．人-机-环境系统工程总论[M]．北京：北京航空航天大学出版社，1996．

[24] 王保国，刘淑艳，李翔，等．基于Nash-Pareto策略的两种改进算法及其应用[J]．航空动力学报，2008,23(2):374-382．

[25] 许国志，顾基发，车宏安．系统科学与工程研究[M]．上海：上海科技教育出版社，2000．

[26] BERTALANFFY L V．General Systems Theory[M]．New York：George Braziller，1968．

[27] 李伯虎，吴澄．现代集成制造的发展与863/CIMS主题的实施策略[J]．计算机集成制造系统-CIMS，

1998,4(5):7-15.

[28] HARRINGTON J. Computer Integrated Manufacturing[M]. Malabar, Fla: Kriger Publishing, 1973.

[29] IEEE standard for Function Modeling Language-Syntax and Semantics for IDEF0, 1998.

[30] Federal Information Processing Standards Publication 184. Announcing the Standard for Integration definition for information modeling(IDEF1x), 1993.

[31] MAYER R J, et al. IDEF3 process description capture method report[R] AL-TR-1992-0057, AD-A252634, KBSI, 1992.

[32] DOUMEIGNTS G, VALLESPIR B, ZANETIN M. GRAI Integration Methodology: A methodology for designing CIM systems Version 1.0[R]. France: LAP/GRAI, University of Bordeaux I, 1992.

[33] 陈禹六. 阶梯形 CIM 系统体系结构[J]. 计算机集成制造系统, 1999,5(3):100~105.

[34] SOFTWARE ENGINEERING STANDARDS COMMITTEE OF THE IEEEE COMPUTER SOCIETY. IEEE Std 1320.1-1998. IEEE standard for Functional Modeling language—Syntax and Semantics for IDEF0, 1998.

[35] RATIONAL SOFTWARE, et al. UML Extension for objectary process for software engineering. http://www.rational.com/uml, 1997.

[36] 吉训仁. ERP 的核心——线性规划模型[J]. 计算机世界, 1998, 47.

[37] MAYER R J, MENZEL C P. Concurrent engineering(IICE)IDEF3 Process Description Capture Method Report. KBSI Co., 1995 or NASA CR 190279.

[38] SHEER W A. 集成的信息系统体系结构(ARIS)——经营过程建模[M]. 李清, 张萍, 译. 北京: 机械工业出版社, 2003.

[39] 陈禹六, 李清, 张锋. 经营过程重构(BPR)与系统集成[M]. 北京: 清华大学出版社, 2001.

[40] 李清, 陈禹六. 组织建模及其分析方法研究[J]. 高技术通讯, 2000, 10(109): 76~81.

[41] 陈禹六. 先进制造业运行模式[M]. 北京: 清华大学出版社, 1998.

[42] GOLDMAN S L, NAGEL R N, PREISS K. Agile Competitors and Virtual Organizations[M]. New York: Van Nostrand Reinhold, 1995.

[43] 徐福缘. IDEF 模型设计及其方法论初探[J]. 系统工程理论与实践, 1989, 9(4): 10~15.

[44] 王伟. 钱学森系统学的哲学基础[C]. 第 12 届人-机-环境系统工程大会论文集. 纽约: 美国科研出版社, 2012:315~320.

[45] 戴汝为, 王珏, 田捷. 智能系统的综合集成[M]. 杭州: 浙江科学技术出版社, 1995.

[46] 顾基发, 唐锡晋. 综合集成系统建模[J]. 复杂系统与复杂性科学, 2004, 1(2):32~42.

[47] 尼科利斯 G, 普利高津 I. 非平衡系统的自组织[M]. 徐锡申, 等译. 北京: 科学出版社, 1986.

[48] 哈肯 H. 协同学[M]. 杨炳奕, 译. 北京: 中国科学技术出版社, 1990.

[49] 迪隆 B S. 人的可靠性[M]. 牟致忠, 谢秀玲, 吴福邦, 译. 上海: 上海科学技术出版社, 1990.

[50] 王伟. 大气环境与宇宙空间科学中的几个法律问题[C]. 第12届人-机-环境系统工程大会论文集. 纽约: 美国科研出版社, 2012:308~314.

[51] 王保国, 王伟, 徐燕骥. 人机系统方法学[M]. 北京: 清华大学出版社, 2015.

[52] WOLPAW J R, WOLPAW E W. Brain-Computer Interfaces:Principles and Practice[M]. London: Oxford University Press, 2012.

[53] PASTRANA E. Optogenetics: Controlling Cell Function With Light [J]. Nature Methods, 2010, 8(1): 24-15.

[54] WILLIAMS S C, DEISSEROTH K. Optogenetics[J]. National Academy of Sciences of the United States of America, 2013, 110(41):16287.

[55] DEISSEROTH K. Optogenetics[J]. Nature Methods, 2011, 8(1):26-29.

[56] PAVONE F S. The Human Brain Project[J]. Scientific American, 2013, 306(6):50-55.

[57] SENDHOFF B, KÖRNER E, SPORNS O, et al. Creating Bran-Linke Intelligence[M]. Berlin: Springer-Verlag, 2009.

[58] RAY KURZWEIL. How To Create a Mind: The Secret of Human Thought Revealed [M]. New York: AcademicPress, 2013.